Dieter Matthes

Tierische Parasiten

Dieter Matthes

TIERISCHE PARASITEN

Biologie und Ökologie

Mit 139 Abbildungen

Springer Fachmedien Wiesbaden GmbH

CIP-Titelaufnahme der Deutschen Bibliothek

Matthes, Dieter:
Tierische Parasiten: Biologie u. Ökologie /
Dieter Matthes. – Braunschweig; Wiesbaden:
Vieweg, 1988

Prof. Dr. phil. nat. *Dieter Matthes*, Institut für Zoologie der Universität Erlangen-Nürnberg, hat sich forschend vor allem mit einzelligen Tieren beschäftigt. Deshalb ist er jetzt Herausgeber einer mehrbändigen Protozoenfauna. Einige Jahre seiner Tätigkeit waren auch der Sexualbiologie von Käfern gewidmet, wobei mehrere verhaltensbiologische Filme entstanden. In einem Buch „Tiersymbiosen" hat der Autor bereits die nichtparasitären Vergesellschaftungen ausführlich behandelt.

Ursprünglich erschienen bei Friedr. Vieweg & Sohn Verlagsgesellschaft mbH, Braunschweig 1988
Softcover reprint of the hardcover 1st edition 1988

Satz: RESchulz, Dreieich

ISBN 978-3-528-08466-0 ISBN 978-3-663-20186-1 (eBook)
DOI 10.1007/978-3-663-20186-1

Vorwort

In der Forschung habe ich mich nur wenig mit Parasitologie befaßt, um so mehr jedoch in der Lehre. Dieses Buch versucht, tierischen Parasitismus in einem größeren Rahmen und vor allem mehr aus ökologischer Sicht darzustellen. Innerhalb der einzelnen Kapitel wurde nach Tiergruppen gegliedert. Ich habe mich bemüht, einen wirklich lesbaren Text zu schreiben, unterstützt durch gute Bilder.

Gewidmet ist das Werk meiner Frau Dr. Carla Matthes, geb. Mattner, die parasitologisch gearbeitet hat, und unseren Kindern Tobias, Cornelia, Fabian und Manuel, die es erst in späteren Jahren oder gar nicht lesen werden.

Für verständnisvolle Zusammenarbeit danke ich dem Verlag, besonders Herrn A. Weis. Dank auch K. G. Grell, der mir Orginalzeichnungen aus seinen Büchern zur Verfügung stellte, und meiner Frau, die das Manuskript durchsah.

Uttenreuth, im April 1987 *Dieter Matthes*

Inhaltsverzeichnis

A. Die nichtparasitären zwischenartlichen Vergesellschaftungen

Engere Beziehungen zwischen artverschiedenen Organismen – man hat sie auch heterotypische Vergesellschaftungen oder Bisysteme genannt – gibt es im Tierreich in großer Zahl und sogar zwischen Tier und Pflanze. Parasitismus und Symbiose sind die bekanntesten Erscheinungen. Zwischen dem parasitären Gegeneinander und dem symbiontischen Miteinander steht jedoch die Fülle jener Vergesellschaftungen, die für einen der Beteiligten von Vorteil sind, dem anderen jedoch weder Schaden noch Nutzen bringen, die sogenannten Karposen.

Alle diese Formen des Zusammenlebens sind als Ergebnis und Objekt der Evolution durch vielerlei Übergänge miteinander verknüpft und es ist oft schwer, ihre Mannigfaltigkeit in den Schubkästen unserer künstlichen Begriffswelt unterzubringen.

1. Symbiosen

Den Begriff Symbiose prägte im Jahre 1879 der Botaniker De Bary für jegliches Zusammenleben artverschiedener Organismen, einschließlich des Parasitismus. In diesem Sinne versteht man Symbiose in den USA auch heute noch. In Europa ist es seit langem üblich, Symbiose, enger gefaßt, als Vergesellschaftung artverschiedener Organismen bei gegenseitigem Nutzen zu verstehen. Dabei kann diese Beziehung fakultativer oder obligater Natur sein. Dies zeigen sehr eindrucksvoll jene Symbiosepartner, die in keinem Schulbuch fehlen: Einsiedlerkrebs und Anemone. Die Krebse *Eupagurus excavatus* und *Clibanarius misanthropus* beziehen rein zufällig ein mit der Seerose *Calliactis parasitica* besetztes Schneckenhaus. Beide Partner genießen die Vorteile dieser Symbiose. Die nesselnde Anemone schützt den Einsiedler vor seinen Feinden, und sie selbst nimmt als Mitesser (Kommensale) an den Mahlzeiten ihres Schützlings teil. Mit dem Umzug des Krebses in ein größeres Gehäuse sind die Beziehungen der beiden Individuen erloschen. Haben sich aber der große Einsiedlerkrebs *Pagurus arrosor* und *Calliactis parasitica* erst einmal gefunden, dann wird die persönliche Bindung beibehalten – die Seerose zieht mit um. Völlig auf das Zusammenleben mit *Eupagurus prideauxi* ist die Schmarotzerrose *Adamsia palliata* angewiesen. Der Krebs ist ihr Ernährer, ohne den sie als erwachsenes Tier nicht zu existieren vermag. Aber auch Einsiedler können von der Anemone abhängig sein. *Paguropsis typica* und *Parapagurus pilosimanus* bewohnen kein Schneckenhaus, sondern sie benützen Krustenanemonen, um ihren Hinterleib zu bedecken.

Mit Anemomen leben auch Fische in Symbiose. Es sind Korallenfische der Gattungen *Amphiprion* und *Premnas*, für die Riesenanemonen Zufluchtstätte und Zentrum ihres Revieres sind. Sie genießen im nesselnden Tentakelwald ausgezeichneten Schutz vor Verfolgern. Anfangs werden allerdings auch sie genesselt, übernehmen aber allmählich einen von der Anemone gebildeten Schutzstoff, mit dem diese verhindert, daß sich ihre Fangarme gegenseitig nesseln. Das von Drüsenzellen des Hohltieres abgegebene Sekret wirkt unmittelbar auf die Nesselkapseln. Fisch und Anemone leben in einem symbiontischen Verhältnis, das man „Schutz auf Gegenseitigkeit" nennen könnte, denn auch die Anemone hat unter den Fischen Feinde, die mit Vorliebe ihre Tentakeln fressen. Mit Vehemenz stürzen sich die Anemonenfische auf solche Angreifer, die ihr Heim zerstören wollen oder die zumindest erreichen, daß sich die vergrämte Aktinie in eine Spalte zurückzieht und der Anemonenfisch schutzlos zurückbleibt.

Eine Reihe von Fischarten lebt in **Putzsymbiose** mit anderen Tieren. Diese Putzer unter den Fischen entfernen ihren „Kunden" von der Hautoberfläche, von Zähnen und Kiemen Ektoparasiten, Pilze und nekrotisches Gewebe. Durch diese Tätigkeit erschließt sich den Putzern eine neue Nahrungsquelle, mit der jedoch nur im Idealfall der gesamte Nahrungsbedarf befriedigt werden kann. Der Kundenkreis sind vorwiegend Fische. Im Indopazifischen Ozean sind vor allem die Putzerlippfische der Gattung *Labroides* tätig; andere Putzer gibt es dort nur wenig. Dagegen betreiben im tropischen Atlantik eine Vielzahl von Fischarten gelegentlich oder regelmäßig das Putzgeschäft. Man wetteifert offenbar noch um die „Planstelle Putzer", auf die in der Karibischen See die Neongrundel *(Elacatinus oceanops)* die sicherste Anwartschaft zu haben scheint. Dieser Gobiide sieht übrigens den indopazifischen *Labroides*-Arten verblüffend ähnlich. Man trägt also in beiden Weltmeeren die gleiche „Putzeruniform". *Labroides* hält sich meist paarweise an einer bestimmten Stelle im Korallenriff auf. Die Kunden erkennen ihn an seiner auffälligen Tracht und nehmen dann eine besondere Haltung ein, mit der sie den Putzer zur erwünschten Tätigkeit animieren. Bei großen Fischen säubert *Labroides* sogar das Maul. Auch Süßwasserfische putzen und werden geputzt. In Afrika reinigt der Fransenlipper *(Labeo velifer)* Flußpferde (Bild 1). Der Fisch weidet Algen von der Haut seiner Riesenkunden ab und soll sich außerdem für deren Kot interessieren.

In tropischen Meeren gibt es sieben Garnelenarten, die als Putzer tätig sind. Sie gehören drei verschiedenen Familien an, in denen sich das Putzen unabhängig voneinander entwickelt hat.

Trophobiose ist eine Symbiose, die sich zwischen Ameisen und Pflanzensaugern (Homopteren), nämlich Blattläusen, Schildläusen und Zikaden, abspielt. Mit einer Lupe ausgerüstet kann jeder Gartenbesitzer beobachten, wie Ameisen den Hinterleib von Blattläusen betrommeln und den süßen Kottropfen aufnehmen, den diese als Antwort abgeben

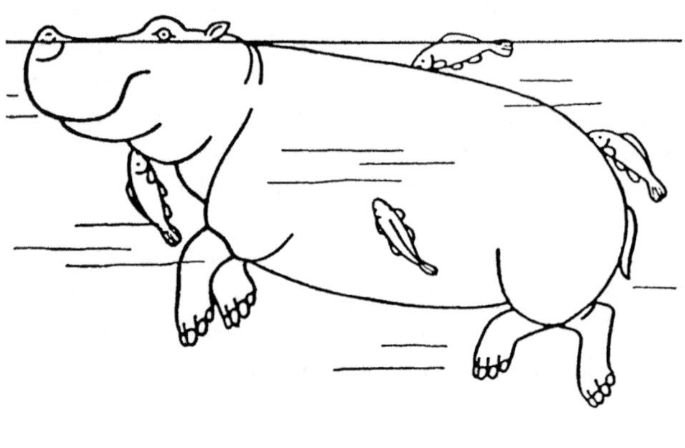

Bild 1
Der Fransenlipper putzt Flußpferde
(Aus MATTHES 1978)

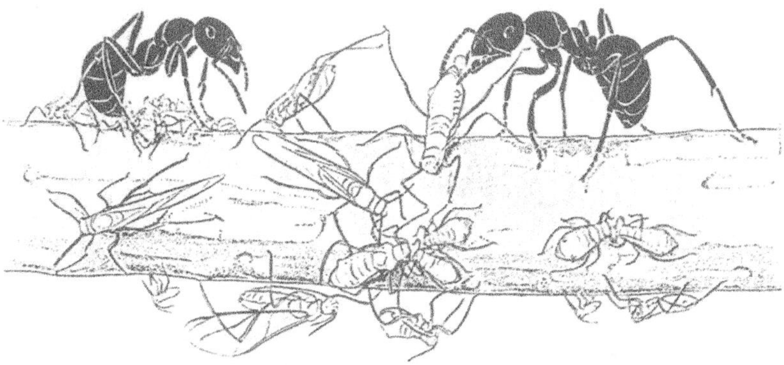

Bild 2 Ameisen mit Blattläusen (Aus MATTHES 1978)

(Bild 2). Die auffallendste morphologische Anpassung „formicophiler" Pflanzenläuse an die Trophobiose sind Borsten in der Aftergegend, die das begehrte Naß festhalten und der Ameise mundgerecht servieren. Die „Melkkühe" genießen dafür vielerlei Fürsorge seitens ihrer Partner. Vor allem wehren sie Feinde erfolgreich ab. Vielfach werden auch im Winter die Zuckerspender und ihre Eier in schützende Unterkünfte getragen.

2. Karposen

Parökie nennt man eine Nachbarschaftsgesellung, bei der sich eine Art in unmittelbarer Nähe einer anderen aufhält, ohne deren Wohnung zu teilen. Einem der Beteiligten wird Schutz oder Nahrung geboten. Reiherenten nisten in Kolonien von wehrhaften Möwen oder Seeschwalben und genießen dadurch Schutz vor Räubern. Wenn ihre Beschützer den Brutplatz wechseln, folgen ihnen die Enten. Manche Vögel suchen sogar die enge Nachbarschaft wehrhafter Insekten, wie Wespen und Hornissen. Oft trifft man auch Vögel im Gefolge anderer Tiere an, die ihnen Nahrungsreste liefern oder Beutetiere aufscheuchen.

Im Mittelmeer halten sich die Jungtiere der Bastardmakrele *(Trachurus)* stets unter dem Schirm der hübschen Wurzelmundqualle *Cotylorhiza* auf. Stört man die Fische, schlüpfen sie zwischen die verwachsenen Mundlappen der Meduse, wo sie auch die Nacht verbringen. Zur Nahrungsaufnahme entfernen sich die Fische bis über 1 Meter von ihrem schwimmenden Quartier. Mit zunehmender Quallengröße wächst die Zahl der Fische und deren Körperlänge. Häufige Partner einer Parökie sind auch Seeigel. Fische, Garnelen, Flohkrebse und Tintenfische leben mit ihnen zusammen. Im sicheren Versteck zwischen den Stacheln finden sie mechanischen und optischen Schutz. Besonders beliebt sind die Diademseeigel, die sehr lange Stacheln haben. Der Schnepfenmesserfisch *(Aeoliscus)* des Indischen Ozeans ist ideal an den Aufenthalt zwischen den Diademstacheln angepaßt. Der langgestreckte Fisch mit seinem röhrenförmigen Maul steht senkrecht mit dem Kopf nach unten zwischen den Stacheln. Durch eine schwarze Streifung ist er zwischen den dunklen Stacheln vorzüglich getarnt (Bild 3).

Eine Karpose ist schließlich auch die Benutzung fremden Spermas zur Anregung einer eingeschlechtlichen Entwicklung (Jungfernzeugung, Parthenogenese). Beim Zahnkarpfen *Poecilia formosa* sind Männchen Ausnahmeerscheinungen. Da seine Eier sich jedoch nur

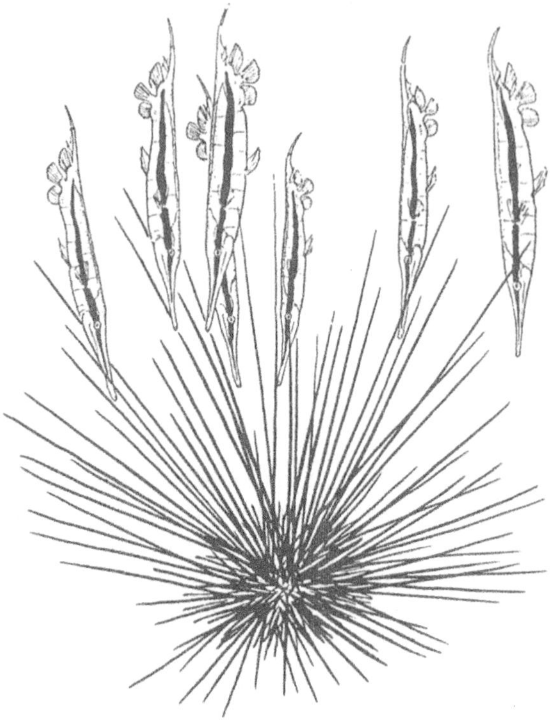

Bild 3
Diademseeigel mit Schnepfenmesserfischen (Aus MATTHES 1978)

nach einer Besamung entwickeln, ohne daß es zu einer Befruchtung kommt, legen die Weibchen ihre Eier in Gesellschaft verwandter laichender Fischarten ab. Man hat dieses Verhalten als Fertilitäts-Parasitismus bezeichnet, obwohl es mit Parasitismus nichts zu tun hat – es ist Fertilitäts-Parökie.

Synökie nennt man das miteinander Wohnen verschiedener Arten. Vor allem im Dunkel der Bauten von Ameisen und Termiten leben viele Einmieter. Sie finden dort ideale Wohnverhältnisse, gleichmäßige Temperatur und Luftfeuchtigkeit, sowie Nahrung in Gestalt verschiedenster Abfälle. Sie werden von den Wohnungsinhabern deshalb geduldet, weil diese den ungebetenen Gästen einfach nichts anhaben können. Die Mitbewohner sind flink und nicht zu erwischen, andere können wegen ihres harten und glatten Panzers nicht ergriffen werden, und schließlich gibt es auch solche, denen Tarnung oder ameisenähnliches Verhalten die synöke Lebensweise ermöglichen. So versuchen die nur wenige Millimeter großen, flügellosen Grillen der Gattung *Myrmecophila* das Verhalten der Ameisen nachzuahmen. Sie benehmen sich wie diese und passen sich sogar an das Temperament der jeweiligen Ameisenart an. Die Grillen lecken an Beinen und Hinterleibsspitze der Ameisen Hautsekrete ab (Bild 4). Ein genaues Abgetastetwerden durch die Ameisen vermeiden sie mit großer Gewandtheit. Werden sie jedoch als Nichtameisen erkannt, ist es mit der Scheinduldung vorbei, und der Gast wird getötet.

Klassische Beispiele für Synökie und Tischgenossenschaft (Kommensalismus) sind Borstenwürmer (Polychaeten), die mit Einsiedlerkrebsen die Wohnung Schneckenhaus teilen. Die Weibchen von *Nereis fucata* sind offenbar obligat an den Einsiedler gebunden. Der Wurm dringt sehr vorsichtig in das Gehäuse ein, da der Einsiedler bei der geringsten Berüh-

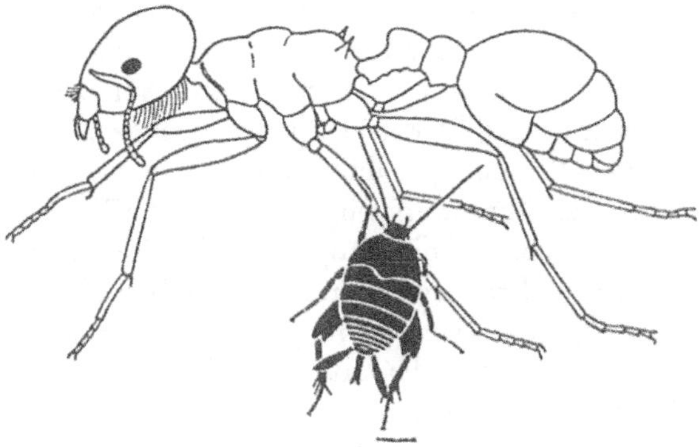

Bild 4
Die Ameisengrille leckt am Bein einer Ameise
(Aus MATTHES 1978)

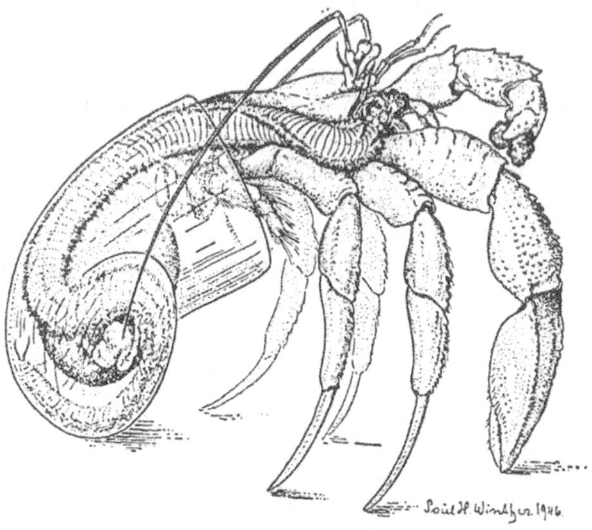

Bild 5
Der Bernhardskrebs und sein Mitbewohner *Nereis* in einem gläsernen Schneckenhaus. Der Wurm frißt gerade mit (Aus MATTHES 1978)

rung zum Angriff übergeht. Erst wenn es dem Einmieter gelungen ist, in die Gehäusespitze vorzudringen, ist die Gefahr vorüber. Wenn der Krebs frißt, wird *Nereis* durch Erschütterung und chemische Reize zum Mitfressen nach vorn gelockt (Bild 5).

Manche Tiere benutzen andersartige für vorübergehenden Transport, sie treiben **Phoresie.** Von Bakterien lebende Fadenwürmer (Nematoda) und Milben gibt es vorwiegend dort, wo sich organische Substanz in Zersetzung befindet. Ist diese verrottet, lassen sie sich von Käfern in eine frische faulende Welt tragen. Mit einem Sekretstiel verankern sich die Wandernymphen der Schildkrötenmilben (Uropodina). Wenn dann die „Milben am Stiel" mit ihrem Transportkäfer in neuem Kot landen, werden die starren Stiele durch die Feuchtigkeit elastisch, kippen um, und die Milben können sich von der Verankerung befreien.

Es gibt Tiere, die ihr ganzes Leben oder zumindest einen großen Teil davon auf einer anderen Tierart verbringen. Diese Besiedler nannte man früher Epizoen, jetzt verwendet man für das karpontische Aufsiedlertum den Begriff **Symphorismus.**

Diese Vergesellschaftung kann sich im fakultativen Rahmen bewegen, aber ebensogut auch obligat sein. Der Symphoriont lebt freibeweglich auf seinem Träger oder ist in irgendeiner Weise festgeheftet. Vagil symphoriont ist die zu den Fliegen gehörende Bienenlaus *(Braula)* und der im Fell des Bibers lebende Biberkäfer *(Platypsyllus castoris)*. Dieser hat keine Flügel mehr und ernährt sich von Hautschuppen und -sekreten seiner tierischen Unterlage. Mit kräftigen Borstenfächern an den Mundwerkzeugen radiert er die Biberhaut ab (Bild 6). Dem Biberkäfer erstaunlich ähnlich, sind die ektoparasitischen Fledermauswanzen (Polyctenidae). Der Grund: auch sie sind Fellbewohner. Die Bienenlaus, die ebenfalls flügellos ist, ernährt sich kommensalistisch – wenn sie Hunger hat, klettert sie zum Kopf der Biene, klammert sich neben dem Mund fest und betrommelt mit ihren Beinchen die Mundwerkzeuge (Bild 7). Dieses Verhalten löst bei der Biene soziale Nahrungsabgabe aus. Sie gibt einen Tropfen Honig ab, den sich *Braula* einverleibt.

Im Reich der Wimpertiere (Ciliata) führen Glockentiere (Peritricha), Trichtertiere (Chonotricha) und Sauginfusorien (Suctoria) eine seßhafte Lebensweise, indem sie sich entweder mit dem Hinterende ihres Körpers oder unter Zwischenschaltung eines Stieles an einer Unterlage festheften.

Glockentiere ernähren sich als aquatil lebende Einzeller von Mikroorganismen, die sie mittels eines Wimperapparates herbeistrudeln und in ihren Zellkörper befördern. Sie werden entweder wahllos auf toten oder lebenden Unterlagen seßhaft, oder aber sie spezialisieren sich als obligate Symphorionte auf tierische Träger. Diese „Fahrzeuge“ werden aus ganz bestimmten Verwandtschaftsgruppen ausgewählt. Die Trägerauswahl findet in der Besiedlung einer bestimmten Trägergattung oder gar einer einzigen Trägerart ihren Höhepunkt. So gehen sich die Konkurrenten aus dem Weg. Besiedeln aber mehrere

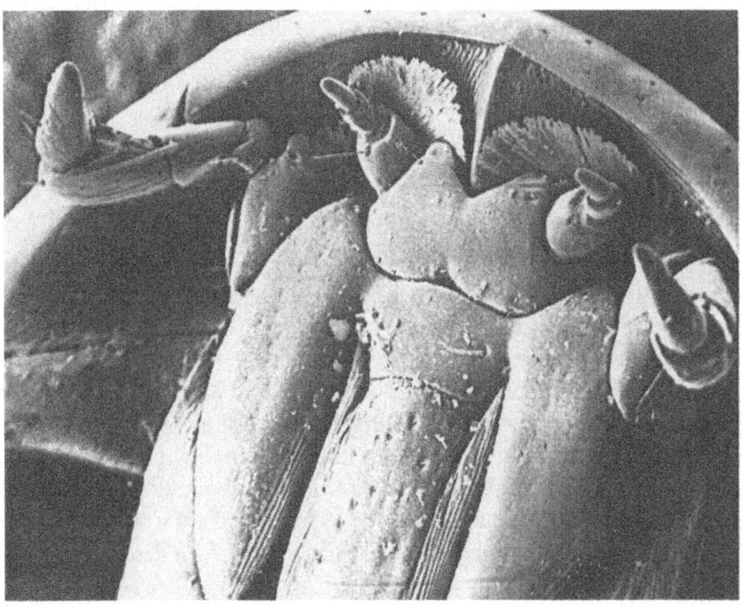

Bild 6 Kopfregion des Biberkäfers von ventral. Man sieht deutlich die Borstenfächer an den Mundwerkzeugen. (Aus MATTHES 1978)

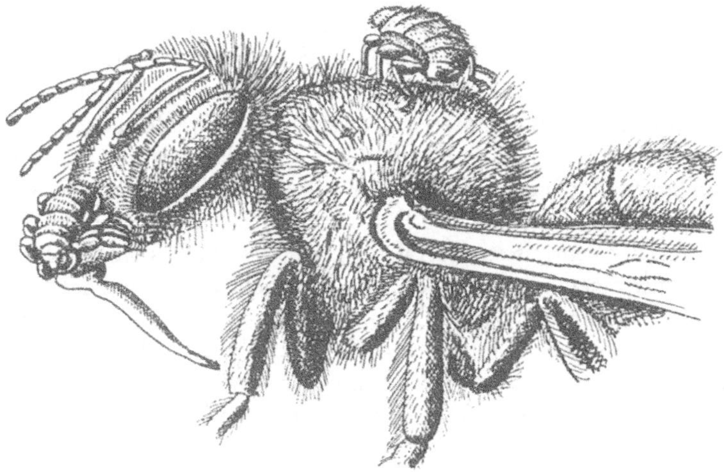

Bild 7
Zwei Bienenläuse auf einer Arbeitsbiene. Das eine Tier bettelt um Futter (Aus MATTHES 1978)

Arten den gleichen Träger – und das ist meist der Fall – dann werden auf dessen Körper unterschiedliche Regionen besetzt: Die Fahrgäste wählen verschiedene Sitzplätze. Daher ist die Trägerspezifität der symphorionten Wimpertiere sehr oft mit einer Körperteilspezifität verbunden. So ist der recht häufige Wasserkäfer (Hydrophilide) *Helochares* mit zwölf Peritrichenarten besetzt. Allein die Kopfregion wird von vier Arten besiedelt.

Eine so enge Bindung an Tragtiere blieb für die symphorionten Aufsiedler nicht ohne Folgen. Durch die Wirkung der Selektion wurden sie im Laufe ihrer langen Stammesgeschichte an die Besonderheiten dieser Lebensweise und der von ihnen besetzten Kleinnischen angepaßt. Diese Adaptationen betreffen vor allem Festheftungseinrichtungen und Hüllbildungen. Eigentlich ist es selbstverständlich, daß sehr deutliche Beziehungen zwischen Festheftungsort und Festheftungsart eines seßhaften Aufsiedlers bestehen. Sogar Individuen der gleichen Art vermögen sich den Bedingungen, die an verschiedenen Sitzplätzen des gleichen Trägers herrschen, durch unterschiedliche Gestaltung ihres Stils anzupassen. Glockentiere der Gattung *Apiosoma,* die auf Fischen leben, verzichten in der Regel auf die Ausbildung von Stielen, um sich unmittelbar mit dem oft verbreiterten Hinterende des Plasmakörpers am weichhäutigen Träger zu fixieren. Bei der Flexibilität weicher Unterlagen scheint sich dieses Verfahren besser zu bewähren als die Festheftung mittels eines starren Stiels.

Die symphorionte Existenz begünstigt Nahrungserwerb und Sauerstoffversorgung der peritrichen Wimpertiere, für die es auch vorteilhaft ist, daß ihr lebendes Fahrzeug bei Verschlechterung des umgebenden Milieus neue Lebensstätten aufsucht. Das Leben auf Tragtieren bringt aber auch Gefährdungen mit sich. Bei der Festheftung an Beinen und anderen Körperanhängen, vor allem den Mundwerkzeugen, sind die zarten Einzeller oft recht massiven mechanischen Einwirkungen ausgesetzt. Hinzu kommt, daß Käfer und Wasserwanzen fliegen können und nicht selten das für Einzeller notwendige Naß auf die Dauer eines kurzen Überlandfluges verlassen. Viele der symphorionten Glockentiere umgeben deshalb ihre Kolonien mit schützenden Umhüllungen.

Die Sauginfusorien (Suctoria) besitzen weder Wimpern noch eine normale Mundöffnung. Mit wenigen Ausnahmen (s. S. 96) sind sie seßhafte Saugräuber, die mit Hilfe feiner Röhrchen (Tentakel) andere Einzeller aussaugen. Sie befestigen sich mit Stielen und nur selten mit der Körperunterseite an einer Unterlage. Viele von ihnen wählen beliebige Substrate, andere leben symphoriont auf Tragtieren und sind ebenfalls oft streng träger- und körperteilspezifisch. Dies gilt vor allem für die im Süßwasser lebenden *Discophyra*-Arten. Auch hier haben sich viele in Anpassungen an ihre trägergebundene Lebensweise Hüllbildungen „zugelegt". Auf der Ventralseite des Käfers Helochares lebt *D. stammeri* (Bild 8). Das hübsche Suktor sitzt in einem einseitig hochgezogenen Gehäuse stets auf den Schenkeln der Beine, und zwar auf der Innenseite. Das bekannteste Suktor ist *Dendrocometes paradoxus.* Es lebt auf den Kiemen von Flohkrebsen *(Gammarus)*, während der seltene *Stylocometes digitatus* auf dem Kiemenrand der Wasserassel *(Asellus)* sitzt. *Stylocometes* sieht wie ein winziger Igel aus, und man findet ihn als „kleinsten Igel der Welt" im Buch der Rekorde (Bild 9).

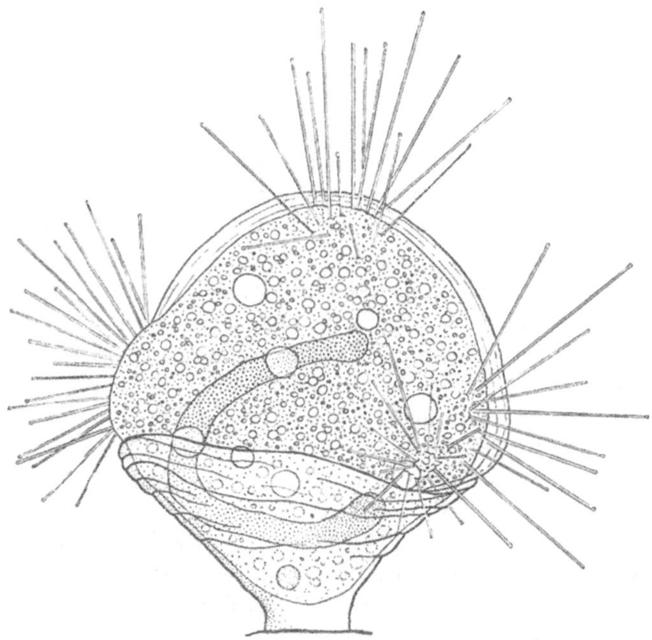

Bild 8
Das Sauginfusor
Discophrya stammeri

Weit verbreitet ist der Aufenthalt in nach außen offenen Körperhöhlen, die **Entökie**. Besonders günstige Wohnstätten für entöke Organismen sind Körperhöhlen, die ständig mit Frischwasser und Nahrung versorgt werden. Die gut durchströmten Schwämme beherbergen fakultative und obligate Einmieter, die sich fast alle kommensalistisch ernähren, da sie dem einströmenden Wasser Nahrung entnehmen. Noch günstiger gestaltet sich für Entöke die Nahrungsgewinnung in Muscheln, die ja das aus dem einströmenden Wasser abgefangene Material einschleimen und entlang des Kiemenrandes zum Mund befördern.

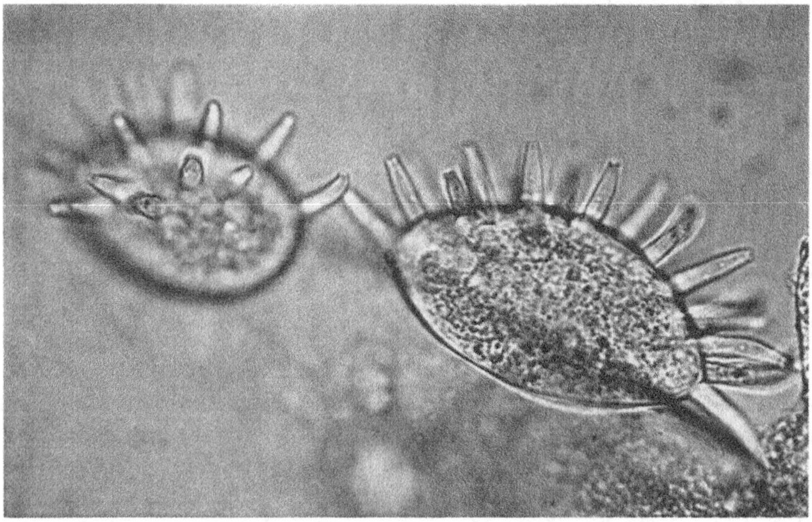

Bild 9 *Stylocometes,* der kleinste Igel der Welt

Diesem Hauptnahrungsweg der Muschel entnehmen in der Mantelhöhle lebende Krebse, z.B. Garnelen, mit ihren Scheren die Nahrung. Bei den Seegurken (Holothurien) werden Kloake und Wasserlunge immer wieder mit Frischwasser versorgt. Entöke Organismen finden hier gute Bedingungen. Die Nadelfische (Carapidae) leben fast ausschließlich in Seegurken und sind an dieses Dasein agepaßt. Der berühmte Fierasfer *(Carapus acus)* ist sogar Endoparasit geworden, denn er frißt die Geschlechtsdrüsen des Stachelhäuters. Ein nahrungsreicher Lebensraum ist auch der Darmkanal. Sein Bakterienangebot nutzen vor allem Einzeller, die oft fälschlicherweise als Parasiten bezeichnet werden. Im Dickdarm des Menschen kommt häufig der Bakterien fressende Wurzelfüßer *Entamoeba coli* vor.

Literatur: Matthes, 1978, 1982

B. Der Parasitismus

1. Was ist Parasitismus

Die Bezeichnung Parasit entstammt der griechischen Sprache: para = neben, bei; sitos = essen, und bedeutet etwa Mitesser. In verschiedenen Kulturen hat man Priester und Beamte, die auf Staatskosten verpflegt wurden, als „Parasitos“ bezeichnet. In anderen Kulturen nannte man so Personen, die zur Vermeidung von Nahrungsmittelvergiftungen an der Tafel mit Ehrengästen als Vorkoster tätig waren.

In der Biologie wurde der Begriff Parasit erstmals 1646 für Pflanzen gebraucht, die auf anderen Pflanzen leben. 1799 bezeichnete ein gewisser Herr Hooper solche Tiere als Parasiten, die ihre Nahrung in den Körpern anderer Tiere aufnehmen.

Der Parasitismus ist jedoch eine zwischenartliche Vergesellschaftung, die einem der Beteiligten Schaden, dem anderen Nutzen bringt. Der Geschädigte ist der Wirt, den Nutznießer nennt man Parasit.

Es liegt also hier das Prinzip des Gegeneinanders vor, und das Kriterium für das Vorliegen einer parasitischen Beziehung ist immer die Schädigung des Wirts in irgendeiner Weise. Eine solche ist allerdings nicht in allen Fällen einwandfrei erkennbar. Immerhin hat man selbst bei geringem Endoparasitenbefall stets eine meßbare Veränderung des Eiweißstoffwechsels beim Wirt nachgewiesen. Die Tatsache, daß auch der Wirt durch Abwehrmechanismen seinen Schmarotzer zu schädigen vermag und daß es letztlich zu einer Art Gleichgewicht zwischen den Kontrahenten kommen kann, sind kaum Grund, den primär einseitigen, agressiven Charakter des parasitischen Geschehens zu leugnen.

Neuerdings stellt man bei der Definition des Parasitismus Wirtsbindung und Anpassungen in den Vordergrund. Unsere 30jährigen Erlanger Forschungen an symphorionten Wimpertieren, die für ihre Tragtiere – meist Wasserkäfer – völlig uninteressant sind, erbrachten Erkenntnisse über eine Fülle von Anpassungen sowie strenge Wirts- und Körperteilspezifität (s. S. 6). Derartige Phänomene können also kein Kriterium für parasitische Lebensweise sein, sondern sind eine hochinteressante Begleiterscheinung.

Parasiten können wiederum Wirte anderer Parasiten sein. Man nennt dies Hyperparasitismus.

Von „Männchenparasitismus“ spricht man bei dem parasitischen Fadenwurm *Trichosomoides crassicauda* (s. S. 131), wo das kleinere Männchen im Uterus des Weibchens lebt und die Eizellen besamt. Die Zwergmännchen des Tiefsee-Anglerfisches *Edriolynchus schmidti* verwachsen mit den Weibchen, werden durch deren Gefäßsystem ernährt und sind ein ständig vorhandener Besamungsapparat. Ein solches Zusammenleben als Parasitismus, im Falle des Fadenwurmes sogar als Hyperparasitismus zu bezeichnen, ist jedoch falsch. Die Ernährungsaufgabe des Weibchens ist gegenüber dem Vorteil einer solchen Verbindung zweitrangig, so daß man eher von Symbiose sprechen könnte, wenn nicht die

Begriffe Parasitismus und Symbiose auf den zwischenartlichen Bereich beschränkt wären. Eine Ausweitung in das innerartliche Geschehen würde uns Menschen symbiontische und parasitische Ehen bescheren!

Als Parasitoide bezeichnet man Tiere, die ihren Wirt am Ende einer parasitischen Phase umbringen. Schlupfwespen (Ichneumoniden) und Raupenfliegen (Tachinen) legen ihre Eier in Insektenlarven, zum Beispiel in Raupen. Die aus den Eiern der Parasitoide schlüpfenden Larven ernähren sich zunächst vom Fettgewerbe der Wirtslarve und verschonen deren lebenswichtige Organe. Gegen Ende ihrer Entwicklung fressen sie aber dann die Wirtslarve völlig aus.

Diesen Tatbestand nutzt die biologische Schädlingsbekämpfung. Man züchtet Parasitoide und läßt sie in Massen auf die Schädlinge los. Diese umweltfreundliche Methode ist gefährdet, wenn der nützliche Parasitoid durch Hyperparasiten dezimiert wird. So hat der bekannte Schmarotzer der Kohlweißlingsraupe, die Schlupfwespe *Apanteles glomeratus* unter etwa 20 Hyperparasiten zu leiden. Ein anderer Schmetterling, der Wiesenzünsler *Pyrausta sticticalis,* wird von 40 Arten parasitiert, die wiederum von 12 Hyperparasiten heimgesucht werden.

Parasitoide erfahren hier kaum Berücksichtigung – sie würden ein eigenes Buch füllen.

2. Brutparasitismus

Kuckuck, Honiganzeiger und Stärling

In der Klasse der Vögel sind 82 Arten obligate Brutparasiten, das ist 1/100 aller Vogelarten. Am verbreitetsten ist das Brutschmarotzertum in der Familie der Kuckucke (Cuculidae), unter deren 128 Arten nur 78 in normaler Weise Nester bauen, brüten und füttern. Unser Kuckuck *(Cuculus canorus),* der Mitte bis Ende April aus dem Winterquartier nach Mitteleuropa zurückkehrt, ist der am gründlichsten erforschte. Seine Eier fand man bei nahezu 300 Vogelarten, und von den in Deutschland lebenden 130 Singvogelarten „beglückt" er fast 90. Man vermutet, daß jedes Weibchen die Art parasitiert, bei der es selbst aufgewachsen ist. Dafür, daß das Kuckucksei in Farbe und Zeichnung dem Wirtsei entspricht, sollen Erbanlagen sorgen. Im Laufe eines Frühjahrs legt das Kuckucksweibchen rund 20 Eier. Beim Anblick eines nestbauenden Vogelpaares löst sich bei ihm ein Ei vom Eierstock und wandert in den Eileiter. Wenn dann nach einigen Tagen das Ei legereif ist, hat auch der Wirtsvogel seine ersten Eier abgelegt. Da der Kuckuck jeden zweiten Tag ein Ei legen kann, die Eientwicklung aber 4 bis 5 Tage dauert, muß sich das Weibchen das Nest für das nächste Ei und auch die Nester für die folgenden Eier merken. Die Eiablage dauert 5 bis 8 Sekunden. In dieser Zeit wird auch ein Ei des Wirtsvogels entfernt, da diesem seine Eizahl durchaus bekannt ist. In Anpassung an den Brutparasitismus ist die Embryonalentwicklung verkürzt. Nach spätestens 12 1/2 Tagen schlüpft der junge Kuckuck. Die Eier des Wirts müssen dagegen meist 13 bis 14 Tage bebrütet werden. Im Alter von 10 Stunden wirft der junge Kuckuck die Eier des Wirts oder die Stiefgeschwister aus dem Nest. Er kriecht rückwärts an der Nestwand empor, und seine nackten Flügel halten das Ei in der Rückenmulde (Bild 10). Mit einem Papierball macht er das übrigens auch. Legt das Weibchen versehentlich zwei Eier in ein Nest, dann kommt es zum Geschwistermord. Obwohl sehr viele Vögel den Kuckuck „hassen", d.h. auf ihn losfliegen und erregt rufen, wird der geschlüpfte Kuckuck wie ein eigenes Junges gefüttert (Bild 11). Sein großer Sperrachen ist für die Stiefeltern ein überoptimaler Auslöser. Wenn der Kuckuck ungefähr 21 Tage alt ist,

Bild 10
Der junge Kuckuck wirft ein Ei seiner Pflegeeltern aus dem Nest
(Nach HEINROTH 1941)

Bild 11
Der junge Kuckuck wird gefüttert
(Aus BARNARD 1984)

verläßt er das Nest. Er ist dann 40 bis 50 mal schwerer als beim Schlüpfen. Außerhalb der nun für ihn zu kleinen Behausung wird er von den Pflegeeltern noch zwei Wochen gefüttert. Jedes Kuckucksei kostet diese „aufopfernden" Eltern ein Gelege. In manchen Gegenden können die Wirtsvögel auf diese Weise so viele Gelege verlieren, daß ihre Zahl von Jahr zu Jahr abnimmt. Für den Kuckuck wird es dann immer schwerer, seine Eier bei dieser Vogelart unterzubringen, und er muß entweder abwandern oder sich einen anderen Wirt suchen. Dann kann sich die heimgesuchte Wirtsvogelart wieder erholen.

Nicht alle brutparasitischen Kuckucke, so die Gold- und Häherkuckucke, werfen Eier und Stiefgeschwister aus dem Nest. Trotzdem sind letztere zum Tode verurteilt. Sie müssen verhungern, da der Parasit das gesamte Futter beansprucht. Dies gilt auch im Fall unseres europäischen Kuckucks, wenn die Wirtsjungen bis zum Erlöschen des Hinauswerfverhaltens nicht aus dem Nest entfernt werden konnten.

Durch Attrappenversuche und Freilandbeobachtungen hat man die Abwehrreaktionen der Wirtsvögel gegenüber dem Kuckuck untersucht. Kuckucksattrappen rufen bei manchen Wirtsvögeln in Nestnähe heftige Angriffe hervor, wobei vor allem die Kopfregion bearbeitet wird. Diese scheint ein wichtiger Auslöser zu sein, während die Körpergröße von geringerer Bedeutung ist. In Nordamerika, wo parasitäre Kuckucke fehlen, findet sich auch kein Haßverhalten bei Brutvögeln. Wirtsvögel sind bei uns häufig Teichrohrsänger, während in Sumpfrohrsängerpopulationen nur in jedem 50. Nest ein Kuckucksei gefunden wurde. Dieser Vogel „lernte“ offenbar im Laufe der Evolution, eigene von fremden Eiern zu unterscheiden. Er hackt das Fremdei zielsicher an, um es mit dem Schnabel fassen zu können, und wirft es aus dem Nest.

Bei den verschiedenen Gattungen der Kuckucksvögel hat sich der Brutparasitismus offenbar unabhängig voneinander entwickelt. An der Basis dieses Evolutionsgeschehens stehen jene Arten, die Nestbau und Brutgeschäft selbst erledigen, sozusagen „normales“ Verhalten zeigen. Der nächste Schritt ist der Verlust des Nestbautriebes. Die Eier werden in die Nester anderer Vogelarten gelegt, aber selbst bebrütet. Handelt es sich um verlassene Nester, dann hat dies mit Parasitismus nichts zu tun. Werden jedoch Nester gewaltsam in Besitz genommen, liegt Raumparasitismus vor. Selbstbrüter legen noch wenig Eier, erst durch den Brutparasitimus kam es zur Erhöhung der Eizahl (s. S. 11).

Die vorwiegend in Afrika südlich der Sahara lebenden Honiganzeiger (Indicatoridae) sind alle Brutparasiten. Um eine Konkurrenz mit den afrikanischen Kuckucken zu vermeiden, legen sie ihre Eier vorwiegend in die Nester von Höhlenbrütern. Die jungen, nackten Nestlinge gebrauchen die beiden Eizähne ihres Schnabels als Schere und richten damit Eier oder Jungvögel ihre Wirte zugrunde. Eine Woche nach dem Schlüpfen verlieren sie diese Zähne wieder.

Bei den in der Neuen Welt beheimateten Stärlingen (Icteridae) wurde das Brutschmarotzertum im Verlauf ihrer Stammesgeschichte ziemlich spät erworben. Manche Arten zeigen erst Ansätze zu parasitärem Verhalten. Ein ausgesprochener Brutparasit ist der nordamerikanische Kuhstärling *(Molothrus ater)*. Das Weibchen legt in der Regel nur ein Ei in das Wirtsnest, aus dem es 1 bis 2 Eier entfernt. 206 Vogelarten kommen als Wirte in Frage. Der junge Kuhstärling schlüpft mindestens einen Tag vor seinen Stiefgeschwistern, wächst auch rascher als diese, tötet sie aber in der Regel nicht. Beobachtungen bei der Singammer zeigten, daß in nicht parasitierten Bruten durchschnittlich 3,4, bei parasitierten 2,4 Junge aufkommen. So ersetzt der Kuhstärling ein Junges des Wirts. Bei kleineren Wirtsvögeln sind die Verluste allerdings höher. Der Rotachselkuhstärling *(M. rufoaxillaris)* legt seine Eier ausschließlich in die Nester des nahe verwandten Braunen Kuhstärlings *(M. badius)*. Eier und Junge beider Arten sehen völlig gleich aus und werden nur von einer Art aufgezogen. In diesem Fall dürfte kaum eine Schädigung vorliegen.

Dies gilt auch für die Witwen (Viduinae), die ihre Eier in die Nester von Prachtfinken legen. Ihre Jungen sind in erstaunlicher Weise an Aussehen und Verhalten ihrer jeweiligen Nestgeschwister angepaßt, die in keiner Weise geschädigt werden.

Literatur: Friedmann 1955, Gärtner 1982, Makatsch 1966, Meise 1969, Rothschild & Clay 1952.

Hautflügler als „Brutparasiten“

Eigentlich ist nur der Brutparasitismus der Schmarotzerhummeln mit dem der Vögel gleichzusetzen, da auch bei ihnen der Wirt zur Aufzucht der Nachkommenschaft ausgenutzt wird.

Die Schmarotzerhummeln *(Psithyrus)* sind äußerlich den echten Hummeln sehr ähnlich, nur fehlt den Weibchen der Pollensammelapparat an den Hinterbeinen. Die Schmarotzerhummeln kommen aus ihren Winterschlupfwinkeln, wenn die richtigen Hummeln bereits ein Nest gegründet haben. Der Schmarotzer macht sich zum Mitbewohner und legt seine Eier in die von der Hummelkönigin belegten Zellen. Die *Psythyrus*-Brut wird dann von den Arbeiterinnen der Wirtsart aufgezogen. Manchmal wird auch die Wirtskönigin umgebracht. Die in Amerika vorkommende *P. variabilis* dezimiert einen Teil der Wirtsbrut durch Aufreißen der Zellen, Fressen der Eier und Freilegen der Larven. Eine Rivalin duldet das Schmarotzerweibchen nicht. Manche Arten parasitieren nur bei bestimmten *Bombus*-Arten, denen sie auch äußerlich ähneln können; andere haben ein breiteres Wirtsspektrum.

Die Weibchen der Goldwespen (Chrysididae) legen ihre Eier in die Nester von Bienen und Wespen. Legt der Parasit mehrere Eier in ein Nest, dann kämpfen die geschlüpften Larven miteinander. Da sie sehr spitze Oberkiefer haben, überlebt nur die kräftigste Larve den Geschwisterkampf. *Chrysis ignita*, eine der häufigsten Goldwespen, hat es besonders auf die aus Lehm gebauten und noch unverschlossenen Nester der Pillenwespe *(Eumenes)* abgesehen. Die frisch geschlüpfte Goldwespenlarve frißt zunächst das Ei des Wirts, dann stürzt sie sich auf die von der Pillenwespe für ihre Nachkommen eingetragene Nahrung: gelähmte Spannerraupen. Als Wirte dieser Art kommen auch Bienen, Grab- und Faltenwespen in Frage. Je nach Wirt sieht diese Goldwespe anders aus, und Kenner der Tiere können sehen, bei welchem Wirt sie herangewachsen sind.

Ameisenwespen (Mutillidae) gibt es vor allem in warmen Ländern. Auch sie legen ihre Eier vorwiegend in die Nester von Bienen, Grab- und Faltenwespen. Einige Arten parasitieren sogar bei Dipteren (z.B. Tsetse-Fliege), Schmetterlingen und Käfern. Die Europäische Ameisenwespe *(Mutilla europaea)* legt ihre Eier zur Hummelbrut, von der sich dann die Schmarotzerlarven ernähren.

Wegwespen (Pompiloidea) erbeuten Spinnen für die Aufzucht ihrer Brut. Vor oder nach Überwältigung einer Spinne wird durch Scharren im Sandboden ein Gang mit Brutzelle geschaffen. In diese Zelle legt das Wegwespenweibchen die gelähmte Spinne und an diese sein Ei. Diese Situation nutzen Brutparasiten der Gattung *Ceropales*, die mit den Wegwespen verwandt sind. Das *Ceropales*-Weibchen treibt sich beobachtend an solchen Stellen herum, die als Nistplätze für Wegwespen in Frage kommen, oder sitzen wartend in der Nähe eines vor dem Spinnenfang angelegten Nests. Läßt die Wegwespe ihre Spinne einen Augenblick aus dem Auge, fällt das Schmarotzerweibchen über diese her und legt mit seinem verschmälerten Hinterleib in wenigen Sekunden ein Ei in den Schlitz der linken oder rechten Tracheenlunge. Dadurch wird ein Abstreifen des Eies während des Spinnentransports durch die Besitzerin unmöglich gemacht. Auch diese, die Wegwespe, legt ihr Ei an die Spinne. Ihre Larve wird aber von der früher schlüpfenden *Ceropales*-Larve getötet.

In das Nest der Grabwespe *Gorytes* dringt das Weibchen der Grabwespe *Nysson* ein. Hier hat *Gorytes* als Nahrungsobjekt für den Nachwuchs eine Zikade untergebracht und ihr Ei an diese gelegt. Nun wird der Zikade noch ein *Nysson*-Ei unter den Flügel geschoben. Wie kann es anders sein – die Larve des Brutschmarotzers schlüpft eher und verspeist das

Ei der Zikadenbesitzerin. Es gibt sogar Wirtsspezifität, indem bestimmte *Nysson*-Arten nur bei bestimmten *Gorytes*-Arten parasitieren.

Bei den Bienen (Apoidea) haben sich unabhängig voneinander viele Arten entwickelt, die ihre Nachkommen nicht selbst versorgen, sondern ihre Eier in die vorbereiteten Zellen anderer, meist verwandter Arten, schmuggeln. Diese „Kuckucksbienen" haben keine Einrichtungen zum Pollensammeln. Auch ihre Eientwicklung geht schneller als beim Wirt. Entweder die Wirtslarve verhungert oder Ei oder Larve des Wirts werden verzehrt. Deshalb haben die Kuckucksbienen mitunter ein besonders stark entwickeltes Kieferpaar. Hauptziel des „Kuckucks" sind jedoch die Nahrungsvorräte des Wirts. Da der Nestbau bei den Kuckucksbienen wegfällt, haben die Weibchen auch ein deutlich geringer entwickeltes Gehirn. Die Wespenbienen *(Nomada)* leben bei Sandbienen *(Andrena)*, an deren Futterbrei sie ihr Ei legen. Bei Sandbienen und Schmalbienen *(Halictus)* parasitieren die Grabwespenbienen *(Sphecodes)*. Die Schmalbienen verteidigen ihr Nest erbittert, doch der Eindringling erweist sich meist als stärker und tötet den Wirt.

Literatur: Königsmann 1968, Kugler 1958, Rathmayer 1969, Sedlag 1951.

Brutparasitische Käfer

Kuckucksrüßler nennt man den Rüsselkäfer *Rhynchites sericens*, der eine enge Beziehung zu dem etwas kleineren Eichenblattroller *Attelabus nitens* hat. Noch während das Weibchen des Eichenblattrollers mit dem Wickeln einer Blattrolle beschäftigt ist, kommt das *Rhynchites*-Weibchen angeflogen und legt seine Eier in die noch nicht fertige Rolle. Wird es gestört, bohrt es später mit dem Rüssel die fertige Rolle an, schiebt seine Eier hinein und verklebt das Loch mit Speichelsekret. Später ernähren sich die Larven beider Arten von dem getrockneten Gewebe der Rolle und wachsen nebeneinander auf. Also kein Schaden, aber doch die Basis für die Entwicklung parasitären Verhaltens, denn die Weibchen des nordamerikanischen Kuckucksrüßlers *Pterocolus ovatus* und zweier mexikanischer *Pterocolus*-Arten fressen die Eier von *Attelabus*.

Zu den auffallendsten Käfergestalten unseres Frühjahrs gehören die Weibchen des Maiwurms *Meloe*. Die 2000 bis 4000 Eier, die sie in ihrem aufgetriebenen Hinterleib geradezu mühsam mit sich herumschleppen, werden portionsweise abgelegt. Dazu gräbt das Weibchen 1 bis 2 cm tiefe Erdhöhlen, die mit ungefähr 300 Eiern versehen und dann sorgfältig verschlossen werden. Die hohe Eizahl erklärt sich aus dem langen und verwickelten Parasitendasein, das den Nachkommen bevorsteht. Aus den Eiern schlüpft eine 2 mm große Larve von langgestreckter Gestalt und mit dreieckigem Kopf, der lange Fühler trägt. Auch die Beine sind lang und enden scheinbar mit drei Klauen. Man beschrieb die Larve, die man früher für eine eigene Insektenart hielt, deshalb unter dem Namen Triungulinus. Der Dreiklauer hat aber in Wirklichkeit nur eine Klaue, die von zwei borstenartigen Anhängen begleitet wird. Diese Triungulinuslarve erklettert Blüten und wartet dort auf eine Solitärbiene (z. B. *Andrena*) um diese zu besteigen – ein Fall von Phoresie. Allerdings ist der Schlüsselreiz, der hier zum Erklettern eines Transporttieres führt, sehr unspezifisch, und es werden alle möglichen behaarten Insekten bestiegen. Zu den Fehlwirten gehört auch die Honigbiene, in deren Stock die Larve dann stirbt. Nur jene Triungulinen können sich weiter entwickeln, die das Glück haben, eine Solitärbiene zu erwischen. Sobald diese eine Nestzelle mit Honig gefüllt und ein Ei darauf gelegt hat, wagt der Triungulinus den Sprung auf das Ei. Er läßt sich von der Biene in die Zelle einschließen und verspeist dann das Ei. Es ist die erste Nahrung, die von der Larve aufgenommen wird, es sei denn, sie hat bereits in der Blüte Pollen oder Nektar zu sich genommen – aber das weiß man nicht genau. Der Brutparasit häutet sich dann zu einer völlig anders aussehenden, madenartigen Sekundärlarve, die wie ein Kahn auf dem Honig schwimmt und den nahrhaften Inhalt der Zelle allmählich verzehrt. Die Larve wandert dann in den Erdboden und häutet sich zur Tertiärlarve, die in der alten Larvenhaut verbleibend als Scheinpuppe überwintert. Aus dieser entwickelt sich dann die ebenfalls madenartige Quartärlarve, die keine Nahrung aufnimmt und sich bald verpuppt. Eine derart komplizierte Entwicklung – Henri Fabre prägte den Begriff Hypermetamorphose – ist für die ganze Familie der Meloidae charakteristisch. Die Behauptung, der Triungulinus sauge Körperflüssigkeit an den Intersegmentalhäuten der Solitärbiene, konnte bis heute nicht bestätigt werden.

Literatur: Jacobs & Renner 1974, Lengerken 1939, Matthes 1978, Zavadsky 1931, Zwölfer 1969.

Ein Rädertier treibt es ähnlich

Das Rädertier *Proales gigantea* bohrt sich mit drehenden Bewegungen seines Körpers in die Eigelege von Ohrschlammschnecke *(Lymnaea auricularia)*, Spitzhornschnecke *(L. stagnalis)* und Sumpfdeckelschnecke *(Viviparus viviparus)* ein. Dort werden Schneckenbrut, Eier und Embryonen verspeist. In der Gallerte der Schlammschneckengelege fand man alle Entwicklungsstadien des Rotators, einschließlich der Subitaneier. Die aus den Eiern des Parasiten kriechenden Jungtiere sind etwa 140 µm lang. Sie können jedoch innerhalb von 5 bis 6 Tagen eine Länge von 510 µm *(gigantea!)* erreichen.

Literatur: Budde 1925, Koste 1972a.

3. Sozialparasitismus bei Ameisen

Sozialparasitische Ameisen sind auf andere Ameisenarten angewiesen. Es stehen den weltweit rund 8000 „normalen“ Ameisenarten ungefähr 200 sozialparasitische gegenüber. Von diesen leben ungefähr 30 Arten als sogenannte Sklavenhalter oder „Duloten“.

Temporärer Sozialparasitismus

Temporär sozialparasitische Ameisen brauchen nur in der Zeit der Koloniegründung die Hilfe anderer Ameisen. Die Große Rote Waldameise *Formica rufa*, in deren Nest es nur ein Weibchen gibt, gründet ihre Kolonien, indem sie als Parasit in das Nest einer verwandten Art eindringt, der dortigen Königin den Kopf abbeißt und ihre Brut von den Hilfsameisen aufziehen läßt. Wenn letztere dann alle gestorben sind, wird aus der gemischten Kolonie eine reine Waldameisen-Kolonie. Allerdings gelingt es nur wenigen *F. rufa*-Weibchen, in der fremden Kolonie Aufnahme zu finden, und die meisten bezahlen diesen Versuch mit ihrem Leben. Mangelnde Anpassung an den Parasitismus ist daran schuld; man ist weder sehr wehrhaft, noch geschickt in der Tarnung!

Die begatteten Weibchen von *Bothriomyrmex decapitans* lassen sich von den auslaufenden Arbeiterinnen ihrer Hilfsameise *Tapinoma* widerstandslos ergreifen und in deren Nest zerren. Dort suchen sie rasch Zuflucht bei der Brut oder auf dem Rücken der Königin und sind hier vor den Angriffen der Arbeiterinnen geschützt. Oft sitzen mehrere Parasitenweibchen auf der Königin, der schließlich der Kopf abgesägt wird *(decapitans!)*. Inzwischen haben die Fremdlinge den Nestgeruch angenommen und werden von den Arbeiterinnen adoptiert. Sie legen dann Eier und lassen die Brut von den Hilfsameisen großziehen, bis sie dann schließlich Königinnen reiner *Bothriomyrmex*-Kolonien sind.

Lasius-Kolonien haben nur eine Königin. Ist jene von *Lasius umbratus* begattet, sucht sie das Nest einer Hilfsameise *(L. niger, L. alineus)* auf. Ehe sie jedoch in die Kolonie eindringt, ergreift sie eine der Hilfsameisen-Arbeiterinnen und zerbeißt diese. Erst nachdem so der Mordinstinkt abreagiert ist, betritt sie das Nest der Hilfsameise. Dort wird sie zunächst von den Arbeiterinnen feindselig empfangen und an Beinen und Fühlern gezerrt. Wachsendes Interesse am Parasitenweibchen löst jedoch bald dieses Verhalten hab. Der Eindringling wird sogar, vor allem an der Hinterleibsspitze, beleckt. Offenbar führt ein Drüsensekret des *umbratus*-Weibchens diese Umstimmung herbei. Die Königin der Hilfsameisen gerät dann immer mehr in Isolation und wird schließlich von den eigenen Arbeiterinnen umgebracht. Zerbeißt das *umbratus*-Weibchen vor dem Eindringen in das Nest keine Arbeiterin, dann tötet sie selbst die Hilfsameisen-Königin.

Das Weibchen der erst 1967 aus Niederösterreich beschriebenen *L. reginae* gründet seine Kolonien mit Hilfe von *L. alineus*. Das *reginae*-Weibchen ist viel kleiner als die Königin der Hilfsameisen und sogar kleiner als die eigenen Arbeiterinnen. Nach dem Eindringen in die Kolonie gelingt es ihm trotzdem, die fremde Königin auf den Rücken zu wingen und die ungeschützte Stelle zwischen Kopf und Brust mit den Oberkiefern zu durchbohren (Bild 12). Danach beginnt die Eiablage.

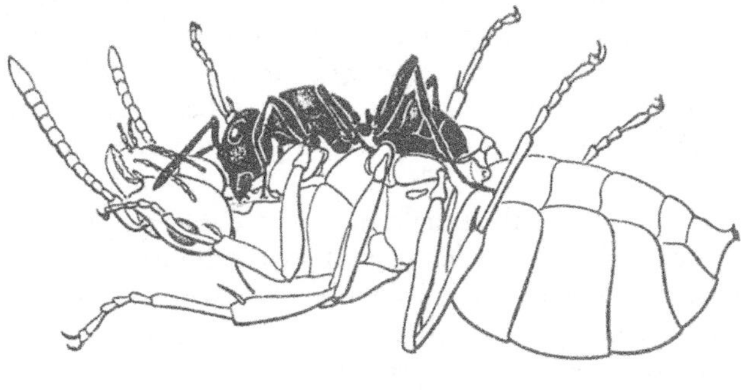

Bild 12
Das Weibchen von *Lasius reginae* tötet die Königin der Hilfsameise *L. alienus* (Aus DUMPERT 1978)

Permanenter Sozialparasitismus

Permanent sozialparasitische Ameisen sind immer auf die Hilfe anderer Ameisen angewiesen.

Unter den ständig sozialparasitischen Ameisen gibt es Sklavenhalter, die auch als dulotische Sozialparasiten bezeichnet werden. Den Sklavennachschub beschaffen sie sich durch Raubzüge. Unter den Parasiten, die keine Sklaven halten, gibt es solche, von denen die Hilfsameisenköniginnen getötet werden. Das hat zur Folge, daß sie in nur wenigen Brutperioden Nachkommen erzeugen können und schließlich mit ihren Wirtsameisen zugrunde gehen. Andere töten die Königin nicht, und es entstehen weiterhin Arbeiterinnen, manchmal sogar Geschlechtstiere der Wirtsart.

Der bekannteste „dulotische" Sozialparasit ist die Amazonenameise *Polyergus rufescens.* Diese Formicine ist von Sklaven der Gattung *Serviformica* abhängig, durch die sie gefüttert wird, da sie selbst zur Nahrungsaufnahme unfähig ist. Mit wachsender Volksstärke nimmt die Zahl der Sklaven zu. Die Oberkiefer der Amazonenameise sind weder für Brutpflege noch für Nestbau geeignet und werden nur für den Kampf und das Tragen von Puppen benutzt. In den Monaten Juli und August suchen die *Polyergus*-Arbeiterinnen fast täglich in geschlossener Formation benachbarte *Serviformica*-Nester auf. Diese Raubzüge sind sehr eindrucksvoll, und der Name „*Polyergus*" heißt, „viele Kriegszüge veranstaltend". Wie auf Kommando stürmt man gemeinsam das Nest der Hilfsameise, um schon nach wenigen Minuten, mit Puppen beladen, fluchtartig heimzukehren.

Die verfolgenden Arbeiterinnen der Hilfsameise werden häufig getötet. In einem Zeitraum von 33 Tagen hat man bei einer Amazonenkolonie 44 Raubzüge gezählt, und in einem Sommer wurden etwa 40000 Hilfsameisen erbeutet.

Bei der in Amerika vorkommenden *P. lucidus* werden sogar Kundschafter ausgesandt, die ein geeignetes *Serviformica*-Nest suchen und eine Duftspur zum Sklavennest legen.

Stringylognathus alpinus ist eine Ameise, die in Höhen von über 1500 m lebt. Sie veranstaltet ihre Raubzüge vorwiegend nachts. Dabei dringen die Arbeiterinnen und ihre Sklaven durch unterirdische Gänge in Kolonien der Rasenameise *(Tetramorium caespitum)* ein und kämpfen mit den dortigen Arbeiterinnen, bis deren Widerstand zusammenbricht. Dann räumen die mitgebrachten Sklaven die Brutkammern aus und schleppen sogar die Arbeiterinnen der überfallenen Kolonie in das *Strongylognatus*-Nest. Lediglich die Königin und eventuell noch vorhandene Geschlechtstiere werden getötet, alles, was sonst lebt, wird mitgenommen und der eigenen Kolonie einverleibt.

St. testaceus ist kein Sklavenräuber mehr, obwohl die säbelartigen Oberkiefer frühere Raubtätigkeit vermuten lassen. Das Weibchen lebt mit der Königin der Hilfsameise *Tetramorium caespitum* friedlich zusammen. Während die *Strongylognathus*-Königin in großer Zahl Geschlechtstierbrut erzeugt, entstehen bei der Hilfsameise nur Arbeiterinnen. Damit dienen letztere nicht mehr der Erhaltung der eigenen Art, sondern nur noch der ihrer Parasiten.

Die permantenen Sozialparasiten ohne Sklavenhaltung sind dadurch ausgezeichnet, daß ihre Arbeiterinnen keine Bedeutung haben oder zu existieren aufhören.

Das Weibchen von *Epimyrma corsica* dringt in die Kolonie der Wirtsameise *Leptothorax exilis* ein und springt, sobald die Wirtskönigin entdeckt ist, dieser auf den Rücken und verbeißt sich am Hals der Rivalin, die dadurch allmählich getötet wird (Bild 13). Danach adoptiert die *Leptothorax*-Kolonie die fremde Königin, und diese kann mit dem Eierlegen beginnen.

E. stumperi parasitiert bei *L. tuberum,* in deren Kolonie mehrere Königinnen friedlich nebeneinander sitzen. Das *Epimyrma*-Weibchen packt bei günstiger Gelegenheit eine Arbeiterin der Wirtsameise im Nacken, stellt sich über sie und reibt sie mit Bürsten ihrer Vorderbeine ab. Dadurch versieht sie sich mit *Leptothorax*-Duft und die fremde Arbeiterin mit dem ihren. Nach diesem Duftaustausch kann sie sich ungehindert im Wirtsnest bewegen und packt dann die erstbeste Königin, um sie in einer langwierigen, Stunden, aber auch Tage dauernden Prozedur umzubringen. Nacheinander kommen alle Königinnen des Nestes dran, dessen Arbeiterinnen sich gleichgültig verhalten oder „interessiert" beim Königinnenmord zuschauen.

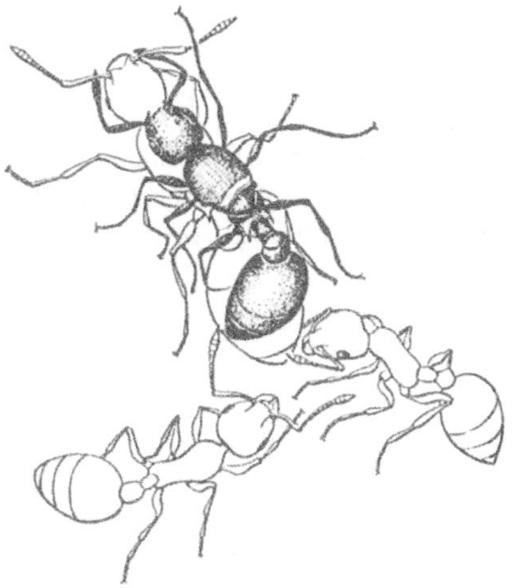

Bild 13
Weibchen einer *Epimyrma*-Art beim töten der *Leptothrax*-Königin. Darunter zwei *Leptothorax*-Arbeiterinnen (Aus DUMPERT 1978)

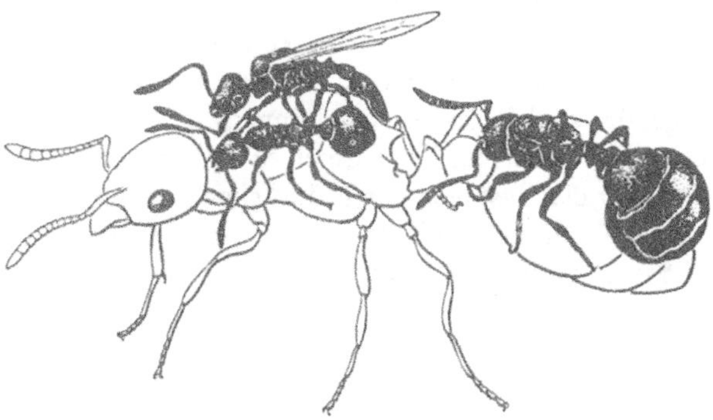

Bild 14
Weibchen von *Teleutomyrmex schneideri* auf dem Rücken einer *Tetramorium*-Königin. Die beiden vorderen Weibchen sind noch unreif (Aus DUMPERT 1978)

Im Nest der in den Hochalpen vorkommenden *Teleutomyrmex schneideri* leben mehrere Königinnen mit ihren flugunfähigen Männchen zusammen, von denen sie dort begattet werden. Eine Arbeiterinnenkaste gibt es nicht. Die Weibchen werden von der Rasenameise adoptiert und auch vom Wirt herumgetragen (Bild 14). Breite Beine mit Haftblasen und ein tellerförmiger Hinterleib unterstützen den Klammertrieb. Vielleicht lassen sich die *Teleutomyrmex*-Weibchen sogar auf dem Hochzeitsflug von *Tetramorium* mitnehmen, um gleich bei der Koloniegründung dabei zu sein.

Es gibt auch permanente Sozialparasiten, die mit ihren Wirten eng verwandt sind und der gleichen Gattung angehören. So werden die begatteten Weibchen von *Leptothorax kutteri* ohne Schwierigkeiten in die Kolonien der Wirtsart *L. acervorum* aufgenommen, und die Weibchen beider Arten leben friedlich nebeneinander. Wahrscheinlich hat sich der Parasit erst vor relativ kurzer Zeit von der Wirtsart abgespalten. Vermutlich ging zunächst das Erbgut zur Hervorbringung von Arbeiterinnen verloren, und später kam es dann zu einer genetischen Isolation gegenüber der Stammart.

Literatur: Buschinger, Ehrhardt & Winter 1980, Buschinger & Winter 1983, 1985, Dumpert 1978, Erhardt 1982, Faber 1967, Gösswald 1954, 1955, Kutter 1969, Stuart & Alloway 1983, Wilson 1971.

4. Raumparasitismus

Unser Star in Australien

Unser Star *(Sturnus vulgaris)* wurde vom Menschen in Australien eingebürgert und tritt dort als fakultativer Raumparasit auf. Er vertreibt häufig den viel größeren Rosakakadu *(Kakotoe)* aus seinen Baumlöchern. Auch das Nest des Inkakakadus *(K. leadbeateri)* scheint er gelegentlich in seinen Besitz zu bringen.

Literatur: Kolar 1969, Kolar & Spitzer 1985.

Echte Raumparasiten unter Glockentieren

Da Glockentiere Strudler sind (s. S. 6), wäre bei ihnen Parasitismus nur denkbar, wenn die Ausnutzung des Wirts nicht auf ernährungsphysiologischer, sondern auf ganz anderer Basis erfolgte. Tatsächlich stießen wir, mein einstiger Mitarbeiter Walter Guhl und ich, bei unseren Forschungen an symphorionten Wimpertieren auf eine Form des Parasitismus, die im Tierreich höchst selten ist, den obligaten Raumparasitismus. Vier von uns entdeckte, auf Wasserkäfern lebende *Opercularia*-Arten, die selbst kein Gehäuse bauen, betreiben echten Raumparasitismus, indem ihre Schwärmer in die Gehäuse von Orbopercularien eindringen und sich dort festsetzen. Doch nicht genug damit! Sie bilden dort, wie es sich für Opercularien gehört, auch Kolonien, und können die Gehäusebesitzer schließlich dazu bringen, die eigene Behausung als Schwärmer zu verlassen. Im Extrem kommt es dann zu der kuriosen und für den Systematiker gefährlichen Situation, daß ein Orbopercularien-Gehäuse von einer Opercularien-Kolonie bewohnt und damit total okkupiert wird! In unserem Bild 15 ist es noch nicht so weit. Es zeigt die gestielte Gehäuse-

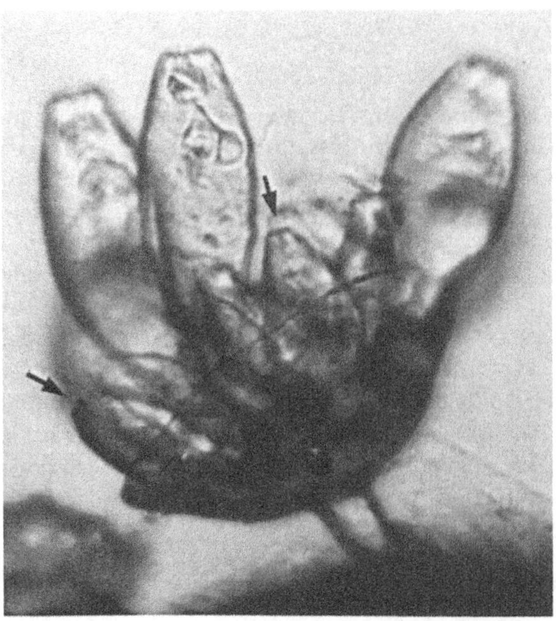

Bild 15
Der Raumparasit *Opercularia eumelita* (Pfeil!) im Gehäuse von *Orbopercularia catillicola* (Aus MATTHES 1978)

schale von *Orbopercularia cattillicola*, die noch von ihren Erbauern bewohnt wird. Zu deren „Füßen" haben sich jedoch schon einige Individuen des wesentlich kleineren Raumparasiten *Opercularia eumelita* niedergelassen.

Wir fanden aber auch eine *Opercularia*, die sich stets auf den Stielen einer gehäuselosen *Orbopercularia* niederläßt. Die Kolonien des sehr kleinen Aufsiedlers sitzen mitten in der Orbopercularien-Kolonie, quasi im Schutz des „großen Bruders". Vielleicht war diese Form der Vergesellschaftung einmal die stammesgeschichtliche Basis für den Raumparasitismus, und die kleine *Opercularia paroeca* wäre dafür ein rezentes Modell.

Literatur: Matthes 1978, 1982, Matthes & Guhl 1975a, b.

5. Vom Kommensalismus zum Kleptoparasitismus

Man lebt vom Diebstahl

Was man heute unter Karposen versteht, nannte man früher oft Kommensalismus. Dieser Begriff sollte jedoch dem wirklichen Mitessertum vorbehalten bleiben. Kommensalistische Ernährungsweise kann die verschiedensten Vergesellschaftungen begleiten. Der synöke Borstenwurm *Nereis fucata*, der bei seinem Einsiedlerkrebs mitfrißt, und die vagil symphorionte Bienenlaus, die sich von ihrer Trägerbiene füttern läßt, wurden schon vorgestellt.

Unter den sehr kleinen Fliegen aus der Familie der Milichiiden lassen sich einige Arten auf Raubfliegen und Spinnen nieder, um an deren Nahrung teilzuhaben. In den tropischen Wäldern Panamas lebt eine Art der Gattung *Phylomyza*. Bis zu fünf Exemplare der kleinen Fliege landen auf der großen Spinne *Nephila clavipes*. Sobald diese ein Insekt fängt und mit Verdauungssaft umhüllt, begeben sich die Fliegen auf die Spinnenbeute um zu saugen. Innerhalb von Sekunden sind diese „Trink-Kommensalen" gesättigt.

Für wirklich schädigenden Nahrungsentzug prägte man das Wort Kleptoparasitismus. Paradebeispiel dafür sind die Schmarotzerraubmöwen der Gattung *Stercorarius*. Sie fliegen hinter anderen Seevögeln her und belästigen diese so lange, bis sie ihre eben erst erbeutete Nahrung wieder auswürgen, die dann mitunter schon in der Luft von den Beuteschmarotzern aufgefangen und vertilgt wird. Junge Schmarotzerraubmöwen *(St. parasiticus)* sah man auch schon spielerisch Hölzchen und Steine aus dem Wasser fischen, ehe sie anderen Vögeln Beute abjagten. Damit rekapitulierten sie das Verhalten ihrer nicht schmarotzenden Vorfahren. Auch Silbermöwen gehen bei starker Bestandszunahme dazu über, anderen fliegenden oder vom Fischfang auftauchenden Vögeln die Nahrung abzunehmen, ja sie machen sogar nach Art der Schmarotzerraubmöwen Jagd nach Vormageninhalt. Die Fregattvögel der tropischen Meere greifen Tölpel, die einen Fisch gefangen haben, massiv an, bis sie ihre Beute preisgeben. Dies geschieht allerdings nur über dem Meer. Am Land leben beide Vogelarten friedlich nebeneinander.

Vorübergehender Kleptoparasitismus war auf dem Bodensee bei Schnatterenten *(Anas strepera)* zu beobachten. In einer Periode hohen Wasserstandes, in der sie die gewohnte Nahrung gründelnd nicht erreichen konnten, raubten sie Bläßhühnern deren Nahrung, die jene vom Gewässergrund geholt hatten. Zwei oder drei – manchmal auch eine einzelne – Schnatterenten erwarteten ein auftauchendes Bläßhuhn, umkreisten es und rissen ihm die Nahrung aus dem Schnabel. Auf diese Weise ernährten sich ungefähr 300 Schnatterenten mehrere Wochen und fügten den Bläßhühnern zweifellos Schaden zu.

Im Reich der Spinnen gibt es solche, die keine eigenen Netzte bauen und sich in den Netzen anderer Spinnenarten aufhalten, um sich an der Fremdbeute gütlich zu tun. Inwieweit die Netzbesitzer wirklich geschädigt werden, ist schwer zu sagen.

Im Mittelmeergebiet lebt die Diebesspinne *Argyrodes argyrodes* in den Geweben von Radnetzspinnen, z.B. von *Argiope lobata.* Sie versucht dem Netzbesitzer beim Beutemachen zuvorzukommen oder nimmt sich die von diesem bereits eingespeichelte Beute vor. Hat *Argyrodes* ein Beutetier früher als den Netzbesitzer erreicht, dann zieht er es auf einen Radialfaden, durchbeißt diesen auf der dem Netzzentrum zugekehrten Seite und unterbricht damit die Nachrichtenverbindung zwischen Opfer und Netzinhaber. Dieser ist nun nicht mehr in der Lage, die Beute zu lokalisieren. Oft kommen mehrere *Argyrodes*-Arten im gleichen Wirtsnetz vor. Dann wird eine gegenseitige Konkurrenz der Parasiten weitgehend dadurch vermieden, daß die einen Arten mehr tagaktiv, die anderen mehr nachtaktiv sind. Von der in Panama beobachteten *A. elevatus* wird berichtet, daß sie zuweilen in Massen in einem Netz vorkommt und der Netzbesitzer schließlich das Weite sucht.

Die Diebesspinne *Conopistha* lebt in großräumigen Netzen der Spinnengattungen *Cyrtophora, Nephila* und *Zygiella.* Sie ist wesentlich kleiner als die Wirtsspinnen und wird von diesen aufgefressen, wenn sie erwischt wird. Beutepakete der Wirtsspinne löst *Conophistha* von ihrer Aufhängung und schafft sie durch Abseilen oder, an die eigenen Spinnwarzen geklebt, aus der Gefahrenzone.

Auch *Panorpa*-Arten (Skorpionsfliegen) und Wanzen aus den Familien der Nabidae und Miridae ernähren sich in Spinnennetzen. Werden die Panorpen vom Netzeigentümer überrascht, fliehen sie oder schlagen mit dem Hinterleib. Werden sie doch von einer Spinne eingewickelt, erbrechen sie ein Mitteldarmsekret, das die Spinnfäden enzymatisch auflöst.

Auf Ceylon betätigt sich die Ameise *Camponotus rufiglauca* als Kleptoparasit. Bis zu drei Exemplare dieser Ameise lauern vor dem Nest des Gattungsgenossen *C. sericus.* Sobald sich eine heimkehrende *sericus*-Arbeiterin ihrem Nest nähert, stürzen sich die schnelleren und wendigeren Diebe auf sie und greifen an. Die Angegriffene wehrt sich nicht und bleibt entweder regungslos stehen oder kugelt sich kurz zusammen, läßt aber auf jeden Fall ihre mitgebrachte Beute fallen. Diese wird von den Wegelagerern ergriffen und in das eigene Nest getragen. Allerdings können die Diebe nicht zwischen beladenen und unbeladenen Opfern unterscheiden, denn es wird auf jeden Fall angegriffen. Auch die Züge der kleinen Wanderameise *Aenictus fergusoni* belauert und überfällt man am Rande der stark belaufenen Spur.

Literatur: Bergmann 1960, Bürgis 1984, Brockmann & Barnard 1979, Dorst 1971, Dumpert 1978, Erz 1960, Foelix 1979, Kullmann 1960a, b, c, Kullmann & Stern 1981, Nyffeler & Benz 1980, Robinson & Robinson 1977, Rothschild & Clay 1952, Vollrath 1976, 1977, 1984.

6. Ektoparasitismus

Ektoparasiten schmarotzen auf ihrem Wirt. Doch manchmal gibt es Fälle, wo schwer zu entscheiden ist, ob noch Ekto- oder schon Endoparasitismus vorliegt. Temporäre Ektoparasiten suchen ihren Wirt zum Parasitieren auf, um ihn dann wieder zu verlassen, stationäre Ektoparasiten verbringen ihr ganzes Leben auf ihm.

Aus der Putzsymbiose wird Ektoparasitismus

Es gibt Vögel, die Großwild oder Hausvieh von Hautschmarotzern befreien – eine Putzsymbiose.

In den Steppen südlich der Sahara widmen sich Gelbschnabelmadenhacker *(Buphagus africanus)* und Rotschnabelmadenhacker *(B. erythrorhynchus)* dieser Tätigkeit. An den Großsäugern, Büffeln, Nashörnern, Giraffen und anderen, klettern sie wie Spechte an einem Baum herum und entfernen mit ihrem kurzen, gedrungenen Schnabel ektoparasitische Gliederfüßer (Arthropoden). Sie hacken vor allem Dasselbeulen (s. S. 214) auf („Madenhacker"), und haben bei dieser Tätigkeit im wahrsten Sinne des Wortes „Blut geleckt". Sie sind nämlich dazu übergegangen, ihren Kunden Wunden in die Haut zu reißen, diese offen zu halten und Blut und Fleisch zu genießen. Damit artet die Putzsymbiose zum Ektoparasitismus aus.

Literatur: Matthes 1978.

Vampire schlecken Blut

Die echten Vampir-Fledermäuse (Desmodontidae) gibt es nur in Südamerika. *Desmodus rotundus* ist von Mexiko bis Paraguay und Nordchile verbreitet. Er ist 7 cm groß. Eine noch kleinere Art ist *Diphylla ecaudata,* die in Brasilien vorkommt.

Die Vampire schmarotzen an Tieren, die über Nacht im Freien bleiben, an Pferden, Maultieren, Rindern, Ziegen, Schafen, Hunden und Hausgeflügel. Auch der schlafende Mensch wird nicht verschont. Sie fliegen den Wirt lautlos an und setzen sich meist völlig unbemerkt an ihm fest, denn Hautpolster an ihren Handgelenken und Fußsohlen ermöglichen ein leichtes und leises Aufsetzen der Gliedmaßen.

Die beiden großen Schneidezähne des Oberkiefers sind messerscharf und auch die langen und schmalen Eckzähne haben sowohl eine scharfe Spitze, als auch eine nach innen gerichtete Schneidefläche. Der Wirt empfindet kaum Schmerz, wenn die Fledermaus blitzschnell eine 4 mm tiefe Wunde herausschneidet, aus der viel Blut strömt, das nicht aufgesaugt, sondern mit der Zunge aufgeleckt wird. Der Magen der Vampire ist ein langer, darmartiger und mehrmals gewundener Schlauch von beachtlicher Dehnbarkeit. Deshalb kann das Tier auch eine so große Blutmenge aufnehmen, daß es kaum wieder wegfliegen kann. Bei großen Haustieren ist der Blutverlust nicht übermäßig hoch. Mit dem Biß können jedoch Krankheiten übertragen werden, z. B. die Tollwut.

Literatur: Eisentraut 1968, Petzsch 1967.

Ektoparasit und Räuber: das Neunauge

Die in der Ordnung Petromyzoniformes vereinigten Neunaugen gehören zu den kieferlosen Wirbeltieren, den Agnatha, denen ein typischer Gesichtsschädel und damit auch Ober- und Unterkiefer fehlen.

Die Neunaugen verdanken ihren Namen ungenauer Beobachtung. Man hatte neben den eigentlichen Augen auch die unpaare Nasenöffnung und die sieben punktförmigen Kiemenspalten für Augen gehalten. Der Lebenszyklus dieser aalförmigen Tiere umfaßt eine lange larvale Periode und ein kürzeres Erwachsenendasein. Die Larven (Querder, Ammocoeten) sind Filtrierer, entwickeln sich im Süßwasser und verwandeln sich hier in erwachsene Tiere, die als Lamprete oder Pricke bezeichnet werden. Die jungen Lampreten wandern dann flußabwärts ins Meer und nehmen an Fischen, die sie durch den Geruchssinn finden, ihre Nahrung auf. Zum Laichen wandern sie in das Süßwasser zurück und gehen danach zugrunde.

Das charakteristischste Organ der Neunaugen ist ihr Mundsaugnapf (Bild 16), der sich mit schräg nach unten gerichteter Öffnung vorn am Körper befindet. In dieser trichterartigen Vertiefung stehen regelmäßig verteilt Hornzähne, und ihren Rand umgibt ein dichter Kranz feiner Hautfortsätze. In der Mitte bildet die ebenfalls mit Hornzähnen bewaffnete Zunge einen Pfropfen. Eine reich entwickelte Muskulatur, u. a. ein großer Ringmuskel, ermöglicht eine Verengung oder Vertiefung der Mundöffnung. Als Antagonisten wirken Knorpeleinlagerungen in der Wand des Mundes. Die Wirkung des Saugnapfes wird durch die Zunge verstärkt, die mit ihrem kolbenförmig verdickten Vorderende als Saugpumpe wirkt. In ihr liegt ein Knorpelstab, an dem Rückziehmuskeln ansetzen. Bei der Nahrungsaufnahme arbeiten die Hornzähne von Munddach und Zunge wie eine Raspel.

Dieser hochspezialisierte Mundapparat der Neunaugen führte zu der traditionellen Auffassung, daß die erwachsenen Tiere als Ektoparasiten Blut und Gewebeflüssigkeit von Fischen aufnehmen. Tatsächlich ist Blut bei den meisten Arten die Hauptnahrung. Aber ganz so einfach sind die Verhältnisse doch nicht.

Bild 16
Mundsaugnapf eines Neunauges (Aus STERBA 1952)

Das Flußneunauge *Lampetra fluviatilis* laicht im Frühjahr in Klarwasserbächen. Die jungen Querder bohren eine Röhre in den Gewässergrund, stecken den Kopf heraus und ernähren sich filtrierend. Im 3. Jahr erfolgt dann die Verwandlung in die Lamprete, bei der sich das Saugmaul ausbildet. Diese erwachsenen Tiere wandern ins Meer und suchen sich dort Heringe, Dorsche, Seeforellen und Flundern, an deren Körperwand sie sich ansaugen und mit der Zunge Löcher durch die Muskulatur bis in die Leibeshöhle raspeln. Sie sind in der Lage, gleichzeitig Blut und Gewebefetzen einzusaugen. Obwohl Blut die Hauptnahrung ist, werden so schwere Verletzungen verursacht, daß nur größere Fische diese

Prozedur überleben. Hat das Flußneunauge ungefähr 50 cm Länge und 200 g Gewicht erreicht, stellt es die Nahrungsaufnahme ein, und die Rückwanderung zum Laichen beginnt. Das Meeresneunauge *Petromyzon marinus* zeigt die gleiche Form der Ernährung, die man als halb ektoparasitisch und halb räuberisch bezeichnen müßte.

Von *Lampetra japonica* wird berichtet, daß sie ganze Organe aus dem Fisch reißt. *L. tridentata* dagegen ist wohl ein echter Ektoparasit, da sie am Wal saugt und nur 1 cm tief in dessen Speck einzudringen vermag.

Eng mit dem Flußneunauge verwandt ist das Bachneunauge *L. planeri.* Allerdings hat es die Wanderung ins Meer abgeschafft und ernährt sich äußerst harmlos von Kleintieren.

Neunaugen haben paarige Buccaldrüsen, die ein cytolytisches und antikoagulierendes Sekret abscheiden. Sie werden zurückgebildet, wenn das erwachsene Tier die Nahrungsaufnahme eingestellt hat. Dem Status solcher rückgebildeter Buccaldrüsen entsprechen diese Organe bei der nichtparasitären *L. planeri.*

Da das Saugmaul der Neunaugen ein geradezu ideales Ektoparasitenorgan ist, darf man annehmen, daß diese Tiere zunächst Außenschmarotzer sind, die dann räuberisch „über die Stränge schlagen".

Literatur: Ankel 1929, Hardisty & Potter 1971, Lethbridge, Potter, Bray & Hilliard 1983, Marshall 1965, Norman 1966, Sterba 1952, 1967.

Vom Blutlecker zum temporären Ektoparasiten

Unter den echten Fliegen (Muscidae) gibt es Liebhaber süßer Säfte, Blutauflecker und echte Ektoparasiten, die in beiden Geschlechtern Blut saugen.

Musca autumnalis sitzt am Kopf weidender Rinder, wobei mehrere Individuen saugende Bremsen oder Stechfliegen umdrängen, sie zur Seite stoßen und dann das Blut an der Stichwunde auflecken. *M. lineata* verhält sich ähnlich. Beide Arten suchen auch andere Hautwunden des Rindes auf. *M. crassirostris* hat an ihren Labellen Zähnchen, mit denen sie eine Wunde kratzt, um dann das Blut nach Fliegenart kapillar aufzunehmen.

Der 8 mm große Wadenstecher *Stomoxys calcitrans* hat einen aus Oberlippe (Labrum), Hypopharynx und Unterlippe (Labium) gebildeten dünnen Stechrüssel, der in Ruhe nach vorn gestreckt wird. Mit den zugespitzten und mit scharfen Zähnen besetzten Labellen der Unterlippe wird die Haut des Opfers durchbohrt. Der deutsche Name dieser Fliege verrät schon, daß mit Vorliebe in die Beine gestochen wird. Wirte der Fliege sind Pferd, Rind und Mensch, bei dem der schmerzhafte Stich auch die Strümpfe durchdringt. Gelegentlich wird auch an Vögeln und Kriechtieren (Reptilien) gesaugt. *Stomoxys* tritt vor allem im Spätsommer und Herbst in Rinderställen auf, kommt auch in menschliche Wohnungen, aber nur selten ins Freie. Jeden 2. bis 3. Tag wird 8 bis 9 Minuten gesaugt. Das Weibchen legt ungefähr 20 mal 60 bis 100 Eier, meist auf Misthaufen, in denen die Larve lebt, und nach 2 bis 3 Wochen das fertige Insekt aus der Puppe schlüpft. Die Anwesenheit eines Männchens soll stimulierend auf die Eiablage wirken.

Fast schon ein stationärer Ektoparasit ist die nur 3 bis 4 mm lange Hornfliege *Haematobia irritans,* die im Sommer zu Hunderten auf weidenden Rindern sitzt, die nur von den Weibchen zur Eiablage auf den Kuhfladen verlassen werden. Nachts ruht die Fliege auf den Hörnern ihres Blutspenders – daher ihr Name. Bei starkem Befall kann der Milchertrag der Kuh um 50% sinken.

Auch für die Weidefliege *H. stimulans* ist das Rind der Hauptwirt. Da ihre Vorzugstemperatur bei etwa 8 °C liegt, ist der Befall im Frühjahr und im Herbst am stärksten. Bei der Blutaufnahme, die 3 bis 4 Minuten dauert, wird die Stichstelle mehrmals gewechselt.

Literatur: Askew 1971, Hiepe & Ribbeck 1982, Kaestner 1973, Martini 1946, Schumann 1968.

Tsetse-Fliegen und Bremsen

Auch bei den Tsetse-Fliegen, den Glossinen, saugen beide Geschlechter Blut, wobei die Weibchen allerdings stechlustiger sind als die Männchen. Ihre stechend-saugenden Mundwerkzeuge entsprechen denen von *Stomosys*, nur ist die Unterlippe wesentlich dünner. Glossinen sind Zwischenwirte der Trypanosomen, welche die Schlafkrankheit des Menschen und die Nagana von Haustieren verursachen. Man kennt 22 *Glossina*-Arten, die alle daran zu erkennen sind, daß die Flügel in Ruhestellung übereinander und parallel zum Körper liegen. Ihr Vorkommen ist auf Afrika beschränkt. Fossilfunde am Florissant See in Colorado beweisen allerdings, daß es vor 20 Millionen Jahren Tsetse-Fliegen auch in der Neuen Welt gab.

Die Heimat dieser Fliegen umfaßt beiderseits des Äquators mehr als die Hälfte des tropischen Afrikas. Innerhalb dieses Areals bevorzugen die verschiedenen Arten ganz bestimmte Landschaftstypen. So leben die tagaktiven, Säugetiere und Mensch stechenden Arten *G. tachinoides*, *G. morsitans* und *G. swynnertoni* in der Savanne, *G. palpalis* in Regen- und feuchten Galeriewäldern. Letztere lebt zusammen mit *G. tachinoides* in Westafrika, *G. morsitans* kommt in Ost- und Zentralafrika vor, *G. swynnertoni* ist Ostafrikabewohner. Alle diese Arten sind tagaktiv; nachtaktiv ist lediglich die am Buschbock saugende *G. fusca*.

Der Blutspender wird aus 50 bis 100 m Entfernung durch den Gesichtssinn gefunden. Dunkle Objekte werden bevorzugt – auch Einheimische vor Weißen – und pfeilschnell angeflogen. Der Saugvorgang dauert 1 bis 2 Minuten. Durch das aufgenommene Blut hat sich dann das Gewicht des Tieres mehr als verdoppelt. Alle 3 bis 4 Tage wird gesaugt und dazwischen in einem schattigen Schlupfwinkel verdaut.

Es herrscht Larviparie: Das Ei gelangt aus der Eiröhre in die zu einem Uterus erweiterte Vagina. Dort sprengt dann die Junglarve die Eihülle, schlüpft und ernährt sich vom Sekret der vorhandenen Milchdrüsen. Nach zwei Häutungen kommt die Larve zur Welt, gräbt sich einige Zentimeter in den Boden ein und häutet sich innerhalb von wenigen Stunden zur Tönnchenpuppe. Einen Monat später sprengt die junge Fliege mit ihrer Stirnblase den Deckel der Tonne und arbeitet sich zur Erdoberfläche empor. Bei einer Lebensdauer von 6 bis 12 Wochen gebiert das Weibchen höchstens 9 Larven. Diese niedrige Zahl bedingt auch eine geringe Individuendichte. Häufig kommen nur 200 Tiere auf einen Quadratkilometer.

Sowohl Larven als auch die fertigen Tiere beherbergen im Darm intrazellulär symbiontische Bakterien als Vitaminlieferanten. Diese werden über das Milchdrüsensekret weitergegeben.

Es ist offenbar ein weit verbreiteter Irrtum, daß das Streifenmuster der Zebras diese Tiere durch Auflösung der Körperformen den Augen von Löwen, Leoparden und Wildhunden entzieht. Zebras bilden in der Savanne Gruppen oder Herden, die meilenweit zu sehen sind. Als man nun in Afrika Großtiere auf den Befall mit dem Erreger der Nagana-Seuche untersuchte, waren Zebras überraschender Weise wenig oder gar nicht befallen. Die Glossinen fliegen meist in den heißen Mittagsstunden. Der Savannenwind würde eine geruchliche Orientierung verhindern, und da die Luft um diese Zeit die Körpertemperatur der Großsäuger erreicht, könnte auch eine Wärmestrahlung die Fliegen nicht zu ihren Blutspendern führen. Die Wirtsfindung ist deshalb rein optisch, und die Fliegen brummen zunächst auf jeden dunklen Fleck los. Ihre Komplexaugen sind zwar gut für das Bewegungssehen, bilden aber Formen nur unscharf ab. Wenn die Tsetse-Fliege an ein Zebra heranfliegt, dürfte das Streifenmuster das von den Komplexaugen zusammengesetzte Bild immer mehr zerlegen. So wird die ursprünglich wahrgenommene Silhuette immer unschärfer, und schließlich löst sich das Zebra optisch auf. Der getäuschte Blutsauger dreht ab.

Die Zebras sind im Verbreitungsgebiet der Glossinen die einzigen Vertreter der Pferdefamilie. Sie müssen ständig weiden, während die Widerkäuer sich bei ihren Kaupausen hinlegen und dann für die Fliegen kein Anflugauslöser mehr sind. So ist es denkbark, daß die Zebras im Laufe ihrer Stammesentwicklung die Streifung als Gegenmaßnahme entwickelten.

Die Bremsen (Tabanidae) sind eine primitive Fliegengruppe, die noch verwandtschaftliche Beziehungen zu den Mücken zeigt. Man erkennt sie am breiten Kopf und ihren nach vorn gerichteten, dreigliedrigen Fühlern, deren drittes Glied noch zusätzlich unterteilt ist. Von den ca. 3000 Arten leben die meisten in den Tropen. In Mitteleuropa (ca. 100 Arten) sind die Bremsen Insekten des Hochsommers. Während sich die Männchen von Blütenstaub und Nektar ernähren, saugen die Weibchen Blut. Aber auch diese Blutsauger nehmen zusätzlich pflanzliche Nahrung auf, und es gibt sogar Arten, bei denen beide Geschlechter reine „Vegetarier" sind. Welche von den beiden sehr unterschiedlichen Ernährungsweisen die ursprüngliche ist, weiß man nicht genau. In der Unterfamilie der Pangoniinae erreicht der enorm verlängerte Rüssel 2–3 fache Körperlänge, so daß Nektar aus tiefen Röhrenblüten aufgenommen werden kann. Gelegentlich saugen aber auch die Weibchen solcher Arten Blut.

Der Stechapparat der weiblichen Bremsen besteht aus der stilettartigen Oberlippe (Labrum), dem Hypopharynx, dem Oberkiefer (Mandibeln) und den paarigen Außenladen der Unterkiefer (Maxillen). Die Spitzen beider Paare sind gezähnt. Die umhüllende weiche Unterlippe (Labium) wird nicht mit eingestochen. Obwohl die Oberlippe nur leicht eingerollt ist, funktioniert sie trotzdem als Nahrungsrohr, da sich die plattenförmigen Oberkiefer seiner Rückseite anlegen. Durch den Hypopharynx zieht der recht weite Ausführgang der Speicheldrüsen, deren Sekret, das gerinnungshemmende Tabanin, ein saures hochmolekulares Polypeptid, enthält. Beim Stich werden Blutgefäße verletzt, so daß es zu Blutansammlungen kommt („Poolfeeder") und die Stichwunde nachblutet. Beim Anstechen der Haut treffen die massiven Mundwerkzeuge häufig Nervenfasern, und ein heftiger Stichschmerz ist die Folge.

Die Gesamtentwicklungsdauer der Bremsen beträgt im Durchschnitt ein Jahr. Die meisten Arten haben nur eine Generation. Überwinterungsfähig sind nur die Larven. Die Weibchen legen 100 bis 800 spindelförmige Eier in Schichten am Boden, an Pflanzen oder am Rande von Gewässern ab. So leben auch die Larven im Boden, an Gewässern oder auf deren Grund. Sie atmen vorwiegend durch die Haut und ernähren sich räuberisch von Würmern, Insektenlarven und Schnecken, die sie mit einem Gift töten, das aus einem Kanal in den kräftigen Kiefern tritt. Die Larven machen sieben Stadien durch und ähneln auch hierin mehr den Mücken als den höheren Fliegen, die nur drei Larvenstadien haben. Die im Wasser lebenden Larven wandern zur Verpuppung an Land.

Tabaniden haben ihre Hauptflugzeit an warmen und schwülen Tagen und finden ihre Blutspender zunächst optisch. Die Regenbremse *Chrysozona pluvialis* läßt sich bei schwülem Gewitterwetter auch durch leichten Regen nicht am Stechen hindern. In Freibädern kann diese „Gewitterfliege“ zur Qual werden. Als Saugstellen bevorzugt sie beim Menschen Arme, Hände und Oberschenkel. Auch das Vieh wird von ihr gestochen. Die Eier legt die Regenbremse an Wiesenpflanzen.

Die Rinderbremse *Tabanus bovis* nimmt bei einem Saugakt etwa 0,2 ml Blut auf. Bei starkem Bremsenvorkommen kann der Wirt pro Tag 100 bis 300 ml Blut verlieren, und es kommt zu einer Herabsetzung von Milch-, Fleisch- und Arbeitsleistung. *T. bovis* ist wie alle Bremsen ein geschickter und schneller Flieger. Man hat bei ihr eine Fluggeschwindigkeit von 50 km/h gemessen. Eine andere Art, *T. sudeticus*, ist mit 25 mm Länge die größte Fliege Mitteleuropas.

Bremsen sind Überträger von Viren, Bakterien und Protozoen. Von großer Bedeutung sind sie als Zwischenwirte von Filarien. So ist die Mangrovenfliege *Chrysops dimidiata* Zwischenwirt von *Loa loa* (s. S. 137). *Chrysops*-Arten gibt es auch in unseren Breiten. An sonnigen Tagen werden sie in freiem oder parkähnlichem Gelände aktiv und saugen beim Menschen bevorzugt an Kopf und Hals.

Das Weibchen der in Amerika vorkommenmden *Goniops chrysocoma* übt Brutpflege aus, indem es sich (bis zu seinem Tode?) auf das Eigelege setzt. Vermutlich schützt es dadurch die Nachkommenschaft vor Schlupfwespen, die Tabanidenlarven stark parasitieren.

Auch auf den Galapagos-Inseln gibt es eine Bremsenart. Diese *T. vittiger* saugt an Schildkröten und Leguanen. Ihre Larven entwickeln sich im Anspülicht des Meeres. Man nimmt an, daß Larven dieser Tabanide durch die westwärts gerichtete Meeresströmung von der südamerikanischen Küste durch Treibgut zu den Inseln gelangten. Dies geschah noch ehe der Mensch und seine Haustiere dort erschienen.

Literatur: Askew 1971, Hiepe & Ribbeck 1982, Jacobs & Renner 1974, Kaestner 1973, Martini 1946, Reichholf 1983, Scherf 1985, Schumann 1968, Seifert 1970, Tischler 1982.

Lebendgebärende Fliegen schmarotzen temporär und stationär

Die drei kleinen parasitischen Dipterenfamilien Streblidae, Hippoboscidae (Lausfliegen) und Nycteribiidae vereinigt man zur Gruppe der Pupiparen. Dieser von Latreille geprägte Name ist jedoch irreführend. Wie auch die Glossinen, sind die Angehörigen dieser Familien lebendgebärend – sie bringen Larven des dritten und letzten Stadiums zur Welt, so daß hier Larviparie und nicht Pupiparie vorliegt. In einem Uterusabschnitt der Vagina entwickelt sich das Ei zur Larve, die das Chorion und später die Exuvien abstreift und an die Vaginalwand preßt. Atemluft erhält die Larve durch die mütterliche Geschlechtsöffnung, in deren Nähe ihr Atemloch tragendes Hinterende liegt. Am Anfang ihrer Entwicklung genügt wahrscheinlich schon der Gasaustausch mit der von Tracheen reichlich versorgten Vaginalwand. Ernährt wird die Larve durch das milchige Sekret zweier großer mütterlicher Nährdrüsen, das aus einer Papille austritt und unter Pumpbewegungen von der Larve geschluckt wird. Die Fruchtbarkeit der Pupiparen ist gering. Durchschnittlich wird alle sechs oder sieben Tage eine Larve abgelegt. Da sie sich sehr schnell zur Puppe entwickelt, bestehen die mit einem längeren Larvenleben verbundenen Risiken nicht.

Die Streblidae sind nur wenige Millimeter große, geflügelte Dipteren, die als ektoparasitische Blutsauger auf Fledermäusen leben. Ein Familienmitglied ist allerdings zum Endoparasiten geworden (s. S. 46). Am Wirt werden die Flügel gefaltet, damit diese beim Weg durch das Fell nicht stören. Stachelkämme (Ctenidien) am Kopf dienen der Verankerung. Die Schmarotzer sind nicht wirtsspezifisch, sondern an das Vorkommen der Fledermäuse gebunden. So haben am gemeinsamen Schlafplatz verschiedene Fledermausarten die gleiche Streblidenart. Es gibt diese Fliegen vorwiegend in der Neuen Welt in Ländern zwischen 40° nördlicher und südlicher Breite, also dort, wo ständig hohe Temperaturen herrschen. Die Fledermäuse brauchen hier keinen Winterschlaf, an den sich zu adaptieren den Strebliden offenbar nicht gelang.

Die Familie der Hippoboscidae umfaßt 197 Arten, die sich auf 21 Gattungen verteilen. In Europa gibt es 25 Arten. Beide Geschlechter saugen Blut, Wirte sind Säuger und Vögel. Dabei sind Säugerlausfliegen wirtsspezifischer als Vogellausfliegen. Da es flugfähige und flugunfähige Arten gibt, ist es nahezu selbstverständlich, das Letztere die wirtsspezifischeren sind. Auch daß Rückbildungen an den Lichtsinnesorganen mit dem Flugverlust parallel laufen, nimmt nicht Wunder.

Die Angehörigen der Gattung *Hippobosca* können gut fliegen und schmarotzen auf Huftieren (Ungulata). Nur *H. struthiornis* hat sich auf den Vogel Strauß spezialisiert, der für das Insekt eine gefiederte Gazelle sein dürfte. Die 9 mm große Pferdelausfliege *H. equina* befällt gelegentlich auch Rind, Hund und Mensch. Bei ihrem richtigen Wirt bevorzugt sie unbehaarte Hautpartien wie After, Vulva und Schenkelinnenfläche. Als durchaus noch temporärer Parasit verläßt sie nachts oder bei starkem Regen den Wirtskörper und begibt sich an die Unterseite von Farnblättern. Ihre Saugmahlzeit dauert ungefähr 15 Minuten. In den Mittelmeerländern werden Hunde von *H. longipennis* heimgesucht. Diese „Hundsfliege“ wird bereits in griechischer Literatur der Antike erwähnt.

Die Waldgebiete bevorzugende Hirschlausfliege *Lipoptena cervi* (4,8 bis 5,8 mm groß) befällt Hirsche, Rehe, Gemsen, Dachse und sticht auch den Menschen, der sie offenbar durch seine Bewegung anlockt. Wenn das Weibchen sich auf einem Wirt festgesetzt hat, wirft es an einer vorgebildeten Bruchstelle die Flügel ab. Die Ablösung eines Flügels dauert 24 Stunden. Nach dem ersten Flügel wird der zweite ein paar Tage später abgeworfen. Ein Reiben am Wirtsfell unterstützt diese Prozedur. Die vom Weibchen abgelegte Larve fällt auf den Erdboden, kann aber auch in den Fellhaaren festgeheftet bleiben – vielleicht ein erster Schritt zum stationären Außenschmarotzer. Auch der weibliche Flügelabwurf deutet in diese Evolutionsrichtung.

Ein wirklich stationärer Ektoparasit ist die völlig flügellose Schaflausfliege *Melophagus ovinus*, die zuweilen auch an Ziegen vorkommt. Ihre bevorzugten Saugplätze sind Hals, Brustbereich und seitliche Bauchwand. Bei der Wahl der Saugstellen spielen jedoch auch Jahreszeiten, Temperatur und Lichtintensität eine Rolle. An warmen Tagen halten sich die Tiere gern an der Oberfläche des Vlieses auf, wenn es kälter ist, kriechen sie tiefer. 3 bis 4 Tage nachdem es geschlüpft ist, wird das Weibchen begattet. Nach 14 Tagen kann es die erste Larve entlassen, die nach 10 Stunden zur Puppe geworden ist. Diese haftet mittels eines Klebesekretes an der Wolle. Je nach den Temperaturverhältnissen dauert die Puppenruhe 19 bis 36 Tage. Während seines 4 bis 6 Monate währenden Lebens gebiert das Weibchen 10 bis 15 Larven. Blutmahlzeiten werden mehrmals täglich abgehalten und dauern ca. 40 Minuten. Schafe mit 10 Parasitenexemplaren sind noch gesund. Bei stärkerem Befall führt der Juckreiz zu Beunruhigung, was eine Verminderung von Fleisch- und Wollansatz zur Folge hat. Meist geschieht die Übertragung vom Muttertier auf das Lamm. Besonderes warme Tage, an denen sich *Melophagus* an der Oberfläche des Vlieses aufhält, sind dafür günstig.

Unter den Vogellausfliegen gibt es flugfähige und solche mit reduzierten Flügeln. So haben die auf Mauerseglern lebende *Crataerina pallida* und der Schwalbenschmarotzer *Stenepteryx hirundinis* stark verschmälerte Flügel, mit denen sie höchstens von Nest zu Nest gleiten können. Dafür vermag *Crataerina* nicht nur seitlich, sondern auch rückwärts zu laufen. Beide setzen ihre Larven im Vogelnest ab.

Wegen ihres guten Flugvermögens haben die Arten der Gattung *Orthomyia* einen großen Wirtskreis. Keineswegs wirtsspezifisch sind *O. avicularia*, *O. chloropus* und *O. fringillina.* Trotzdem haben sie kaum gemeinsame Wirte, da sie ökologisch spezialisiert sind. Bei planmäßigen Untersuchungen fand man 66% der *O. aviculare*-Individuen auf Waldvögeln, 98% der *O. chloropus*-Exemplare besiedelten Moorvögel und von *O. fringillina* saß ein Anteil von 90% auf Vögeln der Baumhecken. *Orthomyia*-Arten parasitieren vorwiegend auf Jungvögeln, aber nicht auf Nestlingen. Die Larven fallen meist auf Erde oder Streu, nur selten in das Nest. Ungefähr in der Mitte des Sommers, wenn es viele junge Vögel gibt, schlüpfen die Fliegen aus der Puppe.

Symbontische Bakterien finden sich in den Epithelzellen eines begrenzten Mitteldarmabschnittes. Die Symbionten mancher Arten liegen bei den Larven sogar noch extrazellulär. Bei *O. avicularia* entdeckte man ein paariges Symbiontenorgan (Mycetom) zwischen Epithel und Muskulatur des Darmes. Die Infektion der Nachkommenschaft wird dadurch gewährleistet, daß die Bakterien durch die Darmwand in die „Milchdrüse" wandern und über deren Nährsekret in die Larven gelangen.

Zweiflügler, die in Anpassung an die stationär ektoparasitische Lebensweise eine so starke Umgestaltung erfuhren, daß sie ihr Fliegenaussehen völlig verloren, sind die Nycteribiidae. Diese Fledermausparasiten werden höchstens 5 mm groß, sind flügellos und haben lange stachelige Beine mit großen Krallen, einen kleinen Kopf und auch einen kleinen Brustabschnitt, da keine Flugmuskulatur mehr gebraucht wird. Stark rückgebildet sind auch die Augen, und von der Fliegenorganisation blieben eigentlich nur die Schwingkölbchen (Halteren). Ihr zweifellos spinnenähnliches Aussehen brachte ihnen den Namen „Spinnenfliegen" ein (Bild 17). Mit den starken Beinen hängen sie meist reglos im Fell der Fledermaus, und auch bei ihnen sorgen Stachelkämme dafür, daß sie nicht aus dem Haarwald zurückgleiten.

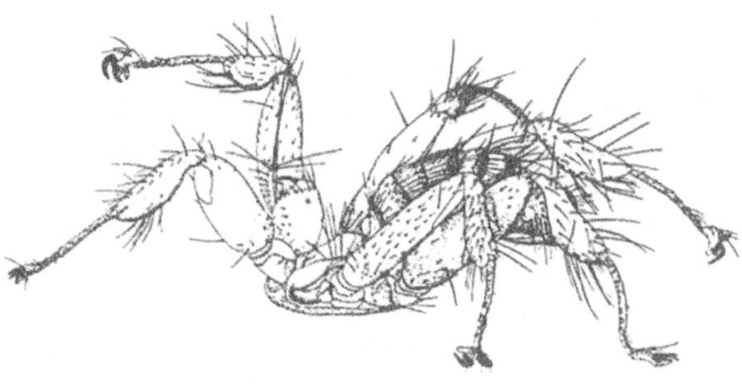

Bild 17
Spinnenfliege (Aus NUSSBAUM 1960)

Bei der Blutaufnahme mit den stechend-saugenden Mundwerkzeugen wird der Kopf nach vorn gelegt, so daß er weit über den Vorderrand der Brust hinausragt. Auf der Unterseite des Kopfes tritt der Stechrüssel hervor und wird in die Haut der Fledermaus eingeführt. Die Brust ist beim Saugen leicht nach vorn geneigt und der Hinterleib von der Unterlage abgehoben und nach oben gestellt. Bewegen sich die gewandten Tiere auf der Oberfläche des Haarkleides, steht der Kopf senkrecht auf der Brust, und die letzten Fußglieder werden fast rechtwinklig umgeknickt zur Unterlage gehalten. Im Gegensatz zu dieser „Laufstellung" werden in der „Fang- oder Lauerstellung" die Vorderbeine hoch und nach vorn gehalten, so daß sie als Greifwerkzeuge funktionieren können. Wird eine Nycteribiide in dieser Fangstellung von einer Fledermaus berührt, klammert sie sich sofort fest. Bewegt sie sich zwischen den Fellhaaren, wird der Kopf in eine dorsale Grube des Brustabschnittes geklappt.

Gewandert wird von Fledermaus zu Fledermaus. Die Männchen vollziehen die Begattung, die zuweilen mehrere Stunden im „Laufschritt" ausgeübt werden soll, wenn die Wirte ihren Winterschlaf beendet haben. Die geborenen Larven klebt das Weibchen, die Fledermaus kurz verlassend, an eine Unterlage in unmittelbarer Nähe. Das aus der Puppe gekrochene Jungtier kann dann leicht zu Fuß einen Wirt erreichen.

Nycteribiiden gibt es vorwiegend in der Alten Welt. Die Angaben über die Zahl der existierenden Arten schwanken zwischen 195 und 256. Auf unseren einheimischen Fledermäusen leben 7 Arten. *Basilia nana* (Bild 17) kommt auf der Bechstein-Fledermaus *(Myotis bechsteinii)* und der Zwergfledermaus *(Pipistrellus pipistrellus)* vor. Weit verbreitete Arten zeigen keine Wirtsspezifität, andere sind auf bestimmte Fledermausgruppen spezialisiert. Grundsätzlich schmarotzt die Unterfamilie der Nycteribiinae an Micronchiropteren, die der Cyclopodiinae auf Megachiropteren. Es gibt auch Fledermausarten, auf denen verschiedene Nycteribiiden parasitieren. So leben auf der Langflügelfledermaus *Miniopterus schrebersi* 12 Arten der Gattung *Nycteribia*, 3 von *Stylidia* und 9 von *Penicillidia*. Vom Wirt entfernt, gehen die Fliegen nach einigen Stunden zugrunde.

Auch im Hinterleib der Nycteribiiden leben symbiontische Bakterien. Sie liegen in besonderen Zellen, den Mycetocyten, die gruppenweise oder mycetomartig vereinigt sind.

Literatur: Askew 1971, Buchner 1953, Füller 1958, Haarlovi 1964, Hiepe & Ribbeck 1982, Hill 1962, 1963, Jacobs & Renner 1974, Kaestner 1973, Martini 1949, Meisenheimer 1923, Nussbaum 1960, Rodhain & Bequaert 1916, Theodor & Oldroyd 1964, Weiss 1980.

Stechmücken und Gnitzen

Von den etwa 2500 Stechmückenarten leben 85% in tropischen Gebieten. Die Männchen dieser Culicidae zeigen meist ein eigenes Schwarmverhalten und sterben bald, nachdem sie ein am Flugton erkanntes Weibchen begattet haben. Während sie von Pflanzensäften leben, sind die Weibchen fast ausnahmslos Blutsauger, die nur geringe Wirtsspezifität zeigen. Die Frage, wie diese ihre Blutspender finden, ist noch nicht völlig geklärt. Hunger, optische und chemische Reize spielen offenbar bei der Fernorientierung eine Rolle, in geringerer Entfernung vom Wirt wirken Temperatur- und Feuchtigkeitsreize.

Die stechend-saugenden Mundwerkzeuge befinden sich in einem von der Unterlippe gebildeten offenen Gleitrohr, das vorn von der Oberlippe abgeschlossen wird. Diese bildet durch Einrollung und Verzahnung ihrer Ränder das in den Schlund (Pharynx) einmündende Nahrungsrohr. Oberkiefer und Innenladen (Lacinia) des Unterkiefers bilden die vier langen Stechborsten, die durch Muskulatur vor- und zurückgezogen werden können, um sich in den Blutspender hineinzusägen. Zwischen ihnen liegt der ebenfalls stechborstenartige, unpaare Hypopharynx, der vom Ausführgang der Speicheldrüsen durchzogen wird. Mit den am Ende der Unterlippe sitzenden, plattenartigen Unterlippentastern (Labellen) sucht die Mücke eine geeignete Stelle zum Einstich. Ist diese gefunden, wird der Rüssel aufgesetzt, und das Stechborstenbündel dringt in die Haut ein. Um eine ausreichende Stichtiefe zu erreichen, wird die Unterlippe nach hinten abgewinkelt, wodurch das Borstenbündel aus dem Gleitrohr heraustritt und nur noch von den Labellen umfaßt und geführt wird. Die Stechborsten können auch in einer bestimmten Tiefe abgebogen und sogar parallel zur Hautoberfläche bewegt werden. Haben die Stechborsten ein Blutgefäß erreicht, spritzt Speichel in die Wunde und drei Pumpen befördern das mit Speichelsekret vermischte Blut in den Mitteldarm. Der Speichel verhindert die Blutgerinnung und verursacht eine örtliche Entzündung des Zellgewebes, die mit Erweiterung der Blutgefäße verbunden ist. Dadurch wird die Blutzufuhr gefördert, und äußerlich kommt es zu einer Rötung der Stichstelle. Die Wirkung des Speichelgiftes wird als Schmerz empfunden. Nach der Blutmahlzeit zieht die Mücke durch Beindruck und Aufwärtsbewegung des Kopfes den Rüssel heraus. Bei einem Saugakt werden zwischen 2 und 10 mg Blut aufgenommen.

Die Blutnahrung ist für die Entwicklung der Eier notwendig. Diese werden in Portionen und immer nach einem Saugakt, dem die Verdauung des vorher aufgenommenen Blutes vorausging, abgelegt. Sogar von der Art des Blutes wird die Eiproduktion beeinflußt. Wenn man *Culex pipiens* mit Menschenblut füttert, ergaben 29 Eiablagen ca. 2000 Eier, bot man Blut von Kanarienvögeln, brachten 22 Ablagen die doppelte Eimenge. Bei *Aëdes aegypti* bleibt die Eiproduktion nach Genuß von Menschenblut deutlich hinter dem Ergebnis zurück, das dem Saugen an Reptilien und Amphibien folgt.

Im Wasser sprengt die Erstlarve mit einem Stirnhöcker (Eizahn) die Eihülle auf. *Culex*-Larven haben am Hinterende ein Atemrohr mit fünf Zipfeln, die sich sternförmig ausbreiten und die Larve am Oberflächenhäutchen des Wasserspiegels schräg aufhängen. Den *Anopheles*-Larven fehlt das Atemrohr. Horizontal im Wasser liegend atmen sie mit zwei dorsalen Atemöffnungen. Mückenlarven nehmen in der Regel mit einem propellerartigen Strudelorgan am Mund Mikroplankton auf. *Anopheles* dreht dabei den Kopf um 180°. Mit den Oberkiefern kann auch Aufwuchs abgeweidet werden. Nach ungefähr 2 bis 3 Wochen entsteht durch die 4. Häutung das Puppenstadium. Die Puppen schweben mit Hilfe von Luftkissen unter den Flügel- und Beinscheiden. Sie können sich durch Vertikalschläge des Hinterleibs fortbewegen und atmen durch Atemhörnchen an der Vorderbrust. Die Mücke schlüpft nach wenigen Tagen innerhalb von 7 bis 8 Minuten.

Die weiblichen Hausmücken, wie *Culex pipiens* und *Theobaldia annulata*, überwintern in den Behausungen des Menschen. Wenn sie diese im Frühjahr, nachdem sie Blut gesaugt haben, verlassen, stoßen sie auf menschennahe Gewässer wie Regentonnen, Gräben, Dachrinnen und Straßengullis. Die 150 bis 300 Eier eines Geleges schwimmen in einem kahnähnlichen Eischiffchen auf der Wasseroberfläche. Das Vorderende der Eier ist nach unten zum Wasser gerichtet, und die schlüpfenden Larven brauchen nur den Deckel der Eihülle aufzustoßen. Die Hausmücken saugen abends oder nachts an Mensch, Säugern und Vögeln.

Völlig anders leben die Wald- und Wiesenmücken der Gattung *Aëdes*, die für Mensch und Tier zur Plage werden können. Die Eier der Waldmücken, die eine derbe, widerstandsfähige Hülle haben, werden Mitte oder Ende Mai einzeln in ausgetrocknete Gräben oder

Tümpel gelegt. Das Weibchen stirbt dann bald und die Eier überdauern in der Trockenheit Sommer, Herbst und Winter. Erst wenn im Frühjahr des nächsten Jahres die Tümpel wieder Wasser führen und dieses die notwendige Mindestwärme erreicht hat, schlüpfen die Larven. Nach drei Wochen erfolgt die Häutung zur Puppe, und die in wenigen Tagen fertige Mücke wartet dann zum Ausschlüpfen auf warmes Wetter. Der längste Zeitabschnitt ist hier also dem Ei vorbehalten. Es gibt aber auch *Aëdes*-Arten (z.B. *A. rusticus*), deren Larven am Grunde von mit Herbstregen gefüllten Waldtümpeln überwintern. Wenn das Gewässer nicht bis zum Grunde durchfriert, kommen die Larven wieder zum Vorschein, wenn das Ei auftaut. In der Gattung *Aëdes* geschieht es auch, daß sich im Hochsommer noch eine zweite Generation entwickelt. Die einzelnen *Aëdes*-Arten – bei uns gibt es 7 – schlüpfen bei verschiedenen Wassertemperaturen, so daß der Wald immer mit Mücken bedacht ist. Einer dieser Plagegeister des Waldes, *A. geniculatus*, schlüpft in Baumhöhlengewässern. Das Weibchen klebt die Eier an die Wände der Baumhöhle. Durch herabrinnendes Regenwasser, das die Wanne füllt, werden sie hineingespült.

Vier weitere *Aëdes*-Arten repräsentieren die Wiesenmücken, deren Larven sich in Überschwemmungstümpeln entwickeln. Die Mückenplage beginnt dann zwei Wochen nach dem Hochwasser-Maximum. Während die Waldmücken den Wald nicht verlassen, wandern die Wiesenmücken abends und nachts oder an feuchten Tagen in das freie Land. Bei Nutztieren treten durch Beunruhigung und Blutentzug nicht unerhebliche Leistungsminderungen z.B. hinsichtlich Fleisch und Milch auf. In Kanada kamen sogar Rinder durch massiven Stechmückenbefall um. Wiesenmücken können auch in Ostseebädern zur Last werden, nämlich dann, wenn der Seewind das Meerwasser an die Küste drückt und einen Rückstau der Flüsse hervorruft. Durch dieses Drängwasser, oder aber auch nur durch reiche Niederschläge, entstehen dann geeignete Bruttümpel. Spezialisten für Salzwasser sind *A. detritus* und *A. dorsalis*. An der Felsenküste der Adria lebt in den Spritzwassertümpeln oder „rock-pools" Larve und Puppe von *A. mariae*. Da diese Felstümpel einerseits Verdunstung und andererseits Verdünnung durch Regenwasser ausgesetzt sind, müssen die Stadien dieser Mücke gegen starke Schwankungen des Salzgehaltes unempfindlich sein.

Aëdes-Arten können auch im hohen Norden massenhaft auftreten. Die Schneeschmelze füllt dort viele kleine Tümpel, deren noch gefrorener Boden ein Versickern des Wassers verhindert. Durch die isolierende Wirkung der Vegetation am Boden kann das Mückengewässer bis über 22 °C warm werden. Blutspender sind hier vor allem Wühlmäuse und Lemminge. Vielleicht ist in manchen Gegenden das Rentier der hauptsächliche Blutspender.

Zu den vielen Mückenarten, die Viren übertragen, gehört die Gelbfiebermücke *A. aegypti*. Ihr ursprünglicher Entwicklungsort sind Baumhöhlen. Nach Anschluß an menschliche Siedlungen werden die Eier in künstliche Wasserbecken mit festen Wänden gelegt. Von ihrer afrikanisch-südeuropäischen Heimat aus hat sich diese Mücke um den ganzen Tropengürtel der Erde ausgebreitet. So wurde der Bau des Panamakanals durch das Gelbfieber erheblich verzögert.

In Norddeutschland kann *Mansonia richardii* dem Menschen sehr lästig werden. Larve und Puppe dieser Mücke atmen auf merkwürdige Weise. Sie bohren am Grund vegetationsreicher Gewässer Wurzeltriebe und Sproßteile von Wasserpflanzen an und entnehmen ihnen Sauerstoff. Die Larve muß sich nach jeder Häutung neu in die Pflanze einbohren. Als Larve wird auch überwintert.

Von den Fiebermücken der Gattung *Anopheles* kennt man über 400 Arten. In Deutschland sind vor allem *A. maculipennis* und *A. bifurcatus* verbreitet. Die Eier dieser Mücken schwimmen einzeln mittels seitlicher, luftgefüllter Schwimmkammern. *A. maculipennis* legt die Eier an die Ränder sauberer Gewässer – Seen, Teichen, Weihern, Altwässern und Gräben. Die nachtaktiven Weibchen saugen an Großvieh und Mensch, gelegentlich auch an Vögeln. Sie überwintern in Scheunen, Ställen und Erdhöhlen. In vielen warmen Ländern ist *A. maculipennis* Wirt der Malariaerreger (s. S. 198). *A. bifurcatus* überwintert als Larve am Gewässergrund.

Die nur 0,5 bis 3 mm großen Gnitzen (Ceratopogonidae oder Heleidae) haben einen ziemlich kurzen, nach unten gehaltenen stechend-saugenden Rüssel. Ihre Männchen leben von Pflanzensäften, wobei sie Schirmblütler (Umbelliferen) bevorzugen. Nur bei wenigen Arten haben die Weibchen die gleiche Ernährungsweise, sonst sind sie Blutsauger, nur selten Räuber. Ihre Wirte sind vorwiegend Insekten, aber auch Regenwürmer und kaltblütige Wirbeltiere. Die Weibchen einiger Gattungen saugen abends und nachts an Vögeln, Säugetieren und auch am Menschen, für den der Stich recht schmerzhaft und tagelang spürbar ist.

Säugetierparasiten sind vor allem *Culicoides*-Arten. Eine von diesen, *C. anophalis,* zeigt als Hyperparasit, wie die Gnitzen vielleicht dereinst auf den Warmblüter-Geschmack kamen: Sie sticht in den Leib weiblicher Stechmücken und saugt den mit Blut gefüllten Darm aus. Das Weibchen von *Bezzia annulipes,* sticht während der Kopula ihren Partner an und frißt ihn via extraorale Verdauung auf.

Die Eier der Ceratopogoniden werden an Land, am Ufer von Gewässern oder unter Wasser abgelegt. Viele Arten scheiden mit den Eiern eine Gallerte ab. Ins Wasser gefallen, quillt diese auf, entweder zu kugel- oder walzenförmigen Klumpen oder zu langen Schnüren, die ein Volumen erreichen, das den mütterlichen Körper weit übertrifft. Bei Eiablage unter Wasser kriecht das Weibchen an einem Pflanzenstengel etwa 0,5 cm unter den Wasserspiegel, legt innerhalb von zwei Minuten seine Eier ab und erscheint, von Luftblasen unter den Flügeln getragen, wieder an der Oberfläche.

Die Larven, im Wasser oder am Lande lebend, ernähren sich pflanzlich oder räuberisch. Sie sind drehrund, schlank, beinlos und können einen unpaaren vorderen Fußstummel oder einen hinteren Nachschieber haben. Es gibt in Europa und Südostasien Larven, die in heißen Quellen bis 52 °C leben. Man kennt auch Pflanzengewässer, sogenannte Phytotelmen (z. B. Kannen von *Nepenthes* und *Sarracenia*) als Lebensraum von Gnitzenlarven.

Manche Arten haben zwei Generationen im Jahr. Die Überwinterung erfolgt meist als Larve.

Ceratopogoniden sind auch Überträger von Haemosporidiern und *Onchocerca*-Arten.

Literatur: Cheng 1986, Christophers 1960, Eidmann 1970, Hiepe & Ribbeck 1982, Horsfall 1955, Jacobs & Renner 1974, Kaestner 1973, Martini 1946, Matthes 1976, Mayer 1962, Peus 1950, Schumann 1968, Thienemann 1956, Wesenberg-Lund 1943, Woke 1937.

Schmetterlingsmücken

Die kleinen Schmetterlingsmücken (Psychodidae) teilt man in die Unterfamilien Psychodinae und Phlebotominae auf. Nur bei letzteren wird im weiblichen Geschlecht Blut gesaugt. Ihrer gelben Farbe wegen heißen die Phlebotominen auch Sandfliegen. Die ungefähr 3 mm großen Tiere sind in tropischen und subtropischen Gebieten der Alten Welt durch die Gattung *Phlebotomus,* in der Neuen Welt durch *Lutzomyia* vertreten.

Ihre Larven entwickeln sich vorwiegend in faulendem pflanzlichen Material. Die nachtaktiven Weibchen saugen in Abständen von wenigen Tagen Blut und legen nach jeder Mahlzeit ungefähr 20 Eier ab. Wirte sind Kaltblüter, Nager, Haustiere und Mensch. Sie können in solchen Massen auftreten, daß sie Mensch und Tier zur Verzweiflung bringen, weil sie auch durch die Maschen der Mückennetze kommen.

Phlebotomus papatasii überträgt einen Virus, der das Dreitagefieber (Papataci-Krankheit) hervorruft und *Leishmania tropica*, den Erreger der Hautleishmaniose des Menschen (s. S. 189). Die Mücken halten sich gern im Bau der Großen Wüstenmaus *(Rombomys opimus)* auf, vermehren sich dort und infizieren die Mäuse mit *Leishmania*. Da die Mückenweibchen den Bau auch verlassen und bis zu 1,5 km weit fliegen, können sie Menschen der Umgebung infizieren.

Hauptüberträger des Kala-Azar-Verursachers *L. donovani* (s. S. 188) ist *Phlebotomus argentipes*, *Lutzomyia*-Arten übertragen *Leishmania braziliensis*, die eine üble Schleimhauterkrankung des Menschen (s. S. 189) hervorruft.

Literatur: Cheng 1986, Dogiel 1963, Frank 1976, Kaestner 1973, Zumpt 1956.

Sie kommen aus Fließgewässern: Kriebelmücken

Wie kleine buckelige Fliegen sehen sie aus, die Form ihrer meist 11-gliedrigen Fühler verrät jedoch die Mücke. Beide Geschlechter dieser 2 bis 6 mm großen, dunkel gefärbten Kriebelmücken oder „black-flies" (Simuliidae oder Melusinidae), von denen es ca. 800 Arten gibt, holen sich Nahrung an offenen Pflanzennektarien, bei uns an *Salix*, *Pastinaca* und *Hedera*. Die Weibchen der meisten Arten jedoch, brauchen für die Entwicklung ihrer Eier Blutmahlzeiten. Diese werden mit Hilfe stechend-saugender Mundteile an Säugern oder Vögeln abgehalten.

Die Wirte werden optisch an ihrer Gestalt erkannt. Versuche mit beweglichen Sperrholzattrappen zeigten, daß die Blutspender nur angeflogen werden, wenn sie sich bewegen. *Wilhelmia equina* und *W. salopiensis* saugen an den Ohren von Pferden und Rindern, *Boophthora erythrocephala* an der Unterseite des Rumpfes. *Eusimulium latipes* parasitiert an Vögeln, die sich ebenfalls bewegen müssen, um angeflogen zu werden. Auch hier gaben Attrappenversuche Auskunft.

Die Kriebelmücken stechen nur im Freien und bei Tage. Da Ober- und Unterkiefer breit und flach sind, werden große Wunden gesetzt, die stets nachbluten. Der Schaden entsteht weniger durch Blutverlust, sondern durch die Wirkung des Speichels. Er hat für kurze Zeit eine anästhesierende Wirkung, führt zu juckender Quaddelbildung und löst Gewebe und Blutkapillaren auf, so daß aus einem Pool gesaugt wird. Der toxische Einfluß dieses Sekretes führt zu Schwellungen von Lymphknoten, Milz, Leber, Nieren und zu Lungen-Ödem. Herz und Atemzentrum werden geschädigt.

Bei Weidetieren kann Massenbefall innerhalb von 2 bis 48 Stunden zum Tod führen. 1934 starben in Jugoslawien nach einem Massenauftreten der „Kolumbatscher Mücke" *(Simulium colombaschense)* 11901 Stück Großvieh. Das Brutgebiet der Mücke lag in der Donau oberhalb des Eisernen Tores. Bei schwächerem Befall gehen Fleischansatz, Arbeitsleistung und Milchproduktion des befallenen Viehs zurück. In Neustadt am Rübenberg (Niedersachsen) treten durch die „Neustädter Mücke" *(Boophthora erythrocephala)* häufig Verluste unter dem Weidevieh auf.

Auch der Mensch empfindet den Stich schmerzhaft. Vor allem die Augen werden gern angefallen, und nach einem Angriff von 20 bis 30 Exemplaren tritt Fieber bis zu 40° ein. Besonders Kinder haben dann zu leiden. Die Weibchen legen ihre Eier – meist mehrere Hundert – an oder in Fließgewässer. Sie werden entweder im Flug abgeworfen, auf die Wasseroberfläche getupft oder am Ufer auf Wasserpflanzen in Wasserspiegelhöhe gelegt. Diese sind dann von einer zusammenhängenden, dicken Schicht brauner Eimassen bedeckt, die zahlreiche Weibchen gemeinsam ablegten. Die weiblichen Tiere mancher Arten gehen sogar unter Wasser und sitzen dann eierlegend von Luftblasen eingehüllt wie Perlen auf den Blättern.

Die geschlüpften, ca. 15 mm langen Larven haben keulenförmige Gestalt und stehen, mit ihrem verdickten Hinterende an der Unterlage befestigt, senkrecht eine neben der anderen. Mit Hilfe einer Spinndrüse überziehen sie vorher das Substrat mit Spinnfäden. Radiär angeordnete Häkchen und eine Saugnapffunktion des Hinterendes gewährleisten eine gute Verankerung. Einmalig ist bei diesen Larven der Nahrungserwerb. Auf der Oberlippe stehen an zwei schräg abgespreizten Fortsätzen je ein aus 25 bis 40 S-förmig gekrümmten Borsten zusammengesetzter Fächer. Diese feinen Gebilde werden gegen die Strömung gestellt, und es bleiben dann in diesen Filtern Detritus und Algen hängen. Die Fächer bewegen sich abwechselnd zu den Mundteilen, und ein Bürstenapparat der Oberkiefer kehrt die Nahrung ab. Zur Atmung dienen den Larven fingerförmige Tracheenkiemen des Enddarms, die nach außen gestülpt werden können. Ventral liegt dicht unter dem Larvenkopf ein unpaares, hakentragendes und kontraktiles Füßchen. Es ermöglicht durch Festhaken am Substrat ein Versetzen des Hinterendes und damit eine Fortbewegung nach Art der Spannerraupen.

Ganz besonders günstig für die Larvenentwicklung sind Stellen im Bach, die unterhalb von Seen oder größeren Staubezirken liegen, aus denen mit der Strömung viel Nahrung herbeigeführt wird. Es entwickeln sich dann dichte Larvenrasen. In einem lappländischen Seeausfluß zählte der unvergessene Joachim Illies einmal 946 Larven auf einer Fläche von 5 mal 5 cm. Das sind 378400 Individuen auf einem Quadratmeter Bachboden.

Vor der Verpuppung spinnt die Larve ein tütenförmiges, auf einer Unterlage befestigtes Gehäuse. Seine zunächst geschlossene Hülle öffnet sich nach der Verpuppung. Es ragen dann, stets gegen den Wasserstrom gerichtet, die mit einem Luftfilm überzogenen Röhrenkiemen der Puppe heraus. Diese ist durch Häkchen und Spinnfäden im Gehäuse verankert.

Die Mücke schlüpft unter Wasser und steigt, in eine Luftblase gehüllt, an die Wasseroberfläche. Die Hülle platzt, und das Tier steht trocken da, um sofort davonzufliegen. Der ganze Vorgang dauert fünf Sekunden.

Die männlichen Tiere tanzen im Sommer schon in den frühen Vormittagsstunden in kleinen oder großen Schwärmen, in welche die Weibchen zur Begattung fliegen. Es gibt sogar Arten, bei denen auch die Weibchen Schwärme bilden. Die Männchen der Gattung *Wilhelmia* sammeln sich unter einer optischen Marke (äußerste Zweigspitze eines Baumes, vorspringendes Dach) zum Schwarm. Der Abstand der zuoberst fliegenden Männchen von der Marke wird dadurch bestimmt, daß deren Bild zentral in den von beiden Komplexaugen dorsal eingesehenen Bereich fällt. Die Distanz von 60 cm wird nicht überschritten, so daß die Weibchen, welche die gleiche optische Marke anfliegen, trotz ihrer geringen Größe erkannt werden.

Manche Arten entwickeln mehrere Generationen im Jahr, Überwinterung ist als Ei, Larve oder Puppe möglich.

Ein Massenauftreten ist meist bei besonderen klimatischen Konstellationen gegeben. Hält z. B. im Frühjahr mehrere Tage warmes, trockenes Wetter an und sinkt dadurch der Spiegel der Brutgewässer schnell ab, so entstehen schlagartig riesige Schwärme, die dann über die erst vor kurzem aufgetriebenen Weidetiere herfallen. Wechseln jedoch sonnige und regnerisch-kühle Tage miteinander ab, erfolgt das Schlüpfen in kleinen Schüben, und das Vieh „gewöhnt" sich an die geringen Giftmengen. Ein späterer starker Befall wird dann besser überstanden, wobei es fraglich bleibt, ob es sich hier um eine echte Immunität handelt.

Einige *Simulium*-Arten sind Zwischenwirte tropischer Filarien (s. S. 136).

Literatur: Hiepe & Ribbeck 1982, Illies 1956, Joacobs & Renner 1974, Kaestner 1973, Martini 1946, Schumann 1968, Wenk & Schlörer 1963, Wesenberg-Lund 1943.

Flöhe – temporär und stationär

Flöhe (Siphonaptera oder Aphaniptera) sind flügellose Insekten mit einer vollkommenen Verwandlung, die nur als fertig entwickeltes Insekt Blut saugen. Im allgemeinen sind sie temporäre Ektoparasiten, es gibt jedoch Arten, deren Weibchen stationär schmarotzen oder sogar den Weg zum Endoparasitismus (s. S. 45) gefunden haben. Bei manchen Puppen sind noch Andeutungen von Flügelanlagen vorhanden, und man vermutet in Skorpionsfliegen (Mecoptera) ähnelnden Insekten, die sich von Pflanzen oder Gliederfüßern ernährten und deren Larven von Detritus lebten, die Vorfahren der Flöhe. Ursprünglich waren Flöhe reine Säugetierparasiten, bis dann eine Anzahl von Arten zu Vögeln überwechselten, was 16 mal in ihrer Stammesgeschichte geschah. Es gibt sogar eine Art, *Ceratophyllus lunatus*, die von Vögeln zu kleinen Säugern zurückkehrte. Bernsteineinschlüsse aus dem späten Tertiär (Oligozän) zeigen, daß die Flöhe vor 40 Millionen Jahren schon genauso aussahen wie heute.

Bekannt sind bisher 2237 Arten. Viele sind noch unentdeckt, und man schätzt als endgültige Zahl rund 3000. Vogelparasiten sind davon 6%, unter den Säugetierwirten stehen die Nagetiere mit 74% an der Spitze.

Im Gegensatz zu Läusen und Wanzen ist bei Flöhen der Körper seitlich abgeflacht (Bild 18) und ermöglicht dadurch in vortrefflicher Weise das Fortkommen in der Dichte des Pelzes oder Gefieders, das mit dem helmförmigen Kopf voran durchfurcht wird. Es gibt keine Vorsprünge, die über den glatten Körper ragen. Die Fühler können in tiefe Gruben eingeschlagen werden, und auch der in Ruhe schräg nach hinten gerichtete Stechrüssel liegt unter dem Kopf. Die einzelnen Körpersegmente schließen nahtlos aneinander. Sehr zahlreiche und teilweise lange und kräftige Borsten weisen alle nach hinten. Harte, kammartige Auswüchse des Chitinpanzers, die Ctenidien, verankern den Floh in Fell oder Gefieder, so daß ihm Kratzbewegungen gegen den Strich nichts anhaben können. Bei einigen Floharten konnte sogar ein Zusammenhang zwischen dem Haardurchmesser des Wirtstieres und dem Abstand der Ctenidienspitzen festgestellt werden. Diese Ctenidien befinden sich bei 40% der Arten an Kopf und Rückenplatte des ersten Brustsegments, bei weiteren 40% sind sie auf diese Brustplatte beschränkt, und 20% der Flöhe haben, wie der Menschenfloh, überhaupt keine Ctenidien. Zur Verankerung am Wirt dienen auch die Doppelkrallen der Beine. Jede dieser Krallen hat an ihrem Grund einen Nebenzahn, durch den ein Winkeleinschnitt gebildet wird, in den sich Haare oder Federstrahlen automatisch einschieben (Bild 19).

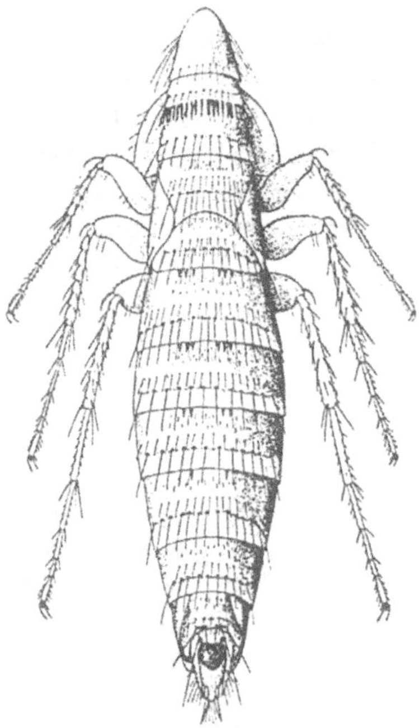

Bild 18 *Ceratophyllus gallinae* von oben (Aus PEUS 1953)

Bild 19 Flohbein (Aus PEUS 1953)

Beim Sprung wird vor allem das lange hintere Beinpaar, aber auch das mittlere betätigt. Der Floh macht sich sprungbereit, indem er Schenkelring und Schenkel der Hinterbeine, die eine mechanische Einheit bilden, im Hüft-Schenkelring-Gelenk bis fast in die Vertikale nach oben dreht. Beim Sprung wird dann der Schenkelring samt dem Schenkel blitzschnell um ungefähr 120° nach hinten-unten geschnellt. Der Rattenfloh *(Nosopsyllus fasciatus)* dreht sich beim Sprung um seine Körperquerachse und hebt oft das 2. oder 3. Beinpaar steil empor. Die Sprungleistung ist bei den einzelnen Arten verschieden. Menschen-, Hunde- und Katzenfloh erreichen eine Sprunghöhe von etwa 30 cm und eine Weite bis zu 50 cm. Fledermausflöhe springen kaum und wenn, dann mit einer nur schwach entwickelten Muskulatur sehr schlecht. Sie sind Kletterer, denn Sprünge zu ihren in Höhlen oder Dachböden hängenden Wirten könnten leicht das Ziel verfehlen und in der Tiefe enden. Flöhe von Mäusen und Schwalben laufen lieber.

Die wichtigsten Teile der stechend-saugenden Mundwerkzeuge sind die beiden an ihrer Spitze gezähnten Stechborsten, die als Innenladen der Unterkiefer aufzufassen sind und den unpaaren Epipharynx umschließen, der das Saug- oder Nahrungsrohr bildet. In den beiden Borsten verläuft je ein Speichelkanal. Umhüllt wird der Stechapparat von den an ihrer Innenseite rinnenförmig ausgehöhlten Unterlippentastern. Oberkiefer fehlen völlig, und die Oberlippe ist sehr klein. Mit den Kiefertastern, die an einem dicken, flügelförmigen Grundglied sitzen, betastet der hungrige Floh die Wirtshaut und legt dann den Rüssel nach vorn, bis er senkrecht steht und nicht mehr von den Tasterflügeln umfaßt wird. Dann dringen die drei Stechborsten so tief in den Wirt und damit in ein Äderchen ein, daß der Kopf und die zurückgeklappten Unterlippentaster der Haut unmittelbar aufliegen (Bild 20). Bei vielen Flöhen wird dieses Andrücken noch durch eine von Fühler zu Fühler ziehende Querfurche erleichtert, die den Kopf in sich beweglich macht. (Auch Polycteniden, Hippobosciden und Strebliden haben einen derart ‚zerbrochenen Kopf'.) Das durch eine Speichelpumpe herausbeförderte Speicheldrüsensekret (0,00004 mm^3 pro Stich) verhindert die Gerinnung des Blutes, das mit Hilfe zweier weiterer Pumpen in den Floh gelangt. Der Saugvorgang dauert durchschnittlich 1 bis 2, kann sich aber auch über 3 bis 4 Stunden hinziehen. Dabei übersteigt die bei einer Mahlzeit aufgenommene Blutmenge das Vielfache dessen, was zur Sättigung nötig ist. Dadurch ist das Fassungsvermögen des Verdauungstraktes überfordert, und es wird nur anfangs verdautes Blut als Kot abgegeben, später verläßt es unverdaut den After.

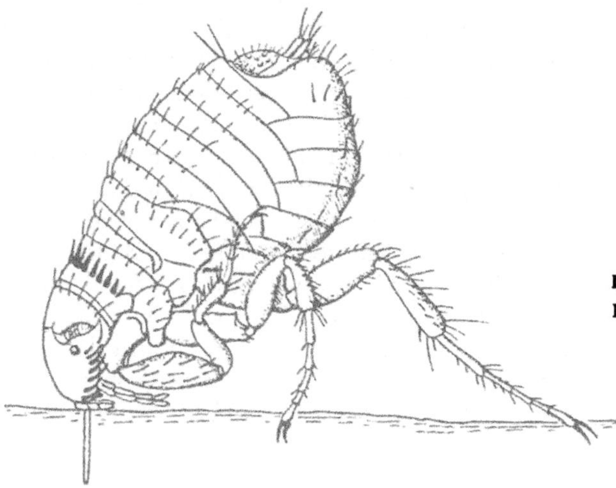

Bild 20
Floh beim Saugen (Aus PEUS 1953)

Der schlafende Mensch reagiert auf den juckenden Einstich durch Kratzen. Der dadurch bei seiner Tätigkeit gestörte Blutsauger sticht dann erneut ein, und das am Morgen durch viele rote Quaddeln verunzierte Opfer ahnt nicht, daß nur ein einzelner Zecher für all dies verantwortlich sein kann. Viele Floharten sind augenlos. Vorhandene Lichtsinnesorgane sind auf jederseits ein Einzelauge (Ocellus) beschränkt. Es können damit keine Bilder, nur Helligkeitsunterschiede wahrgenommen werden. Hungrige Flöhe gehen zum Licht, satte vom Licht weg. Chemische Reize (Geruch) werden mit Hilfe von Sinneshaaren auf den Unterkiefertastern wahrgenommen. Flöhe bevorzugen mäßige Temperaturen (20 °C) und hohe Luftfreuchtigkeit (90%). Direkte Besonnung, Trockenheit und Nässe werden gemieden. Wo die Thermo- und Hygrorezeptoren liegen, weiß man noch nicht. Der Wahrnehmung von Erschütterungen und Vibrationen dienen leicht bewegliche, lange und dünne in Gruben stehende Sinneshaare. Diese Trichobothrien stehen am Hinterleib auf der Pygidialplatte. Erstaunlich ausgebildet ist des kleinen Schmarotzers Fähigkeit, Veränderungen wahrzunehmen, die mit seinem Blutspender, auf dem er sich befindet, vorgehen und eine Gefahr für Wirt und vielleicht auch Floh bedeuten. Dies ist wichtig, damit das „sinkende Schiff" rechtzeitig verlassen werden kann. Tötet man z.B. Ratte, Katze oder Kaninchen, so werden die Flöhe schon wenige Sekunden später von einer panikartigen Erregung erfaßt, indem sie auf die Felloberfläche kommen, dort umherlaufen und springen, ja den Wirt zum Teil bereits verlassen. Man vermutet, daß Oberflächenveränderungen der Wirtshaut der auslösende Reiz sind. Bei Gefahr durch Feinde können Flöhe in eine Scheintod-Starre verfallen.

Die weiblichen Flöhe werden unmittelbar nach dem Schlüpfen begattet. Dies geschieht noch vor der ersten Nahrungsaufnahme. Duftstoffe helfen offenbar bei der Geschlechterfindung. Bei der Kopula trägt das kleinere Männchen das Weibchen auf seinem Rücken. Auch wenn durch eine Nestuntersuchung im Herbst oder Winter Vogelflöhe vorzeitig zum Verlassen des Kokons veranlaßt werden, kommt es sofort zur Begattung.

Für die Entwicklung ist Blutnahrung erforderlich. Die mit einer durchschnittlichen Länge von 0,5 mm im Verhältnis zum Floh außerordentlich großen Eier werden wahllos in Schüben von 8 bis 10 Stück abgelegt. Dazwischen muß Blut aufgenommen werden. Das Weibchen legt in seinem ganzen Leben Eier, und zwar 400 bis 500 Stück. Die aus dem Ei schlüpfende Larve ist länglich zylindrisch und 4 bis 5 mm lang (Bild 21). Sie hat keine Beine, einen chitinisierten Kopf, drei Brust- und zehn Hinterleibssegmente. Am letzten Segment besitzt sie ein Paar zapfenförmiger Nachschieber. Zur kriechenden Fortbewegung verankert sie sich mit ihren Mundwerkzeugen an der Unterlage, zieht den sich aufwärts krümmenden Leib nach, stemmt sich hinten mit den Nachschiebern auf und streckt sich wieder. Trockenheit wird nicht vertragen, sondern eine Luftfeuchtigkeit von 70 bis 90% benötigt, das Temperaturoptimum liegt bei 18 bis 27 °C. Mit ihren kauenden Mundwerkzeugen ernähren sich die Larven von organischen Stoffen, die sich am Boden oder im Nest des Wirts finden. Eine wichtige Rolle für ihre Ernährung spielt auch der Blutkot der erwachsenen Tiere. Die Larven des Rattenflohs sollen sogar die Flöhe mit ihren Mandibeln am Hinterende packen und dadurch zur Kotabgabe veranlassen. Da sich die Larven „normal" ernähren und nur die Erwachsenen Blutsauger sind, bedarf es keiner vitaminliefernden Symbionten. Bakterien gibt es allerdings in der Rektalblase der Flöhe, und sie helfen bei der Hämolyse des Blutes.

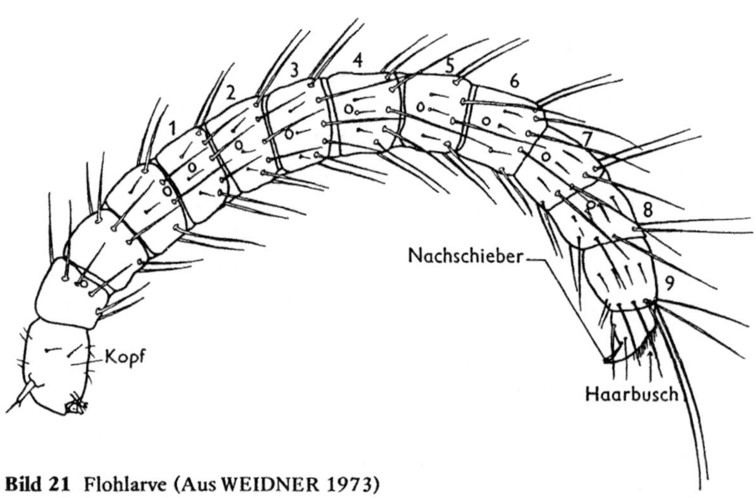

Bild 21 Flohlarve (Aus WEIDNER 1973)

Wenn 2 bis 3 Wochen vergangen sind, spinnt die Larve nach ihrer zweiten Häutung mit Speicheldrüsensekret einen ei- oder tönnchenförmigen Kokon, der oft mit kleinen Partikeln der Umgebung (Stroh, Stengel, Holzstückchen) behaftet ist. Nach einer dritten Häutung kommt es zur Verpuppung. Vier Tage später ist der Floh fertig, bleibt aber noch einige Tage bis eine Woche im Kokon, den er auf Erschütterungs- oder Temperaturreize hin verläßt. Arten, die bei Abwesenheit ihres Wirts in dessen Nest überwintern, halten eine mehrmonatige Kokonruhe. Rechnet man diese Zeit nicht mit, dann beträgt im Sommer die Lebensdauer 3 bis 4 Monate. Im Laboratorium gelang es bei Fernhaltung aller Beeinträchtigungen und regelmäßiger Fütterung, Flöhe bis zu 5 1/2 Jahre am Leben zu halten.

Man kann grundsätzlich Nest- und Fellflöhe unterscheiden. Erstere suchen ihren Wirt nur zum Saugen auf, sie sind temporäre Ektoparasiten. Letztere bleiben ständig im Wirtsfell und sind damit vagil stationäre Ektoparasiten. Die Fledermausflöhe bleiben in beiden Geschlechtern zeitlebens auf der Fledermaus und machen die oft weiten Wanderungen in die Winterquartiere mit. Bei dem am Polarhasen parasitierenden *Hoplopsyllus glacialis* leben auch die Larven im Pelz des Wirts, der über keine nestähnliche Dauerbleibe verfügt.

Für die Wirtsfindung spielen positive Phototaxis, Erschütterungen, Luftstöße und die Wahrnehmung von Bewegungen eine Rolle. *Ceratophyllus gallinae,* ein Schmarotzer an europäischen Wildvögeln mit Vorliebe für das Haushuhn, wird durch Berührungsreize und steigende Temperatur zum Schlüpfen veranlaßt. Zunächst gewährleistet negative Phototaxis einen Verbleib im Nest. Umschlag zu positiver Phototaxis und negative Geotaxis lösen die Wanderung nach oben in die Vegetation aus. In einer zum Licht gerichteten Haltung wird dann durch den Schatten des Wirtsvogels der Sprung zu ihm ausgelöst (Bild 22). Diejenigen, die ihr Ziel verfehlen, landen am Boden. In den ersten Tagen nach dem Schlüpfen steigt die Bereitschaft zum Sprung, dann nimmt sie wieder ab.

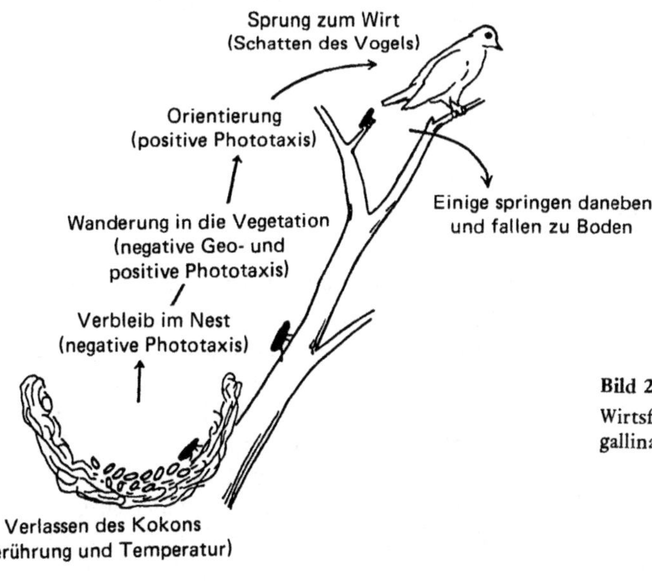

Bild 22

Wirtsfindung von Ceratophyllus gallinae (Aus HUMPHRIES 1968)

Die sogenannt Wirtsspezifität der Flöhe ist in der Regel die Bindung an einen bestimmten Nesttyp. Neben einem Haupt- oder Nestwirt können meist weitere Nebenwirte als Blutspender dienen. Nahe verwandte Warmblüter mit dem gleichen Nesttyp haben deshalb oft gemeinsame Flöhe, wie z. B. Dachs und Fuchs. Ein Nesttyp vermag aber auch verwandtschaftlich sehr entfernten Erbauern eigen sein, die dann vom gleichen Floh parasitiert werden. Das kann so weit gehen, daß Säuger und Vogel den gleichen Floh haben. Spechte haben eine Höhle ohne Nest und daher auch keine Flöhe. Baut aber eine Meise ihr Nest in die Spechthöhle, dann wimmelt es bald von Flöhen. Nest im weiteren Sinne sind auch die Tagesschlafplätze der Fledermäuse. Ersatz für ein Nistmaterial als Wohn- und Freßplatz für die Larven ist die Anhäufung des Fledermauskotes am Boden, auf den die Floheier fallen.

Der synök in der Höhle der Nacktfledermaus *(Cheiromeles torquatus)* lebende Ohrwurm *Arixenia esau* wird hier von dem geschlüpften Floh *Lagaropsylla turba* bestiegen. Da *Arixenia* als schneller Wanderer auch zwischen den hängenden Fledermäusen umherläuft, ist er für den Phoresie betreibenden Floh ein ideales Transportmittel (Bild 23).

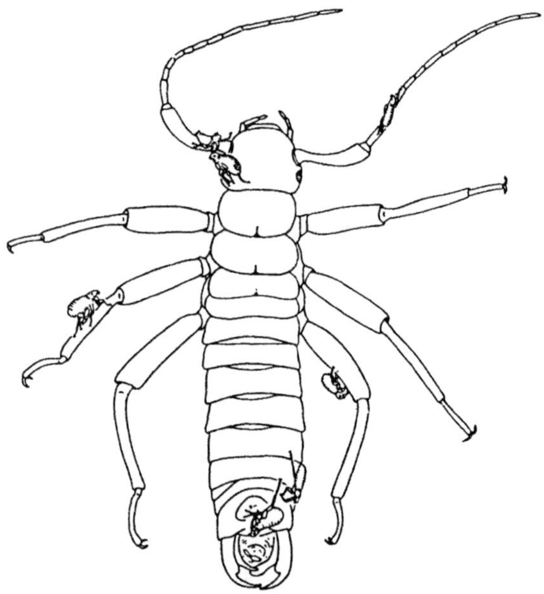

Bild 23
Lagaropsylla auf *Arixenia*
(Aus PEUS 1953)

Manche Flöhe haben ihren wissenschaftlichen und zuweilen auch den deutschen Namen nach den Wirten bekommen, auf denen man sie zuerst fand. So lebt *Hystrichopsylla talpae* nicht nur beim Maulwurf, sondern schmarotzt auch an anderen kleinen erdbewohnenden Nagern und Spitzmäusen. Es gibt ihn deshalb auch in Gegenden, wo der Maulwurf fehlt (z. B. Friesische Inseln, Irland). Da die Weibchen dieser Art 0,5 cm lang sind, ist dies der größte Floh. Einer unserer Schwalbenflöhe wurde zuerst im Nest der Rauchschwalbe *Hirundo rustica* entdeckt und *Ceratophyllus rusticus* genannt. Das erste Exemplar dieser neuen Art hatte sich aber nur in das Rauchschwalbennest verirrt – sein richtiges Heim ist das Nest der Mehlschwalbe. Auch der Mensch ist nicht der eigentliche Wirt des Menschenflohs *Pulex irritans.* Dessen ursprüngliche Hauptwirte sind Fuchs und Dachs. Die gemäßigte Klimazone Nordamerikas war im Oligozän seine Urheimat. Als der Mensch begann, Hütten zu bauen, wurde er zu einem der Nebenwirte und trug zu seiner Verbreitung über die ganze Welt bei. In Europa sind außer dem Menschen Hund, Katze, Hausschwein, Schaf, Kaninchen, Igel, Marder, Wiesel und Iltis Nebenwirte. *P. irritans* ist die einzige Flohart, die beim *Homo sapiens* auch ohne Anwesenheit eines Hauptwirts dauerhafte Populationen unterhalten kann und deshalb durchaus den Namen „Menschenfloh" verdient. Ausgestorben ist er übrigens nicht, nur dort, wo Sauberkeit und fugenlose Fußböden der Larve keine Lebensmöglichkeit geben, ist er selten geworden.

Tatsächlich streng wirtsspezifisch ist *Ceratophyllus styx*, der Floh der Uferschwalbe, die ein altweltlicher Vogel ist, der sich sekundär die Neue Welt erobert hat, dort aber von einer anderen *Ceratophyllus*-Art befallen wird. In den Höhlen unserer Uferschwalben überwintert ihr Floh in großen Mengen als Puppe oder erwachsenes Tier. Wenn die Schwalben im April zu ihren Nestern zurückkehren, sitzen Tausende von Flöhen zum Empfang am Nesteingang.

Außer an Hauptwirt und Nest sind Flöhe auch an Umweltgegebenheiten gebunden. So kommt der Schwalbenfloh *C. hirundinis* in allen Mehlschwalbennestern an Häusern vor, fehlt aber in den Nestern der Kreidefelsen Rügens und der Steilküste Schottlands. Der Grund ist offenbar das Ökoklima. An den hohen, dem Meer zugewandten Felsen sind die Nester dem Wetter frei ausgesetzt, während sie unter den überstehenden Hausdächern geschützt sind. Im warmen Griechenland bewohnt der Floh auch die Nester an den Felswänden. Tatsächlich gibt es auch die meisten Floharten in den tropischen und subtropischen Gebieten unserer Erde.

Im Gegensatz zu ihren vagilen Männchen sind die Weibchen der Gattung *Echidnophaga* und *Spilopsyllus* nicht nur stationär, sondern auch weitgehend sessil. Mit ihren verlängerten Mundwerkzeugen verankern sie sich fest am Wirt, der offenbar nur sehr selten gewechselt wird. Auf dem aus Europa in Australien eingeführten Kaninchen *Oryctolagus cuniculus* saugen sich die Weibchen von *Echidnophaga myrmecobii* an Kopf und Körper, die von *E. perilis* vorwiegend auf Vorder- und Hinterbeinen fest. Der ursprüngliche Wirt von *E. myrmecobii* sind weichhaarige, der von *E. perilis* kurzbeborstete Beuteltiere. Deshalb sitzt die eine Art an weichhaarigen Stellen des Kaninchens, die andere an borstenartigen. Die an großen Huftieren des vorderen Orients saugenden *Vermipsylla*-Arten verlassen ihren Wirt überhaupt nicht mehr und zeigen damit „Sandfloh-Tendenz" (s. S. 45). Der Hinterleib aller dieser Weibchen schwillt kugelig an.

Literatur: Askew 1971, Frank 1976, Humphries 1967, 1968, Kaestner 1973, Marshall 1981, Matthes 1978, Peus 1953, 1968, 1972, Pfeiffer 1962, Rothschild & Clay 1952, Schumann 1968, Tischler 1982, Vater & Vater 1985, Weidner 1973, Wenk 1953, Zumpt 1969.

Hormonsynchronisation zwischen Floh und Wirt

Der Entwicklungszyklus des Kaninchenflohs *Spilopsyllus cuniculi* ist mit dem seines Wirtes synchronisiert, indem das Flohweibchen nur in der Fortpflanzungszeit des Kaninchens seine Eier legt, wodurch den Flohlarven eine ideale Wohnstätte zur Verfügung steht. In der übrigen Zeit sind die Eierstöcke der Flöhe unentwickelt und bei jenen Individuen, die auf Kaninchenböcken Blut saugen, bleibt dies immer so.

Nachdem das weibliche Kaninchen begattet ist, setzt bei ihm eine verstärkte Hormonabgabe des Hypophysen-Vorderlappens ein, und an seinen Ohren werden die Flöhe in Gruppen von 10 bis 150 Exemplaren seßhaft. Während der letzten 10 Tage der Trächtigkeit steigt im Kaninchenblut die Konzentration von Corticosteroiden und Östrogenen. Dies fördert die Eientwicklung im Flohweibchen und verstärkt dessen Saugtätigkeit. Eine weitere Erhöhung des Hormongehalts im Kaninchenblut wenige Stunden vor der Geburt führt dazu, daß sich die Flöhe von den Ohren lösen und im gepolsterten Nest der Brutröhre umherlaufen, um sich dann auf den Neugeborenen festzusetzen, deren Blut ebenfalls einen hohen Corticosteroid- und außerdem Somatotropinspiegel hat. Nachdem Blut gesaugt wurde, sollen die in ihm vorhandenen Hormone und ein vom Jungkaninchen abgegebenes Pheromon die Begattung auslösen.

Die aus den abgelegten Eiern geschlüpften Flohlarven leben vom Blutkot ihrer Eltern, die durchschnittlich 11 Tage, maximal drei Wochen auf dem Jungkaninchen bleiben. Nach Rückgang der Corticosteroide in deren Blut kehren sie wieder auf die Kaninchenmutter zurück, wo ihre Fortpflanzungstätigkeit erlischt.

Diese Abhängigkeit eines Flohs vom Wirtshormon scheint einmalig zu sein. So weiß man z.B. vom Rattenfloh, daß er sich auch auf kastrierten Ratten entwickelt.

Literatur: Askew 1971, Exley, Ford & Rothschild 1965, Kaestner 1973, Rothschild & Ford 1966, 1969.

Flöhe übertragen die Pest

Der Pesterreger *Pasteurella pestis* wird von dem an Ratten saugenden Pestfloh *Xenopsylla cheopis* auf den Menschen übertragen. In den infizierten Flöhen vermehren sich die Pestbakterien im Proventriculus, dem Kropf, derart stark, daß dieser regelrecht blockiert wird und die Flöhe nicht mehr saugen können. Mit dem Hunger nimmt die Stechlust zu, und bei jedem Einstich wird etwas vom bakterienhaltigen Kropfinhalt in die Stichwunde erbrochen. Dadurch kommt es zur Infektion. Außerdem wird noch ein Teil der Bakterien mit dem Kot abgegeben und kann dann durch Kratzen leicht in den Einstichkanal gerieben werden. Ist der Mensch einmal infiziert, vermögen auch andere Floharten die Krankheit weiterzugeben.

Die Pest hat früher von Innerasien aus viele Länder überfallen und entvölkert. 400 Jahre vor Christi Geburt brachte ein Schiff die Pest nach Piräus, und ein Drittel der Athener, unter ihnen der Staatsmann und Feldherr Perikles, wurde hinweggerafft. Im Jahre 167 nach Christus starben in Rom täglich 3000 Menschen an der Seuche. Im Jahre 558 wütete sie in Konstantinopel, und als sie sich ausgetobt hatte, ließ der Kaiser Justinian die Kirche Hagia Sophia erbauen. 1347 brachten zwölf genuesische Galeeren den Schwarzen Tod nach Messina, und er breitete sich über ganz Italien und schließlich auch in Europa aus. 1637 starben in Frankreich 3/4 der Bevölkerung und 1665 gab es in London 70000 Todesopfer. Die letzte europäische Epidemie gab es 1839 in Odessa. Allein in Indien starben von 1896–1916 10 Millionen Menschen an der Pest. Schon im Mittelalter ahnte man, daß die Ratten etwas mit der Seuche zu tun haben. Aber daß die von Ratten auf Menschen überspringenden Flöhe die eigentlichen Überträger sind, wurde erst am Anfang unseres Jahrhunderts nachgewiesen.

Der Pestfloh wird auch heute noch durch den Handel in alle Länder der Erde verschleppt, umso leichter, da sich seine Larven von Getreidestaub ernähren können. So sind in Bombay auch die Hafenviertel mit ihren Getreidespeichern die wichtigsten Pestherde, und es erkranken immer noch jährlich einige hundert Menschen an Pest.

Literatur: Eichler & Wasserburger 1964, R. Gerlach 1967.

Männlich ekto-, weiblich endoparasitisch

Eine besonders enge Bindung an den Wirt hat sich bei den Flöhen in der Familie Tungidae entwickelt – jedoch nur im weiblichen Geschlecht. Die Paradeart ist hier der Sandfloh *Tunga penetrans.* Aus seiner Heimat Südamerika wurde er nach Afrika, Indien und China verschleppt. Das Männchen ist ein temporärer Ektoparasit. Das noch junge, nur 1 mm große Weibchen jedoch dringt, Kopf voran, tief unter die Oberschicht der Hornhaut bis zum Stratum lucidum vor und sucht mit seinem Stechrüssel ein Blutgefäß zu erreichen (Bild 24). Besonders gern werden Schwein und Mensch befallen und die Hautstellen zwischen und unter den Zehen bevorzugt. Das Weibchen wird so zum Endoparasiten und sehr bald schwillt sein Hinterleib zur Größe einer kleinen Erbse an, wobei sich die Intersegmentalhäute zwischen dem 2. und 3. Hinterleibssegment stark dehnen. Damit geht auch eine Zellvermehrung einher, durch die Darmkanal und Exkretionsgefäße vergrößert werden. Auch die Muskulatur wird kräftiger, da sie dem verstärkten Druck im Inneren des Flohs entgegenwirken muß. Das Männchen sucht das eingebohrte Weibchen, dessen Hinterleib aus der kraterförmig geöffneten Eintrittsstelle hervorschaut, zur Begattung auf. Die Eier werden nicht einzeln, sondern in Gelegen von 7 bis 10 Stück abgesetzt. Über die Gesamtzahl gehen die Meinungen der Flohexperten auseinander: mehrere hundert oder mehrere tausend. Ist der Eivorrat erschöpft, fällt das sterbende Weibchen aus der Höhlung.

In China schmarotzt das Weibchen von *T. caecigenea* im Ohrmuschelrand von Ratten und durchbricht sogar die Epidermis.

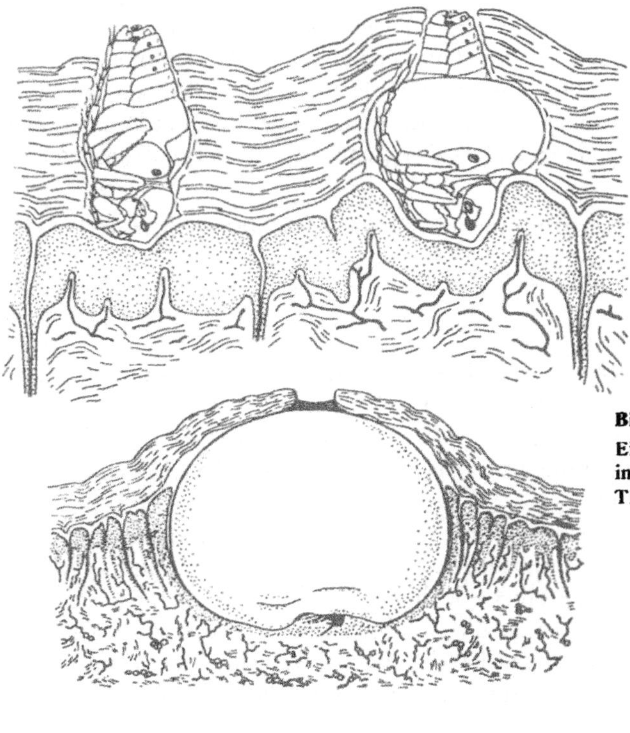

Bild 24
Eindringen des Sandfloh-Weibchens in die Haut des Menschen (Aus TISCHLER 1982)

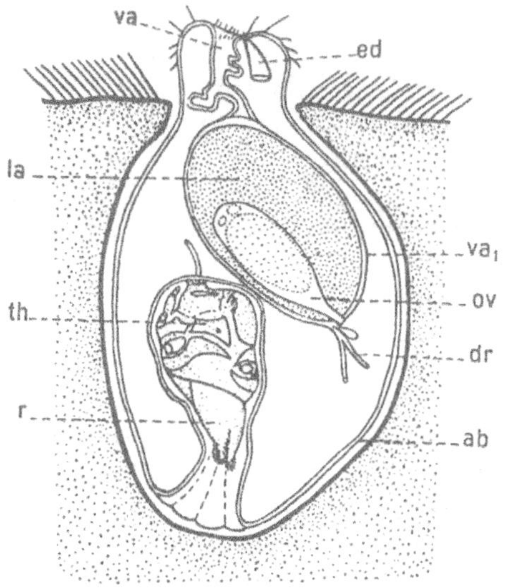

Bild 25
Schnitt durch ein in die Haut der Fledermaus eingesenktes *Ascodipteron*-Weibchen. ab Hinterleib, th Brust, r Rüssel, ed Enddarm, va Vagina, va_1 Brutkammerabschnitt der Vagina, ov Eierstock, dr Ausführgang der Nährdrüsen, la Larve (Aus MEISENHEIMER 1921)

Etwas ganz ähnliches wie bei den Tungiden gibt es in der Strebliden-Gattung *Ascodipteron*. Das Weibchen, das sich durch einen stark verlängerten Rüssel vom Männchen unterscheidet, bohrt sich, sobald es begattet ist, in die Haut der Fledermaus ein und wirft dabei Flügel und Beine ab. Schließlich steckt es kopfüber in einer tiefen Grube (Bild 25). Es wächst dann von 1,5 mm auf 4 bis 5 mm Länge heran, und der mächtige physogastrische Hinterleib ragt mit seiner Spitze aus der Hauthöhle hervor und überwölbt am unteren inneren Ende Kopf und Brust. Zum Saugen wird der Kopf mit dem Rüssel aus dem Hinterleibssack gestreckt. Im Brutkammerabschnitt der Vagina bildet sich, mit Drüsensekreten ernährt, eine Larve nach der anderen und wird verpuppungsreif am hervorragenden Hinterleibsende herausgelassen.

Literatur: Askew 1971, Baer 1972, Frank 1976, Kaestner 1973, Marshall 1981, Martini 1946, Meisenheimer 1921, Muir 1912, Oldroyd 1964.

Eine Wanze im Bett

Wanzen (Heteroptera) nehmen mit Hilfe eines Saugrüssels ihre Nahrung auf. Die meisten ernähren sich von Pflanzensäften oder durch Aussaugen anderer Insekten. Nur wenige sind dazu übergegangen, als Larven und erwachsene Tiere Wirbeltierblut zu saugen. Derart temporäre Ektoparasiten sind die Plattwanzen (Cimiciden) und einige tropische Raubwanzen (Reduviiden).

Die Plattwanzen, die in Behausungen von Tier und Mensch leben, entstanden vermutlich aus anthocoridenähnlichen Vorfahren. Anthocoriden sind räuberische Landwanzen, die eine gewisse Vorliebe für enge, dunkle Schlupfwinkel haben, und man kann sich gut vorstellen, daß aus Nestbewohnern zufällige und schließlich obligatorische Blutsauger wurden. Tatsächlich gibt es unter den heute lebenden Anthocoriden Arten, wie *Triphleps insidiosus* und *Anthocoris kriegi*, die wenigstens gelegentlich Blut saugen.

Die Familie der Cimicidae umfaßt 74 Arten, die sich über 22 Gattungen verteilen. Diese Wanzen sind dorsoventral stark abgeflacht und flugunfähig, da sie nur noch einen schuppenartigen Rest der Vorderflügel besitzen. Ihre Größe übersteigt selten 6 mm. Beim Verstecken nutzen sie flache Spalten aus, um während der Ruhezeit ständig Bauch- und Rükkenkontakt mit der Umgebung zu haben (Thigmotaxis). Die meisten Arten saugen an Vögeln und Fledermäusen. Unter den Fledermausschmarotzern der Gattung *Leptocimex* gibt es sogar Arten, die durch blasse Farbe und überlange Beine und Fühler auffallen und damit Anpassungserscheinungen zeigen, wie sie für Höhlentiere (Troglobionte) charakteristisch sind. In Schwalbennestern leben Angehörige der Gattung *Oeciacus.* Nachts wandern sie gern in die Behausung der Menschen, plagen sie saugend und wandern bei Tage wieder in das Vogelnest zurück – *Oe. hirundinis* in Europa, *Oe. vicarius* in Amerika.

Wanzen sind nur wenig wirtsspezifisch. Das gilt auch für die Bettwanze *Cimex lectularius.* Sie saugt nicht nur an uns Menschen, sondern befällt auch Hunde, Katzen, Kaninchen, Ratten, Mäuse, Fledermäuse, Stare, Schwalben, Sperlinge, Tauben und Hühner. Kaninchen- oder Hühnerstall können deshalb die Wanzenquelle für unsere Wohnungen sein. Man hat sogar einmal beobachtet, daß Bettwanzen von einem freistehenden Taubenschlag, auf dem eine Stütze für Fernsprechdrähte angebracht war, als unerwünschte Seiltänzer über die Drähte zu einer Wohnung gewandert sind.

Die Bettwanze setzt ihren Rüssel, der in Ruhe an den Kopf geklappt ist, senkrecht auf die Haut und tastet mit der Spitze nach einer günstigen Stelle für den Einstich, der unter Stoßbewegungen des Kopfes beginnt. Der Rüssel besteht aus der von Ober- und Unterlippe gebildeten Stechborstenscheide und den in ihr gleitenden äußeren und inneren Stechborstenpaaren, die Ober- und Unterkiefer entsprechen. Die beiden Unterkieferborsten sind aneinandergepaßt und lassen zwischen sich ein oberes Saugrohr und ein unteres Speichelrohr frei. Die Unterlippe vermag sich in dem Maß, wie die Stechborsten in die Wirtshaut eindringen, durch Abwinkeln zu verkürzen, bleibt aber an ihrer Spitze noch in Fühlung mit Stechwerkzeugen und Stichstelle. Die nach dem Kolbenprinzip arbeitende Speichelpumpe befördert das Speicheldrüsensekret in die Haut. Deshalb bildet sich nach dem Saugakt eine stark juckende Quaddel. Besonders ausgeprägt ist die Dehnungsfähigkeit des Hinterleibs, denn nach oft langen Fastenzeiten – über 1 Jahr kann gehungert werden! – müssen möglichst große Blutmengen Aufnahme finden. Erwachsene Tiere saugen 15 Minuten, wobei das Weibchen 7 mg Blut, maximal das Doppelte seines Körpergewichts aufzunehmen vermag, das Männchen höchstens sein Eigengewicht. Die Larven saugen nur 2 bis 3 Minuten, und eine 0,14 mg wiegende Erstlarve wog nach der Blutaufnahme 0,50 mg. Daß die Männchen weniger Nahrung nötig haben als Larven und Weibchen, erklärt sich daraus, daß die weiblichen Tiere viel Körpersubstanz bei der Eibildung abgeben und die noch wachsenden Larven neue Körpersubstanz aufbauen müssen.

Seine Eier kittet das Weibchen regellos an eine Unterlage. Drei Wochen später schlüpfen die Erstlarven. Nach fünf Häutungen, was ungefähr acht Wochen dauert, ist die Wanze erwachsen. Zwischen zwei Häutungen muß eine Blutmahlzeit liegen. Die Lebensdauer der Bettwanze beträgt reichlich ein Jahr, in Gefangenschaft wurden 14 Monate erreicht.

Hungrig bevorzugt *Cimex* Temperaturen von 32 bis 33° C, wie sie auf der Haut des Menschen herrschen, während sie sich gesättigt bei 27 bis 28° C am wohlsten fühlt. So wird die Wanze entsprechend ihren Ernährungszustand zu ihrem Wirt geleitet oder aber veranlaßt, ihn zu verlassen. Die Bettwanze scheut das Licht und verbirgt sich tagsüber hinter Gegenständen in Bettnähe. Die Wanzengesellschaft kann auch in andere Wohnungen überwechseln. Man ermittelte eine Marschgeschwindigkeit von 1,25 m in der Minute. Bei Temperaturen unter 15° C wird der Plagegeist träge und verfällt schließlich in Winterstarre. In den Tropen nimmt zum Teil *C. hemipterus* die Stelle unserer Bettwanze ein. *Cimex* lebt in Symbiose mit vitaminspendenden Bakterien. Diese sind in paarigen Symbiontenorganen untergebracht. Bei den sehr ursprünglichen Primicimiciden leben die Symbionten im Darmepithel.

In Mittel- und Südamerika saugen Raubwanzen der Gattungen *Triatoma*, *Rhodnius* und *Panstrongylus* an Wirbeltieren und übertragen auch das Flagellat *Trypanosoma cruzi*, den Erreger der Chagas-Krankheit (s. S. 193). Diese Wanzen beherbergen symbiontische Bakterien in einem eng begrenzten Teil des Mitteldarms. Diese gelangen mit dem Kot auf die Eioberfläche. So wird eine Infektion der sie abtastenden Larven ermöglicht, die aber auch durch Saugen am Artgenossenkot in den Besitz der Symbionten kommen.

Literatur: Askew 1971, Buchner 1953, Frank 1976, v. Frisch 1941, Hase 1917, Martini 1947, Usinger 1966, Weber 1930.

Der Holzbock und seine Verwandtschaft

Zecken sind die größten Milben (Acari) die es gibt. Man unterscheidet zwei Familien: die Schildzecken (Ixodidae), welche durch einen harten Chitinschild auf ihrer Rückseite ausgezeichnet sind und die Lederzecken (Argasidae), die diesen nicht haben.

Eine in Mitteleuropa sehr verbreitete Schildzecke ist der Holzbock *Ixodes ricinus*, der augenlos ist und den jeder Hundebesitzer kennt. Beim Männchen (2,5 mm lang) bedeckt der Schild die gesamte Rückenfläche, beim Weibchen (4 mm, vollgesogen 11 mm lang) nur den vorderen Teil des Körpers. Alle Ixodiden entwickeln sich über eine sechsbeinige Larve und ein Nymphenstadium zum erwachsenen Tier. Jedes Stadium saugt nur einmal Blut und zwar immer an einem anderen Wirt. Es gibt unter den Ixodidae 1-wirtige und 3-wirtige Arten. Der Holzbock ist 3-wirtig.

Der männlich Holzbock sucht ein am Wirt saugendes Weibchen auf und, da er kein Begattungsorgan hat, schiebt er ein Samenpaket (Spermatophore) mit seinen Mundwerkzeugen in die weibliche Geschlechtsöffnung. Durch diesen Akt wird die Blutaufnahme des Weibchens zusätzlich stimuliert. Nach beendeter Mahlzeit läßt es sich auf den Boden fallen und legt dann nach einigen Wochen an der Basis von Pflanzen 1000 bis 3000 Eier ab. Bei diesem einige Tage dauernden Geschäft werden die Eier, um sie vor Austrocknung zu schützen, mit einer wasserlöslichen Kittmasse überzogen. Das Weibchen geht dann zugrunde. Nur bei wenigen Arten kommt Jungfernzeugung vor.

Aus den Eiern schlüpfen nach 20 Tagen bis 36 Wochen die Larven. Sie erklettern Pflanzen, besonders Grashalme, und klammern sich in 5 bis 10 cm Höhe mit den hinteren Beinpaaren fest. Dabei heben sie die beiden Vorderbeine hoch und bewegen sie suchend in der Luft. Auf deren Fuß (Tarsus) liegt oben das Hallersche Organ, welches der Wirtsfindung dient. Es besteht aus einer langgestreckten Wanne, in der sechs Sinneshaare stehen und einer Kapsel, in der sich ebenfalls sechs Sinneshaare befinden. Von letzteren wird die im Schweiß der Säuger enthaltene Buttersäure wahrgenommen, die Haare der Wanne registrieren Feuchtigkeit.

Die Larve befällt Reptilien, Bodenvögel, Kleinsäuger und Mensch. Sie saugt 3 bis 4 Tage, dann läßt sie sich zu Boden fallen und sucht einen Ort mit hoher Luftfeuchtigkeit auf, wo sie sich nach frühestens fünf Wochen, spätestens fünf Monaten zur Nymphe häutet.

Das nun achtbeinige Tier zeigt das gleiche Suchverhalten und saugt 4 bis 8 Tage an Eichhörnchen, Hase, Kaninchen und auch Mensch. Nach 10 bis 32 Wochen erfolgt die Häutung zum erwachsenen Tier. Es erwartet den Wirt in einer Höhe von 25 bis 30 cm, gelegentlich auch auf noch höherem Gebüsch (Bild 26). Chemische und Erschütterungsreize lösen dann den Fall auf den Wirt aus. Als solcher dienen Wildtiere (z. B. Fuchs, Reh), Weidetiere, Haustiere (z. B. Hund, Katze) und der Mensch. Durch die vielen Falten seiner Haut ist das Weibchen sehr dehnungsfähig und kann das 200-fache seines Gewichts an Blut aufnehmen. Derart angeschwollen erinnert es an ein *Ricinus*-Samenkorn – daher der Artname. Bei raschem Auffinden der drei Wirte dauert die gesamte Entwicklung 1 bis 1 1/2 Jahre. Larve und Nymphe können aber über ein Jahr, die Erwachsenen weit über zwei Jahre hungern. Die Entwicklungsdauer beträgt dann 3 bis 4 1/2 Jahre. Ob auch das Männchen Blut saugt, darüber ist man noch geteilter Meinung.

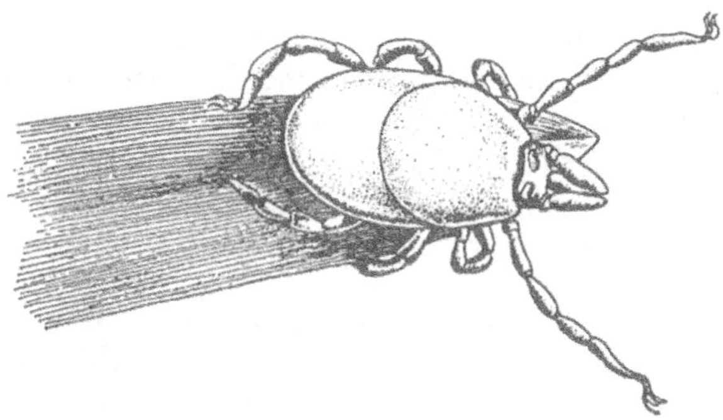

Bild 26
Weibchen von *Ixodes ricinus* an einem Grashalm lauernd. (Aus KAESTNER 1965)

Typische Holzbock-Biotope sind wenig kultivierte Busch-, Heide- und Sumpfflächen, sowie Waldungen und auch ungepflegte Geländestücke, nicht jedoch überschwemmte Gebiete. Charakteristisch sind für die Zeckenlandschaft Wacholderbesatz, Schwingel-, Strauß-, Borst- und Pfeifengras, Adlerfarn und Binse, sowie Weiden- und Erlengebüsch.

Die Zeckenmundwerkzeuge, die das als Gnathosoma bezeichnete Vorderende der Milbe bilden, bestehen aus den fühlerähnlichen viergliedrigen Pedipalpen, bei denen das zweite und dritte Glied eine starre Einheit sind und das winzige vierte Glied auf der Unterseite des dritten liegt. Die langen und ebenfalls paarigen Cheliceren stecken in röhrenartigen Scheiden und können unabhängig voneinander vor- und zurückgestoßen werden. Vorn ist bei ihnen ein mit Sägezähnen ausgestattetes Endstück eingelenkt, das seitlich nach außen geklappt werden kann. Unter den Cheliceren befindet sich als zungenförmig hervorragende Platte das Hypostom, welches durch Verschmelzung eines Teils der Pedipalpen entstanden ist. Kanten und Unterseite sind mit nach rückwärts gerichteten Zähnen bestückt. Das männliche Hypostom ist besonders kurz.

Auf dem Wirt umherlaufend ertastet *Ixodes* eine möglichst unbehaarte Stelle. Feinhäutige Körperpartien wie Kopf, Ohrinnenfläche, Hals, Analregion, Damm, Skrotum, sowie die Innenfläche der Beine werden zum Saugen bevorzugt. Bei Vögeln wird gern die Umgebung der Augen gewählt.

Vor dem Saugakt werden die Pedipalpen zur Seite geklappt und dadurch die Cheliceren freigelegt. Dann stemmt sich die Zecke auf ihren Beinen hoch und preßt die Cheliceren aus ihren Scheiden. Bei seitlichen Schwenkbewegungen wird die Haut zunächst von den dorsalen klauenförmigen Fortsätzen der Chelicerenspitze angeritzt. Dann sägen die endständigen kleinen Zähne die Wunde auf und vergrößern sie, bis die Cheliceren ganz eindringen und kräftig schneiden können. Das Hypostom wird bis zu seiner Basis in die Wunde geschoben und verankert den Schmarotzer am Wirt. Der ganze Einbohrvorgang dauert 12 bis 15 Minuten.

Der Speichel löst dann Gewebe und Gefäße auf, wodurch die Blutung in Gang gesetzt bzw. verstärkt wird. Durch seine gerinnungshemmende Wirkung bluten die Gefäße längere Zeit, und es entsteht ein Pool, aus dem Blut, aber auch Lymphe und zerstörtes Gewebe gesaugt wird. Diese Nahrung gelangt über einen von Hypostom und Chelicerenscheiden gebildeten Saugkanal in den Schlund. Da der Speichel auch anästhesierend wirkt, gibt es keinen Stichschmerz. Erst durch die Gewebezersetzung kommt es zum Juckreiz.

Will sich die Zecke ablösen, scheidet sie besonders viel Speichel ab, der dann das Gewebe, in dem sie verankert ist, auflöst. Um den lästigen Schmarotzer zu entfernen, bestreicht man ihn mit Öl, Petroleum, Benzin und ähnlichen Substanzen. Durch Verstopfung der Atemöffnungen bekommt die Zecke keine Luft mehr und zieht sich freiwillig aus dem Gewebe zurück. Herausdrehen führt meist zum Abbruch des Gnathosomas und den „Richtungsdrehern" sei verraten, daß alle Teile symmetrisch gebaut sind.

Zecken sind wenig wirtsspezifisch, Larven noch weniger als Nymphen und Erwachsene. Aber es gibt auch streng wirtsspezifische Arten wie *Ixodes lividus,* die nur an Uferschwalben saugt.

An Ixodidae der Gattung *Rhipicephalus* hat man die Symbiose mit vitaminliefernden Bakterien untersucht. Die Symbionten leben intrazellulär in den Exkretionsschläuchen, und bereits während der Embryonalentwicklung werden die Ovarien infiziert. Zecken sind nicht ungefährlich, und Toxine ihres Speichels können Mensch und Tier sehr schädigen. Es kommt zu Toxikosen, die zu Störungen der Hautfunktion und des Leberstoffwechsels führen. Beim Saugen am Hinterkopf oder in der Nähe der Wirbelsäule kann das Neurotoxin einer einzigen Zecke die Fortleitung der Impulse an den Synapsen unterbinden. Es kommt zu Lähmungen, die den Tod zur Folge haben können, jedoch in 12 bis 24 Stunden reversibel sind, wenn der Parasit rechtzeitig entfernt wird. Außerdem sind Ixodiden Überträger von Viren, Bakterien und Sporozoen. *Dermacentor-*, *Rhipicephalus-* und *Amblyomma-*Arten übertragen *Rickettsia rickettsi,* den Erreger eines Fleckfiebers, das von Kanada bis Argentinien vorkommt. Im Westen Kanadas und in den USA ist *Dermacentor andersoni* der Überträger dieser Krankheit, von der vor allem Waldarbeiter und Jäger bedroht sind und die eine Letalität von 70% erreichen kann. Nicht so schwere Erkrankungen verursachen im nördlichen Asien *Rickettsia sibirica* mit dem Felsengebirgsfieber und *R. conori,* die in den Mittelmeerländern für das Beulenfieber verantwortlich ist. *R. australis* ist Erreger des Queensland-Fleckfiebers und wird von *Ixodes holocyclus* und *I. tasmani* übertragen, die in den mit Waldgürteln durchsetzten Savannen leben und an Beuteltieren saugen. Weltweit ist das Q-Fieber der Rinder, Schafe und Ziegen verbreitet, das durch die Rickettsie *Coxiella burneti* verursacht wird. Auch der Mensch kann sich durch Einatmen, Kontakt mit erkrankten Tieren und durch Einreiben des Kotes von übertragenden Schild- und Lederzecken infizieren. Schildzecken vermögen schließlich Viren zu übertragen, von denen einige Encephalitis hervorrufen. In den Wäldern Europas ist *I. ricinus* der wichtigste Überträger.

In Afrika leidet das Weidevieh unter Theileriosen, deren Erreger Sprozoen sind. Die

2-wirtige *Hyalomma detritum* überträgt *Theileria annulata* und *Rhipicephalus appendiculatus Th. parva,* die in Ostafrika das Küstenfieber der Rinder verursacht.

Von den Lederzecken (Argasidae) könnte man sagen, daß sie ein Wanzenleben führen. Sie sind nämlich an die Ruheplätze ihrer Blutspender gebunden und saugen meist nachts nur 30 Minuten, um sich dann wieder in ihr Versteck zurückzuziehen. Es gibt etwa 60 Arten; jene der Gattung *Argas* parasitieren in der Regel an Vögeln, *Ornithodorus*-Arten an Säugern. Die Verankerung in der Epidermis ist im Gegensatz zu den Ixodidae locker. Die Männchen bleiben nach der Begattung, die Weibchen nach der Eiablage noch am Leben.

Auf die Lederzecken-Larve folgen 2 bis 8 Nymphenstadien, bei den Männchen häufig 1 bis 2 weniger. Hier nehmen bei den meisten Arten auch die männlichen Tiere Blut auf. Dies geschieht aber nur einmal. Die Weibchen legen nach der ersten Blutmahlzeit eine geringe Zahl von Eiern (100 bis 300) ab, um anschließend erneut Blut zu saugen und dann wieder Eier zu legen. Das wiederholt sich, und es werden innerhalb von Wochen etwa 2000 bis 3000 Eier abgesetzt. Trotz der wiederholten Eiablagen werden im allgemeinen geringere Eizahlen erreicht als bei Ixodiden. Da aber die Eier zu verschiedenen Zeiten an unterschiedlichen Plätzen gelegt werden, ist die Chance für die Nachkommen insgesamt größer als bei den Schildzecken. Bei diesen befinden sich nämlich die 15000 abgelegten Eier alle an einem Platz, der so ungünstig sein kann, daß sie zugrunde gehen oder die geschlüpften Larven keinen Wirt finden und diese Generation damit ausfällt.

Die Taubenzecke *Argas reflexus* lebt verborgen im Taubenschlag. Sie befällt auch Hühner, Enten, Gänse, Sperlinge und andere Vögel. Unter Umständen werden auch Säuger und Mensch nicht verschmäht. Die Nymphen saugen nur nachts etwa zwei Stunden Blut. Die Erwachsenen können in der warmen Jahreszeit einmal im Monat bis zu 30 Minuten saugen. Nur die Larven von *A. persicus* verursachen bei Hühnern Paralyse. Der Grad der Erkrankung hängt von der Zahl der saugenden Larven ab.

In Afrika südlich der Sahara werden die Menschen durch *Ornithodorus moubata* belästigt. Die Stichstelle juckt und schwillt für einige Tage an. Bei wiederholten Stichen tritt Immunität ein. Ursprünglich lebte diese Zecke wohl in den Höhlen des Warzenschweins *(Phacochoerus)* und in den Wohnröhren von Erdstachelschweinen *(Hystrix).* Über die Wanderratte wurde sie zur Hauszecke der Eingeborenen, die sich manchmal nicht mehr zu helfen wissen und ihre Behausung verlassen oder abbrennen. Diese Zecke überträgt den Erreger des Afrikanischen Rückfallfiebers, die Spirochaete *Borrelia duttoni.* Andere *Ornithodorus*-Arten sind Überträger verschiedener Borrellien, die das Spanische, Mittelasiatische, Nord- und Südamerikanische Rückfallfieber erzeugen.

Literatur: Buchner 1953, Bürgis 1981, Cheng 1986, Frank 1976, Hiepe & Ribbeck 1982, Hirschmann 1957, Martini 1946, Pflugfelder 1977, Tischler 1982.

Andere temporär ektoparasitische Milben

Weil bei vollgesogenen Tieren die rote Farbe des Wirtsblutes durchscheint, nennt man die Dermanysside *Dermanyssus gallinae* auch Rote Vogelmilbe. Während die Larve keine Nahrung aufnimmt, saugen Proto-, Deutonymphe und erwachsenes Tier an Hühnern, Gänsen und Tauben. Dies tun sie aber nur nachts. Tagsüber halten sie sich in Schlupfwinkeln der Wirtsbehausung (z. B. Hühnerstall) auf, und Dunkelheit, Feuchtigkeit und Schmutz begünstigen ihre Entwicklung. Ihre periodische Aktivität wird von der Temperatur gesteuert. Das Weibchen legt fern vom Wirtstier mehrmals 4 bis 8, im ganzen etwa 23 Eier ab. Vor jeder Ablage saugt es Blut. Bei starkem Befall kann die Entwicklung der Jungvögel und die Legetätigkeit stark gehindert sein. Durch Federausfall tritt mitunter völlige Nacktheit ein. Notfalls wird auch an Pferd, Rind und Mensch gesaugt, von diesen Ersatzwirten aber bald wieder abgewandert. Beim Menschen verursacht *D. gallinae* unerträgliches Jucken und Hautentzündungen.

Die gleichen Erscheinungen verursacht die Rattenmilbe *Bdellonyssus bacoti*, wenn sie auf den Menschen übergeht. Normalerweise saugt sie an der in Nord- und Südamerika beheimateten Baumwollratte *(Sigmodon hispidus)*. Sie ist Zwischenwirt der in der Ratte schmarotzenden Filarie *Litomosoides carinii*.

Auch die Larven der Laelaptidae saugen kein Blut und sind freilebend. Proto- und Deutonymphen sind auf Lymphe spezialisiert, und nur die erwachsenen Milben sind Blutsauger. Während die *Echinolaelaps*- und *Haemolaelaps*-Arten an Säugern parasitieren, sind die Angehörigen der Gattung *Myrmonyssus* Insektenschmarotzer.

Literatur: Cheng 1986, Frank 1976, Hiepe & Ribbeck 1982, Kaestner 1965, Pflugfelder 1977.

Die Varroa-Milbe

Eng verwandt mit den Dermanyssidae ist eine Milbe, die als Ektoparasit auf der Honigbiene *(Apis mellifera)* und ihrer Larve den Imkern Kummer bereitet. Sie heißt zu Ehren des bienenfreundlichen römischen Schriftstellers Varro, *Varroa jacobsoni*, und ihr eigentlicher Wirt ist die Indische Biene *Apis cerana*. Als es der Milbe gelang, die über weniger Abwehrmechanismen verfügende Honigbiene zu erobern, wurde sie in wenigen Jahren Bienenfeind Nr. 1. 1977 besorgte sich ein wißbegieriges Universitätsinstitut der Bundesrepublik die Indische Biene – und schon war *Varroa* auch bei uns heimisch.

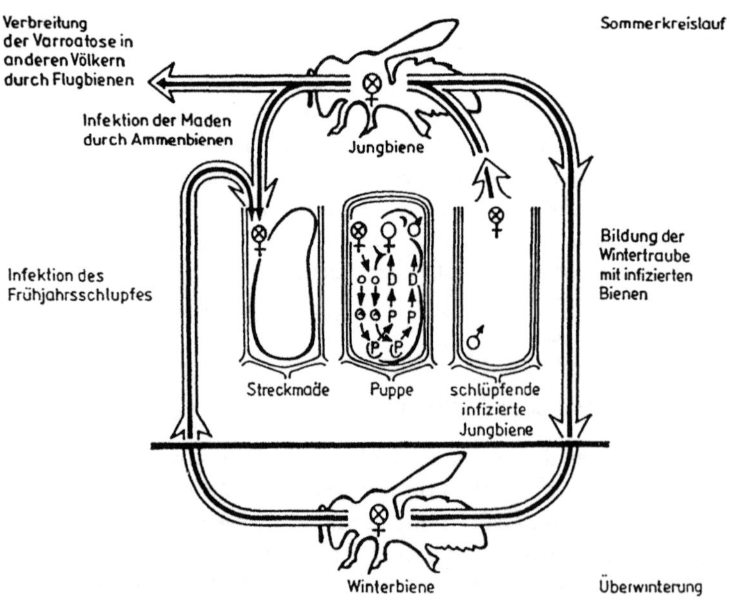

Bild 27 Lebenszyklus von *Varroa jacobsoni*. ⊖ Milbeneier, o embryonierte Milbeneier, P Protonymphe, D Deutonymphe, ♀ Milbenweibchen, ♂ Milbenmännchen, ⚲ begattete Milbenweibchen. (Aus HIEPE & RIBBECK 1982)

Die braun gefärbten Weibchen sind breiter (1,7 mm) als lang (1,3 mm), dorsoventral abgeflacht, und ihre vier Beinpaare sind unter dem breiten Rückenschild kaum zu sehen. Auf der Biene sitzend durchstechen sie deren Intersegmentalhäute und saugen Hämolymphe. Zur Eiablage begibt sich die weibliche Milbe in eine Brutzelle, die kurz vor der Verdeckelung steht und läßt sich von der Made mit einspinnen (Bild 27). 2 bis 3 Tage wird an dieser gesaugt und dann maximal sechs Eier an Made oder Zellenwand gelegt. Drohnenzellen sind besonders beliebt. Das erste abgelegte Ei ist befruchtet und damit weiblich, das nächste unbefruchtet und männlich. Danach folgen nur noch befruchtete Weibcheneier.

Innerhalb eines Tages hat sich im Ei die sechsbeinige Larve entwickelt. 24 Stunden später entschlüpft der Eihülle die Protonymphe, die sich in den nächsten zwei Tagen zur Deutonymphe und nach weiteren zwei Tagen zum fertigen Tier häutet. Das weiß-gelbliche Männchen ist rundlich und wesentlich kleiner als ein Weibchen. Nach der Geschwisterpaarung stirbt es in der Zelle, ohne Nahrung aufgenommen zu haben – es ist also kein Parasit. Mit der ausschlüpfenden Biene verläßt dann das alte Weibchen mit seinen Töchtern die gastliche Stätte. Die meisten Weibchen schreiten nur einmal zur Eiablage, 15% ein zweites und 5% ein drittes Mal. Im Sommer leben die *Varroa*-Weibchen wahrscheinlich wie ihre erwachsenen Bienen-Wirte 4 bis 8 Wochen. Im Herbst geborene scheinen dagegen 6 bis 8 Monate alt zu werden. Sie überwintern auf der Winterbiene.

Der Befall schwächt die Einzelbiene und verkürzt ihre Lebensdauer erheblich. Man hat schon bis zu 20 Milben auf einer Arbeitsbiene gezählt. Bei starker Verseuchung schmarotzen mehrere Milben in einer Zelle, und die Bienenbrut kommt entweder überhaupt nicht mehr zum Schlupf oder die Tiere sind verstümmelt. Wird der Bienenstock von mehr als 10000 Milben befallen, geht das Bienenvolk an der „Varroatose" zugrunde.

Literatur: Hiepe & Ribbeck 1982, Hirschmann 1980, Weiß 1984, Zander & Böttcher 1984.

Milben als stationäre Ektoparasiten

Für die zu den Prostigmata gehörenden Podapolipiden gibt es keinen deutschen Namen. Alle Arten dieser Familie leben und parasitieren auf Insekten. Ihre Cheliceren bilden einen Stechapparat, der aus zwei nadelartigen Stechborsten und zwei Stechborstenhebeln besteht, ganz ähnlich wie bei *Acarapis* (s. S. 74). In Anpassung an das stationäre Dasein haben diese Milben die Zahl ihrer Beine fast alle auf drei Paare reduziert, und es gibt sogar Arten, deren Weibchen vier- oder zweibeinig sind. Acht Beine haben nur die Weibchen von *Chrysomelobia mahunkai* und die Männchen der Gattungen *Tarsopolipus* und *Dorsipes*. Bei ihnen ist allerdings das vierte Beinpaar auf die Rückseite gewandert, da mit ihm das Weibchen bei der Begattung festgehalten wird. Bei *Podapolipoides grassi* entdeckte man, daß es große und kleine Männchen gibt, und es wird für letztere eine parthenogenetische Entstehung vermutet.

Die auf Laufkäfern (Carabidae) schmarotzenden Gattungen *Eutarsopolipus, Dorsipes* und *Chrysomelobia* haben eine stark verkürzte Entwicklung. Im weiblichen Geschlecht gibt es nur ein Larvenstadium und bei den Männchen überhaupt keins – sie schlüpfen fertig aus dem Ei. Interessant sind die engen Beziehungen zwischen Saugort am Laufkäfer und der Körperform der Milbe. Die frei auf dem Hinterleib unter den Deckflügeln oder auf den häutigen Flügeln sitzenden Arten haben die ursprünglich langgestreckte Körperform beibehalten. Jene Podapolipiden, die zwischen zwei Tergiten eingeklemmt an Intersegmentalhäuten des Hinterleibs saugen, haben einen dorsoventral abgeflachten Körper mit seitlichen Ausbuchtungen. Sitzt die Milbe auf einer Intersegmentalhaut des Brustabschnittes, dann ist ihr Körper rundlich.

Man unterscheidet sechs Podapolipidengattungen, die sich auf Mistkäfer (Scarabeidae), Marienkäfer (Coccinellidae), Schwarzkäfer (Tenebrionidae), Bockkäfer (Cerambycidae), Rüsselkäfer (Curculionidae) und Schaben (Blattaria) als Wirte verteilen. Von den Arten der Gattungen *Eutarspolipus* und *Dorsipes* weiß man, daß sie streng an eine bestimmte Carabidenart gebunden sind. Nur wenige Arten parasitieren an zwei nahe miteinander verwandten Laufkäfern. Die Verwandtschaftsbeziehungen der Milbenarten stimmen mit denen ihrer Wirte ziemlich überein, und man muß annehmen, daß die strenge Wirtsspezifität ein hohes Alter hat und die Milben einen Teil der Carabidenevolution mitmachten, ein Beispiel für Parallelevolution. Leben mehrere Milbenarten auf dem gleichen Wirt, geht man sich durch Körperteilspezifität aus dem Wege.

Stationäre Ektoparasiten sind auch die Psoroptidae (Astigmata) oder Räudemilben, die ihre Eier in das Fell des Wirtes legen und sich über Larve und zwei Nymphenstadien zum erwachsenen Tier entwickeln. Die Angehörigen der Gattung *Psoroptes* durchstoßen mit ihren stilettartigen Cheliceren die Epidermis bis zur oberen Lederhautschicht und stechen Lymph- und Blutkapillaren an. Räudeerreger haben Rind *(P. bovis)* und Schaf *(P. ovis)*. *P. cuniculi* saugt an der Ohrmuschel des Kaninchens, das dann unter Ohrräude leidet.

Während man die *Psoroptes*-Arten als Saugmilben bezeichnen könnte, handelt es sich bei der Gattung *Chorioptes* um Nagemilben, die mit ihren kräftigen Cheliceren die oberen Hautschichten annagen und Epidermiszellen, Talgreste, Lymphe und Entzündungsprodukte aufnehmen. *Chorioptes*-Räuden gibt es bei Pferd, Rind, Schaf und Ziege.

Ein stationärer Blutsauger ist auch die zu den Dermanyssidae (Mesostigmata) gehörende Vogelmilbe *Ornithonyssus sylviarum*. Auf ihren Wirten, Huhn und Wildvögel spielt sich ihr ganzes Leben ab. Aus den an Kopf und Bauch des Vogels abgelegten Eiern schlüpfen die Larven, und die Entwicklung geht über Proto- und Tritonymphe. Larve und Tritonymphe nehmen keine Nahrung auf. Die Milbe kann auch auf Nagetiere und Mensch übergehen.

Literatur: Cheng 1986, Frank 1976, Hiepe & Ribbeck 1982, Kaestner 1965, Regenfuß 1968.

Läuse sind stationär

Läuse (Anoplura) sind ein Musterbeispiel für stationären Ektoparasitismus. Ihre ganze Entwicklung vollzieht sich auf dem Wirt, dem sie oft über mehrere Generationen treu bleiben. Um einen neuen Wirt zu besiedeln, müssen sie umsteigen, denn sie gehören zu jenen Insekten, die in Anpassung an eine extreme Lebensweise keine Flügel mehr haben. Man kennt ca. 400 Arten, die über die ganze Welt verbreitet sind, nur an Säugetieren saugen und Wirtsspezifität zeigen. Ohne Läuse leben Kloaken- und Beuteltiere, Fledermäuse, Ameisenbären, Faultiere, Gürteltiere, Wale, Elefanten, Seekühe, Bären, Marder, Hyänen und Katzen.

Der Anoplurenkörper ist dorsoventral abgeflacht, die größten Arten erreichen eine Länge von 6 mm, Lichtsinnesorgane sind nur gering entwickelt oder fehlen, und die Beine der Läuse ermöglichen ein Klettern im Haarwald. Sämtliche oder nur die beiden hinteren Beinpaare verfügen über einen Klammerapparat, indem die einzige große Endklaue des Fußes gegen einen Vorsprung der Beinschiene eingeschlagen werden kann. Dadurch wird eine Öse gebildet, in die genau ein Haar hineinpaßt. Mit ihren Vorderbeinen kann eine Kopflaus eine Minute lang das 2000fache ihres eigenen Körpergewichts halten. Für Wirtsfindung und Verbleib auf ihm, sind Temperatur und Geruch von Bedeutung.

Die stechend-saugenden Mundwerkzeuge der Läuse sind stark abgewandelt. Vor der Blutaufnahme wird zunächst die zu einem Mundkegel umgestaltete Kopfspitze ausgestülpt. Sie trägt einige Paare kleiner Chitinhäkchen, mit denen sich das Tier am Wirt verankert. Der Stechrüssel setzt sich aus drei Stiletten zusammen, von denen die beiden oberen den Nahrungskanal umschließen, während das untere eine oberseits gehöhlte Rinne bildet. Zwischen dem unteren und den beiden oberen Stiletten verläuft der Ausführkanal von drei Paar Speicheldrüsen. Die Stilette bohren sich wie eine Stichsäge ein, und wenn ein Gefäß erreicht ist, wird das Wirtsblut mit Hilfe von Pumpbewegungen des Schlundes in den Magen befördert.

Die ziemlich großen Eier (Nissen) tragen einen zum Gasaustausch durchlöcherten Deckel von artspezifischem Aussehen (Bild 28). Durch eine von Anhangsdrüsen des Geschlechtsapparats abgegebene Kittmasse werden sie mit ihrem hinteren Ende am Wirtshaar befestigt. Beim Schlüpfen öffnet die Junglarve unter Verwendung der Eizähnchen auf der Embryonalhaut die Deckelzone. Die Entwicklung bis zur Erstlarve dauert bei *Pediculus* 6, bei der Schweinelaus 14 Tage. Innerhalb von 14 Tagen werden dann drei Larvenstadien durchlaufen.

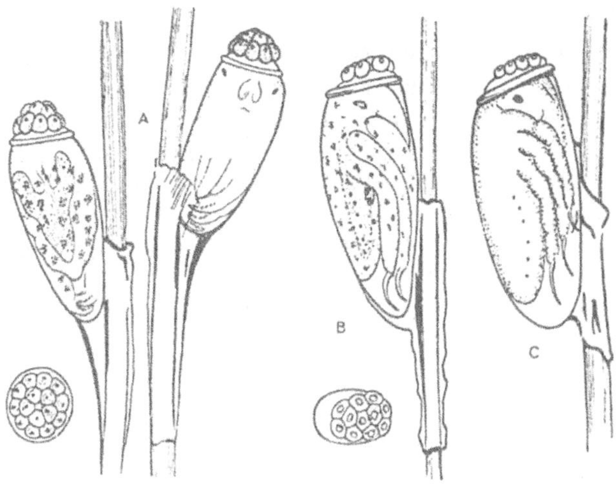

Bild 28
Eier von Filzlaus (A), Kopflaus (B) und Kleiderlaus (C). (Aus MARTINI 1946)

Die Menschenlaus *Pediculus humanus* hat eine Lebensdauer von 30 bis 40 Tagen, ihre Weibchen, die größer als die Männchen sind, legen in 30 bis 40 Tagen 150 bis 300 Eier und man tritt in zwei Unterarten auf, der Kleiderlaus *P. humanus humanus* und der etwas kleineren *P. humanus capitis*, der Kopflaus. Erstere ist die stammesgeschichtlich jüngere der beiden Unterarten, denn sie entstand erst, als der Mensch begonnen hatte, Kleidung zu tragen. Man kann Kleider- und Kopflaus fruchtbar miteinander kreuzen. Die Kopflaus ist die häufigere von beiden, und die Zahl der von ihr Geplagten hat in letzter Zeit in unseren Breiten zugenommen. Die Kleiderlaus ist dort am häufigsten, wo die Kleidung eine große Rolle spielt, also im gemäßigten und kühlen Klima und im Winter. Im Sommer verschwindet sie selbst bei sonst verlausten Personen, besonders in heißem Klima. Ihre Abhängigkeit vom Klima zeigt z.B. das Fehlen in den mexikanischen Küstengegenden, während sie auf der Hochebene weit verbreitet ist. Das Mikroklima, in dem die Kleiderläuse leben, ist das zwischen der Menschenhaut und der inneren Bekleidungsschicht, an der sie sitzen. Da sie rauhe Unterlage bevorzugen, ist ihnen Wolle lieber als Seide. Ihre Zahl kann sich am Menschen in 20 Tagen verzehnfachen. Im Hemd eines Verlausten zählte man einmal 3800 Exemplare. Die Vorzugstemperatur liegt bei 30 °C, die der Kopflaus bei 25 °C.

Eine erwachsene Laus nimmt pro Saugakt ungefähr 1 mg Blut auf. Da innerhalb von 24 Stunden mehrere Blutmahlzeiten abgehalten werden, entzieht sie in diesem Zeitraum 5 bis 8 mg Blut. Bei 1000 Läusen wäre das ein täglicher Blutverlust von 5 bis 10 ml. Durch den injizierten Speichel kommt es zu Quaddelbildung und Juckreiz. Dieser tritt besonders beim Einschlafen in Erscheinung und führt zu Schlaflosigkeit und Nervosität.

Zu diesen Beeinträchtigungen kommt die Möglichkeit der Übertragung von Krankheitserregern. Da muß vor allem *Rickettsia prowazeki,* der Erreger des gefährlichen Fleckfiebers genannt werden. Die Rickettsien vermehren sich in den Magen-Darm-Zellen der Laus und gelangen nach Platzen der Zellen in das Darmlumen und mit dem Läusekot ins Freie. Sie können dann über Schleimhäute oder Hautwunden in den Menschen eindringen, wo sie sich ebenfalls – vorwiegend in der Milz – intrazellulär vermehren. Auch der Verursacher des Europäischen Rückfallfiebers, *Borrelia recurrentis* wird übertragen. Das Spirochät geht nach Durchdringung der Magenwand in die Hämolymphe und kann beim Zerquetschen der Laus über kleine Wunden in uns gelangen.

Die Scham- oder Filzlaus *Phtirus pubis* wählt Stellen lichterer Behaarung, wo ca. 30 Haare auf einem cm^2 stehen, und ihr Hauptsitz sind die Schamhaare. Entsprechend der weiten Haarabstände ist sie auch breiter gebaut als die Menschenlaus. Sie kommt aber auch an Achsel- und Barthaaren, sowie an Augenbrauen und Wimpern vor. Da sich die Filzlaus nur unbeholfen fortbewegt, verharrt sie meist an der gleichen Stelle, und zwar kopfüber an den Haaren festgeklammert bei meist saugender Tätigkeit. Als Klammerapparat arbeiten nur die beiden hinteren Beinpaare (Bild 29).

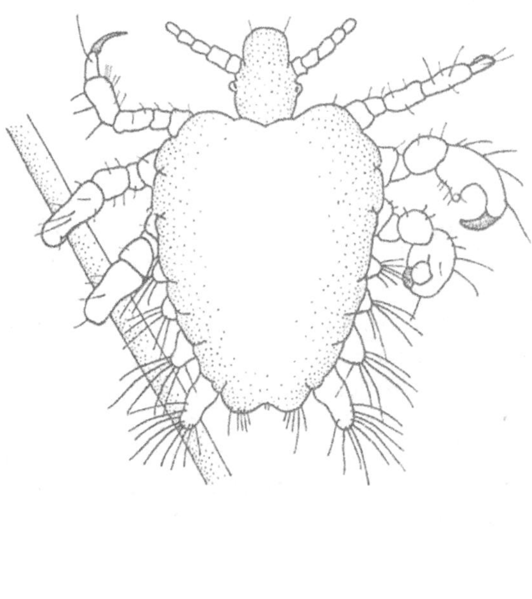

Bild 29
Filzlaus. (Nach MARTINI)

Das 2,5 mm große Weibchen legt maximal 30 Eier, aus denen nach 5 bis 8 Tagen die Erstlarve schlüpft. Es dauert 15 bis 17 Tage, bis das Tier erwachsen ist, und es liegen dann noch ungefähr 25 Lebenstage vor ihm. Hunger wird schlecht vertragen und, vom menschlichen Körper entfernt, stirbt *Phthirus* nach 10 bis 12 Stunden. Deshalb erfolgt die Übertragung vorwiegend von Mensch zu Mensch beim Geschlechtsverkehr. Nur selten holt man sich die „Kavaliersbiene" über Bettwäsche oder auf Aborten. Einer meiner Mitarbeiter entdeckte tatsächlich eine sehr muntere Filzlauf auf der Brille unseres Institutsklos. Jedenfalls wird es immer schwer sein, der Ehefrau einen solchen Infektionsweg glaubhaft zu machen! Bei hoher Befallsintensität bilden sich blaue Hautflecken. Ursache ist eine fermentative Umwandlung des Hämoglobins durch das Sekret eines der Speicheldrüsenpaare, das gleichzeitig auch die Aufrichtmuskeln der Haare lähmt.

Die Schweinelaus *Haematopinus suis* erreicht im weiblichen Geschlecht die stattliche Länge von 6 mm. Sie hält sich vorwiegend an zarthäutigen Körperpartien unseres Hausschweins auf und saugt täglich etwa sechsmal Blut. Die schwache Schweinebeborstung setzt der Vermehrung dieses Schmarotzers allerdings gewisse Grenzen. Durch Beunruhigung bei stärkerem Befall können Fleisch- und Fettansatz vermindert sein. Auch gut gehaltene Hochleistungsschweine sind nie völlig läusefrei. Bei den langhaarigen, dunklen Schweinerassen Ostasiens ist *Haematopinus* so zahlreich, daß man bei den zur Bürstenherstellung verwendeten Borsten die Nissen als Beweis für die Echtheit des Materials betrachtet. Im Labor kann man die Schweinelaus an Mäusen halten.

Niemand vermutet, daß auch Meerestiere Läuse im Pelz haben! Die Robbenläuse (Echinophthiridae) haben schon im Tertiär beim Wechsel vom Land zum Meer auf den Vorfahren von Robben, See-Elefant und Walrossen gelebt. Die meisten von ihnen sitzen mit Vorliebe am Kopf ihrer Wirte, weil dieser beim Atemholen immer über Wasser gehalten wird.

Für die Fortpflanzung sind sie, wie auch diese Meeressäuger, auf einen Landaufenthalt angewiesen. Der Körper der Seelöwenlaus *Antarctophthirius microchir* ist mit Schuppen bedeckt. Mit deren Hilfe wird ein Luftmantel am Körper festgehalten und mit unter Wasser genommen. Diese Luft dient als physikalische Kieme, an der ein Gasaustausch mit dem umgegenden Wasser stattfindet, so daß die Läuse bei längerem Wasseraufenthalt ihrer Wirte genügend Sauerstoff zur Verfügung haben und nicht einmal an die Kopfregion gebunden sind. Am See-Elefanten *(Mirounga leonina)*, der zweimal im Jahr für 3 bis 5 Wochen an Land geht, parasitiert die See-Elefantenlaus *Lepidophthirius macrorhini*, die diesen Landaufenthalt für ihre Vermehrung nutzt. Da der Wirt, wenn er sich haart, die oberen Hornschichten in Fetzen abstößt, bohrt sich die Laus Gänge in dessen Haut, um in tieferen Schichten zu leben. Damit ist sie eigentlich zum Endoparasiten geworden! Sinkt die Hauttemperatur des See-Elefanten auf die des kalten Meerwassers ab, dann vermag seine Laus in eine Art Kältestarre zu verfallen – während Läuse ja sonst bei niederen Temperaturen zugrunde gehen. Alle Beinpaare der Robbenläuse sind Klammerextremitäten. Nur der Walroßlaus *Antarctophthirius trichechi* fehlt, genau wie der Filzlaus, die Klammereinrichtung am ersten Beinpaar. Entsprechend unseren Schamhaaren stehen nämlich auch die Walroßhaare nicht sehr dicht und man vermutet, daß beim Ortswechsel das erste Beinpaar die Aufgabe hat, durch ausholende Suchbewegungen ein neues Haar heranzuziehen, um es mit den Klammerbeinen ergreifen zu können.

Die Weddell-Robbe *(Leptonychotes)* lebt in kälterem Wasser und kommt einmal am Tag heraus auf das Eis. Ihre Laus *A. ogmorhini* ist an entsprechende Temperaturen angepaßt und kann 36 Stunden lang −20 °C aushalten.

Alle Anopluren leben in Symbiose mit Bakterien, die ihnen offenbar wichtige Vitamine liefern, denn allein dem menschlichen Blut fehlen vier Vitamine der B-Gruppe. Die Vitaminlieferanten sind in den Zellen eines Symbiontenorgans untergebracht, das als sogenannte Magenscheibe unterhalb des Darms liegt. Wie die Nachkommenschaft in den Besitz der Symbionten kommt, hat man bei der Kleiderlaus und ihrer näheren Verwandtschaft genau untersucht (Bild 30). Bevor sich die weibliche Laus zum dritten Mal häutet,

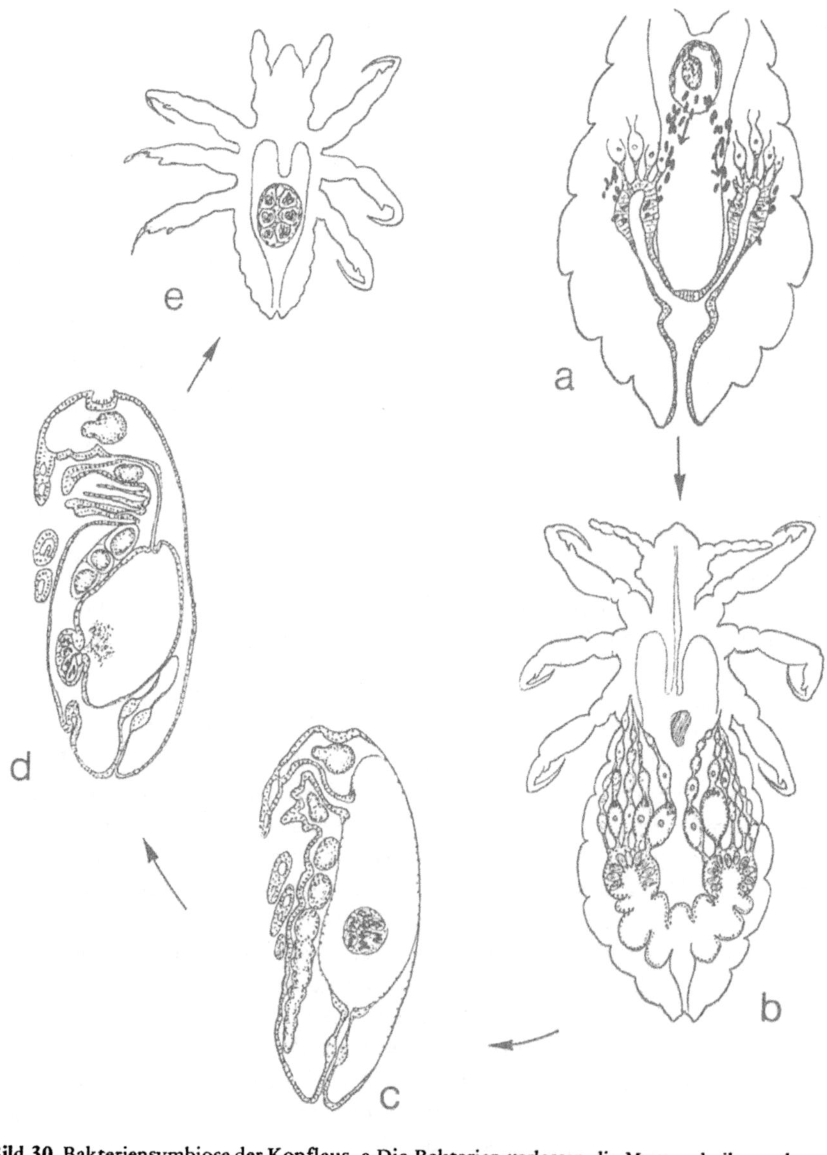

Bild 30 Bakteriensymbiose der Kopflaus. a Die Bakterien verlassen die Magenscheibe und wandern in die Eileiter, b die Eizellen werden infiziert, c Symbiontenorgan im Mitteldarm, d Symbiontenorgan verläßt den Darm, e jüngstes Larvenstadium mit Symbiontenorgan. (Aus BUCHNER)

vermehren sich ihre Bakterien, um dann in zwei Strömen die Magenscheibe zu verlassen und in die Eileiter einzudringen. Das Symbiontenorgan verödet, und die reifen Eizellen werden an ihrem hinteren Pol mit Bakterien infiziert. Bei den Embryonen liegt das Symbiontenorgan zunächst im Mitteldarm (transitorisches Mycetom), wandert aber dann mittels Abschnürung der Darmwand nach außen. Bei der Schweinelaus liegen die Bakterien erst im Darmlumen, später verteilen sich dann bakterienhaltige Zellen (Mycetocyten) über das ganze Mitteldarmepithel. Man darf annehmen, daß die Vorfahren der Läuse ihre Symbionten in Darmzellen unterbrachten.

Entfernt man bei noch nicht geschlechtsreifen Läusen die Magenscheibe operativ, stagniert die Entwicklung und es kommt zu avitaminose-ähnlichen Störungen. Die Tiere saugen nicht mehr und sterben nach 1 bis 2 Tagen, es sei denn, man füttert sie mit Hefeextrakten und Bakterienfiltraten.

Literatur: Aschner & Ries 1933, Askew 1971, Buchner 1953, v. Frisch 1941, Hiepe & Ribbeck 1982, Kaestner 1973, Marshall 1981, Martini 1946, Murray & Nicholls 1965, Murray, Smith & Soucek 1965, Osche 1966a, Ries 1930, 1931, Scherf 1963a, b, Tischler 1982.

Elefanten und Wale haben auch „Läuse"

Eine eigene Ordnung, die Rhynchophthirida, vertreten die beiden Elefantenlausarten, die man gern zwischen Mallophagen und Anopluren plaziert. *Haematomyzus elefantis* und *H. sumatranus* saugen am Afrikanischen und Indischen Elefanten, aber auch auf dem Warzenschwein soll die Elefantenlaus vorkommen.

Der Kopf der 3 mm langen Tiere ist wie bei den Rüsselkäfern zu einer langen Röhre ausgezogen. Diese trägt vorn seitlich die Oberkiefer, die analog den Cheliceren der Zecken seitwärts ausgespreizt werden und sich wie Maulwurfspfoten durch synchrone, seitwärts gerichtete Bewegungen mit ihren starken Zähnen in die Haut des Wirts graben. Zähne sitzen auch an der Spitze des Kopfrohres und verhindern als Widerhaken ein Herausrutschen aus dem Hautgang. Das Innenrohr bildet in der Kopfkapsel eine muskulöse Mundpumpe, die das Elefantenblut in den Läusedarm befördert.

Gesaugt wird vor allem an und hinter den Ohren des Dickhäuters, wegen dessen geringer Behaarung die abgespreizt gehaltenen Beine keine Klammereinrichtungen haben. Schnell laufend ähnelt die Elefantenlaus einer Milbe. Stark wirtsabhängig überlebt sie Nahrungs- und Wassermangel nur wenige Stunden.

Die mit symbiontischen Bakterien versehenen Eier klebt das Weibchen mit einem eierbecherartigen Kittstiel an die Haare.

Die Walläuse (Cyamidae) sind eine Familie ektoparasitisch an Zahn- und Bartenwalen lebender Flohkrebse (Amphipoda). Man kennt bisher 20 Arten, die sich auf sechs Gattungen verteilen. Von ihrer freilebenden Verwandtschaft unterscheiden sie sich vor allem dadurch, daß sie, wie es sich für eine „Laus" gehört, einen kurzen, dorsoventral abgeflachten Körper haben, während bei Flohkrebsen ein seitlich zusammengedrückter Rumpf üblich ist.

Cyamiden werden ungefähr 15 mm lang, vom Hinterleib kommen nur noch kümmerliche Reste vor, und die Brustbeinpaare drei und vier sind durch lange, schlauchförmige Kiemen ersetzt (Bild 32). Mit den kräftigen gebogenen Krallen der Brustbeine verankern sich die Walläuse in der Haut des Wirts und mit ihren beißend-fressenden Mundteilen erzeugen sie bis zur Speckschicht reichende Löcher. Weil sie oft zu Tausenden auf einem Wal leben, erleidet dieser merklichen Schaden. Da keine freischwimmenden Stadien gebildet

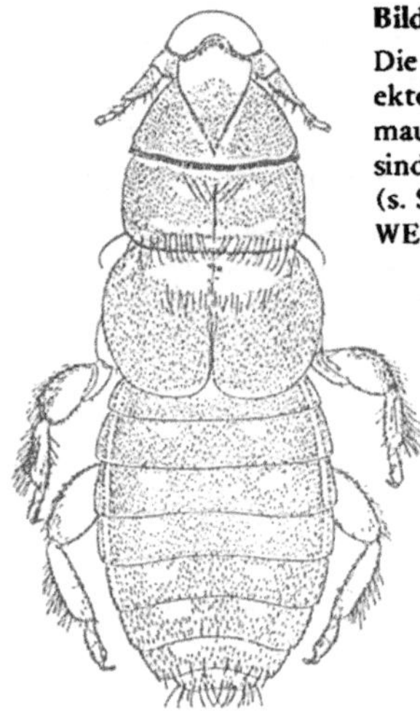

Bild 31
Die im Fell von Fledermäusen ektoparasitisch lebenden Fledermauswanzen (Polycarteniden) sind dem harmlosen Biberkäfer (s. S. 6) sehr ähnlich. (Aus WEBER & WEIDNER 1974)

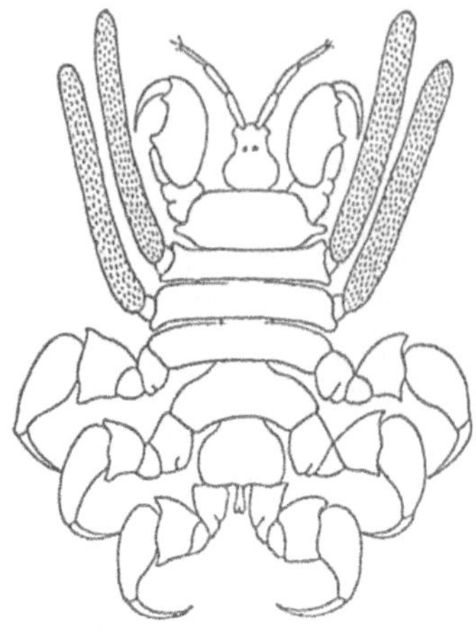

Bild 32 Wallaus. (Aus BAER 1952)

werden, bleiben auch die Nachkommen auf dem gleichen Wirtstier, und die Infektion anderer Individuen kann, wie auch bei den richtigen Läusen, nur durch Kontakt erfolgen. Besonders das an der Mutter saugende Walkind wird besetzt.

Nackten Säugetieren des Wassers, Walen, Seekühen und Nilpferden fehlen echte Läuse und Milben. Der Evolutionsschritt zu ständigem Wasserleben und zu Haarlosigkeit führte zu ihrer „Entlausung“ und so lohnte es sich für einige Amphipoden „den Beruf Ektoparasit zu ergreifen“.

Literatur: Cressey 1983, Crome & Gruner 1969, Frank 1976, Geiler 1960, Hiepe & Ribbeck 1982, Kaestner 1967, 1973, Leung 1967, Osche 1966a, Weber 1969, Weber & Weidner 1974.

Fischläuse

Fischläuse (Branchiura) sind temporäre Ektoparasiten und gehören zu den Krebstieren. Sie saugen das Blut von Süßwasser- und Meeresfischen, zuweilen werden aber auch Kaulquappen und Molche angezapft. Sie sind vorzügliche Schwimmer, die sich gegen den Strom bewegen.

Der Körper der Branchiuren ist dorsoventral stark abgeflacht, denn der Cephalothorax, zu dem Kopfsegmente und ein Brustsegment verwachsen sind, dehnt sich zu einer Scheibe aus (Bild 33). Die seitlichen Flügel dieses Carapax können sogar ein wenig auf und ab bewegt werden. Während die Extremitäten des Kopfes in enger Beziehung zur parasitischen Lebensweise stehen, sind die vier Brustbeinpaare typische Spaltfüße, die zum Schwimmen dienen und deren Schlagfläche auch noch durch Fiederborsten vergrößert wird.

Die beiden Fühler- oder Antennenpaare sind sehr kurz, haben jedoch einen Haken zum Anheften an den Wirt. Dazu dient auch das erste Unterkieferpaar, dessen Basis bei der Gattung *Argulus* zu einem tiefen, röhrenartigen Saugnapf umgewandelt ist (Bild 34). Bei jugendlichen Tieren hängen an diesem sogar noch einige Glieder des Kiefers. Das zweite Unterkieferpaar zeigt keine besonderen Anpassungen, es ist beinartig ausgebildet.

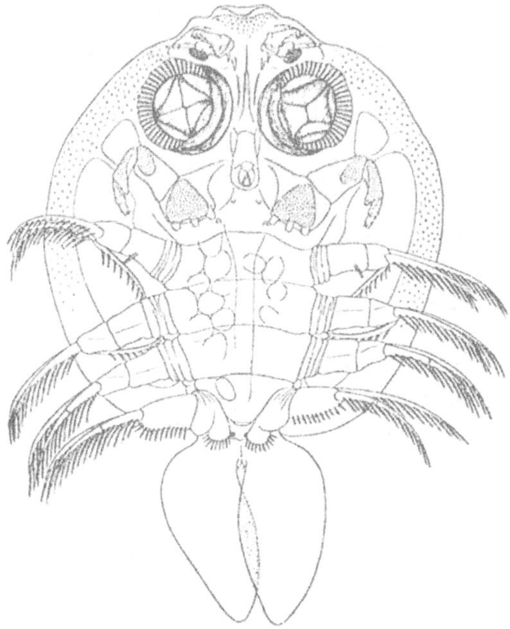

Bild 33
Fischlaus. (Aus KABATA 1979)

Bild 34 Saugnäpfe von *Argulus.* (REM-Aufnahme Dr. K. Rauenbusch)

Besonders wichtig für das Geschäft des Blutsaugens sind die dolchförmigen Oberkiefer, die bei *Argulus* in einem abspreizbaren Rüssel liegen, dem ein nach vorn gerichteter Stachel vorgelagert ist. An dessen Spitze mündet der Ausführgang einer Drüse, die offenbar ein Giftsekret bildet. Dieser Stachel ist zweifellos sekundär erworben.

Der kurze Hinterleib ist in zwei Platten gespalten, zwischen den eine Furka liegt. Man glaubte früher, daß diese Hinterleibsplatten Kiemenfunktion haben. Deshalb entstand der Name „Kiemenschwanz" – Branchiura. Tatsächlich aber dienen zwei Paare verdünnter Felder der Carapax-Unterseite der Atmung. Die Platten des Pleons besitzen Muskulatur und fungieren als Nebenherzen. Fischläuse haben außer drei eng aneinderliegenden Naupliusaugen ein Paar Komplexaugen, die allerdings nur der Wahrnehmung von Hell und Dunkel dienen.

Branchiuren sind nicht sehr wirtsspezifisch. Die in Mitteleuropa verbreitete 8,5 mm lange Karpfenlaus *Argulus foliaceus,* saugt nicht nur an Karpfen, sondern auch an vielen anderen Fischen, ja sogar Kaulquappenblut wird aufgenommen. Im Laufe eines Fischlaus-Lebens wechselt sicher nicht nur das Individuum, sondern auch die Art des Wirts. Eine Fernanlockung gibt es nicht, erst bei Berührung wird der Wirt auf Grund von taktilen und chemischen Reizen als solcher erkannt, und man setzt sich parallel zu dessen Längsachse fest. Bevorzugt sind die Regionen Kiemendeckel, Brust- und Rückenflosse. Auch beim Saugen sind die Schwimmbeine in ständiger Bewegung. Das vom Rüssel aufgenommene Blut wird ähnlich wie beim Blutegel in zwei seitlichen, stark verzweigten Blindsäcken des Mitteldarmes gespeichert. Deshalb kann eine vollgesogene Fischlaus ohne weiteres drei Wochen lang hungern Der Saugakt selbst dauert einige Tage.

Massenbefall kann für kleine Fische den Tod bedeuten. Auf einem Hecht, der kaum über 1 kg wog, zählte man 420 *Argulus*-Exemplare. Rekordzahlen erreichen Fische, die in Reusen gefangen wurden, so eine halbpfündige Schleie mit 4250 Läusen. Durch die Saugwunde kann es zu Pilzinfektionen kommen; die mitteleuropäischen Arten übertragen den Erreger der Bauchwassersucht *Pseudomonas punctata.* In der Fischhaut nimmt durch den Befall die Zahl der Drüsenzellen zu, was zu verstärkter Schleimabsonderung führt. Der beim Saugen offenbar abgegebene Giftstoff soll die Lymphocyten der Fische abtöten.

Das Männchen begattet das Weibchen meist dann, wenn es am Fisch saugt. Die dickschaligen Eier werden – was für ein Krebstier recht sonderbar ist – an Wasserpflanzen, Steine und dergleichen gelegt und mittels eines Eileitersekrets festgeheftet. Insgesamt sind es 800 bis 1200 Eier, die in Schüben von 20 bis 480 Stück abgelegt werden. Dazwischen wird gesaugt. Es gibt neun freilebende Larvenstadien. Das erste hat bereits einen Carapax und befällt sogleich einen Fisch. Die Saugnäpfe von *Argulus* sind erst nach der 7. Häutung funktionsfähig.

Das Hauptverbreitungsgebiet der Branchiuren scheint Nordamerika zu sein, denn es wurde eine große Zahl von dort stammender Arten beschrieben.

Literatur: Cressey 1983, Gruner & Deckert 1956, Kaestner 1967, Pflugfelder 1977, Wesenberg-Lund 1939.

Ein Bärtierchen saugt an der Seegurke

Die Tardigrada („Langsamschreiter") nennt man Bärtierchen, weil sie in Aussehen und Unbeholfenheit ihrer Bewegungen an einen Bären erinnern. Der walzenförmige, mit einer chitinhaltigen Kuticula bedeckte Körper dieser Mikrokosmos-Bären ist meist nicht über 1 mm lang und besteht aus vier Segmenten. Die vier Laufbeinpaare sind an ihren Enden mit Zehen, Krallen oder Haftplättchen ausgestattet. Zum Anstechen pflanzlicher Zellen dienen zwei aus der Mundöffnung vorstoßbare, kalkhaltige Stilette, und ein muskulöser Schlundkopf wirkt als Saugvorrichtung. Die Weibchen der in der Regel getrenntgeschlechtlichen Bärtierchen legen Eier. Oft kommt auch Jungfernzeugung vor.

Die Tardigraden, die innerhalb der Gliedertiere einen eigenen Stamm vertreten, leben im Meer, im Süßwasser und in terrestrischen Kleingewässern. Den Bewohnern solcher aquatiler Kleinbiotope dankt diese Tiergruppe ihre Berühmtheit. Bärtierchen können nämlich, wenn ihr Lebensraum völlig austrocknet, in eine Trockenstarre verfallen. In diesem Zustand der Anhydrobiose vermögen sie – man mag es glauben oder nicht – bis 6 Jahre zu verbleiben.

Tetrakentron synaptae lebt als Ektoparasit auf der Seegurke (Holothurie) *Leptosynapta galliennei.* Das Bärtierchen liegt mit seinem dorsoventral abgeflachten Körper der Holothurie eng an und hält sich mit ungewöhnlich langen und einwärts gebogenen Krallen, die tief in das Wirtsgewebe eindringen, fest. Mit seinen langen Stiletten sticht *Tetrakentron* Zellen an und saugt sie aus. Am gesamten Körper einer Seegurke zählte man einmal 296 Exemplare dieses Schmarotzers. Es wird vermutet, daß der Parasit seinen Platz selten verläßt, und vielleicht aus diesem Grunde der After im Laufe der Evolution auf die Oberseite gewandert ist.

In Westgrönland wurde schließlich eine *Echiniscoides*-Art entdeckt, die in der Seepocke *Balanus balanoides* sitzt und ebenfalls Zellen ansticht und aussaugt.

Literatur: Greven 1980, Kristensen 1980, Kristensen & Hallas 1980, Moritz 1982a.

Borstenwurm mit Schere

Unter den Vielborstern (Polychaeta) vertritt *Ichthyotomus sanguinarius* eine eigene Familie, die Ichthyotomidae. Man entdeckte diesen ektoparasitischen Ringelwurm im Golf von Neapel an den Flossen von Meeraalen. Sein Hauptwirt ist *Myrus vulgaris.*

Der Körper des 5 bis 10 mm langen Wurms ist dorsoventral abgeflacht. Sein Mund hat die Funktion eines Saugnapfes, und in dem als Saugpumpe wirkenden Schlund befinden sich zwei stilettartige Kiefer, die wie eine Schere gekreuzt sind und in die Aalhaut gestoßen werden. Ihr freies Ende ist löffelförmig und mit einer Reihe kleiner Widerhaken versehen. Der innere Teil gabelt sich in zwei Arme, an denen die Muskulatur ansitzt (Bild 35). Unterhalb ihrer Mitte sind die Stilette durch Aushöhlung und Vorwölbung wie Gelenkpfanne und Gelenk beweglich miteinander verbunden. Sie können dadurch wie eine Schere gegeneinander bewegt werden (Bild 36). Durch Spreizen dieser Schere werden Wunde und Blutgefäß offen gehalten, und der Blutsauger ist auch gleichzeitig fest am Wirt verankert. Zwei kleine und zwei große Drüsen sezernieren ein Sekret, das offenbar die Blutgerinnung verhindert. Die Eier dieses Zwitters, dessen männliche Geschlechtsprodukte vor den weiblichen reifen (Protandrie), werden durch Abstoßung der letzten Segmente frei.

Literatur: Baer 1952, Eysig 1906, Fauvel 1959, Hartmann-Schröder 1982.

Bild 35 Vorderende von *Ichthyotomus.* st Kieferstilette, int Darm, gl Drüse. (Aus BAER 1952)

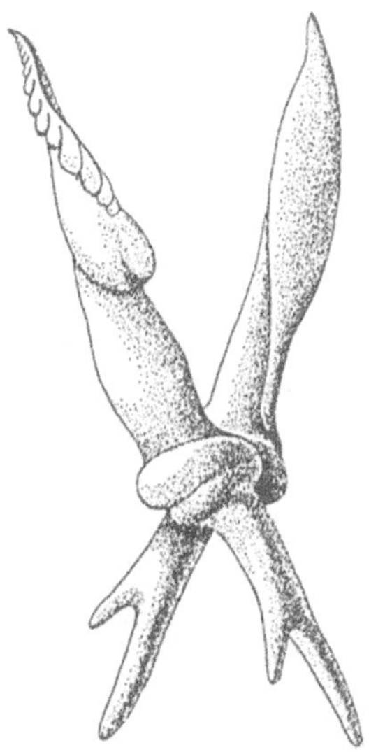

Bild 36
Stilette mit Gelenk und Gelenkpfanne. (Aus BAER 1952)

Die Krebsegel

Früher hielt man die Krebsegel (Branchiobdellidae) für echte Egel. Sie sind jedoch Wenigborster (Oligochaeta), bei denen die drei letzten Segmente des kurzen und plumpen Körpers zu einem muskulösen, scheibenförmigen Saugnapf verwachsen sind. Dieser liegt nicht bauchseitig, sondern in der Längsachse. Auch die Kopfregion ist saugnapfähnlich und die Fortbewegung egelartig.

In der Mundhöhle sitzt dorsal und ventral je ein mit Zähnchen versehener Kiefer. Mit dieser Bewaffnung wird der Wirtskrebs an einer dünnen Stelle angeschnitten und seine Körperflüssigkeit eingesaugt. Man fand auch Muskelfasern und sogar Protozoen und Rädertiere im Darm. Nur Jungtiere ernähren sich noch wie ihre Oligochaetenverwandtschaft von organischen Zersetzungsstoffen.

Die temporär an Süßwasserkrebsen parasitierenden Branchiobdellen gibt es in Europa, Asien und Amerika. An der Unterseite unserer Flußkrebse saugt *Branchiobdella parasitica*, in der Atemhöhle an den Kiemen der rötliche *B. astaci*, den man als temporären Endoparasiten einstufen kann (s. S. 99). Beide Arten sind ungefähr 1 cm lang. Die gestielten Eikokons werden am Hinterleib des Krebses befestigt und können eine Überwinterung ermöglichen.

Der in Japan vorkommende *Stephanodrilus cirratus* hat fingerförmige Anhänge an Körpersegmenten und Kopfregion (Bild 37).

Literatur: Hartmann-Schröder 1982, Hartwich 1969, Kaestner 1967, Michaelsen 1928, Wesenberg-Lund 1939.

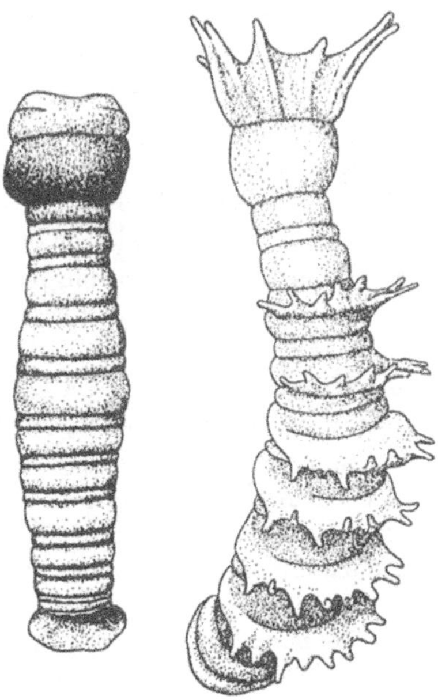

Bild 37
Krebsegel. Links *Branchiobdella parasitica* von europäischen, rechts *Stephanodrilus cirratus* von japanischen Flußkrebsen. (Aus HARTWICH 1969)

Echte Egel

Innerhalb der Ringelwürmer (Annelida) bilden die Egel oder Hirudinea eine klar abgegrenzte Gruppe, die mit den Oligochaeten zur Klasse der Clitallata vereinigt wird.

Der Egelkörper besteht aus 33 äußerlich sekundär geringelten Segmenten und trägt in der Regel vorn und hinten einen ventralen Saugnapf. Der vordere umgibt den Mund, der hintere ist scheibenförmig. Auf beiden münden Drüsen, deren Sekret offenbar eine viskose Substanz ist, die bei der Festheftung der Saugnäpfe das Eindringen von Luft oder Wasser zwischen Haftscheibe und Unterlage verhindern soll. Der marine Fischegel *Branchellion torpedinis* hat auf seinem hinteren Saugnapf sogar noch zahlreiche, gestielte Sekundärsaugnäpfe. Mit Ausnahme der Rüsselegel trägt die Kopfregion dorsale Lichtsinnesorgane, die zwar nicht zum Formensehen, jedoch zum Richtungs- und Bewegungssehen befähigen.

Die spannenartige Fortbewegung sowie räuberische und parasitische Lebensweise erfordern von den Egeln erhebliche Körperkräfte. Solche verleiht ihnen eine stark ausgebildete Muskulatur. Während ihre Regenwurmverwandtschaft über einen Hautmuskelschlauch und eine geräumige Leibeshöhle verfügt, besteht der Hauptinhalt des Egelkörpers aus Muskelmassen, die in komplizierten Zügen den ganzen Wurm durchsetzen und die Leibeshöhle zu einem Kanal- und Lakunensystem einengen. Die meisten Egel können auch schwimmen. Der Magen aller saugenden Egel hat paarige, seitliche Divertikel. In diesen Blindsäcken kann das aufgenommene Blut lange Zeit gespeichert werden.

Hirudineen sind protandrische Zwitter. Bei der wechselseitigen Begattung wird entweder ein Penis in die weibliche Geschlechtsöffnung eingeführt oder außen eine Spermatophore angeheftet. Die Spermien gelangen dann durch die Haut und entlang von Gewebslücken zu den Ovarien.

Ungefähr 3/4 aller bekannten Egel sind temporäre Ektoparasiten. Trotzdem dürfte die räuberische Ernährung die ursprüngliche sein. Ein zu den Schlundegeln (Pharnygobdelliformes) – ihnen fehlen Rüssel und Kiefer – gehörender Xerobdellide, *Xerobdella lecomtei*, fährt ernährungsbiologisch noch zweigleisig. Der in Buchenwäldern der Alpen nachts oder bei Regenwetter aktiv werdende Egel saugt am Alpensalamander Blut, verschlingt aber auch Regenwürmer und Fliegenlarven. Manche Kieferegel, wie der Blutegel *Hirudo medicinalis*, ernähren sich als frisch geschlüpfte Jungtiere ebenfalls noch von kleinen Insekten und Würmern, bevor sie Ektoparasiten werden. Den Gipfel der Parasitwerdung haben jedoch jene Egel erreicht, die in ihrem Wirt schmarotzen und den seltenen Status des temporären Endoparasitismus vertreten (s. S. 99).

Bei den Rüsselegeln (Rhynchobdelliformes) führt die Mundöffnung in ein mit Längsmuskulatur versehenes Rohr, die Rüsselscheide. Dort wo diese in die Speiseröhre übergeht, ist die Basis des Rüssels verankert. Dieser liegt als Schlauch in der Scheide und kann durch deren Kontraktion hervorgestreckt werden. An der Rüsselbasis dringen die Ausführgänge von Speicheldrüsen zwischen die Muskulatur der Rüsselwand und laufen bis zur Rüsselspitze, um die Blutgerinnung hemmende Stoffe abzuscheiden. Meist versucht die Rüsselspitze beim Einbohren ein Gefäß des Wirtes zu öffnen.

Der bekannteste Rüsselegel ist der Fischegel *Piscicola geometra*. Wie schon sein Name verrät, gehört er zur Familie der Piscicolidae. Es gibt ihn in Europa und in Nordamerika, im Süßwasser, im Brackwasser und in der Ostsee. Wirte sind viele Fische, z.B. Hecht, Barsch und Weißfische. In der Ostsee saugt er an Groppe und Flunder. Der sehr lebhafte Egel kriecht schnell und schwimmt gut. Beim Schwimmen dienen ihm die beiden Saugscheiben als Flossen. 2 bis 5 cm lang, erreicht er im Süßwasser bei größter Streckung eine Länge von 10 cm. Auf einen Wirt wartend, sitzt *Piscicola* mit dem Hintersaugnapf angesogen an Wasserpflanzen und läßt seinen Körper schräg nach unten hängen. Er kann tagelang in dieser Lauerstellung verharren. Schwimmt ein Fisch über ihm hinweg, alarmiert ihn dessen Schatten, und er schlägt mit dem ausgestreckten Körper nach allen Seiten, bis er den Fisch berührt und dann auf diesen steigt. Diese unorientierte Suchbewegungen kann der Fisch auch durch Wasserströmung und chemische Reize auslösen. Durch die Parasitierung werden die Fische beunruhigt, nehmen schlecht Nahrung auf, und das Wachstum wird gehemmt. Eine größere Anzahl von Fischegeln kann ihren Wirt zugrunde richten. *Piscicola*, der übrigens sechs Monate hungern kann, entzieht einem Karpfen innerhalb von 48 Stunden während mehrerer, durch Pausen unterbrochener, einstündiger Saugakte 241 Millionen roter Blutkörperchen.

Am Vorderdarm hat *Piscicola* paarige Divertikel, in deren Lumen symbiotische Bakterien leben. Nach der Blutaufnahme finden sich diese im Darm und tragen als Verdauungshelfer zur Auflösung der Blutkörperchen bei. Manchmal findet man über 50 Egel auf einem Karpfen. Zusätzlich ist die verursachte Hautwunde eine Infektionsquelle.

Vom Fischegel wird die im Blut des Süßwasserbarsches *(Perca fluviatilis)* parasitierende *Trypanosoma percae* übertragen. Im Egeldarm verwandelt sich die *Trypanosoma* in die epimastigote Form (s. S. 190), vermehrt sich als solche, und die schließlich gebildeten metazyklischen Stadien wandern dann in den Schlund des Egels.

Der in China beheimatete Schildkrötenegel *Ozobranchus jantseanus* hat bäumchenartig verzweigte Kiemen (Bild 38). Als reiner Ektoparasit bleibt er auch dann auf seiner Schildkröte, wenn diese das Wasser verläßt, um sich zu sonnen. Der Egel trocknet dann zu einer kleinen, harten Scheibe ein. Obwohl sein Wasserverlust 4/5 des Körpergewichtes betragen kann, vermag *Ozobranchus* acht Tage in diesem Zustand zu leben. Bei der Rückkehr ins Wasser quillt er bei 15 °C innerhalb von 50 Minuten wieder zu seiner Normalgestalt auf.

Die meisten Piscicoliden sind Meeresbewohner. Die kleine *Hemibdella soleae* entspricht in ihrem Farbmuster so weitgehend der Pigmentierung der Seezungenschuppen, an denen sie sitzt, daß man den Egel erst wahrnimmt, wenn er sich bewegt. Bei der Halbinsel Kola und der Murmanküste saugt *Crangonobdella murmanica* an der Garnele *Sclerocrangon boreas*, auf der nicht selten 10 bis 12 dieser Egel gefunden werden (Bild 39). Der Vordersaugnapf dieses an den Gelenkhäuten des Krebses saugenden Schmarotzers ist besonders beweglich und kann seine Ränder weit umbiegen, was ihm wohl eine bessere Anheftung an den dünnen Körperanhängen des Wirts erlaubt.

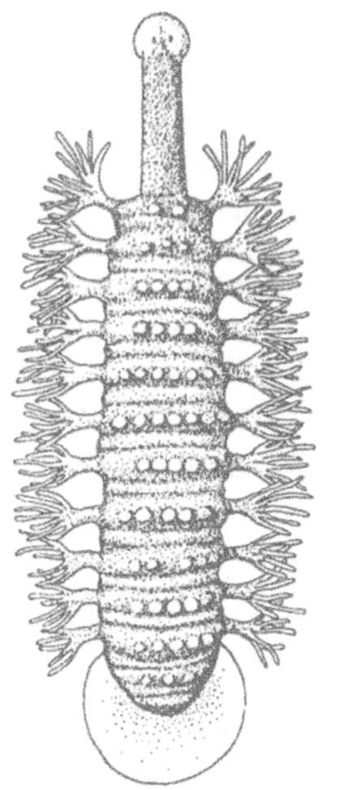

Bild 38 Schildkrötenegel *Ozobranchus*. (Aus HERTER 1968)

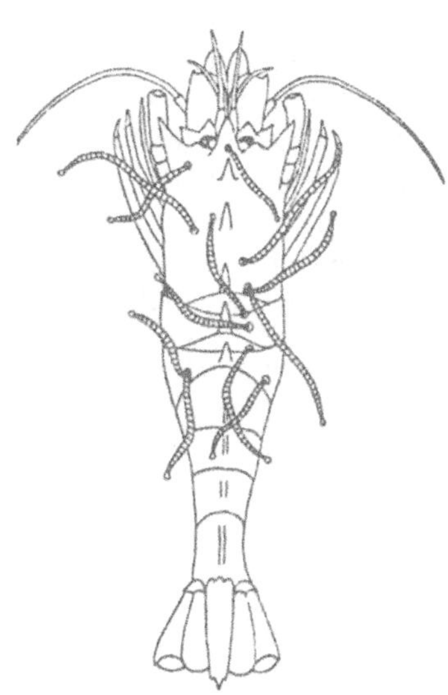

Bild 39 *Crangonobdella murmanica* auf der Garnele *Sclerocrangon boreas*. (Aus HERTER 1935)

Andere Rüsselegel gehören zur Familie der Glossiphoniidae. Der in unseren Gewässern nicht seltene *Hemiclepsis marginata* saugt an Fischen, Amphibien, deren Larven und Teichschildkröten. Er besitzt ein chemisches Nah- und Fernperzeptionsvermögen. Der größte aller Egel ist *H. ghilianii.* Dieser Riese wird 30 cm lang und kommt im Amazonasgebiet und in Französisch Guayana vor. Schon wenige Exemplare können Pferd und Rind beim Durchqueren von Sümpfen töten.

Die Kieferegel (Gnathobdelliformes) haben hinter ihrer Mundöffnung drei radial gestellte, halblinsenförmige kuticularisierte Kiefer, auf deren Kante eine Reihe von Kalzitzähnchen steht. Zwischen diesen mündet je ein Ausführgang der einzelligen Speicheldrüsen. Die Kiefer des Medizinischen Blutegels *Hirudo medicinalis* arbeiten wie eine Kreissäge synchron etwa zweimal in der Sekunde und öffnen beim Wirt Epidermis und oberste Lederhautschicht in Form einer Y-Wunde. Es werden so die Blutkapillaren in etwa 1,5 mm Tiefe erreicht. Durch das Speicheldrüsensekret Hirudin wird die Blutgerinnung gehemmt. Es käme sonst zu einer Verstopfung des Schlundes. Außerdem wird noch eine Histaminähnliche Flüssigkeit abgeschieden, die eine Erweiterung der Wirtskapillaren veranlaßt. Die Haut wird außerdem anästhesiert. Mit Hilfe seiner gut entwickelten Muskulatur saugt der Schlund das Blut ein. Die Saugkraft beträgt dabei bis zu 0,2 at. 10 bis 15 ml Blut werden bei einer Mahlzeit aufgenommen. Dank seiner Magenblindsäcke kann der Blutegel bis zu 2 Jahre hungern. Die Konservierung und die chemische Spaltung des gespeicherten Bluts geschieht mit Hilfe des symbiontischen Bakteriums *Pseudomonas hirudinis,* das sich im Darmlumen befindet. Bereits der Kokon wird mit dem Keim versetzt und die Jungegel schon vor dem Schlüpfen infiziert. In seiner Jugend saugt der Blutegel auch an Fischen und Lurchen, um fortpflanzungsfähig zu werden benötigt er aber Säugetierblut. Er schwimmt mit eleganten schlängelnden Bewegungen in der Vertikalebene und soll 18 bis 20, ja sogar 27 Jahre alt werden.

Hirudo medicinalis kommt von Mittel- und Südeuropa bis Kleinasien und Nordafrika vor. Nach Nordamerika wurde er durch den Menschen eingeschleppt. Früher, besonders in der ersten Hälfte des 19. Jahrhunderts, spielte er und einige verwandte Arten eine bedeutende Rolle in der Medizin. So wurden in den 30er Jahren dieses 19. Jahrhunderts in London jährlich etwa sieben und in Pariser Krankenhäusern 5 bis 6 Millionen Egel verbraucht. 1827 hat Frankreich 33 Millionen importiert. Dieser Raubbau führte zu einer Verknappung und schließlich dazu, daß man den Blutegel in natürlichen Gewässern Mitteleuropas kaum mehr findet. Deshalb entstanden, vor allem in Deutschland und Ungarn, Blutegelzüchtereien, die es heute noch gibt. Die moderne Arzneimittelindustrie gewinnt das Hirudin aus den Speicheldrüsen. Neuerdings setzt die Medizin den Blutegel wieder direkt ein.

Literatur: Buchner 1953, Dönges 1980, Füller 1958, Hartmann-Schröder 1982, Herter 1929 a, b, 1935, 1943, 1968, Johansson 1929.

Ektoparasitische Schnecken gibt es nur im Meer

Alle ektoparasitischen Vorderkiemer (Prosobranchia) haben keine Radula, jedoch einen verhältnismäßig langen, unbewaffneten Saugrüssel. Ihre Wirte sind meist Stachelhäuter (Echinodermata).

Die meisten Parasiten gibt es in der Familie der Stiliferidae, die sich durch eine häutige Verbreiterung der Rüsselbasis auszeichnen. Dieser Scheinmantel (Pseudopallium) kann so stark ausgebildet sein, daß er das Schneckenhaus völlig umhüllt. Bei den Weibchen sammeln sich die Eier in dieser Pseudomantelhöhle an.

Pelseneeria stylifera sitzt inmitten der Stacheln und Pedicellarien des Seeigels *Strongylocentrotus droebachiensis* und saugt, nachdem sie das Wirtsepithel enzymatisch aufgelöst hat. *Mucronalia palimpedes*, die auf der Körperoberfläche eines tropischen Seesterns lebt, scheint sogar ein stationärer Ektoparasit zu sein.

Stilifer linckiae dringt so tief in seinen Seesternwirt ein, daß er schon ein Endoparasit ist (s. S. 111).

An der Koralle *Monastraea annularis* schmarotzt die Magilide *Coralliophila abbreviata*. Ein Sekret hilft ihr beim Durchdringen der Wirtsepidermis, und der muskulöse Rüssel pumpt Korallengewebe und symbiontische Algen (Zooxanthellen) in den Darmkanal. Die Koralle erleidet nur mäßigen Schaden.

Eine rein parasitische Schneckenfamilie sind die zu den Hinterkiemern (Opisthobranchia) gehörenden, zwittrigen Pyramidellidae. Die winzigen Tiere haben ein 2 bis 3 mm langes Gehäuse und einen ebenso langen, ausstülpbaren Rüssel, der ein kompliziertes Bohr- und Saugorgan ist. Ein hohler Saugstachel, der vermutlich ein Kiefer- oder Radularest ist, enthält eine stilettartige Nadel, die das Lumen freihält und gleichzeitig ein Rückschlagventil darstellt. Auch diese Nadel ist hohl, und die Ausführgänge zweier, wahrscheinlich proteolytische Enzyme abscheidender Pharyngealdrüsen münden in sie ein.

Bild 40
Die Schnecke *Odostomia* saugt an den Tentakeln des Röhrenwurms *Pomatocereas*. (Aus ANKEL 1949)

Die Saugleistung wird von Vorderdarmpumpen in Form zweier muskulöser Bulben erbracht. Als erstes saugt sich die napfartige Rüsselspitze am Wirt an, dann setzt der Stachel eine Wunde und das Stilett injiziert Drüsensekret. Erst wenn es zurückgezogen wird, kann gesaugt werden, und ein Nahrungsstrom, meist zelligen Inhalts, wird in die Speiseröhre gepumpt. Das Saugen dauert nur wenige Minuten, und da die Pyramidelliden temporäre Außenschmarotzer sind, wird der Angezapfte bald verlassen. Wirte sind seßhafte Vielborster (sedentäre Polychaeten), Schnecken, Muscheln, Schwämme und Seescheiden (Ascidien).

Odostomia plicata saugt an den Tentakeln des Röhrenwurms *Pomatoceras triqueter* (Bild 40). Die Schnecke sitzt an der Mündung der Röhre, und sobald der Wurm seinen Tentakelkranz entfaltet, stülpt sie ihren Rüssel aus, um zu saugen. Da der Röhrenbewohner immer wieder in seiner Behausung verschwindet, wird der Saugvorgang oft unterbrochen. *Brachystomia plicata* sitzt oft zu mehreren Exemplaren auf dem Schalenrand der Miesmuschel *(Mytilus)* und saugt am Mantelrand. *B. ambigua* schmarotzt an Kamm-Muscheln (Pectiniden), wo sie am vorderen „Öhrchen" der rechten Schalenklappe sitzt, denn dort hat die Muschelschale einen Ausschnitt für den Austritt des Byssus und durch den der Schneckenrüssel den Wirtskörper erreichen kann. Man hat diese Art auch auf der Schnekke *Turitella* gefunden (Bild 41), die sie an Fuß oder Mantelrand anzapft. Auch auf dem Sipho einer Muschel entdeckte man eine Pyramidellide (Bild 42).

Literatur: Ankel 1938, 1949, 1959, Baer 1952, 1972, Fretter & Graham 1949, Götting 1974, Kilias 1982, Kristensen 1970, Maas 1965, Robertson 1970.

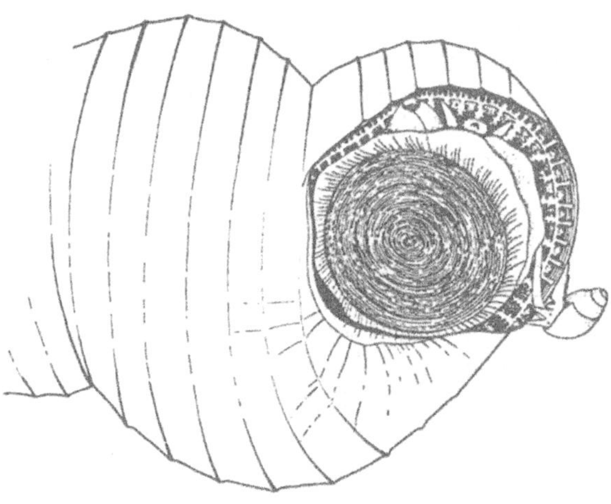

Bild 41 Die Schnecke *Brachystomia* an der Schnecke *Turitella* parasitierend. (Aus ANKEL 1949)

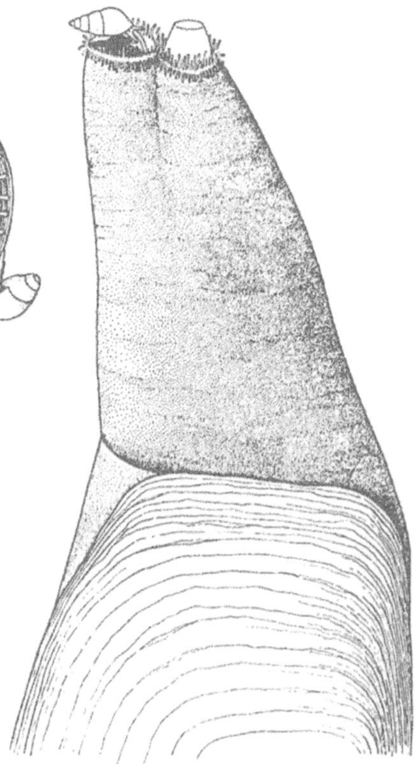

Bild 42 Pyramidellide auf dem Sipho einer Muschel. (Aus ANKEL 1949)

Ektoparasitische Wimpertiere

Die gymnostomen Holotrichen sind die ursprünglichsten Wimpertiere (Ciliata). Da ihnen am Mund eine Studeleinrichtung fehlt, wird die Nahrung eingeschlungen. Bei den Chilodonellen liegt der Mund auf der breiten, abgeflachten Unterseite, und ein kräftiges Rohr aus Stäbchen, der Reusenapparat, bildet den Schlund. Die meisten Arten der Gattung *Chilodonella* leben frei, vorwiegend im Süßwasser. Es gibt jedoch auch Arten, die sich an anderen Tieren aufhalten und mittels ihrer bauchseitigen Bewimperung auf der Oberfläche entlang gleiten; sie sind vagil symphoriont.

Chilodonella cyprini lebt auf Haut und Kiemen von Süßwasserfischen und beeinträchtigt diese bei geringer Zahl nicht. In Aquarien und Jungfischzuchten kann es aber zur Massenvermehrung der Chilodonellen kommen. Der Grund sind anderweitig verursachte Hautschäden, die dann sekundär durch die vielen Wimpertiere vergrößert werden.

Ein wirklicher Ektoparasit ist das gymnostome Holotrich *Enchelyodon helioparasiticus*. Das Ciliat sitzt außen am Ektoplasma des Sonnentieres *Acanthocystis turfacea* und umgibt sich mit den Hüllsekreten des Heliozoons (Bild 43). Hin und wieder wird die an einem vorderen Kegel befindliche Mundöffnung vorgestreckt und Wirtsplasma in kleinen Portionen herausgesaugt. Die Parasiten vermehren sich auf ihrem Wirt, wobei die Fremdhülle gleich-

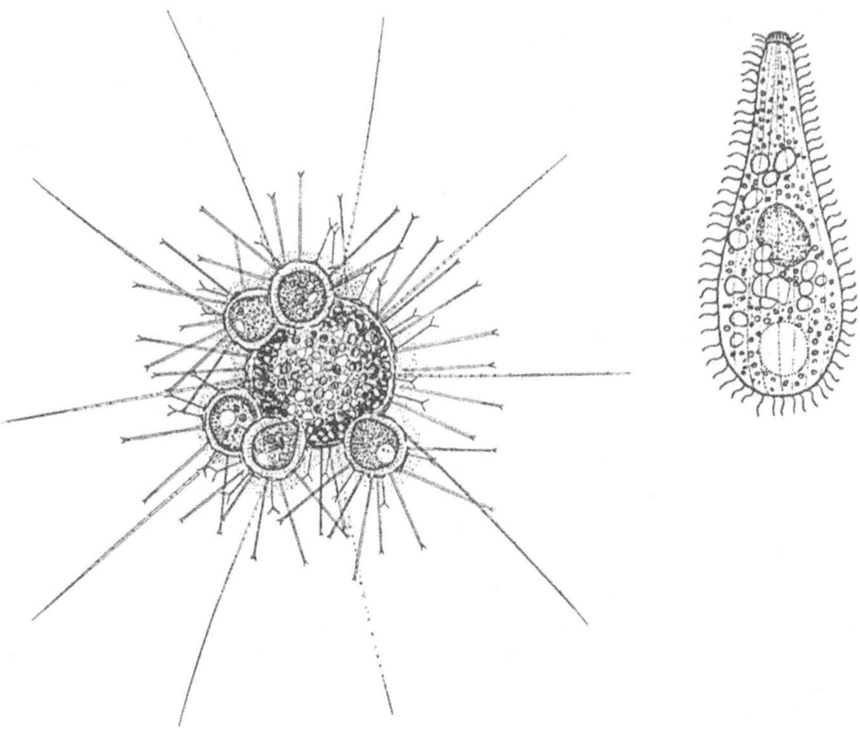

Bild 43 Das Wimpertier *Enchelyodon* parasitiert an dem Sonnentier *Acanthocystis* (links), rechts ein freies Stadium. (Aus RAINER 1967)

mäßig auf die beiden Tochtertiere verteilt wird. Die Wimpertiere scheinen den längsten Abschnitt ihres Lebens auf dem Sonnentier zu verbringen und sind damit wohl als stationär zu bezeichnen. Die 30 bis 60 µm langen Tiere schwimmen rasch und drehen sich dabei um ihre Längsachse.

Warum der Übeltäter vom Sonnentier nicht gefressen wird, ist unbekannt. Vielleicht wird die Fangreaktion deshalb nicht ausgelöst, weil sich *Enchelyodon* langsam und vorsichtig zwischen den dem Beutefang dienenden Axopodien – den „Strahlen" der Sonne – bewegt.

Literatur: Doflein & Reichenow 1949–1953, Rainer 1967, 1968.

7. Vom Ekto- zum Endoparasitismus

Parasitenwelse

Langgestreckte wurmförmige Körper und nackte Oberfläche haben die in Südamerika vorkommenden Parasiten- oder Schmerlenwelse (Trichomycteridae) den Weg zum Parasitismus geebnet. Sie bohren die Haut anderer Fische an, um deren Blut zu saugen, oder dringen in deren Kiemenhöhlen ein. Dort öffnen sie mit ihren Zähnen oder den Stacheln an ihren Kiemendeckeln die Kiemenhaut des Wirts und nehmen Blut auf. Mittels ihrer Kiemendeckelstacheln können sie sich fest verankern. Ein Richtungssinn, der sie gegen den Strom schwimmen läßt, führt sie über den vom Kiemenraum ausgepreßten Wasserstrom in diesen hinein. Die Einheimischen nennen die Parasitenwelse Candirus. In einigen Gegenden Brasiliens ist *Vandellia corrhosa* sehr gefürchtet, weil es vorkommen kann, daß der Fisch in die Harnröhre badender Menschen eindringt. Vor allem aus dem Penis läßt er sich dann nur operativ entfernen.

Literatur: Deckert 1967, Norman 1966, Vogt 1970.

Federlinge und Haarlinge – symphoriont, ekto- und endoparasitisch

Mallophagen leben als „Haarlinge" auf Säugetieren, als „Federlinge" auf Vögeln, ihren Hauptträgern. An 350 Säugerarten sind 300 Mallophagenarten, an 2000 Vogelarten jedoch 3000 Federlingsarten gebunden. Es herrscht Träger- und Wirtsspezifität, und wenn mehrere Arten auf dem gleichen Träger leben, kommt Körperteilspezifität hinzu. Häufig finden sich auf verwandten Trägern auch verwandte Mallophagen, so daß man schon versucht hat, mit Hilfe der Federlinge verwandtschaftliche Verhältnisse bei Vögeln zu klären. Frei von Haarlingen sind stets Kloakentiere, Insectivoren, Fledermäuse, Wale, Elefanten, Seekühe, Robben und alle echten Winterschläfer.

Die gewöhnlich 1 bis 3 mm (maximal 11 mm) großen Tiere sind flügellos, dorsoventral abgeflacht und den Läusen sehr ähnlich, mit denen man sie auch zur Gruppe der Phthiraptera vereint hat. Die Weibchen, die meist etwas größer als die Männchen sind, kitten ihre Eier an die Basis von Federn oder Haaren. Es werden dann drei Larvenstadien durchlaufen. Auch Jungfernzeugung kommt vor.

Man unterscheidet zwei Unterordnungen, die Ischnocera und die Amblycera. Zu ersterer gehören 2/3 aller Arten. Man nennt sie auch Kletterfußmallophagen, weil von den paarigen Krallen der Beine stets eine ein kräftiges Greifinstrument ist, das gegen den Fuß eingeklappt werden kann. Die Ischnocera fressen Keratin, das sie mit vertikalen Bewegungen der Oberkiefer von Federn und Haaren abschaben. Auch Hautschuppen und Hautsekrete werden aufgenommen, Blut höchstens an zufällig angetroffenen Wunden. Die meisten Arten scheinen bei normalem Befall den Träger nicht zu schädigen und leben mithin symphoriont. Manchmal jedoch geht die vagil symphorionte Lebensweise in Ektoparasitismus über. So kann sich z. B. bei ausschließlicher Stallhaltung der Rinder *Bovicola bovis* derart vermehren, daß es zu Krankheitserscheinungen und Leistungsminderung kommt.

Keine Kletterer, sondern Schnelläufer sind die Haftfußmallophagen oder Amblycera, bei denen Haftläppchen an den Beinen ein Ausgleiten verhindern. Sie sind Ektoparasiten. Ihre spitz nach vorn gerichteten Oberkiefer werden horizontal bewegt und setzen, zuweilen auch von Hypopharynxstiletten unterstützt, kleine Wunden, aus denen mit Hilfe einer kräftigen Mundpumpe Blut in den Darm befördert wird.

Auch der Weg vom Ekto- zum Endoparasiten wurde verwirklicht. *Piagetiella titan* saugt zunächst als Jungtier außen am Pelikan, wandert aber dann in dessen Kehlsack und schließlich bis zu den Choanen. Zwischen 5 und 28 Individuen sitzen dann zusammen und verursachen Wunden von 2 bis 3 cm Durchmesser. Zur Eiablage kehren die Weibchen in das Gefieder zurück.

Verbreitet werden Mallophagen vorwiegend durch Körperkontakt. Manche betreiben aber auch Phoresie, indem sie sich an Lausfliegen oder Mücken klammern, um auf dem Träger angekommen, ihr Lufttaxi wieder zu verlassen (Bild 44).

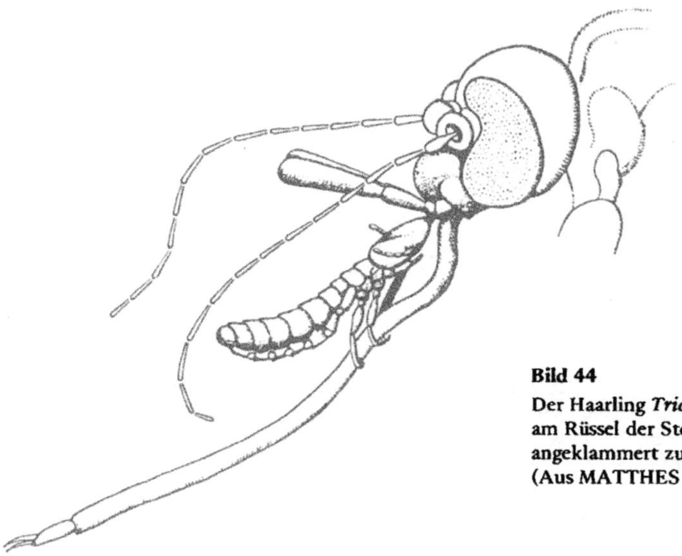

Bild 44
Der Haarling *Trichodectes tibialis* läßt sich am Rüssel der Stechmücke *Aëdes rusticus* angeklammert zu Reh- und Damwild tragen. (Aus MATTHES 1978)

Die Farbe der Federlinge stimmt häufig mit der ihrer Träger überein. Der junge Kuckuck übernimmt nicht die Federlinge seiner Zieheltern, sondern kuckuckseigene Arten bei der Begattung mit einem älteren „erfahreneren" Partner.

Mallophagen beherbergen symbiontische Bakterien in Mycetocyten.

Literatur: Eichler 1956, 1962, Hiepe & Ribbeck 1982, Jacobs & Renner 1974, Kaestner 1973, Marshall 1981, Rothschild & Clay 1952, Timmermann 1957.

Bienenmilben

In der die Honigbiene befallenden Tarsonemidengattung *Acarapis* gibt es ekto- und endoparasitische Arten. Die Rückenmilbe *A. dorsalis* saugt und entwickelt sich in einer Furche an der Oberseite des Brustabschnitts, die ventrale Halsregion bevorzugt die Halsmilbe *A. externus*, und die Flügelmilbe *A. vagans* lebt auf der dorsalen Fläche der Hinterflügel oder auf dem ersten Hinterleibssegment. Die berühmte und berüchtigte *A. woodi* schmarotzt im Tracheensystem. Sie soll auch in der Lage sein, außen zu saugen. Da man annehmen muß, daß die ektoparasitische Lebensweise die ursprüngliche ist, sind derartige „Rückfälle" durchaus möglich.

Acarapis hat vorn im Gnathosoma paarige Stechborsten, die durch einen einfachen Hebelmechanismus unabhängig voneinander vorgestoßen und zurückgezogen werden können. Das von den Stechborsten erbohrte Blut (Hämolymphe) gelangt in ein von Epistom, Hypostom und Palpen gebildetes Rohr, wird vom muskulösen Schlund aufgesaugt und durch eine lange und dünne Speiseröhre in den sackförmigen Mitteldarm geleitet (Bild 45).

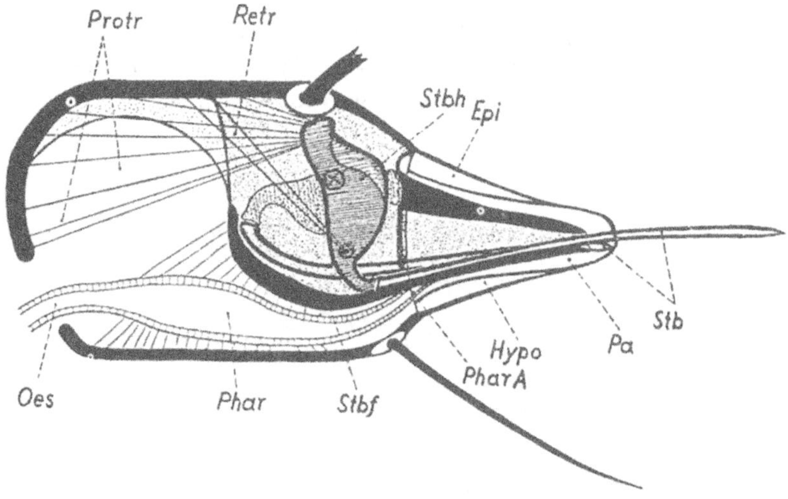

Bild 45 Optischer Schnitt durch den Kopf der Bienenmilbe *Acarapis woodi.* Oes Speiseröhre, Phar Schlund, Phar A Schlundanfang, Epi Epistom, Hypo Hypostom, Pa Palpen, Stb Stechborsten, Stbh Stechborstenhebel, Stbf Stechborstenführung, Retr Rückziehmuskeln, Protr Vorstoßmuskeln. (Aus SACHS 1951)

Das begattete Weibchen von *A. woodi* zwängt sich bei einer jungen Biene durch eine von Haaren gebildete Reuse in eines der beiden Atemlöcher am ersten Brustsegment und gelangt so in die Tracheen, deren Wand sie ansticht, um zu saugen. Nach drei Tagen legt das Weibchen ein erstes Ei. Dieses ist fast so lang wie der mütterliche Körper und kann durch Muskeldruck nur zur Hälfte den Körper verlassen. Deshalb befestigt das Weibchen den hinteren Eipol mit einem Klebsekret an der Tracheenwand und zieht, wenn der Klebstoff hart ist, das Ei aus seinem Körper heraus. Im Abstand von 1 1/2 bis 2 Tagen werden 5 bis 7 weitere Eier abgelegt. Das Weibchen geht dann bald zugrunde.

Die Larve ist nach 3 bis 4 Tagen herangereift, sprengt die hier doppelte Eihülle und schiebt Gnathosoma und erstes Beinpaar zur Nahrungsaufnahme heraus, der übrige Körper bleibt in den Eihüllen. Zum Saugen wird die Tracheenwand durchstochen und zwei starke Krallen, und ein großer Haftlappen am ersten Beinpaar dienen zum Festhalten. Drei Tage wird schmarotzt, dann folgt ein 2 bis 3 Tage dauerndes Ruhestadium, das die Beine einschmilzt und unter dessen Haut sich die Deutonymphe entwickelt. Wenn sich diese dann zum erwachsenen Tier häutet, wird zum ersten und zum letzten Mal Kot abgegeben. Danach schließen sich Darm und Körperwand, und der Kot bleibt für immer in der Milbe. Die Männchen überspringen das Stadium der Deutonymphe und ihre Entwicklung ist 1 bis 3 Tage früher vollendet.

Die jungen Milben pflanzen sich in den Tracheen fort, manche Weibchen wandern nach der Begattung aus, um eine neue Biene zu infizieren. Sie klettern auf die Bienenhaare und gehen in Lauerstellung, indem sie, auf dem letzten Beinpaar stehend, mit den anderen Beinen rudernde Bewegungen ausführen. Auf der neuen Biene dringen sie wieder in ein Atemloch der Brust ein, zu dem sie durch den dort sehr starken Ausatemstrom geführt werden.

Betroffen von der Seuche sind nur die langlebigen Winterbienen. In den Tracheen entsteht durch geronnenes Blut und als Abwehr von der Biene gebildete Melaninkörperchen eine Schorfmasse, die letztlich dann die Tracheen verstopft. Die Folge ist eine Lähmung der Flugmuskulatur durch Sauerstoffmangel. Die Bienen, die nach der langen Winterruhe ihren „Reinigungsflug" verrichten wollen, um den Darm zu entleeren, sind flugunfähig. Sie kriechen nur noch umher, erstarren und sterben schließlich. Völker, die sehr stark befallen sind, erleben meist nicht einmal mehr das Frühjahr. Ihre Lebenskraft wird durch die ständige Beunruhigung rasch erschöpft, so daß schon im Winter der Zusammenbruch erfolgt und der Imker beim Öffnen eines solchen Stockes nur noch Leichen in den Wabengassen findet. Die Milbenseuche gab es erstmals vor dem 1. Weltkrieg auf der Insel Wight, und sie vernichtete dann in England in wenigen Jahren den größten Teil des Bienenbestandes.

In den Tracheen ihrer Wirte parasitieren übrigens auch Angehörige der Podapolipodidengattung *Locustacarus*, die als Erwachsene nur noch ein Beinpaar haben. Man kennt drei Arten aus Feldheuschrecken und eine, *L. buchneri*, aus den Tracheenblasen des Hinterleibes verschiedener *Bombus*- und *Psithyrus*-Arten.

Literatur: Hiepe & Ribbeck 1982, Regenfuß 1968, Sachs 1951, 1953, Stammer 1955, Weiß 1984, Zander & Böttcher 1984.

Ruderfußkrebse

Die Ruderfußkrebse (Hüpferlinge, Copepoda), schweben (z.B. *Diaptomus*) oder schwimmen (z.B. *Cyclops*) im Plankton des Meeres oder des Süßwasser, Bodenbewohner bewegen sich schlängelnd fort. Ihre Art der Ernährung ist sehr verschieden. Es gibt Filtrierer von schwebenden Organismen, Räuber und reine Pflanzenfresser. Die Entwicklung beginnt mit der Nauplius-Larve, die über erstes und zweites Fühlerpaar (Antennen) und Oberkiefer verfügt. Auf das zweite Naupliusstadium folgen vier Metanaupliusstadien und sechs Copepoditstadien – erst dann ist der typische Ruderfußkrebs ausgebildet. In den einzelnen systematischen Gruppen hat sich polyphyletisch Ekto- und Endoparasitismus in mannigfacher Weise entwickelt, in Umgestaltungen gipfelnd, die den Ruderfußkrebs nicht mehr erkennen lassen.

Eine noch völlig normale Körpergestalt und auch geringe Eiproduktion hat der zu den Cyclopoiden gehörende *Asterocheres lillieborgi.* Sowohl Männchen als auch Weibchen leben vom Copepoditstadium an auf den „Stacheln" (Pseudopaxillen) des Seesterns *Henricia sanguinolenta* (Bild 46). Die Seesternepidermis wird extraintestinal vorverdaut und dann mit einem kurzen Mundsipho aufgenommen. Mit Hilfe dreier Extremitätenpaare (2. Antennen, Unterkiefer und Kieferfuß) können die Tiere auf ihrem Wirt schnell umherlaufen. Ganz entsprechend ernährt sich auch *Scottomyzon gibberum* auf *Asterias rubens.* Die Weibchen dieses Copepoden gehen allmählich zur festsitzenden Lebensweise über. Da die Parasitierung häufig zu Gewebewucherungen – den Pflanzengallen vergleichbaren Zoozezidien – führt, sitzen sie dann oft in einem Labyrinth von Falten und Höhlungen.

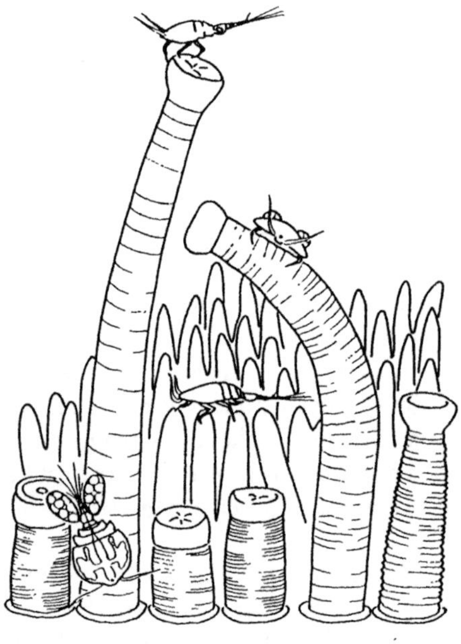

Bild 46
Der Kleinkrebs *Asterocheres lillieborgi* parasitiert auf den „Stacheln" des Seesterns *Henricia sanguinolenta.* (Aus RÖTTGER, ASTHEIMER & SPINDLER 1972)

Entsprechend ernähren sich auch die *Ergasilus*-Arten, bei denen aber nur die Weibchen Parasiten sind. Allerdings leben sie zunächst 2 bis 2 1/2 Monate frei in den Gewässern und gehen erst nach der Begattung zur schmarotzenden Lebensweise über. Wie die meisten Parasiten unter den Copepoden dringen sie in die Kiemenhöhle ihrer Wirtsfische ein, um dann als Endoparasiten Kiemengewebe extraintestinal zu verdauen und einzuschlürfen. Zur Verankerung an den Kiemen dienen die zweiten Antennen, die lang und armförmig sind und sichelartige Endklauen haben. Der aus dem Kiemendeckelspalt der Fische austretende Atemstrom führt die rheotaktischen Weibchen zielsicher zur Kieme. *E. sieboldi,* das „Kiemenkrebschen", befällt vor allem Bodenfische wie die Schleie und kann großen wirtschaftlichen Schaden anrichten.

Der Körper der Caligoida ist wegen der parasitischen Lebensweise stark abgeflacht und saugscheibenartig, behält aber Copepodengestalt. Während Nauplius und Metanauplius freilebend sind, heftet sich das Copepoditstadium mittels eines sezernierten Stirnfadens am Wirt – meist Meeresfische – fest. Die gesägten Oberkiefer öffnen die Wirtshaut, und mit dem röhrenartigen Mund wird Blut gesaugt. Auch die erwachsenen Männchen und Weibchen ernähren sich auf diese Weise. Letztere sind größer und haben lange Eischläuche. Zweite Antenne, Unterkiefer und Kieferfuß sind zu Klammerorganen umgebildet. Die erste Antenne ist verkürzt und vergrößert mit ihrem zu einer Frontalplatte abgewandelten Basalteil die Haftfläche des Krebses. Bei den Angehörigen der Gattung *Caligus* sind an dieser Stelle auch noch Saugscheiben ausgebildet.

Bei den Weibchen der Lernaeopodiden sind die Unterkiefer zu langen, gebogenen Armen geworden. An ihrer Spitze verwachsen diese miteinander und bilden eine unpaare Haftscheibe, die wiederum mit dem Gewebe des Wirts verschmilzt. Dieser kann deshalb nicht mehr verlassen werden. Die wesentlich kleineren männlichen Tiere klammern sich mit scherenartigen Unterkiefern und Kieferfüßen am Weibchen fest.

In ihrem Endstadium sind die unförmigen und stark vergrößerten Weibchen der Lernaeiden nicht mehr als Copepoden zu erkennen. Bei *Lernaeocera branchialis* (Bild 47) heftet sich die Larve mit einem klebrigen Stirnfaden an die Kiemen eines Plattfisches, an denen weitere Copepoditstadien bis zur Geschlechtsreife durchlaufen werden. Bis zur Begattung sind sich Männchen und Weibchen sehr ähnlich und haben annähernd die gleiche Größe. Nach der Begattung bleibt das Männchen meist auf dem Wirtsfisch und stirbt bald. Das Weibchen lebt zunächst planktontisch, wobei sein Hinterleib stark an Länge zunimmt. Dann werden die Kiemenbögen eines neues Wirts (z. B. Flunder, Scholle, Dorsch) aufgesucht und zum Blutsaugen der Kopfabschnitt tief in das Wirtsgewebe eingebohrt. Das Tier wird zu einem wurmförmigen Sack ohne Segmentierung (Bild 48). Am Vorderende bilden sich bizarre Auswüchse, die der Verankerung im Wirt dienen, Beinpaare sind noch sichtbar, doch in der Größe, die sie im Copepoditstadium besaßen, und im Verhältnis zum Körper nun winzig klein. Sie und die Eischnüre am Hinterende verraten allein noch den Ruderfußkrebs. Die Weibchen werden höchstens ein Jahr alt.

Der Befall durch 1 bis 2 Exemplare hat bei Jungfischen ein Untergewicht von bis zu 30% zur Folge.

Minierend gräbt sich das Weibchen von *Lernaeascus nematoxys* unter die Schuppe eines Plattfisches. Während das nur 1,5 mm große Männchen ein typischer Copepode ist, sieht das ca. 10 mm messende Weibchen fast wie ein Fadenwurm aus. Es besitzt zwar noch einen mit Antennen und Mundgliedmaßen versehenen Kopfabschnitt und am Hinterende einen kurzen Hinterleib, dazwischen jedoch ist der Körper langgestreckt und wurmförmig, wobei er nur noch borstenartige Extremitätenreste hat. Für die Fortbewegung im Hautgang sind sekundäre Bildungen, nämlich Reihen paarig gestellter, schuppenförmiger Chitinplättchen auf Rücken- und Bauchseite vorhanden (Bild 49).

Die ebenfalls endoparasitische *Mytilicola intestinalis* ist noch tiefer in ihren Wirt eingedrungen. Die drei ersten Larvenstadien leben zwar noch frei, bei den folgenden kommt es aber bereits zu einer Reduktion der Schwimmbeine. Die erwachsenen Männchen (3,5 mm) und Weibchen (8 mm) sind wurmartig schlank und schmarotzen im Darm der Miesmuschel, wo sie das Epithel zerfressen. Ob das Massensterben in Miesmuschelbänken auf *Mytilicola* zurückzuführen ist, weiß man noch nicht. Eine zweite Art, *M. orientalis*, lebt im Darm von Austern *(Ostrea lurida* und *Crassostrea gigas)*.

Literatur: Baer 1952, Cressey 1983, Janssen 1984, 1985, Kabata 1979, Kaestner 1967, Lüling 1953, Meisenheimer 1921, Röttger 1969, Röttger, Astheimer, Spindler & Steinborn 1972, Schuurmans Stekhofen 1935, Stillger 1986, Wülker 1962.

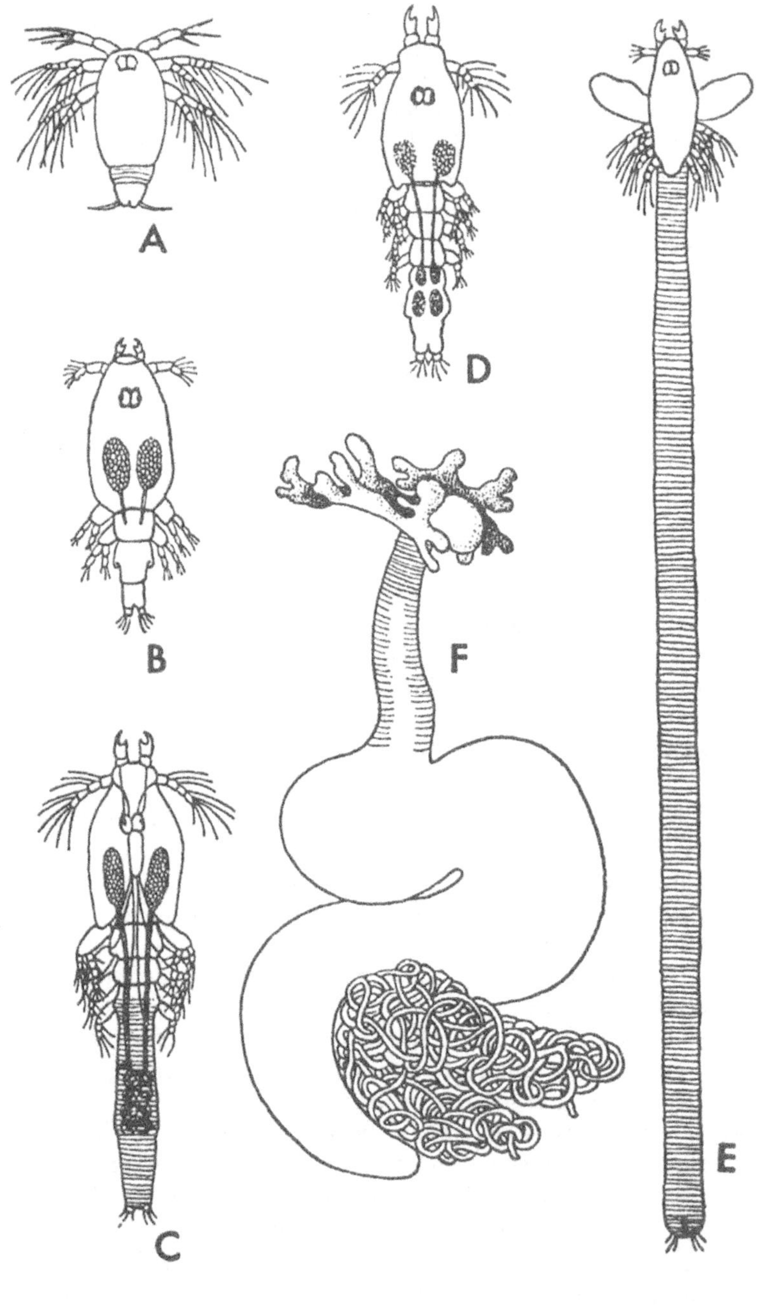

Bild 47 Entwicklung des Kleinkrebses *Lernaeocera branchialis.* A Nauplius-Larve, B junges Weibchen, C nach Verlassen des Zwischenwirtes begattetes Weibchen, D geschlechtsreifes Männchen, E Weibchen mit stark verlängertem Hinterleib, F an den Kiemen des Wirtes wird das Weibchen zu einem unförmigen Sack. (Aus BAER 1952)

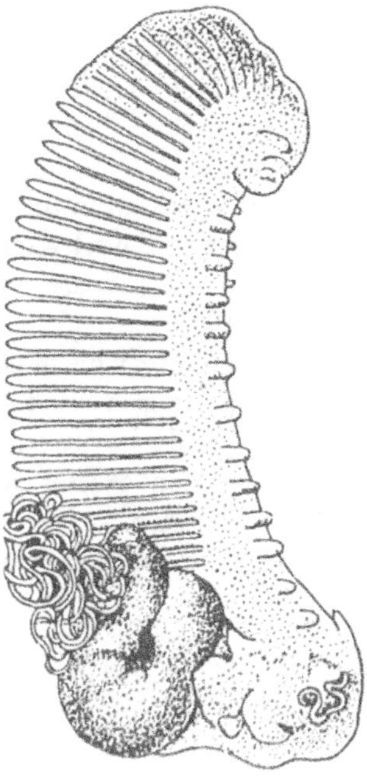

Bild 48
Weibchen von *Lernaeocera* an der Kieme des Endwirtes. (Aus BAER 1952)

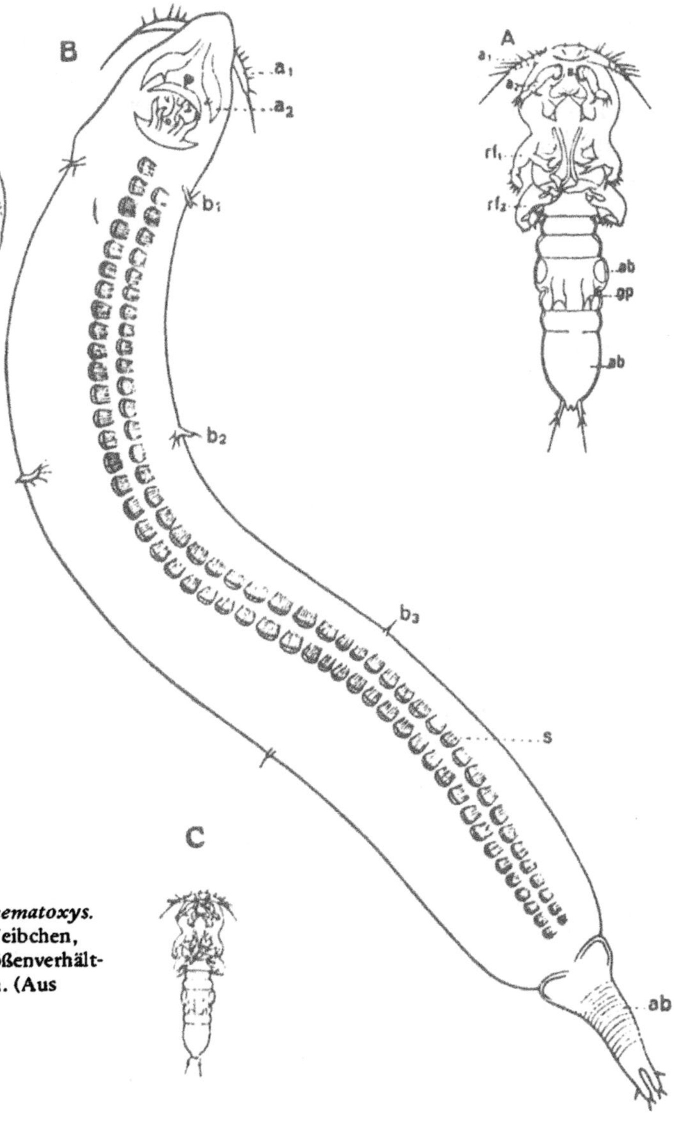

Bild 49
Der Kleinkrebs *Lernaeascus nematoxys.* A Männchen vergrößert, B Weibchen, C Männchen im richtigen Größenverhältnis. a Antennen, s Schuppen. (Aus BAER 1952)

Parasitwerdung bei Entenmuscheln

Die zu den Rankenfüßern (Cirripedia – s. S. 99) gehörenden Entenmuscheln (Lepadidae) sind Krebse mit oft muschelartigem Mantel, die meist mit einem Stiel an einer toten oder lebenden Unterlage befestigt sind.

Auch hier gibt es Ekto- und schon fast Endoparasitismus. *Rhizolepas annelidicola* schmarotzt am Ringelwurm *Laetmonica producta* indem sie sich mit einem Wurzelsystem in diesem verankert und ihm gleichzeitig Nährstoffe entzieht. Die Mundwerkzeuge sind reduziert, und der Darm hat nach außen keine Öffnung mehr (Bild 50).

Ein wirklich halber Endoparasit ist die 3 bis 5 cm lange *Anelasma squalicola*, die in der Haut des Dornhais *(Etmopterus spinax)* sitzt. Der knollenförmige Stiel ist durch eine Einschnürung vom Rumpf abgesetzt und sendet wurzelartige Fortsätze in Muskulatur und Gonaden des Wirts, dem Körpersubstanz entzogen wird (Bild 50). Aus dem Wasser entnimmt der Lepadide nur noch gelegentlich Nahrung. Beim Hai kommt es zu Rückbildungen von Leber und Keimdrüsen, Weibchen werden nicht mehr trächtig, und starker Befall kann den Tod zur Folge haben.

Literatur: Baer 1952, 1972, Kaestner 1967.

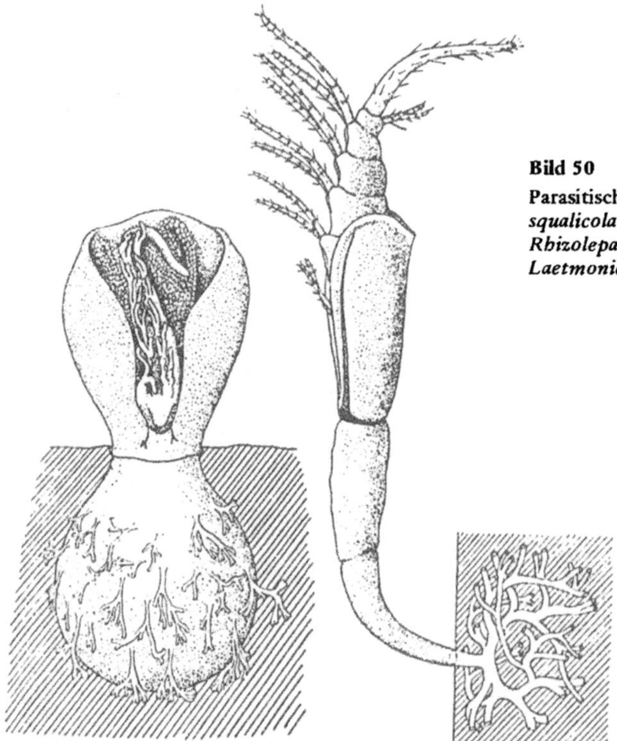

Bild 50
Parasitische Entenmuscheln. Links *Anelasma squalicola* in der Haut des Dornhais, rechts *Rhizolepas annelidicola* am Ringelwurm *Laetmonica*. (Aus BAER 1952)

Parasitische Krebse, die kaum einer kennt

Eine rein parasitische und nur im Meer vorkommende Unterklasse der Krebstiere sind die Ascothoracida, die Ektoparasitismus, vorwiegend jedoch Endoparasitismus ausüben. Auch hier kommt es bei den Innenschmarotzern zu deformierenden Umbildungen, durch die das Tier nicht mehr als Krebs erkennbar ist.

25 Arten gehören zu diesen herz- und augenlosen, der Wissenschaft nur recht lückenhaft bekannten Krebsen. Sie verteilen sich auf drei Familien.

Die Syngogidae bewahren noch Krebsgestalt. Dies gilt vor allem für die Angehörigen der Gattung *Ascothorax*. Ihr Körper ist deutlich in Kopf, sechs Brust- und fünf Hinterleibssegmente gegliedert. Die scherenartige erste Antenne dient der Verankerung im Wirt, Ober- und Unterkiefer sind Stechwerkzeuge. Das Hauptcharakteristikum der Ascothoraciden ist auch hier schon ausgebildet: ein zweiklappriger Carapax hüllt Kopf und Brust ein, und beim größeren Weibchen dringen Blindsäcke von Darm und Ovarien in diesen „Mantel" ein. *Synagoga mira* ist ein temporärer Ektoparasit an Dörnchenkorallen (Antipatharia) und Haarsternen (Crinoidea). *Ascothorax ophioctenis* geht dagegen als Endoparasit in die der Atmung dienende Hauttasche (Bursa) eines Schlangensterns (Ophiuroidea). Das Weibchen schlägt seine Scheren in die Wand der Bursa und bohrt diese dann mit dem Stechrüssel an, um Zellinhalt und Leibeshöhlenflüssigkeit einzusaugen. Damit die Brustbeine Atemwasser herbeistrudeln können, ist die vordere Mantelöffnung zum Bursaausgang gerichtet. Mit dem rund 3 mm langen Weibchen lebt fast immer ein Männchen zusammen, dessen Mantel nur 1 mm erreicht. Beim Wirt kommt es zu parasitärer Kastration.

Nicht mehr ohne Schwierigkeiten als Krebstiere zu erkennen sind die Lauridae, deren Mantel viel größer als der eigentliche Körper ist und dessen Lappen bis auf einen winzigen Spalt verwachsen sind. Schmarotzt wird in Dörnchen- und Hornkorallen (Gorgonaria). Die Nachkommen verlassen als Nauplius mütterlichen Brutraum und Wirt.

Die Weibchen der Dendrogasteridae (Bild 51) sind nicht mehr als Krebse zu erkennen. Der Mantel dieser Endoparasiten umhüllt den Körper und ist bis auf eine kleine Öffnung, aus welcher der Mundkegel herausgestreckt werden kann, verwachsen. Er ist stark vergrößert, enthält Darm- und Ovarialblindsäcke und hat durch lappenartige und verzweigte Fortsätze ein bizarres Aussehen. Vermutlich wird flüssige Nahrung im Wirt aufgenommen, und die Mantelfortsätze entziehen dessen Leibeshöhlenflüssigkeit Sauerstoff. Im Mantelraum des Weibchens lebt das winzige Männchen. Bei den in der Leibeshöhle von irregulären Seeigeln parasitierenden *Ulophysema*-Arten schlüpft aus dem Ei eine Nauplius-Larve, die ihre gesamte Entwicklung in der mütterlichen Mantelhöhle vollzieht. Dagegen schlüpfen die in der Leibeshöhle von Seesternen lebenden *Dendrogaster*-Arten erst im *Ascothorax*-ähnlichen Zustand aus dem Ei.

Literatur: Baer 1952, Crome & Gruner 1969, Dogiel 1963, Kaestner 1967, Krüger 1940a.

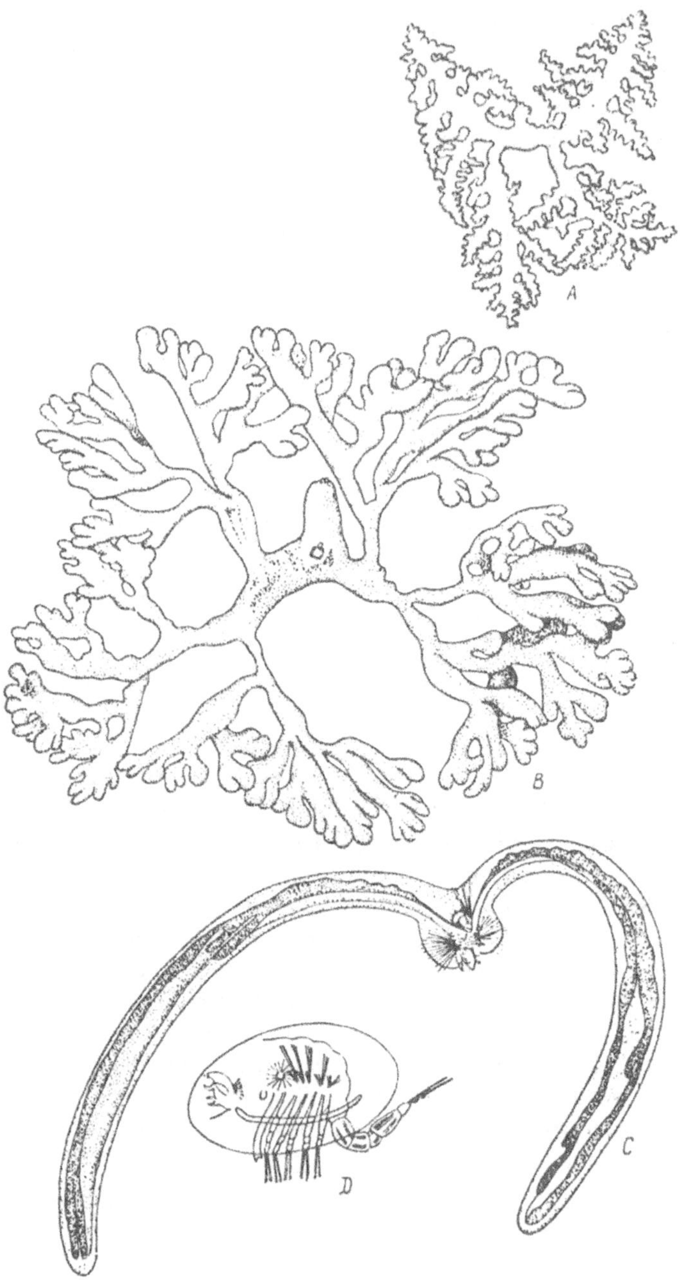

Bild 51 A Weibchen von *Dendrogaster astropecteni,* B Weibchen, C Männchen von *D. dichotomus,* D Larve von *D. astericola*. (Aus DOGIEL 1963)

Asseln als Ekto- und Endoparasiten

Was die Eroberung von Lebensräumen anbetrifft, werden die Asseln (Isopoda) in ihrer Vielseitigkeit von keiner anderen Krebstiergruppe übertroffen. Sie leben im Meer von der Küste bis in die tiefsten Gräben, Arten aus den verschiedensten Verwandschaften sind in das Süßwasser eingedrungen, und die Angehörigen einer ganzen Unterordnung, der Oniscoidea, sind zu echten Landtieren geworden. Es gibt Pflanzenfressen, von gemischter Kost lebende Arten, Aasvertilger, Räuber und schließlich auch Parasiten, von denen manche nicht mehr auf Anhieb als Krebse, geschweige denn als Asseln, identifizierbar sind.

Eine Assel hat normalerweise sieben freie Brustsegmente mit stabförmigen Laufbeinen, und zur Atmung dienen vorwiegend die Innenäste der sogenannten Pleopoden, Extremitäten, die sich an den vorderen fünf Hinterleibssegmenten befinden. Die Weibchen legen ihre Eier in einen Brustbeutel (Marsupium), der von vier oder fünf Brutplattenpaaren (Ooostegiten) an den vorderen Brustsegmenten gebildet wird.

Temporäre Parasiten sind die Fischasseln (Aegidae). Als gewandte Schwimmer überfallen sie Fische, an die sie sich mit den gebogenen Klauen ihrer drei vorderen Brustbeinpaare anklammern. An dünnen Hautstellen, ektoparasitisch an Flossen, endoparasitisch an den Kiemen, schneiden sie zunächst mit den Oberkiefern eine Wunde. Durch sägende Bewegung des stabförmigen ersten Unterkieferpaares wird diese dann vertieft. In den als Saugrohr dienenden Mundkegel fließt das Wirtsblut, das zwei riesige Mitteldarmdivertikel aufnehmen. *Rocinela dumerili* saugt im Mittelmeer an verschiedenen Grundfischen.

Da sie sich sehr lange saugend auf einem Fisch aufhalten, kann man die Dymothoidae schon zu den stationären Parasiten zählen. Sie sitzen auf der Haut, in der Kiemenhöhle, ja sogar auf der Zunge ihrer Wirte. Sämtliche Laufbeinpaare sind bei ihnen zu Klammerfüßen geworden. Die bis zu 2 cm langen Fischasseln *Anilocra* und *Nerocila* im Mittelmeer befallen vor allem Lippfische. Die Festsetzung erfolgt in der dorsalen Region unmittelbar hinter dem Kopf, da die Klauen der Asselextremitäten an dem hier offen liegenden Seitenliniensystem besonders leicht Halt finden. Sie sind protandrische Zwitter.

Die eigenartigsten Parasiten unter den Asseln sind jedoch die Epicaridae, die das Blut anderer Krebstiere saugen und bis auf zwei Süßwasserarten alle im Meer leben. Ihre Zwergmännchen, die normale Asselgestalt haben, sitzen meist auf einem Weibchen. Letztere erreichen beachtliche Größe und sind oft asymmetrisch gebaut. Sie können die Segmentierung ihres Körpers weitgehend oder völlig verlieren und im Extremfall zu einem mit Embryonen gefüllten Sack werden. Aus dem Ei schlüpft eine ca. 0,3 mm lange Larve, das Epicaridium. Nachdem diese eine Weile umhergeschwommen ist, setzt sie sich an einem Ruderfußkrebs fest und verwandelt sich dort in die langgestreckte Microniscium-Larve, die nach mehreren Häutungen wieder zu einem pelagischen Stadium wird, der Cryptoniscium-Larve. Bei den Bopyrinen sucht sich dieses Cryptoniscium einen zehnfüßigen Krebs (Decapoda). Ist dieser schon von einer Artgenossin besetzt, dann nimmt es auf dieser Platz und häutet sich zum Männchen, wobei Pleopoden, Antennen und Augen eine Rückbildung erfahren. Ist der Wirtskrebs aber noch unbesetzt, dann wird die Larve durch eine Anzahl von Häutungen und unter starkem Wachstum des Rumpfes zum Weibchen. Bei den Bopyriden behält das erwachsene Weibchen seine Segmentierung und auch seine Extremitäten. Der Rumpf wird nur asymmetrisch, und die Brustbeine können auf einer Körperseite zurückgebildet sein. Im Mittelmeer findet man oft Felsgarnelen, deren Kiemenregion auf einer Seite ausgebeult ist. In der Kiemenhöhle entdeckt man dann ein

Bopyris squillarum-Weibchen mit ansitzendem Zwergmännchen. Die Entoniscide *Portunion maenadis* befällt die Strandkrabbe *Carcinus maenas*, und das Weibchen entwickelt sich ebenfalls als Endoparasit in einer Einstülpung der Kiemenhöhlenwand, dem Wohnsack (Bild 52). Nach einigen Häutungen entsteht unter Verlust der Beinpaare ein 3 mm langes, raupenförmiges Stadium, das Andeutungen der ersten beiden Brustplattenpaare zeigt. Bei den nächsten Häutungen vergrößern sich die Brustplatten und das zweite Paar wächst kapuzenartig nach vorn. An dem nach dorsal gebogenen Hinterleib werden die Pleopoden zu gewellten, fransenartigen Atemplatten des nunmehr 6 mm langen Parasiten. Beim geschlechtsreifen Weibchen, das eine Länge von 20 mm erreicht, hat sich der Ansatz der Brutplatten zum Rücken hin verschoben und, miteinander verschmolzen, hüllen diese den Hinterleib völlig ein. Endoparasitisch lebt auch die Cryptoniscine *Danalia* in der Kiemenhöhle der Krabbe *Inachus*. Mit einem langen Rüssel saugt das weibliche Stadium als Hyperparasit an den Wurzeln von *Sacculina*. Bei diesem protandrischen Zwitter fungiert das Cryptoniscium-Stadium als Männchen, das an einem älteren weiblichen Tier die Begattung vollzieht. Danach wird ein neuer von *Sacculina* parasitierter *Inachus* gesucht. Durch eine Häutung wird das Tier nun zu einem extremitätenlosen Sack, in dem die weiblichen

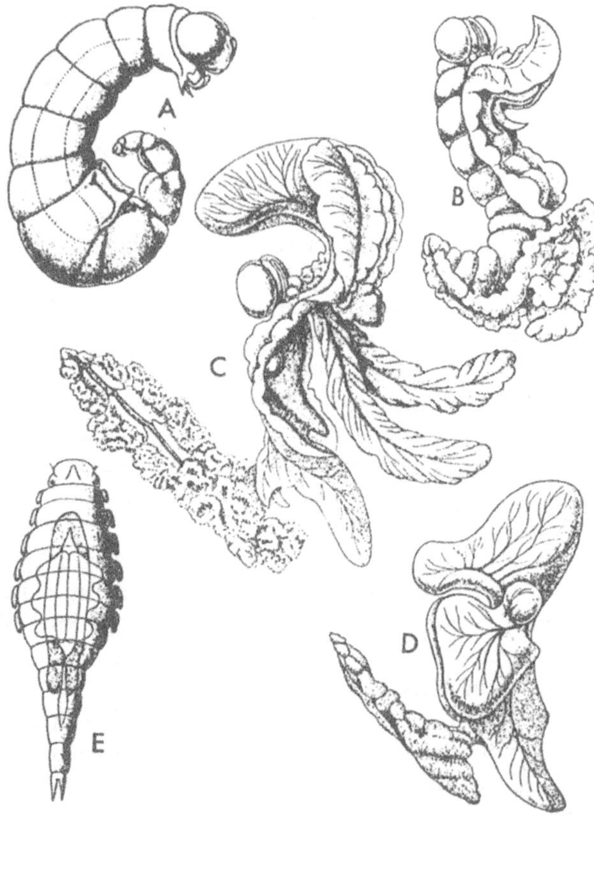

Bild 52
***Portunion maenadis*, A–D Weibchen, E Männchen, A raupenförmiges Stadium, D geschlechtsreifes Weibchen. (Aus BAER 1952)**

Gonadenanlagen zu Ovarien heranwachsen. Wenn die Eiablage einsetzt, entwickelt sich im Inneren des Körpers ein Brutraum zur Aufnahme der Eier, der einen solchen Umfang annimmt, daß er die Eingeweide zurückdrängt und das Ganze zu einem gestielten, U-förmig gekrümmten und aufgetriebenen Sack macht. Alle Cryptoniscinen sind derartige Zwitter, bei denen es nur junge Männchen und alte Weibchen gibt.

Literatur: Baer 1952, Cressey 1983, Crome & Gruner 1969, Dogiel 1963, Kaestner 1967, Meisenheimer 1921, Pflugfelder 1955.

Hakensaugwürmer

Als Monogenea waren sie einst eine Unterklasse der Trematoden, jetzt bilden die Hakensaugwürmer die Klasse der Pectobothrii, von denen man heute meint, daß sie den Bandwürmern näher stehen als den digenen Saugwürmern. Vielleicht bildete sich diese Wurmgruppe im Silur mit dem Erscheinen der Fische.

Von den 1500 bis 2000 Arten sind viele Ektoparasiten im Wasser lebender oder amphibischer Wirbeltiere. 1450 Arten schmarotzen vorwiegend als Endoparasiten im Kiemenraum von Meeres- und Süßwasserfischen, 30 sind Parasiten von Amphibien, 20 von Reptilien, und je eine Art findet man an Säugetieren und Tintenfischen. Sechs Arten sind Hyperparasiten von Krebstieren, die an Fischen schmarotzen.

Namengebend ist ein am Hinterende befindliches Haftorgan, der Opisthaptor. Dieser besteht bei der Ordnung der Monoopisthocotylea aus einem großen ungegliederten Saugnapf, der innen mit 1 bis 3 Paaren großer Haken und 12 bis 16 randständigen Häkchen bewehrt sein kann. Bei den Polyopisthocotylea setzt sich die Festhaltevorrichtung aus einer Reihe kleiner Saugnäpfe zusammen, wobei zusätzlich auch noch Haken ausgebildet sein können. Alle Haken sind durch Muskeln beweglich. Oft münden am Vorderende Drüsen aus, deren klebriges Sekret ebenfalls der Befestigung am Wirt dient. Auch die hinteren Haftorgane können durch Drüsen unterstützt werden. Die länglichen, dorsoventral abgeflachten Würmer messen 0,15 bis 20 mm, und ihr von einer dünnen Epidermis umhüllter Körper ist durch einen dreischichtigen Hautmuskelschlauch zu Bewegungen fähig. Nicht nur bei den Schwimmlarven, sondern auch bei erwachsenen Tieren können Lichtsinnesorgane (Pigmentbecherocellen) vorhanden sein.

Die Hakensaugwürmer befruchten sich als Zwitter entweder selbst oder gegenseitig. Sie legen Eier oder sind lebendgebärend. Bei den oviparen Arten entwickelt sich in der Eikapsel eine schwimmfähige, ebenfalls mit einem hakenbesetzten Haftorgan ausgerüstete Wimperlarve, das Oncomiracidium. Dieses wirft, wenn es sich auf einem geeigneten Wirt festgesetzt hat, sein Wimperkleid ab. Die Eier sind häufig mit einem oder mehreren Polfilamenten versehen, die eine Verlängerung der Eihülle sind. Diese Fäden sorgen für eine Befestigung der Eier am Wirt oder verankern die Eier miteinander, so daß Eipakete entstehen, die vom Atemwasserstrom des Fisches angesaugt werden können.

Die meist sehr wirtsspezifischen Tiere ernähren sich von Schleim, Gewebe oder Blut mit Hilfe eines muskulösen Schlundes und verursachen bei Fischen Zerstörungen an Kiemen und Haut.

Einige der endoparasitischen Arten sind sogar in Kloake, Harnblase oder Ureter ihrer Wirte vorgedrungen. Eine besondere Wohnstätte hat *Oculotrema hippopotami* gewählt. Der Parasit sitzt unter dem Augenlid des Nilpferdes und ist bei Landausflügen des Wirtes dort vor Austrocknung geschützt.

Ein reiner Ektoparasit

Der Hakensaugwurm *Entobdella solea* schmarotzt an der Unterseite der Seezunge *(Solea solea)*. Er stülpt dabei den vorderen Teil seines Schlundes glockenförmig aus. In dessen Wand befindet sich ein Ring großer Drüsenzellen, die ein stark proteolytisch wirkendes Sekret abscheiden. Dadurch werden die innerhalb der Glocke liegenden Epidermis- und Schleimzellen des Fisches aufgelöst und dann in den Darm des Wurmes gepumpt.

Die Eier des Parasiten fallen zwischen die Sandkörner des Meeresbodens, und es dauert 3 bis 4 Wochen, bis sich in ihnen das Oncomiracidium entwickelt hat (Bild 53). Dieses schlüpft, wenn der Tag zu dämmern beginnt und die nachtaktive Seezunge zu ihrem Ruheplatz am Meeresgrund zurückkehrt. Eine von ihrer Haut abgeschiedene Substanz, deren chemische Natur noch unbekannt ist, lockt die Larve an. Wenn tagsüber im Schlick oder Sand geruht wird, vollführt *Entobdella* wellenförmige Körperbewegungen, um das geringe Sauerstoffangebot optimal auszunutzen.

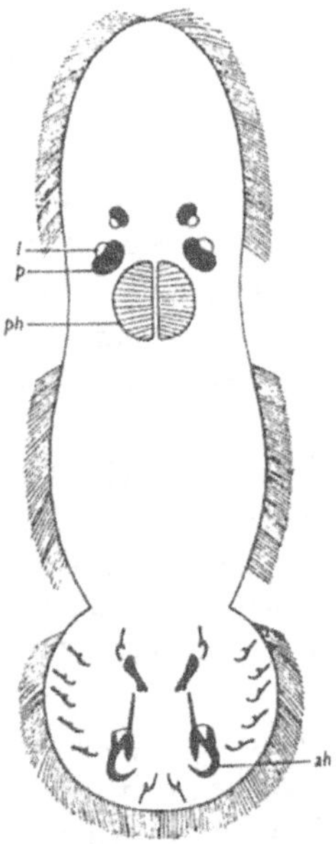

Bild 53
Oncomiracidium von *Entobdella soleae*, l = Augenlinse, p = Pigmentbecher, ph = Schlund, ah = Mittelhaken. (Aus LLEWELLYN 1963)

Auf Haut und Kiemen: Ekto- und Endo-

Auch die Hakensaugwürmer der Gattung *Gyrodactylus* sind Zwitter. Sie legen jedoch keine Eier, sondern sind lebendgebärend. Wenn sich zwei Tiere begatten, wird mit einem Cirrushaken an beliebiger Stelle ein Loch in den Partner gerissen, durch das die Spermien eindringen und dann zielstrebig durch das Parenchymgewebe zur Eizelle wandern. Aus der Zygote entwickelt sich ein Tochtertier, in dem sich ein Enkeltier und in diesem ein Urenkeltier bildet, das dann schließlich einen Ururenkel enthält. Der mütterliche Uterus beherbergt somit vier ineinandergeschachtelte Jungtiere, den „Viererkomplex“.

Ob die Enkelgenerationen wirklich durch Pädogenese, das heißt durch larvale Jungfernzeugung entstehen, ist noch unklar, denn Spermien könnten auch in den Embryonen ihre Wanderlust entfalten.

Die stärkste Vermehrung findet in den Sommermonaten statt. Bei der Geburt stößt das Muttertier durch Muskelkontraktion das Vorderende des Tochtertieres aus. Dieses heftet sich mit seinen Kopfsekreten fest und befreit sein hinteres Körperende aus eigener Kraft. Die zur Welt gekommenen, unbewimperten Jungwürmer geraten durch Körperkontakt oder durch den Atemwasserstrom auf neue Wirtsfische. Von den Karpfenparasiten findet man *G. katharineri* auf Flossen und Haut, auch *G. cyprini* ist Flossenbesiedler, und beide Arten halten sich nur selten im Kiemenraum auf. *G. medius* besetzt ebenfalls an der Karausche Haut und Flossen, während *G. sporostonae* am gleichen Wirt den Kiemenraum bevorzugt. Besonders groß ist die Ansteckungsgefahr während der Laichzeit, wenn die Fische beieinander stehen.

Kiemenhöhlenparasiten

Von der Hakenwurmgattung *Dactylogyrus* gibt es bei uns 50 Arten, und vorwiegend drei sind es, unter denen vor allem Jungkarpfen zu leiden haben. Man kann sie sehr einfach an ihrem Sitzplatz unterscheiden. *D. vastator* findet sich nur auf der vordersten Spitze des Kiemenblättchens, *D. extensus* sitzt in der Kiemenmitte, und zwar mit Vorliebe auf der Innenseite der Hemibranchie, und der kleine *D. anchoratus* haust am Grund der Kiemenfilamente. Die beiden letztgenannten Arten und auch *D. crassus*, der ebenfalls die Kiemenspitze bevorzugt und seine Haftscheibe tief im Epithel verankert, kommen zusätzlich auch auf der Karausche vor (Bild 54, 55).

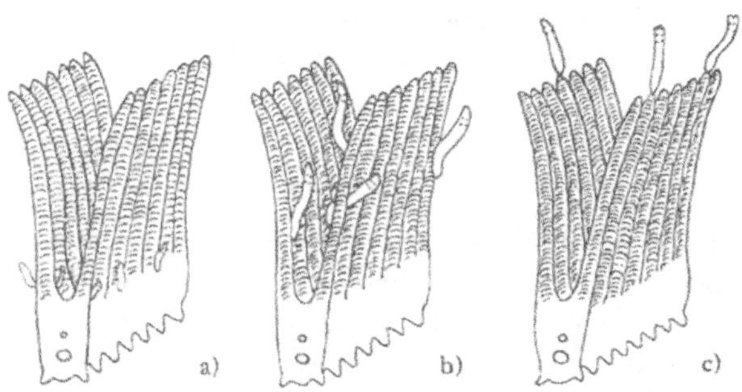

Bild 54
Unterschiedliche Festheftungsweise von *Dactylogyrus anchoratus* (a), *D. extensus* (b) und *D. vastator* (c). (Aus KOLLMANN 1970)

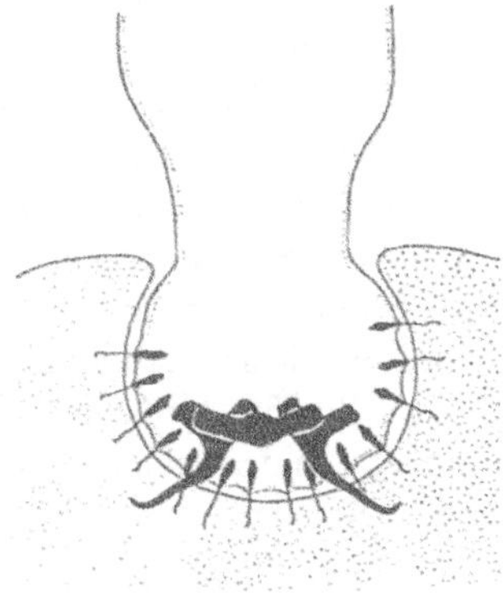

Bild 55
Die im Kiemenepithel verankerte Haftscheibe von *Dactylogyrus crassus*. (Aus KOLLMANN 1968b)

Vier Kopfzipfel mit Ausführgängen für die Klebdrüsen zeichnen *D. vastator* aus, der seine Mittelhaken in die Kieme einsticht und dann auseinanderspreizt. Nicht der Festheftung dienen jedoch seine Randhaken, die ständig, und zwar jeder für sich, in das Kiemengewebe eingestochen und wieder zurückgezogen werden. Durch diese Stecharbeit wird das Epithel zu einem Nahrungsbrei gelockert, der dann durch die Schlundpumpe eingesaugt wird. Auch Blut wird zusätzlich aufgenommen. Gut genährte Karpfen reagieren bei stärkerem Befall durch Bildungen von Fortsätzen an der Kiemenspitze, wodurch die Würmer verdrängt und Neuinfektionen verhindert werden.

Während seines 2-wöchigen Lebens legt der Wurm sieben Tage lang täglich 40 bis 50 Eier, die durch das Atemwasser aus dem Kiemenraum gerissen werden und auf den Teichboden fallen, wo sie sogar überwintern können. In der Regel jedoch schlüpft nach 3 bis 4 Tagen das Oncomiracidium, nachdem es den Eideckel abgespengt hat, und schwimmt mit Hilfe seiner fünf Wimperbüschel, um einen Jungfisch von 1 cm Länge aufzusuchen. Dort wird das Wimperkleid abgeworfen, und nach etwa sieben Tagen hat sich ein geschlechtsreifer *Dactylogyrus* entwickelt. Allerdings bildet sich nur in der Hälfte der Eier eine Larve, und wiederum auch nur die Hälfte der Larven finden einen Fisch. So kann man davon ausgehen, daß täglich 10 Larven den Zyklus schließen und einen Wirt finden.

Besonders hoch sind die durch diesen Parasiten verursachten Verluste in intensiv bewirtschafteten Fischaufzuchtbetrieben gegen Ende der Vorstreckzeit. Die Dactylogyrose ist die häufigste Erkrankung der Jungkarpfen mit hohen Verlustraten.

Im fernen Osten lebt auf einer Karpfenart *D. iwanowi.* Der Fisch ist Meeresbewohner, wandert aber im Frühjahr zum Laichen in die Flüsse, um sie im September wieder zu verlassen. Die Jungfische werden im Fluß vom Hakenwurm infiziert, der dann im Meer geschlechtsreif wird, um wieder im Fluß seine Eier abzugeben. Aber nicht alle Parasiten vertragen sowohl Süß- als auch Meerwasser. So nimmt der in das Meer wandernde Junglachs seine im Süßwasser erworbenen Wurmparasiten mit ins Salzwasser, verliert sie jedoch nach einiger Zeit, um dann Wirt mariner Schmarotzer zu werden.

Das Doppeltier

Das Doppeltier *Diplozoon,* von dem es in Mitteleuropa mindestens acht Arten gibt, parasitiert blutsaugend auf den Kiemen von Karpfenfischen, *D. paradoxum* am Brachsen *(Abramis brama).* Vom Frühjahr bis Ende des Sommers, vor allem aber in Mai und Juni, werden die mit einem langen Polfaden versehenen Eier abgelegt und bleiben meist im Kiemenraum auf den Kiemen. Nach 9 bis 17 Tagen schlüpft das Oncomiracidium, das sich mit seinem hinteren Haftapparat an der Kieme verankert und die Wimpern ablegt. Das Jungtier wächst nun zu einem „Diporpa" genannten Larvenstadium heran, das monatelang allein auf der Kieme leben kann und an dem sich ventral ein kleiner Saugnapf und etwas tiefer dorsal ein Stöpsel bildet. Begegnen sich nun zwei ausgewachsene Diporpen (6,6 bis 10 mm), legen sie sich kreuzweise, Bauchseite gegen Bauchseite aneinander, wobei der Stöpsel des einen im Bauchsaugnapf des anderen Tieres haftet. Später verwachsen beide dort, wo sie aneinander liegen, und die Druckknopfeinrichtung wird wieder zurückgebildet (Bild 56). Um eine gegenseitige Begattung der beiden Zwitter zu gewährleisten, verbindet sich der Samenleiter des einen Wurmes mit dem als Vagina fungierenden Laurerschen Kanal des anderen. Auch zwischen den Därmen der beiden entsteht eine Verbindung.

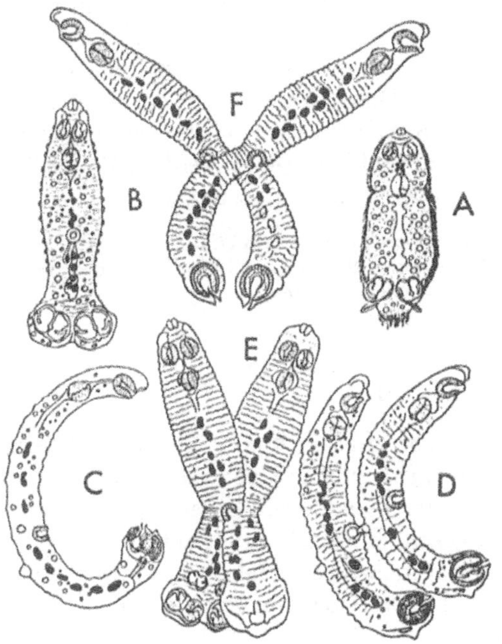

Bild 56
Diplozoon paradoxum, A Oncomiracidium, B, C Diporpa, D, E Aneinanderheftung zweier Diporpen, F miteinander verwachsene Tiere. (Aus BAER 1952)

Wenn das Doppeltier auf den Kiemen überwintert, bilden sich die Keimdrüsen zum Teil zurück, um sich im Frühjahr wieder zu erneuern. Diporpen die keinen Partner finden, sterben schließlich.

In der Harnblase des Frosches

Polystomum integerrimum hat am Hinterende an seiner Haftscheibe außer zwei Klammerhaken sechs Saugnäpfe, die bei der Namengebung wohl für Mundöffnungen gehalten wurden. Wirt dieses Hakensaugwurms ist der Grasfrosch *Rana temporaria.* Das Oncomiracidium ist ein guter Schwimmer und muß innerhalb von 24 Stunden eine Kaulquappe finden. Ist diese älter als 13 Tage, dringt die Larve durch das auf der linken Seite befindliche Kiemenloch in die Kiemenkammer ein, nimmt aber hier nur wenig Nahrung auf. Wenn dann aus der Kaulquappe ein Frosch wird, gelangt der junge Wurm in den Rachen, läßt sich abschlucken und wandert von der Kloake in die Harnblase, wo er weiterhin ein flüssiges Milieu vorfindet und dort reichlich Blut saugt. Die Geschlechtsreife wird erst im dritten Jahr erreicht und, wenn er allein bleibt, begattet er sich selbst. Ein Jahr später werden die ersten Eier abgelegt, was noch weitere drei Jahre jedes Frühjahr geschieht. Die Bindung der Eiablage an diese Jahreszeit ist sinnvoll, denn nur während seiner Laichperiode hält sich der Grasfrosch ausgiebig im Wasser auf, und in jenes Medium müssen die *Polystomum*-Eier ja gelangen. Die Ablage geschieht über die Kloake, und nach 4 bis 6 Wochen schlüpfen die bewimperten Larven. Wahrscheinlich wird diese Synchronisation der Eiablage mit der des Frosches durch dessen Sexualhormone veranlaßt.

Gelangt jedoch das Oncomiracidium an eine ganz junge Kaulquappe, die noch äußere Kiemen hat, wird es sofort zum Blutsauger. Nach Einwanderung in die Kiemenkammer, wird diese nicht mehr verlassen. Der junge Wurm nimmt so viel Nahrung auf, daß er bereits nach 20 bis 25 Tagen geschlechtsreif wird. Diese neotene Form, die man früher für eine eigene Art hielt, wird nur 2 bis 3 mm groß, hat schwächere Haftorgane, begattet sich selbst, und der kurze Uterus enthält jeweils nur ein Ei. Im ganzen werden 500 bis 800 Eier produziert, während es der „normale" Wurm auf mehrere tausend bringt.

Literatur: Baer 1952, 1972, Braun 1966, Bychovskij 1961, Cheng 1986, Dönges 1980, Frank 1974, Hiepe, Buchwalder & Nickel 1985, Kearn 1967, 1971, 1973, 1976, Kollmann 1966, 1968a, b, 1970a, b, 1972, Llewellyn 1963, 1965, Möller & Anders 1982, Odening 1969, Streble 1964, Whitefield 1979.

Strudelwürmer gibt es nicht nur freilebend

Nicht alle Strudelwürmer (Turbellaria) leben frei im Wasser. Unter den Planarien (Tricladida) kennt man Symphorionte, die sehr eng an ihren Träger gebunden sind, wie die Familie der Bdellouridae, die auf Pfeilschwanzkrebsen *(Limulus)* leben und sich kommensalistisch ernähren. Vom Krebs entfernt, gehen sie trotz Nahrungsaufnahme zugrunde. Tricladen der Gattung *Micropharynx* verbringen ihr Dasein auf der Oberfläche von Rochen, und da man in ihrem Darm Epithelzellen des Tragtieres fand, ist hier vielleicht ein erster Schritt zum Ektoparasitismus getan.

Eine vom Strudelwurm-Typus stark abweichende Gruppe sind die Temnocephalida. Ihre Körperoberfläche hat keine oder fast keine Wimpern. Charakteristisch sind 2 bis 12 fingerartige Fortsätze vorn und eine Haftscheibe hinten. Bei der spannerartigen Fortbewegung wechseln hintere Scheibe und Haftdrüsen an der Basis der Finger als Haftstellen ab. Man unterscheidet bei den bis 14 mm langen, protandrischen Zwittern zwei Familien. Es gibt sie in Tropen und Subtropen der südlichen Halbkugel auf der Oberfläche oder in der Kiemenhöhle zehnfüßiger Süßwasserkrebse, manche auch auf Schildkröten und Schnecken. Sie sollen alle keine Parasiten sein. Von den Scutarellidae, deren Vorderende nur zwei Fortsätze trägt, leben alle 12 Arten auf Krebsen europäischer Höhlen, und saugen nach Setzung einer kleinen Wunde Hämolymphe. Sie schmarotzen an Garnelen der Gattungen *Atyaephyra, Troglocaris, Spelaeocaris* und *Niphargus.* Manche Arten sind Endoparasiten in der Kiemenhöhle, andere Ektoparasiten an den Extremitäten ihres Wirts. Aber auch letztere scheinen zur Eiablage in den Kiemenraum zu wandern, wo die hartschaligen Eier festgeklebt werden.

Von den acoelen und rhabdocoelen Turbellarien halten sich auch einige im Darm von Stachelhäutern auf. Die sieben aus Seeigeln bekannten Rhabdocoelenarten der Gattung *Syndesmis* fressen die im gleichen Lebensraum befindlichen Wimpertiere, nehmen aber auch gelegentlich Coelomocyten des Echinoderms auf – eine erste Neigung zu endoparasitischer Lebensweise. Schon ein halber Endoparasit ist der Pterastericolide *Triloborhynchus astropectinis,* der in den Blinddarmtaschen des Seesterns *Astropecten irregularis* haust, von Darminhalt lebt und gelegentlich aber auch Darmgewebe frißt und dadurch das Wachstum seines Wirts ungünstig beeinflußt.

Eine wirklich endoparasitische Existenz führen die Angehörigen der Rhabdocoelenfamilie Fecampiidae. *Fecampia erythrocephala* schmarotzt an den europäischen Meeresküsten in der Leibeshöhle von Strandkrabbe *(Carcinus maenas)* und Asseln. Die Jungtiere sind zunächst noch freilebend, dringen aber dann auf einem noch nicht bekannten Weg in das Wirtstier ein, wo sie unter Verlust der Augen und einer starken Rückbildung der Verdauungsorgane bis zu einer Länge von 1 cm heranwachsen. Die Eiablage, erfolgt unter Steinen. Dazu wird der Krebs an einer dünn chitinisierten Stelle verlassen.

Kronborgia amphipodicola – auch eine Fecampiide – gehört zu den wenigen getrenntgeschlechtlichen Strudelwürmern. Sie hat eine freischwimmende Larve, die sich zunächst am Amphipoden *Ampelisca* encystiert, später jedoch dessen Kuticula auflöst und in die Leibeshöhle eindringt. Das erwachsene Weibchen verläßt den Wirt, wenn er stirbt, und baut einen röhrenförmigen Kokon von 4 bis 6 cm Länge, in dem es Männchen erwartet, die zur Begattung in die vordere Öffnung hineinkriechen. Andere Arten der Gattung *Kronborgia* parasitieren in Garnelen und können die stattliche Länge von 39 cm erreichen.

Literatur: Baer 1552, Bresslau & Reisinger 1933, Hartwich 1967, Jennings 1971, Matjašič 1958, Matthes 1978, Odening 1984,

Vom Saugräuber zum Außen- und Innenschmarotzer

Sauginfusorien (Suctoria) sind Wimpertiere (Ciliata) die keine Mundöffnung besitzen. Dafür haben sie einziehbare Saugröhrchen, mit denen sie Beutetiere – meist andere Ciliaten – aussaugen. Ein richtiges Saugen ist es wahrscheinlich nicht, denn man vermutet, daß der durch Phagocytose gebildete Nahrungsschlauch von Ärmchen am Tentakelinnenrohr hereingezogen wird. Die erwachsenen Tiere sind unbewimpert. Suktorien vermehren sich durch Bildung meist mit Wimpern versehener Knospen, die außen am Muttertier oder in dessen Inneren abgeschnürt und dann frei werden. In der Regel sitzt man mittels eines Stieles einer Unterlage auf. Sessiler Symphorismus ist verbreitet. Vom Plateau des seßhaften Saugräubers aus wurde der Weg zum Ekto- und Endoparasitismus mehrere Male unabhängig voneinander beschritten.

Das Modell eines Vorparasiten, der schon eine Bindung an seinen „Wirt“ zeigt, ist *Tokophrya carchesii*, die, selbst gestielt, an den Stielen koloniebildender Glockentiere *(Carchesium, Campanella)* sitzt und mittels außerordentlich verlängerbarer Tentakel an ihnen saugt (Bild 57). Meist wird der Saugvorgang in ektoparasitischer Manier nach einiger Zeit abgebrochen, es kommt aber auch vor, daß ganze *Carchesium*-Kolonien in räuberischer Weise zerstört werden.

Echte stationäre Ektoparasiten sind jedoch die sich in ähnlicher Position befindenden Arten der Gattung *Manuelophrya.* Sie sind mittels einer Sekretplatte am Stiel eines Glokkentieres dicht unterhalb des Zellkörpers befestigt. Durch einen einzigen kurzen Tentakel steht der Parasit mit dem Wirt in ständiger Verbindung (Bild 58). Auch *Pseudogemma pachystyla* schmarotzt an ihrem Wirt, dem Sauginfusor *Acineta tuberosa,* mit einem einzigen Saugrohr, doch dieses ist sogar mit dem Wirtssuktor verwachsen (Bild 59).

An den Stielen von akontraktilen Glockentieren (Epistyliden) sitzt *Urnula epistylidis,* die aus ihrem Gehäuse einen langen, biegsamen Tentakel herausstreckt, mit dem sie die Epistyliden aussaugt. Die ihr sehr ähnliche *U. turpissima* ist von dieser räuberischen Lebenweise zum Ektoparasitismus übergegangen. Sie setzt sich vorwiegend auf dem amöboid aussehenden, mehrere Tentakelbündel tragenden Sauginfusor *Trichophrya astaci* neben einem solchen Bündel fest und entwickeln eine für einen Einzeller unglaubliche Strategie: mit ihrem langen Tentakel ergreift sie eines der *Trichophrya*-Saugröhrchen und führt pumpende Kontraktionen aus, die schließlich zum Einziehen des Wirtstentakels führen. Dort, wo dieser verschwand, setzt *U. turpissima* nun ihren eigenen Tentakel an und nimmt Plasma des Wirtstieres auf (Bild 60).

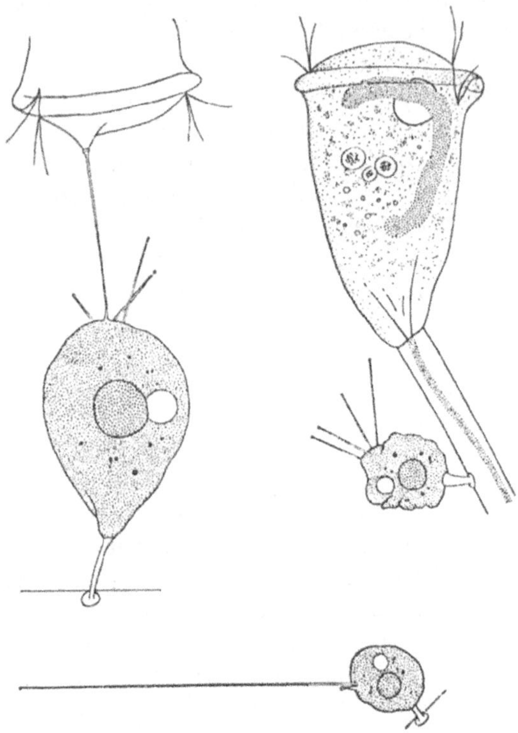

Bild 57

Tokophrya carchesii, links Saugakt an der Wimperscheibe eines Glockentieres, rechts in typischer Position am Stiel des Peritrichs *Carchesium*, unten kleines Individuum mit langem Suchtentakel. (Aus MATTHES 1988)

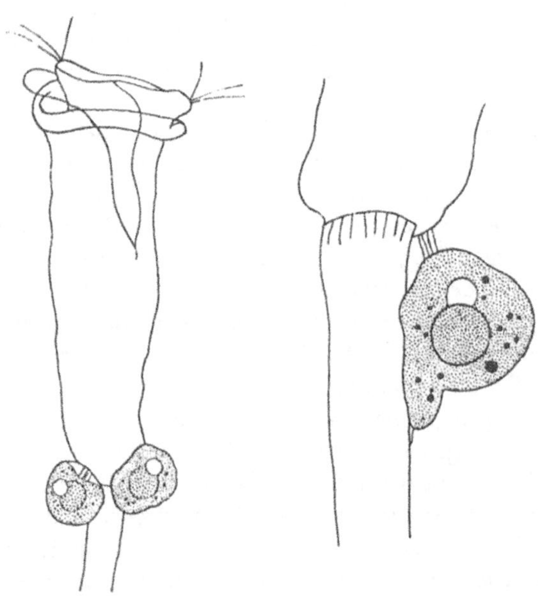

Bild 58

Manuelophrya parasitica an einem Glockentier saugend. (Aus MATTHES 1988)

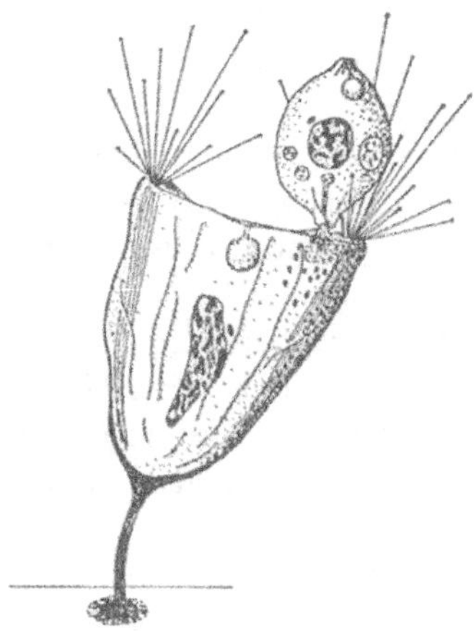

Bild 59
Pseudogemma pachystyla an dem Sauginfusor *Acineta.* (Aus MATTHES 1988)

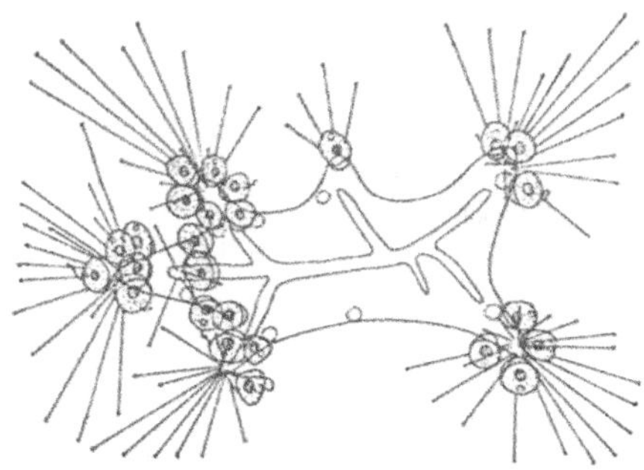

Bild 60 *Urnula turpissima* am Sauginfusor *Trichophrya astaci* parasitierend. Links wird ein Wirtstentakel ergriffen. (Aus MATTHES 1988)

In der Gattung *Sphaerophrya*, die sich durch das Fehlen eines Stiels auszeichnet, sind neben normaler räuberischer Lebensweise verschiedene Stufen des Parasitismus verwirklicht. *Sph. parurolepti* heftet sich mit einem oder mehreren der wenigen Tentakel an der Dorsalseite eines freischwimmenden Ciliats, des Hypotrichs *Paruroleptus caudatus*, fest und saugt an diesem. Nur wenig Saugröhrchen hat auch *Sph. canelli*, die an Hypotrichen der Gattung *Euplotes* saugt. Das Suktor geht jedoch schon den Weg nach innen, indem es sich nur in der Mundgrube aufhält. Als vollendeter Endoparasit lebt *Sph. stentoris* völlig ohne Saugorganell im Plasma des Trompetentieres *Stentor roeseli.* Erst die austretenden Schwärmer tragen wieder Tentakeln.

Auch in der Gattung *Podophrya* gibt es neben den Saugräubern Ektoparasiten. Einige Arten haben eine parasitische und eine freilebende Phase.

P. parasitica schmarotzt am Pantoffeltier *(Paramecium)* und an Arten der Gattung *Nassula.* Das Suktor heftet sich mit einigen seiner Tentakel am Wirt fest. Diese der Nahrungsaufnahme gewidmeten Saugröhrchen verkürzen und verdicken sich, die übrigen

Tentakeln bleiben normal. Der Ektoparasit bildet durch äußere Knospung bewimperte Schwärmer (Bild 61). Nach einiger Zeit verwandelt sich das ganze Tier in einen Totalschwärmer. Dieser setzt sich an einer Unterlage fest, sezerniert einen Stiel, schmilzt die Wimpern ein und bildet ein Halbgehäuse, aus dem der Plasmakörper mit seinen langen Tentakeln herausschaut (Bild 62). Diese freilebende Phase – so behauptet man – soll keine Nahrung aufnehmen. Das Gehäuse wird später zur charakteristischen *Podophrya*-Cyste ausgebaut, die dann wieder als Schwärmer verlassen werden kann.

Die übrigen vier an freischwimmenden Wimpertieren parasitierenden *Podophrya*-Arten veranlassen alle ihren Wirt zur Bildung einer Einstülpung der äußeren Membran (Pellicula). In diesem nach außen meist weit offenen Raum wird der Wirt angezapft. *P. urostylae* tut dies bei dem Wimpertier *Urostyla grandis.* Ihr freilebendes Stadium, das gestielt oder ungestielt sein kann, besitzt im Gegensatz zur parasitischen Phase lange Tentakel. *P. sol* saugt in der Mundgrubenregion von *Paramecium* (Bild 63) und seine freilebenden Individuen sind ungestielt. *P. grelli* hat die freilebende Phase ganz abgebaut. Ihr Wirt *Stylonychia lemnae* beherbergt oft 10 bis 30 erwachsene Podophryen, manchmal sogar noch mehr. Die Wirtszelle wird deshalb auch stark geschädigt. *St. mytilus* wird von *Podophrya stylonychiae* parasitiert (Bild 64).

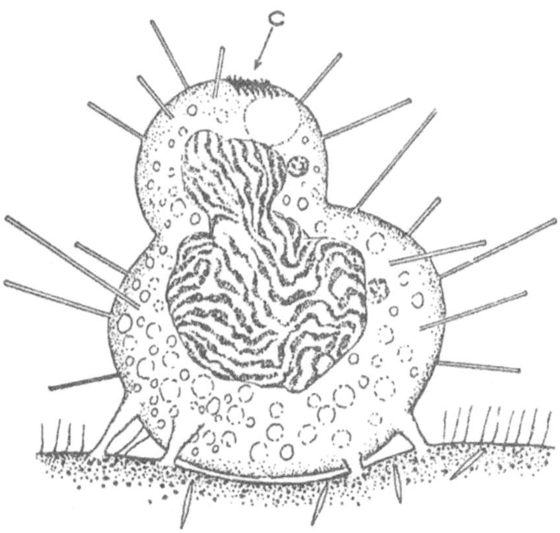

Bild 61
Ektoparasitisches Stadium von *Podophrya parasitica* am Wimpertier *Nassula* schmarotzend. Oben Knospenbildung. C Wimpern des sich bildenden Schwärmers. (Aus FAURÉ-FREMIET 1945)

Einen eigenen Platz unter den parasitischen Suktorien nimmt *Tachyblaston ephelotensis* ein. Hier folgt auf die parasitische eine freilebende Generation, die Infektionsstadien produziert. Auch *Tachyblaston* veranlaßt am Wirt, dem marinen Suktor *Ephelota gemmipara,* die Entstehung einer Einstülpung. In dieser tiefen, nach außen offenen Höhlung durchbohrt der Schmarotzer mit seinem einzigen Tentakel die Pellicula, wächst saugend heran und bildet durch äußere Knospung bewimperte Schwärmer. Diese lösen sich vom Muttertier und setzen sich meist wiederum an einer *Ephelota,* und zwar an deren Stiel, fest. Der Schwärmer resorbiert seine Bewimperung und bildet ein gestieltes, becherartiges Gehäuse. Der darin sitzende Abkömmling nimmt keine Nahrung auf, sondern erzeugt durch

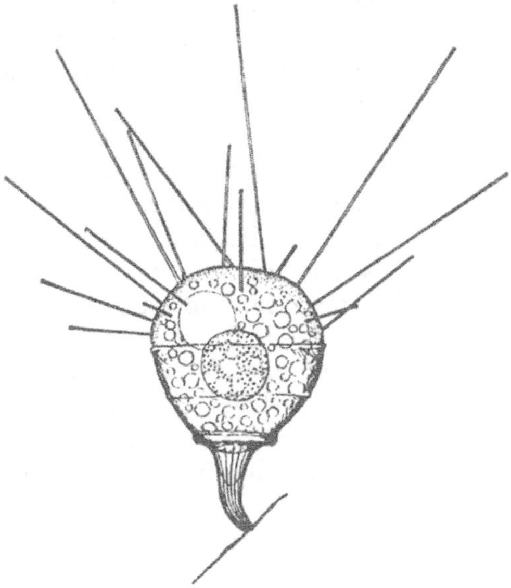

Bild 62 Freilebendes Halbgehäuse-Stadium von *Podophrya parasitica.* (Aus FAURÉ-FREMIET 1945)

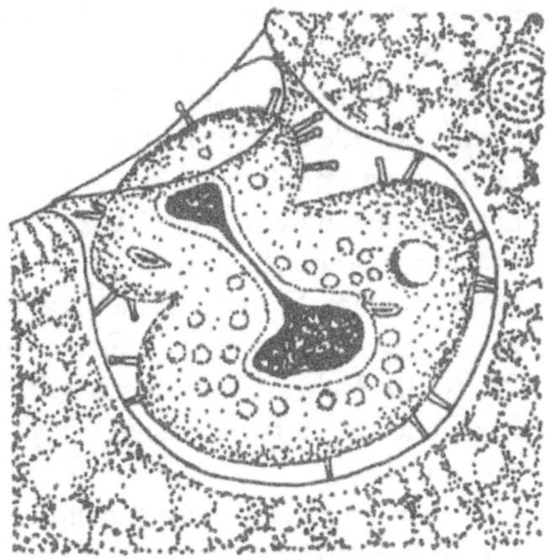

Bild 63 *Podophrya sol,* in einer pelliculären Einstülpung des Pantoffeltieres *Paramecium caudatum* saugend. Durch äußere Knospung wird gerade ein Schwärmer gebildet. (Aus MATTHES 1971)

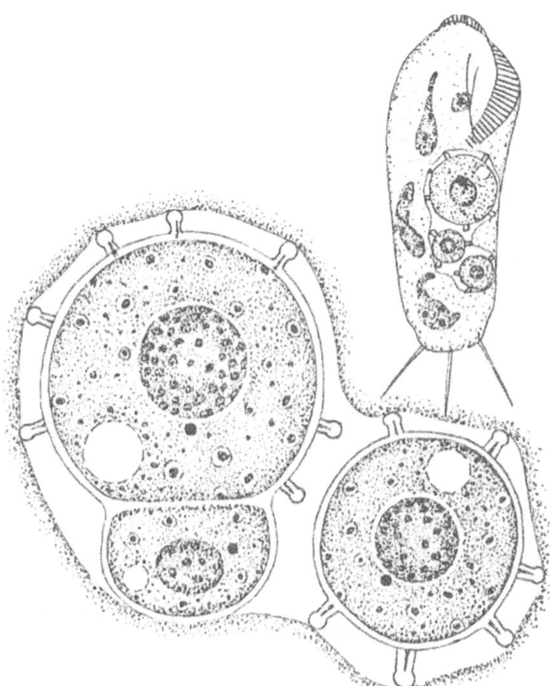

Bild 64

Podophrya stylonychiae in der pelliculären Einstülpung von *Stylonychia mytilus.* Links eine ungleichhälftige Teilung. (Aus FOISSNER 1980)

aufeinanderfolgende Knospungen unbewimperte Infektionsstadien, die Dactylozoiten. Diese gelangen auf noch unbekannte Weise auf die Vorderfläche der *Ephelota*. Am Schluß bleibt nur das leere Bechergehäuse übrig. Auf der *Ephelota* angelangt, heften sich die Dactylozoiten mit ihrem einzigen Tentakel fest, und die parasitische Phase beginnt. Die Wirkung von *Tachyblaston* auf *Ephelota* hängt von der Stärke der Infektion, der Größe der Wirtszelle und der Dauer der Parasitierung ab. Zu Beginn der Infektion ist die Wirtszelle voll funktionsfähig. Sobald aber mit dem Heranwachsen des Schmarotzers und der damit einhergehenden Vergrößerung seines einzigen Saugrohres eine bedeutendere Plasmamenge entnommen wird, ist die *Ephelota* offenbar nicht mehr in der Lage, diesen Verlust durch Nahrungsaufnahme auszugleichen. Sie zeigt Hungersymptome und kann keine Schwärmer mehr bilden.

Die höchste Stufe des Endoparasitismus haben Sauginfusorien der Gattung *Endosphaera* erreicht, die, ähnlich wie *Spaerophrya stentoris*, als tentakellose Kugeln im Plasma des Wirts ihre Nahrung osmotisch aufnehmen (Bild 65). Man erkennt meist nur ihren Zellkern, und als Suktorien geben sie sich lediglich durch die Art ihrer Schwärmerbildung zu erkennen.

In der auf Flußkrebsen sitzenden *Epistylis niagarae* entdeckten W. Guhl und ich eine solche *Endosphaera*-Art. Der winzig kleine Schwärmer dieser *E. terebrans* hat ein verjüngtes Vorderende (Bild 66), mit dem er sich unter zitternden Bewegungen in das Glokkentier einbohrt. Die im Wirt neu gebildeten Schwärmer entschlüpfen diesem unter Hinterlassung einer kraterartigen Öffnung.

Darüber, wie es zur Entstehung der Saugröhrchen und jener durch deren Bau bedingten Ernährungsweise der Sauginfusorien kam, können wir nur Vermutungen anstellen. Es ist durchaus möglich, daß die Greiftentakeln, die manche Suktorien noch als Ergänzung der

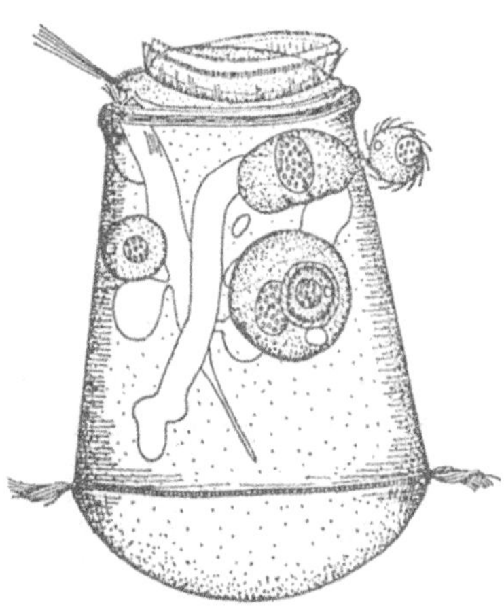

Bild 65 *Endosphaera engelmanni* in einem ungestielten Glockentier parasitierend. Ein Schwärmer verläßt gerade den Wirt. (Aus MATTHES 1988)

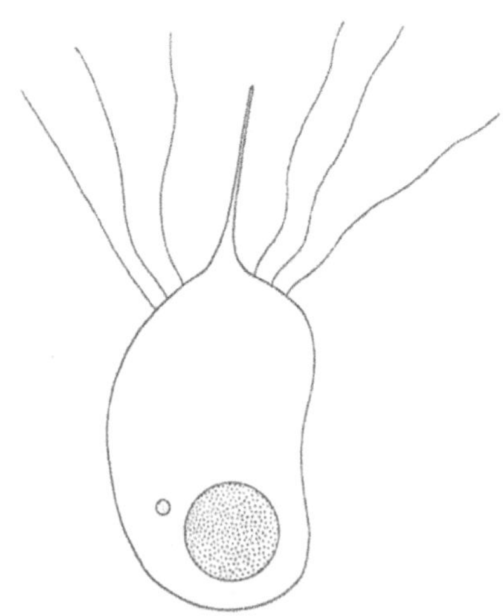

Bild 66 Schwärmer von *Endosphaera terebrans.* (Aus MATTHES & GUHL 1973)

Saugtentakeln besitzen, das ursprüngliche Organell sind. Sie halfen die Nahrung in die Mundöffnung zu befördern. Aus ihnen entwickelten sich die Saugtentakel. Als diese funktionsfähig waren, konnte die Mundöffnung verschwinden.

Literatur: Dieckmann 1985, Foissner 1980, Fauré-Fremiet 1945, Matthes 1971, 1982, 1987, Matthes & Guhl 1973.

8. Vom kommensalen Symphorismus zum Endoparasitismus

Myzostomida oder Saugmünder

Myzostomiden sind die ältesten Parasiten, die wir kennen. Von ihnen verursachte Gallen fand man an versteinerten Seelilien aus der Silur-Zeit vor etwa 360 Millionen Jahren. Auch Crinoiden jüngerer Epochen (Devon, Karbon, Jura) waren mit ihnen versehen.

Diese Saugmünder bilden eine Klasse innerhalb der Ringelwürmer (Annelida). In fast allen Tiefen des Meeres findet man sie mit Stachelhäutern vergesellschaftet. Ihr Körper ist meist eine runde oder ovale, mit randständigen Cirren besetzte Scheibe, und die fünf Wurmsegmente sind nur noch an fünf Paaren von Stummelfüßen (Parapodien) zu erkennen. Diese einästigen Lappen haben innen eine Stützborste (Acicula), und heraus ragt eine S-förmig gebogene Hakenborste (Bild 67). Die Körperoberfläche ist ganz oder zum Teil bewimpert.

Die Myzostomiden sind Zwitter. Auf eine jugendliche Periode geschlechtlicher Unreife folgt in der Regel eine männliche Sexualphase, während die Ovarien noch undifferenziert sind. Mit Erreichen der weiblichen Reife werden die Tiere dann funktionelle Zwitter, die sich gegenseitig einige Spermatophoren auf die Haut pflanzen. In diesen flaschenförmigen Behältern verschmelzen die Spermien mit sogenannten Fußzellen (Podocyten) zu einem Gebilde, das in den Körper des Partners hineinwächst. Es kommt auch vor, daß die

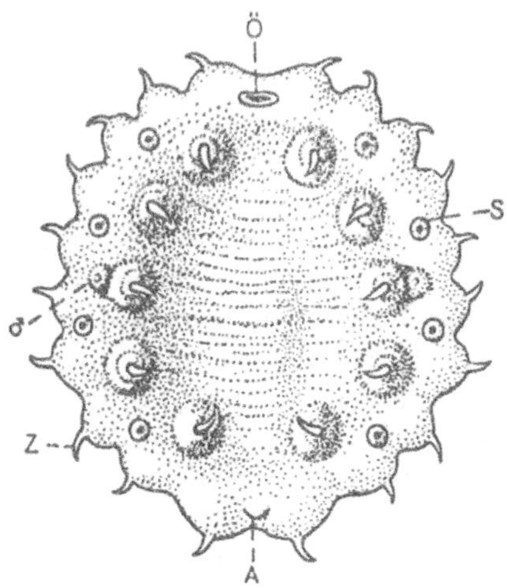

Bild 67
Myzostoma von unten gesehen. A = After, Ö = Öffnung, durch die der Vorderkörper herausgeschoben werden kann, S = männliche Geschlechtsöffnung. (Aus KAESTNER 1965)

männliche Sexualphase abgeschlossen ist, noch ehe die weibliche einsetzt und damit eine sexuelle Inaktivitätsperiode eingeschaltet ist. Das sich männliche betätigende Jugendstadium ist winzig klein und sehr beweglich, um das große, plumpe weibliche Altersstadium aufsuchen zu können.

Von den beiden Ordnungen, die man unterscheidet, zeichnen sich die Proboscidea dadurch aus, daß der die Mundöffnung tragende Vorderkörper als „Introvert" eingestülpt ist und bei der Nahrungsaufnahme rüsselartig ausgefahren wird. Bei den Pharyngidea liegt die Mundöffnung frei, und ein echter Rüssel kann aus ihr vorgestoßen werden.

Ursprünglich sind die Myzostomiden symphorionte Kommensalen. Vermutlich über entöken Kommensalismus gelang ihnen dann der Schritt zum Endoparasitismus.

Bei den Probosciden der Gattung *Myzostoma* gibt es verschiedene Formen des Kommensalismus. Die vagilen Symphorionten kriechen auf der Oralseite ihres „Wirts" umher und naschen in dessen Nahrungsrinne vom Futterstrom. So kommt es vor, daß auf dem Haarstern *Antedon petatus* 200 bis 400 Individuen der 4 mm messenden *M. cirreferum* herumkriechen. Sessil symphoriont ist dagegen *M. parasiticum.* Dieser Kommensale klammert sich mit seinen klauenartigen Hakenborsten am Haarstern fest. Die im Mittelmeer auf der Mundscheibe von *Antedon mediterranea* seßhafte *M. glabrum* führt ihren Rüssel direkt in die Mundöffnung des Haarsterns ein. Einige Arten, die überwiegend an Haarsternen größerer Meerestiefen sitzen, veranlassen ihre Ernährer zur Bildung kapselartiger Hautwucherungen, die jedoch zur Nahrungsrinne hin eine Öffnung haben, und in denen man oft ein männliches und ein weibliches Stadium findet. Bei den Pharyngidea führt der Symphorismus stets zu solchen Cystenbildungen. Drei Familien dieser Ordnung leben jedoch endoparasitisch im Coelom von Haar- oder Schlangensternen, die Asteriomyzostomidae im Darm von Seesternen. Die das Coelom bewohnenden Protomyzostomiden fressen sogar Geschlechtszellen, was parasitäre Kastration zur Folge haben kann.

Als entök lebender Kommensale zeigt *Pulvinomyzostomum pulvinar* den Weg zur endoparasitischen Lebensweise. Diese Art sitzt in Speiseröhre oder Magen ihres Haarsternes. Es kommt aber zu keiner Verstopfung, da die Rückenhaut des Eindringlings eine Längsrinne bildet, die dem Nahrungsstrom Durchfluß gestattet, an dem man sich gütlich tut.

Literatur: Hartmann-Schröder 1982, Körner 1973, Prenant 1959.

9. Endoparasitismus

Endoparasitismus kann im wahrsten Sinne des Wortes „verschieden weit gehen". Über Besiedlungen von Kiemen- und Mundhöhle wurde schon berichtet; die klassischen Parasitengruppen jedoch dringen tiefer in ihre Wirte ein. Bei Wirbeltieren veranlassen ihre Antigene die Bildung von Antikörpern. Diese kreisen gelöst in der Körperflüssigkeit des Wirts, und die Verbindung von Antikörper und Antigen vermag unter Umständen den Schmarotzer zu inaktivieren oder gar zu töten. Antikörper können noch lange nach dem Verschwinden der Antigene im Blut existieren und dem Wirt Immunität verleihen. Endoparasiten leben oft schon Jahrmillionen in der vom Wirt gebotenen Umwelt, die sich meist auch bei Veränderungen ihres Darbieters gleich bleibt. Deshalb können auch außerordentlich verschiedene Wirtsgruppen sehr ähnliche Parasiten berherbergen.

Egel betreiben nicht nur stationären, sondern sogar temporären Endoparasitismus

Paradebeispiel hierfür ist der Entenegel *Theromyzon tesselatum.* Wenn er hungrig ist, reagiert er positiv phototaktisch und negativ geotaktisch. Er begibt sich nämlich in die Nähe des hellen Wasserspiegels und hält sich an Pflanzen oder unmittelbar an der Fläche des Gewässers fest. Durch die vom Entenschnabel verursachte Wasserbewegung und eventuell auch durch dessen Schatten – der Egel hat immerhin acht Augen – wird der Parasit alarmiert. Wenn dann die Ente zur Wasser- oder Nahrungsaufnahme mit den Schnabelhälften „schnattert", entstehen Wasserwellen, die sich von der Schnabelspitze her ausbreiten. Der Entenegel bewegt sich dann den Wellen entgegen und landet auf dem Entenschnabel. Er kriecht nun durch Mundspalte oder Nasenloch in den Vogel, um an den Schleimhäuten von Schlund, Kehlkopf, Luftröhre oder Nasenhöhle Blut zu saugen. Durch Verschluß der Atemwege und starken Blutentzug können Jungvögel sogar zugrunde gehen. Vollgesogen verläßt der Egel den Wirt und begiebt sich, nun negativ phototaktisch und positiv geotaktisch reagierend, zum Gewässergrund, wo der durch die pralle Darmfüllung schwerfällig gewordene Wurm vor Räubern am besten geschützt ist. Er tritt sogar in vier Größenklassen auf, zwischen denen je eine Blutaufnahme liegt. Über neun Monate kann er aber hungern. Die geschlüpften Jungegel heften sich mit ihrem hinteren Saugnapf am Bauch des Muttertieres fest. Fünf Wochen oder noch länger werden diese – bis zu 100 Stück – herumgetragen und auch mit in die Ente genommen.

Ein enger Verwandter des Blutegels ist der echte Pferdeegel *Limnatis nilotica,* der bis 10 cm lang wird und in Quellen und Pfützen des Mittelmeerraumes lebt. Er befällt temporär Pferde, Maultiere und Mensch beim Trinken und saugt dann an den Schleimhäuten von Rachen, Nasenhöhle, Kehlkopf und Speiseröhre. Er hat schon Todesfälle bei Mensch und Haustieren verursacht.

Als stationärer Endoparasit lebt in Nordamerika *Haementeria pediculata* im Süßwasser-Trommelfisch *Aplodinotus grunnieus.* Der ganz junge Egel heftet sich mit dem Hintersaugnapf in der Kiemenhöhle fest. Dadurch wird das Wirtsgewebe zu Wucherungen um das Hinterende des Egels veranlaßt, das letztlich in einer tiefen Grube sitzt. Der Wurm ist dann durch einen dünnen Stiel im Wirtsgewebe verankert. Die Anpassung an das stationäre Dasein geht so weit, daß der After, der bei dem jungen Egel, wie bei allen anderen Hirudineen, noch auf der Dorsalseite des letzten Segments vor dem Hintersaugnapf liegt, um vier Segmente nach vorn verlagert wird. Damit ist erreicht, daß die Exkremente des Egels außerhalb der Gewebegrube in die Kiemenhöhle des Fisches entleert werden.

Literatur: Herter 1929 a, b, 1968.

Rankenfüßer ohne Ranken

Die Rankenfüßer (Cirripedia) haben als erwachsene Krebse eine seßhafte Lebensweise und sind, mit Ausnahme einiger tropischer Wurzelkrebse, Bewohner des Meeres. Ihr stark verkürzter Körper wird von einem Mantel umhüllt, der als Schutzeinrichtung dicke Kalkplatten abscheidet. Mit den reichlich beborsteten sechs Brustbeinpaaren, den Rankenfüßen, wird Nahrung aus dem Wasser filtriert. Freilebend sind Nauplius- oder Metanauplius-Larve, die der Verbreitung dienen. Sie entwickeln sich dann zu einer Larve mit zweiklappigem Mantel, die man wegen ihrer Ähnlichkeit mit Muschelkrebsen Cypris-Larve nennt. Diese setzt sich dann fest.

Die Ordnung Thoracica, zu der Seepocken (Balanomorpha) und Entenmuscheln (Lepadomorpha) gehören, sind als Folge der seßhaften Lebensweise Zwitter geworden, und nur einige noch ursprüngliche Arten sind getrenntgeschlechtlich. Es gibt sogar einige Zwitter, bei denen noch überflüssige Restmännchen auftreten.

Zu den Endoparasiten unter den Rankenfüßern gehört bereits die Seepocke *Tubicinella major*. Sie besiedelt den Glattwal *Balaena australis* und versenkt sich durch Abscheiden proteolytischer Fermente völlig in dessen Haut, so daß unter der Basis des Krebses nur noch eine dünne Schicht lebender Walepidermis bleibt.

Bei den Wurzelkrebsen (Rhizocephala) sind es die Weibchen, die als Endoparasiten in Zehnfußkrebsen und Asseln leben. Dabei gibt es zweierlei Formen von Weibchen. Die einen haben ein zusätzliches ungepaartes Chromosom und erzeugen kleine Eier, aus denen kleine Nauplien schlüpfen, die sich über Häutungen zu Cypris-Larven entwickeln. Die Weibchen ohne zusätzliches Chromosom bringen große Eier hervor, und über den Nauplius entsteht eine große Cypris, die ein larvales Männchen darstellt (Bild 68).

Eingehend untersucht hat man die Parasitwerdung des weiblichen Wurzelkrebses *Sacculina carcini*, der in Krebsen verschiedener Familien, vor allem aber in der Strandkrabbe *Carcinus maenas* schmarotzt. Nachdem die Cypris-Larve 3 bis 4 Tage umhergeschwommen ist, läßt sie sich auf einer jungen Krabbe nieder, heftet sich mit einer ihrer Antennen an der Basis einer Borste fest, und die hochinteressante Umwandlung der Cypris in einen Endoparasiten beginnt (Bild 69).

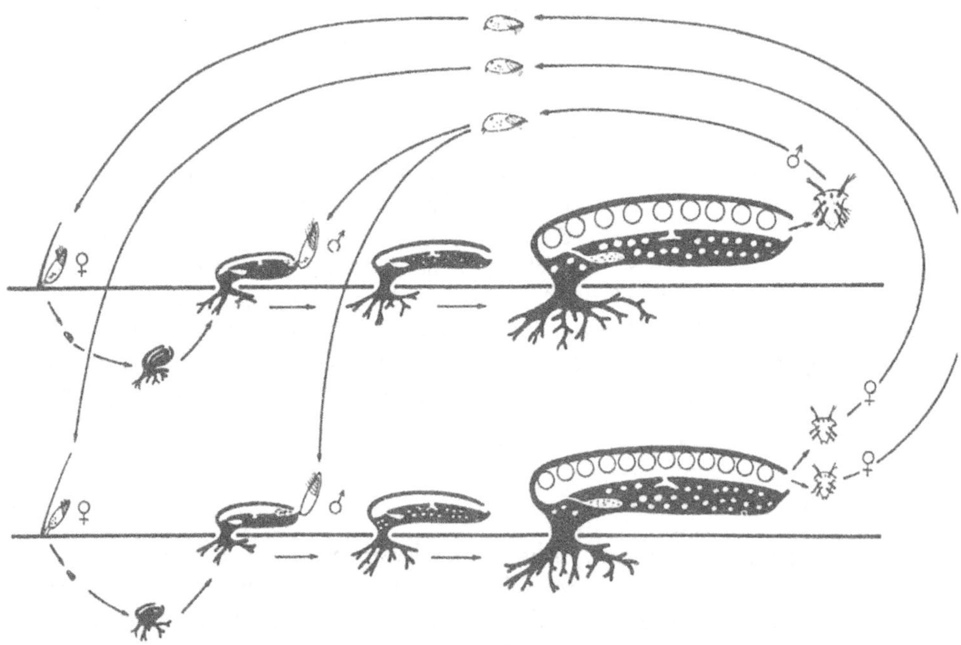

Bild 68 Lebenszyklus der Wurzelkrebse. Von links nach rechts: Die weibliche Cypris-Larve setzt sich an einer Borste des Wirtes fest und dringt in dessen Körper ein. Später bricht der Parasit nach außen durch und wird von einer männlichen Cypris begattet. Die Eier reifen heran und bringen große männliche Nauplien (oben) oder kleine weibliche Nauplien (unten) hervor. (Aus CROME & GRUNER 1969)

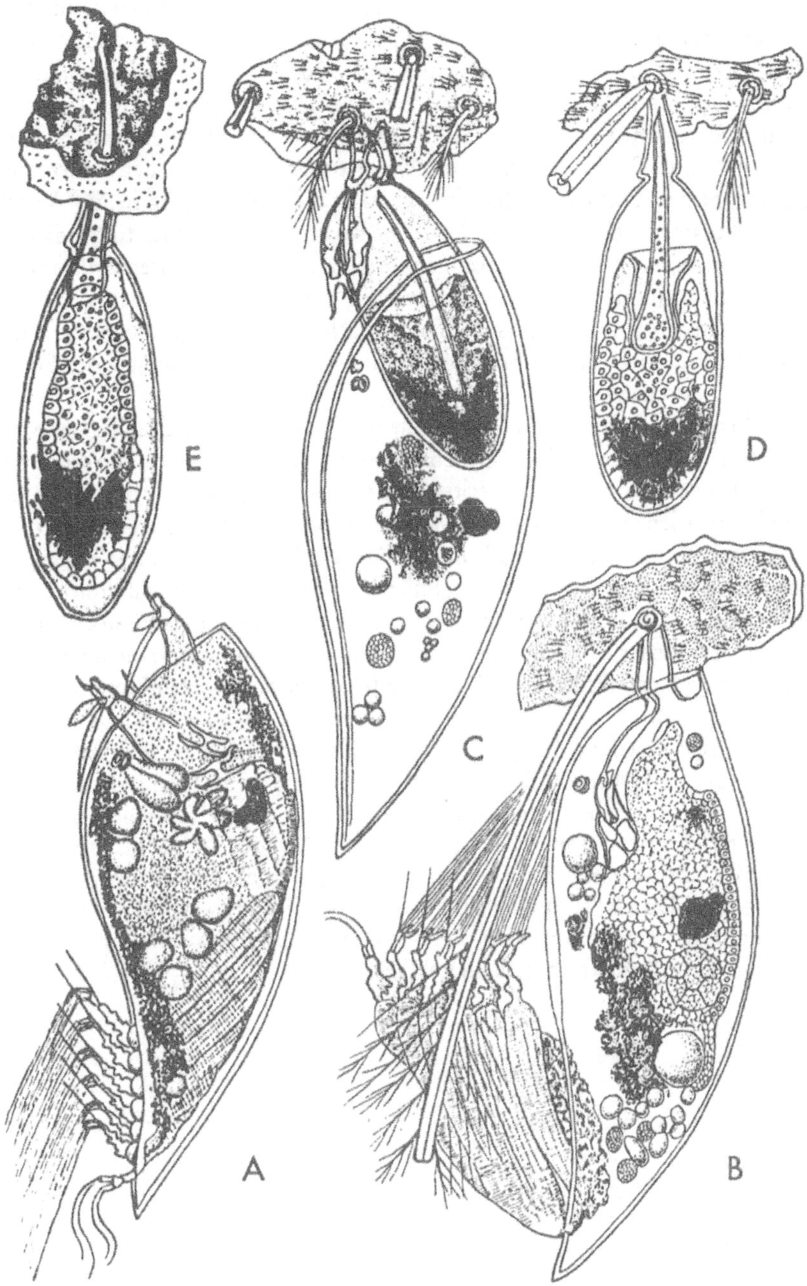

Bild 69 *Sacculina carcini,* A weibliche Cypris-Larve, B Cypris mit den Antennen an einer Wirtsborste verankert und die Schwimmbeine abwerfend, C Kentrogon-Larve beim Abwurf der Cypris-Reste und Bildung der Kanüle, D Einführung der Kanäle, E Injektion der Zellmasse. (Aus BAER 1952)

Die Epidermis der Larve löst sich von der Kuticula und bildet einen kleinen Sack, der eine Anzahl undifferenzierter Zellen umschließt, die schon beim Nauplius zwischen den Antennenbasen lagen. Der Sack bildet dann eine eigene Kuticula, während alte Kuticula, Schwimmbeine und Mantel abgeworfen werden. Damit ist ein neues, aus Epidermissack, Zellinhalt und Antennen bestehendes Stadium, das Kentrogon, entstanden. In diesem bildet sich ein hohler Stachel, das Kentron. Wachstumsvorgänge treiben dann diese Kanüle in die Borstenbasis, und der Zellhaufen wandert auf diesem Weg in die Wirtskrabbe. Durch den Blutstrom gelangen die Zellen in die Brustregion, und man findet dann auf dem Mitteldarm einen Zellklumpen mit kleinen Fortsätzen. Diese wachsen und verästeln sich, und schließlich umspinnt diese „Sacculina interna" sämtliche Organe der Krabbe, in die sie nicht eindringt, sie jedoch wahrscheinlich durch Enzyme angreift. Seine Nährstoffe nimmt der Parasit durch Diffusion aus dem Blut auf, denn die Kuticula der Fortsätze ist sehr dünn und durchlässig.

Nach 7 bis 8 Monaten wird dann ein Schlauch mit einer sackartigen Erweiterung nach hinten getrieben. Hat diese einen Durchmesser von 2 mm erreicht, wird der Krabbenpanzer durchbrochen und der Sack tritt heraus (Bild 70). Im Mantel bildet sich eine Öffnung, und es werden männliche Cypris-Larven angelockt, die sich an oder in dieser Öffnung festsetzen und ihren Zellinhalt in die Mantelhöhle entlassen. Die Zellen wandern dann in eine der paarigen Samentaschen, teilen sich dort lebhaft und differenzieren sich zu Spermatozoen. Die „Sacculina externa" verfügt über einen Ganglienknoten mit einigen Nerven, hat aber weder Darm noch Extremitäten. Die Ovarien sind reich verzweigt, und nach sechs Wochen entläßt die nun 12 mm breite Knolle am Krabbenhinterleib ihre ersten Nauplien.

Sacculina wird ungefähr drei Jahre alt. Die Krabbe überlebt ihren Parasiten jedoch nicht ohne Folgen. Es kommt durch die Parasitierung zu einer Veränderung der sekundären männlichen Geschlechtsmerkmale: Verbreiterung des Hinterleibes und Verlängerung seiner Randborsten, sowie Rückbildung der Pleopoden, Feminisierung der Brustregion. Außerdem ist parasitäre Kastration oder gar eine Umwandlung der Hoden in Ovarien möglich. Durch Störungen des hormonalen Systems werden weitere Häutungen unterdrückt. Bei *Eriocheir sinensis* hat man sogar eine Verhaltensänderung festgestellt. Die parasitierte Krabbe begibt sich in größere Tiefen.

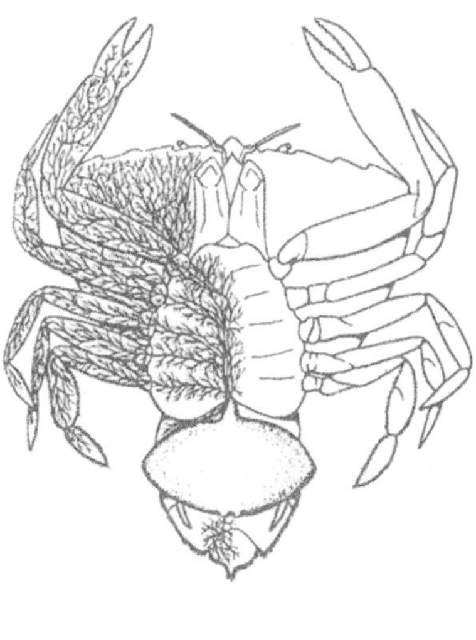

Bild 70
Strandkrabbe *Carcinus maenas* von *Sacculina carcini* befallen, in Bauchansicht. Links Krabbe durchsichtig gedacht und *Sacculina* interna zeigend. Hinten *Sacculina* externa. (Aus ASKEW 1971)

Die Cypris-Larve von *Lernaeodiscus porcellanae* vermag mit Hilfe ihrer beiden Antennen zu laufen (Bild 71). Sie setzt sich auf den Kiemen der Porzellankrabbe *(Petrolisthes cabrilloi)* fest. Dies geschieht mit den Haftscheiben des 3. Antennenglieds, wo zusätzlich noch eine Kittsubstanz aus den „Zementdrüsen“ abgeschieden wird. In den Kentrogon-Sack wandert hier nur eine einzige Invasionszelle, die schon in der Larve vorhanden war. Später wird das ganze Kentrogon mit seiner Unterseite festgekittet. Nach 20 Stunden haben ventrale Sackzellen den Stachel gebildet, der durch Kentrogon-Kuticula, Zementschicht, Kiemenkuticula und Kiemenoberhaut gestoßen wird. Durch sein Lumen wandert die Invasionzelle in die Krabbe (Bild 72).

Literatur: Cressey 1983, Crome & Gruner 1969, Dogiel 1963, Hoeg 1982, 1985 a, b, Kaestner 1967, Krüger 1940 b, Matthes 1978, Pflugefelder 1977, Ritchie & Hoeg 1981, Whitfield 1979, Yanagimachi 1961.

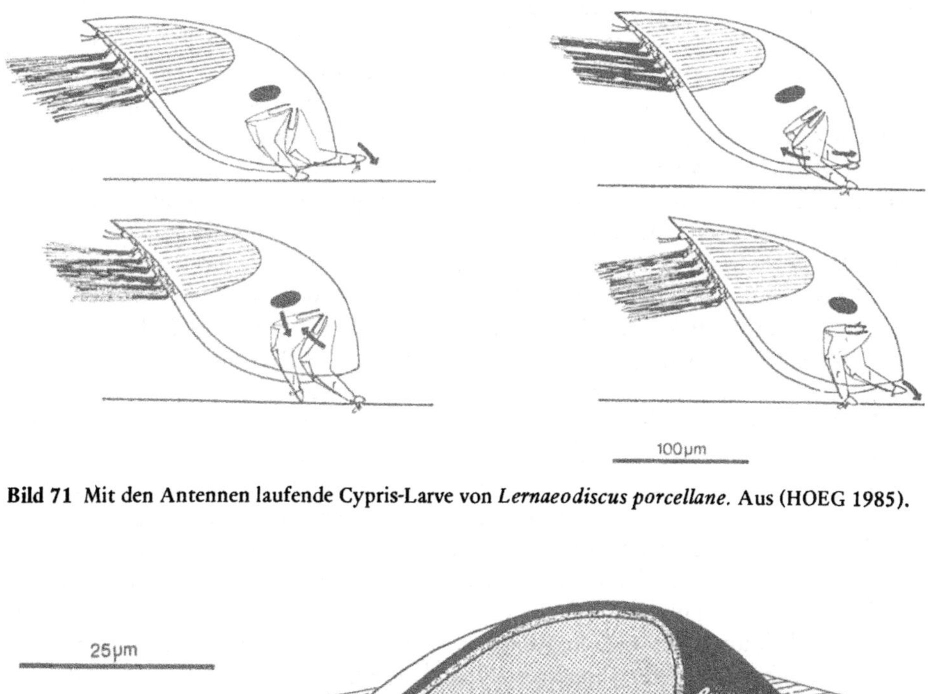

Bild 71 Mit den Antennen laufende Cypris-Larve von *Lernaeodiscus porcellane.* Aus (HOEG 1985).

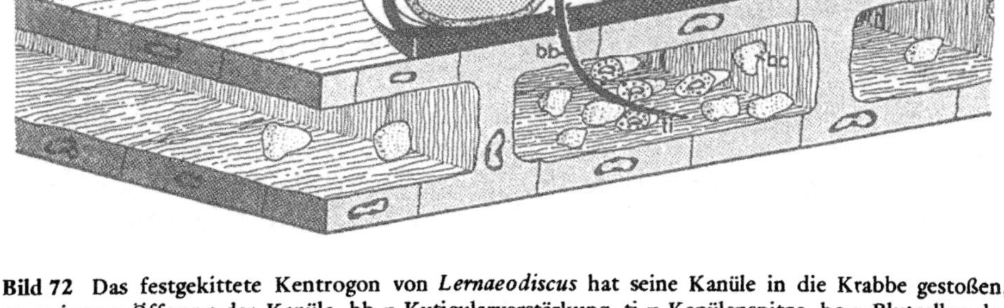

Bild 72 Das festgekittete Kentrogon von *Lernaeodiscus* hat seine Kanüle in die Krabbe gestoßen, op = innere Öffnung der Kanüle, bb = Kuticularverstärkung, ti = Kanülenspitze, bc = Blutzellen der Krabbe. (Aus HOEG 1985)

Endoparasitische Milben

Eine Reihe von Milben sind zum Endoparasitismus übergangen.

Atmungs- und Gehörorgane haben die Vertreter der Mesostigmata als Ort der Parasitierung gewählt. Arten der Gattung *Entonyssus* aus der Familie der Entonyssidae befallen in Amerika und Afrika die Lunge von Schlangen. Rhinonyssiden (*Rhinonyssus* und *Sternostoma*) leben in den Atemwege vieler Vogelarten. In Liebhabervogelzuchten hat seit einigen Jahren *Sternostoma tracheacolum* an Bedeutung gewonnen. Die aus Ostasien mit ihrem Wirt, der Gouldamadine, eingeschleppte Milbe findet sich heute nicht selten in Kanarienvogelzuchten und führt zu schweren Verlusten. Sie saugt in der Trachea Blut und kann bis in die Lunge vordringen.

Auf Säugetiere haben sich die Halarachnidae spezialisiert. *Halarachne* schmarotzt in der Nasenhöhle von Robben. Das Milbenweibchen bohrt sich mit dem ganzen Vorderkörper in die Schleimhaut ein. Der unbewegliche Scherenfinger der Chelicere ist zurückgebildet, der bewegliche hat die Gestalt eines mit Zacken versehenen Stemmeisens. Das zermalmte Gewebe wird samt der Lymphe aufgesaugt. Im Gegensatz zu den Weibchen können die Larven die Nasenhöhle mühelos verlassen und in eine neue Robbe eindringen. Nymphen hat man noch nicht gesehen, und Männchen sollen selten sein.

Zur gleichen Familien gehört *Pneumonyssus simicola*, ein Lästling von Alt- und Neuweltaffen. Das Weibchen bohrt innerhalb der Lunge in den Verzweigungen der Bronchien die Schleimhaut an und nimmt zerstörte Zellen und Lymphe auf. Für Verbreitung sorgen die gut beweglichen und lebend geborenen Larven, Nymphen kennt man auch hier nicht. Die Parasitierung führt zu Niesen und Husten. Nur bei hochgradig befallenen Affenbabys oder bei Sekundärinfektionen kann es zu Todesfällen kommen. Die Milbe vermag auch auf den Menschen überzugehen und verursacht dann eine Reizung der Luftwege. *P. caninum* lebt im Hund und kann von der Lunge in Kiefer- und Stirnhöhle vordringen.

Die Ohrmilben (Raillietidae) halten sich in der Regel im äußeren Gehörgang von Säugetieren auf. *Raillietia auris* besiedelt den Gehörgang von Rindern und wildlebenden Wiederkäuern und geht von dort aus auch in Mittel- und Innenohr. Es kommt dann zu zentralnervösen Störungen; Futterverweigerung und Abmagerung sind die Folge.

Die den Prostigmata zuzurechnenden Federspulmilben (Syringophilidae) sind länglich-ovale, weichhäutige Tiere mit nadelartigen, stechenden Cheliceren. Sie leben in den Spulen der Schwanz- und Schwungfedern von Hausgeflügel und Wildvögeln, in denen sie von Flüssigkeit umgeben sind, die aus den lebenden Zellen der Federpapille stammt. Diese werden offenbar von Milben angestochen, und die austretende Lymphflüssigkeit dient als Nahrung. In einer Spule findet man alle Entwicklungsstadien. Während der Herbstmauser verlassen die Milben durch den unteren Pol die Spule und dringen in die neu aufsprossenden Federn ein, ehe sich diese zur Spule geschlossen haben. Es gibt eine ganze Reihe von Arten, die weitgehend wirtsspezifisch sind. *Syringophilus bipectinatus* ist auf Hühnervögel, *Peristerophila columba* auf Tauben spezialisiert.

Wirtsspezifisch sind auch die Federbalgmilben (Harpayrhinchidae), die an der Haut von Vögeln die Bildung von Tumoren hervorrufen, in denen sie einzeln oder alle Entwicklungsstadien in größere Anzahl leben und sich von Körpersäften des Wirtsvogels ernähren. In Anpassung an die endoparasitische Lebensweise sind die Beine dieser Milben zu Stummeln reduziert.

Literatur: Frank 1976, Fritsch 1952, 1954, Hiepe & Ribbeck 1982, Kaestner 1965.

Krätze und Räude

Die Milben der Familie Sarcoptidae fressen sich durch, die Hornhaut von Säugetieren und Mensch, um darunter Gänge zu graben. Beim Menschen nennt man einen solchen Befall Krätze, bei Tieren Räude.

Es sind vorwiegend Angehörige der Gattung *Sarcoptes*, der Grabmilben, die Mensch und Säuger „beglücken", wobei sie außerordentlich wirtsspezifisch sind und, auf einen Fremdwirt versetzt, nicht lange auf diesem existieren können. So haben Rind, Schaf, Schwein, Pferd, Lama, Tapir und Hauskaninchen ihre eigenen Räudeerreger. Da sie aber morphologisch nicht voneinander zu unterscheiden sind, werden sie häufig als Varietäten der Krätzmilbe *Sarcoptes scabiei* geführt. Es gibt auch Arten mit geringer Spezifität. So parasitiert *S. canis* in Hund, Fuchs, Dachs und Musteliden, *S. rupicaprae* in Ziege, Rothirsch, Gams-, Muffel- und Steinwild, und sogar ein Übergang auf Pferd, Rind und Schwein ist möglich.

Die Krätze des Menschen ist eine weltweit verbreitete Parasitose der Haut, die schon Aristoteles bekannt war und unter der auch Napoleon während seines Italienfeldzugs zu leiden hatte. Erreger ist *S. scabiei.* Das begattete Milbenweibchen bohrt sich senkrecht in dünne Hautstellen mit einer etwa 0,08 mm starken Hornschicht. Bevorzugt werden Fußgelenke, Zwischenfingerhäute, Ellenbogen, Genitalien und weibliche Brustwarzen. Beim Eindringen schürfen die Laden der Pedipalpen die Oberhaut auf, und die Cheliceren reißen die Hornstückchen ab. Dieser Vorgang dauert ungefähr eine Stunde, und an der Einbohrstelle erscheint ein kleines Bläschen. Unter der Hornschicht werden dann die Oberhautzellen des Stratum granulosum oder sogar die vom Str. spinosum mit den Cheliceren bearbeitet und fermentativ aufgelöst. Zusammen mit etwas Lymphe saugt die Milbe die aufgelösten Zellen ein. So entsteht ein waagerechter Gang, der täglich um 0,5 bis 3 mm verlängert wird und im zweimonatigen Milbenleben eine maximale Länge von 5 cm erreichen kann. Durch abgegebenen Kot ist der Bohrgang von außen als dunkle Linie erkennbar.

In diesen Fraßtunnel legt das 0,3 bis 0,4 mm große Weibchen bis zu 50 Eier (Bild 73). In der Haut eines an Krätze Leidenden halten sich selten mehr als 50 solcher eierlegender Weibchen auf. Die aus den Eiern schlüpfenden sechsbeinigen Larven fressen entweder vom mütterlichen Gang aus seitliche Tunnel, oder sie wandern zur Hautoberfläche, um sich erneut einzubohren oder den Wirt zu wechseln. Bei den weiblichen Tieren dauert die

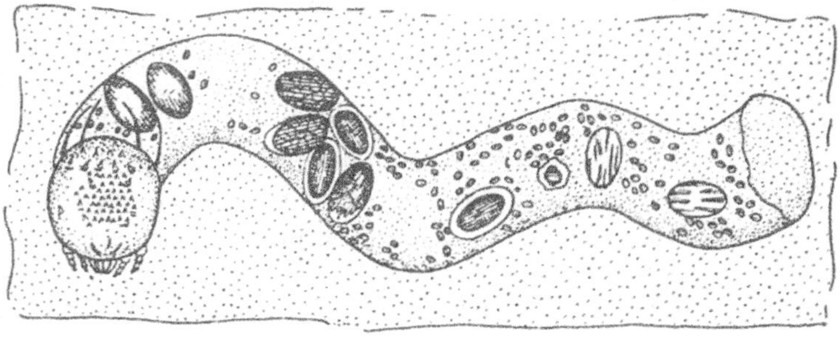

Bild 73 Krätzemilbe (*Sarcoptes scabiei*) in der Oberhaut. Links am Ende des Milbenganges ein Weibchen. Im Gang Eier, Eischalen und winzige Kotballen. (Aus TISCHLER 1982)

Entwicklung 21 Tage und führt über ein erstes und ein zweites Nymphenstadium. Die Männchen brauchen nur 14 Tage, und es ist noch unklar, ob das zweite Nymphenstadium bei ihnen ganz wegfällt oder ob es nur eine sehr kurze Zeit dauert. Die im zweiten Nymphenstadium befindlichen Weibchen wandern zur Hautoberfläche, um sich in flachen Gruben begatten zu lassen. Dort halten sich die Männchen auf, die zur Nahrungsaufnahme in die Tiefe gehen und nach der Begattung nicht mehr lange leben. Die weibliche Nymphe häutet sich dann zum erwachsenen Tier. Da die Mortalität der Milben während ihrer Entwicklung sehr hoch ist, werden weniger als 10% erwachsen.

Die Krätze oder Scabies ist eine harmlose, aber unangenehme Erkrankung, die sich vor allem des Nachts durch starkes Jucken bemerkbar macht. Auslöser des Juckreizes ist meist der Fraß der Jungmilben. Krätze ist eine „Familienkrankheit", denn sie wird fast immer durch persönlichen Kontakt, seltener durch Kleidung oder Bettwäsche übertragen. Es gibt aber auch richtige Krätze-Epidemien. Bei gelegentlichen Zweitinfektionen kommt es, da man bereits sensibel geworden ist, zu Hautentzündungen, die eine Ausbreitung der Milbe erheblich erschweren.

Auch die Säugermilben können ihren Wirt empfindlich schädigen. So kommt es bei der Räude des Rindes zu Falten-, Krusten- und Borkenbildung der Haut, und in Jungrindbeständen kann der Befall seuchenhaft mit hoher Letalität auftreten.

Sehr nahe stehen der Gattung *Sarcoptes* die Genera *Trixacarus* und *Notoedres. T. diversus* parasitiert in der Ratte und wird von dieser gelegentlich in Goldhamsterzuchten eingeschleppt. Beim Goldhamster verläuft dann die Räude oftmals innerhalb von 2 bis 5 Wochen tödlich. *N. cati* plagt die Hauskatze und andere Feliden. *N. muris* treibt senkrechte Stollen in die Haut und ruht dann am Grunde der erreichten Nahrungsquelle. Ratten werden von dieser Art oft tödlich geschädigt.

Eine eigene Familien sind die Knemidocoptidae. Diese sehr kleine Räudemilben bringen lebende Larven zur Welt und schmarotzen in der Haut von Vögeln. *Knemidocoptes mutans* geht in die Haut von Hühnerbeinen und dringt zum Teil bis in die Lederhaut vor. Die Haut wird mechanisch und toxisch geschädigt, und in der Oberhaut kommt es zu starkem Zellwachstum. Schließlich bedeckt eine verhornte, dicke Borkenschicht die Haut, und man spricht von der „Kalkbeinkrankheit" des Huhnes.

Literatur: Andrews & Desch 1983, Crome 1969, Frank 1976, Hiepe & Ribbeck 1982, Kutzer 1966, Martini 1946, Matthes & Matthes 1974, Pflugfelder 1977, Tischler 1982, Winkler 1969.

Entöker Karpont und Endoparasit in einer Gattung

Fast alle Menschen, ausgenommen kleine Kinder, beherbergen in ihrer Haut die Haarbalgmilben *Demodex folliculorum* und *D. brevis.* Die *D. folliculorum*-Weibchen sitzen meist zu dritt oder zu viert in jenem Abschnitt eines Haarfollikels, der oberhalb der Talgdrüse liegt. Die Mundöffnung mit den zurückziehbaren, stilettförmigen Cheliceren nach unten gerichtet, sitzen sie am Epithel, dessen Zellen sie offenbar fressen. *D. brevis* hält sich dagegen ohne eine besondere Körperorientierung in der Talgdrüse auf und lebt von Talg und Drüsenzellen. Bevorzugte Region sind Stirn, Augenlider, Nase, Lippen, Wangen, Kinn, Ohrmuscheln und Brust. Frauen die sich pudern, also besonders feine Damen, sind stärker befallen als Männer.

Die Männchen von *D. folliculorum* leben vorwiegend auf der Hautoberfläche und gehen nur zur Nahrungsaufnahme in den Follikel oder zur Begattung in dessen Mündung.

Sie sterben 3 bis 5 Tage nach der Kopula. Das Weibchen legt im Follikel einige Eier ab und wandert dann zur Follikelöffnung, um dort ebenfalls zu sterben. Aus dem Ei schlüpft die sechsbeinige Larve, die sich später zur achtbeinigen Protonymphe und diese schließlich zur Deutonymphe häutet. Die Deutonymphe frißt nur kurze Zeit, um dann – besonders wenn es dunkel ist – an die Oberfläche zu kriechen, denn sie ist das Ausbreitungsstadium. Sie sucht einen neuen Haarfollikel auf oder geht bei Körper- bzw. Handtuchkontakt auf einen anderen Menschen über. Sie häutet sich dann zum erwachsenen Tier, das im weiblichen Geschlecht 0,3 mm mißt; die Männchen sind etwas kleiner.

Alle Demodiciden sind farblos, kaum sklerotisiert und manche infolge einer starken Verlängerung des quergestreiften, spitz zulaufenden hinteren Körperabschnittes sehr wurmähnlich. Die Stummelbeine haben eine normale Gliederung und sind mit Krallen versehen. Allen Arten fehlen die Augen, und ihr Darm endet blind. Charakteristisch ist eine strenge Wirtsspezifität.

Man hat den Haarbalgmilben des Menschen zwar schon eine Bedeutung für das Zustandekommen von Gesichtsepitheliomen beigemessen, im allgemeinen wird jedoch die Harmlosigkeit und Apathogenität dieser beider Milben stets hervorgehoben. Man könnte also durchaus sagen, sie sind keine Endoparasiten, sondern entöke Karponten.

Andere Arten der gleichen Gattung schädigen jedoch ihre Wirte und sind deshalb Endoparasiten. Dies gilt sehr deutlich für *D. canis,* jene die Demodikose des Hundes verursachende Art, die sich der saugende Welpe bei seiner Mutter holt. Sie befällt Haarfollikel, Talgdrüsen, Arteriolen und Lymphknoten in der Unterhaut. Nach dem Auftreten kleiner haarloser Stellen kommt es zu unregelmäßigem Haarausfall, Papelbildung und starker Pigmentierung der verdickten Haut. Häufig tritt auch noch eine bakterielle Sekundärinfektion mit Staphylokokken hinzu: Es entstehen Pusteln, aus denen bei leichtem Druck eine eitrige, mit Blut vermischte Masse quillt, die zahlreiche Milben enthält. Die Haut nimmt blaurote Färbung an, und der Hund kann an dieser „Roten Räude" eingehen.

Unter den Demodicidae gibt es sogar Gattungen, deren Angehörige frei in großen Körperhöhlen leben. So fand man *Rhinodex* und *Stomatodex* in Mund- und Nasenhöhlen von Lemuren, *Ophthalmodex* in den Augenhöhlen von Fleder- und Wühlmäusen. Über Ernährung und Schadwirkung scheint hier noch nichts bekannt zu sein.

Eine vielleicht endoparasitische Lebensweise in Körperhöhlen führen auch die ebenfalls zu den Prostigmata gehörenden zwei *Cloacarus*-Arten *C. faini* und *C. beeri.* Man entdeckte sie in der Kloake der in Nordamerika vorkommenden Süßwasserschildkröten *Chelydra serpentina* und *Chrysemis picta.* Da sie ähnlich wie die Demodiciden nur kurze Stummelbeine haben, vermutet man eine Übertragung bei der Begattung dieser Kriechtiere.

Literatur: Camin, Moss, Oliver & Singer 1967, Desch & Nutting 1972, Hiepe & Ribbeck 1982, Nutting 1974, 1983, Spickett 1961, Streng 1976, 1983, Zumpt 1952.

Zungenwürmer sind keine Würmer

Sehr merkwürdige Endoparasiten sind die Pentastomida, die man auch Zungenwürmer oder Linguatulida nennt. Ihre ursprünglichen Wirte sind sicher Kriechtiere, mit deren Aufblühen im Mesozoikum das parasitäre Leben dieser Tiergruppe begann. Vermutlich hatten sie bereits vorher in ihrer stammesgeschichtlichen Entwicklung die Organisationsstufe landlebender Gliedertiere erreicht. Über ihre Einordnung im System sind die Meinungen geteilt. So bleiben sie Arthropoda incertae sedis.

Der drehrunde oder abgeflachte, wurmförmige Körper ist segmentiert und hat einen gut entwickelten Hautmuskelschlauch. Außen ist er von einer Kuticula überzogen. Oft kann man einen aus vier Segmenten bestehenden Vorderkörper vom länglichen Hinterkörper unterscheiden. Die beiden letzten Vordersegmente tragen zwei Extremitätenpaare in Form von Hakenkrallen, die auf beinartigen Ausstülpungen sitzen können. Da es auch Krallen gibt, die in Taschen versenkbar sind, und zwischen ihnen die Mundöffnung liegt, blickt man dann auf fünf Öffnungen – deshalb Pentastomida = Fünfmünder.

Alle bekannten Arten (über 80) sind getrenntgeschlechtlich. Die Männchen sind stets kleiner (im Durchschnitt 1 bis 2 cm lang) als die Weibchen (3 bis 6 cm). In den Körperhöhlen des Endwirts werden die jungen Weibchen begattet. Nach Befruchtung und Entwicklung der Eier nimmt der Vaginalschlauch des Weibchens stark an Länge zu und übernimmt die Rolle des Uterus, der dann etwa 1/2 Million Eier enthält. Zungenwurmweibchen können in ihrem Leben mehrere Millionen Eier erzeugen. Abgesehen von ein paar Arten, bei denen sich die gesamte Entwicklung in einem Wirt abspielt, haben die Zungenwürmer einen fakultativen oder obligatorischen Wirtswechsel. Aus dem Ei schlüpft eine Erstlarve. Diese hat zwei Extremitätenpaare samt Krallen. Ein aus drei Chitinstacheln bestehender Bohrapparat am Vorderende ermöglicht das Eindringen in die Darmwand jenes Wirts, der das Ei aufgenommen hat, so daß ein eventueller Weitertransport durch Lymph- oder Blutbahnen in andere Wirtsorgane möglich ist. Die Larve schlüpft nur im Wirtsdarm, bleibt aber in freier Natur innerhalb des Eies sehr lange am Leben. Im Zwischenwirt eingekapselt, erfolgt die Häutung zur Zweitlarve. Sie verliert dabei Bohreinrichtung, Extremitäten und Krallen. Mit der 10. Häutung entsteht dann das Infektionsstadium, die Terminallarve.

Zur ursprünglichsten Gruppe, den Cephalobaeniden, gehört *Rheigardia sternae,* eine Zungenwurmart, die in den Luftsäcken von Möwen und Seeschwalben parasitiert, während die Wirte aller anderen Pentastomiden fleischfressende Landtiere sind. An einer Lungenkapillare festgeklammert, zieht der Schmarotzer deren Wand mit Hilfe seiner Schlundmuskulatur in die Mundhöhle hinein. Durch Druck wird die Blase dann zum Platzen gebracht. Eine komplizierte rauhe Struktur der weiblichen Kuticula erleichtert den Aufenthalt in den glattwandigen Luftsäcken der Seevögel. Durch Reduktion des Enddarms und Fehlen einer Aferöffnung ist schließlich dafür gesorgt, daß der Wirt nicht durch Kotabgabe des Blutsaugers beeinträchtigt wird. Die enzymatische Hämoglobin-Spaltung erfolgt bei *Rheigardia* extra- und intracellulär. Einen Zwischenwirt gibt es hier nicht. In der Regel beherbergen nur zweijährige Möwen geschlechtsreife Parasiten, deren Weibchen in ihrem Leben nur 2900 Eier produzieren. Diese gelangen über die oberen Luftwege nach außen, und Jungmöwen infizieren sich durch Kontakt mit zweijährigen Artgenossen.

Das Weibchen von *Raillitiella mabuiae* wird nur 1 cm lang und schmarotzt in der Lunge einer südafrikanischen Eidechse (Bild 75 C).

Die als Geschlechtstier in der Lunge südamerikanischer Schlangen lebende *Cephalobaena tetrapoda* hat zeitlebens zwei Paar langer, ungegliederter Beine und ein rüsselartiges Vorderende. Das 3 cm lange Tier sieht aus wie ein winziger Arm mit Hand (Bild 74).

Den Porocephalida fehlen die Stummelfüße, dafür haben sie einen besonderen Krallenapparat entwickelt. Die Krallen können in tiefe Taschen zurückgezogen werden und sind gelenkig an einer Stützeinrichtung verankert (Bild 75 B). In Afrika ist die Porocephelide

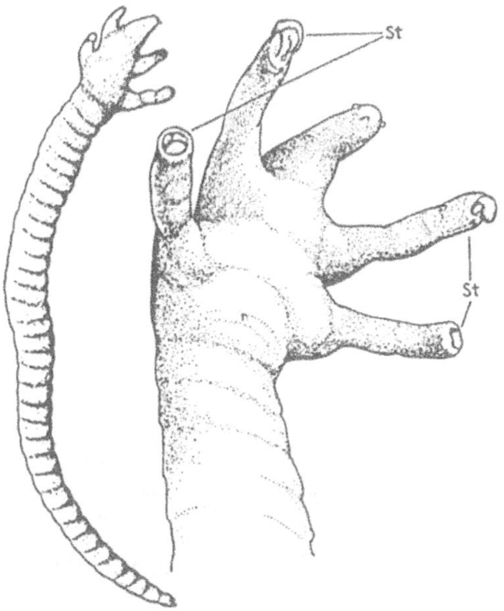

Bild 74 Gesamtansicht und vergrößertes Vorderende des Zungenwurms *Cephalobaena tetrapoda*, bei dem die beiden Stummelbeinpaare (St) der Erstlarve zeitlebens erhalten bleiben. (Aus CROME 1969)

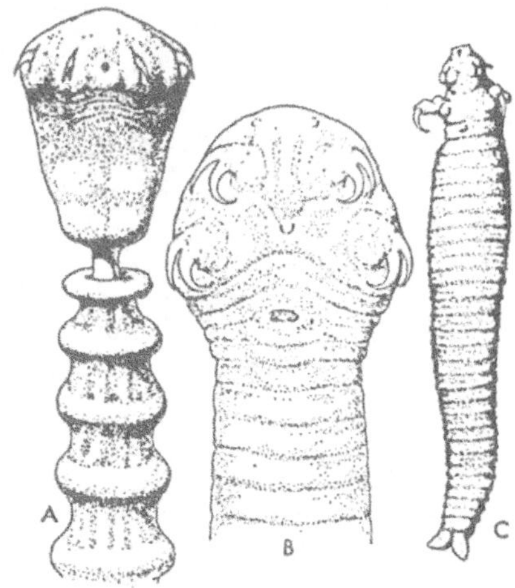

Bild 75 Weibchen von *Cubirea annulata* (A), *Raillietiella mabuiae* (C) und Vorderende der Porocephalide *Liperia gracilis* (B). (Aus BAER 1952)

Armillifer armillatus der verbreitetste Zungenwurm. Die geschlechtsreifen Tiere saugen in der Lunge verschiedener Riesenschlangen (z. B. *Python*) und Otterarten *(Bitis)*. Zwischenwirte sind Nagetiere, Schleichkatzen, Halbaffen und Affen. Sie infizieren sich durch Nahrungsmittel, die mit Schlangenkot verunreinigt sind. Die Larven encystieren sich in Organen der Brust- und Bauchhöhle, besonders in der Leber. Wenn sie reif sind, durchbrechen sie die Cystenwand und wandern zwischen den Eingeweiden des Zwischenwirts umher, der sogar von absterbenden Larven geschädigt wird. Auch der Mensch kann Fehlzwischenwirt werden, und eine *Armillifer*-Pentastomose ist in Afrika nicht selten.

In der Lunge von Giftnattern der Gattung *Naja* schmarotzt *Cubirea annulata*. Wenn sich das Weibchen in eine Lungenaveole des Wirts eingeschoben hat, schließt sich der enge Alveoleneingang um den Wurm, und es kommt zur Bildung einer halsartigen Einschnürung, durch die der Vorderkörper vom übrigen Rumpf abgesetzt wird. Dieser Hals und wulstartige Segmentringe am Körper geben dem Tier ein typisches Aussehen (Bild 75 A). Die encystierten Larven dieser Art fand man im Purpurhuhn *(Porphyrio)*.

Die höchsten evoluierten Linguatulidae kommen nur bei Säugtieren vor, wo sie in Nasengängen oder in der Stirnhöhle parasitieren (Bild 76). Ihre Erstlarve siedelt sich in Darmwand, Mesenterialdrüsen, Lunge, Leber und Niere grasfressender Zwischenwirte (Huf- und Nagetiere) an. Dort erfolgt Einkapselung und Häutung zur Zweitlarve, die extremitätenlos ist und keinen Bohrapparat mehr hat. Mit der 10. postembryonalen Häutung wird das Infektionsstadium, die Stachellarve, erreicht. Sie hat Stachelschuppen, einen Hakenapparat und zwei Paar frontale Sinnesplatten. Im Endwirt, in den sie durch dessen Nahrungsaufnahme gelangt, wandert die Stachellarve gleich von der Speiseröhre aus in

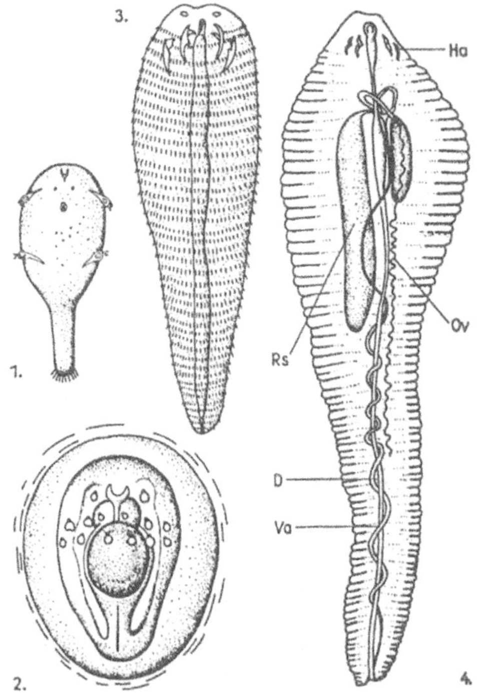

Bild 76
Entwicklungsstadien von *Linguatula serrata.* 1 Erstlarve, 2 Zweitlarve in Bindegewebscyste, 3 Stachellarve, 4 erwachsenes Weibchen (D = Darmkanal, Ha = Haken, Ov = Ovar, Rs = Receptaculum seminis). (Aus CROME 1969)

Nasen- oder Stirnhöhle. In Afrika schmarotzt in Löwe, Schakal und gefleckter Hyäne je eine eigene *Linguatula*-Art. Ihre Larven sind jedoch nicht wirtsspezifisch und können sich im gleichen Zwischenwirt, z.B. Kaffernbüffel, gleichzeitig entwickeln. Deshalb ist es möglich, daß nacheinander am gleichen Kadaver fressende Raubtierarten sich alle infizieren. Daß der Endwirt chemorezeptorisch erkannt wird, zeigt ein Versuch mit *L. multiannulata.* Ein aus der Nasenhöhle einer Hyäne isoliertes Weibchen führte unruhige und kreisende Suchbewegungen mit dem Vorderende aus. Als man Hyänenfleisch hinlegte, kroch das Tier darauf zu und setzte sich durch Einschlagen seiner Hakenkrallen daran fest. Rindfleisch wurde nicht beachtet und kriechend überquert.

Wenn ein herumstreunender Haushund niest, können Eier des Nasenwurmes *L. serrata* auf Pflanzen gelangen. Geraten sie dann in pflanzenfressende Säuger, schlüpft in deren Darm die Erstlarve und folgt die bereits geschilderte Entwicklung bis zur Stachellarve, die dann die Cyste verläßt und im Zwischenwirt umherwandert. Neuerdings vermutet man sogar, daß die Cyste erst nach dessen Tod verlassen wird. Ursprüngliche Endwirte sind wohl Füchse und Wölfe. Jetzt parasitieren die erwachsenen Tiere vorwiegend im Haushund. Hat dieser beim Fressen eines Zwischenwirtes (z.B. Kanichen) eine Stachellarve erwischt, so wandert diese vom Rachen oder spätestens vom Magen zur Nasenhöhle: Die Haken werden wie Steigeisen benutzt, und die nach hinten gerichteten Stacheln der Rumpfringe verhindern ein Zurückgleiten. Drei Wochen später häutet sich die Larve zum erwachsenen Tier. Der Nasenwurm wächst dann zur endgültigen Größe heran. Häufig wechselt er dabei zwischen den Nasenmuscheln seines Wirts hin und her. Wenn er dann erneut seine Haken in die Nasenschleimhaut schlägt, kann es zu leichten Blutungen kommen. Der Nasenwurm saugt aber kein Blut, sondern ernährt sich von Schleim, abgestoßenen Epithelzellen und Lymphe. Nach ungefähr vier Monaten Hundeleben sind die Männchen mit 2 cm Länge ausgewachsen. Die zum gleichen Zeitpunkt bereits 3 cm messenden Weibchen wachsen noch und setzen sich oft so im mittleren Nasengang fest, daß ihr Rumpf in den unteren Nasengang hineinhängt. Die Männchen wandern umher und vollziehen, wenn sie auf ein Weibchen treffen, die Begattung, nach der sie bald absterben. In nur seltenen Fällen ist der Mensch Endwirt.

Literatur: Cheng 1986, Baer 1952, Banja, James & Riley 1976, Heymons 1926, 1935, Hiepe & Ribbeck 1982, Moritz 1982 b, Osche 1963, Sudhaus 1985.

Schnecken in Stachelhäutern

Einige Vorderkiemerschnecken (Prosobranchia) parasitieren in Stachelhäutern.

Die Stiliferide *Stilifer linckiae* verursacht bei ihrem Seesternwirt die Bildung einer Höhlung, wo sie jedoch von einem Scheinmantel umhüllt ist, der sie vom Wirtsgewebe abschirmt (Bild 77). Der geschaffene Raum bleibt mit der Außenwelt durch eine Öffnung in Verbindung, durch die auch die Spitze des Schneckenhauses sichtbar ist, das sich jedoch später ablöst. Durch kolbenartige Bewegungen des Rüssels wird Meerwasser in die Höhlung eingesaugt und wieder ausgestoßen. Damit ist ein Gasaustausch gewährleistet. Der Rüssel dringt auch zur Nahrungsaufnahme in den Seestern ein. Ob *St. linckiae*, die noch wenig Anpassungen an die schmarotzende Lebensweise zeigt, ein Zwitter ist, weiß man noch nicht genau.

Alle anderen endoparasitischen Vorderkiemer halten sich tief in Seegurken auf. Von ihnen hat *Megadena holothuricola* durchaus noch Schneckengestalt. Sie besitzt ein dünnes, vom Scheinmantel überdecktes Gehäuse, einen rückgebildeten Fuß und keinen Deckel (Operculum) mehr. Ihr Aufenthaltsort ist die Wasserlunge, deren Wand sie mit ihrem Rüssel durchstößt, um sich vom Leibeshöhleninhalt der Holothurie zu ernähren. Zur gleichen Familie gehörend, aber nicht mehr als Schnecke zu erkennen, ist *Gasterosiphon dematis*. In einem vom Scheinmantel gebildeten Beutel liegt die Eingeweidemasse, die trotz fehlenden Gehäuse noch Spiralform hat. Von hier, wo sich die Eier ansammeln, führt ein

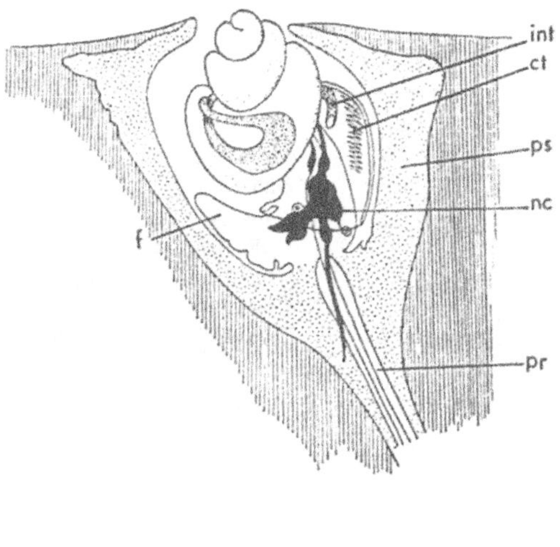

Bild 77
Die Vorderkiemerschnecke *Stilifer linckiae* im Seestern parasitierend (int = Darm, ct = Ctenidium, ps = Scheinmantel, nc = Gehirn, pr = Rüssel, f = Fuß). (Aus BAER 1952)

kurzer Kanal zur Hautoberfläche des Wirts und öffnet sich nach außen. Ein langer Rüssel saugt am Gefäßsystem der Seegurke *Deima blakei* Blut. *Gasterosiphon* ist ein Zwitter.

Durch Geschlechtsdimorphismus gekennzeichnet sind die Paedophoropodidae, deren Weibchen doppelt so groß wie die Männchen sind. Die Larven haben ein dünnes Gehäuse, das später abgeworfen wird, und sie müssen, da ihnen Wimpern fehlen, ihre Wirtsseegurke *Eupyrgus pacificus* kriechend aufsuchen. In dem vom Scheinmantel gebildeten Beutel des Weibchens werden mit Hilfe eines Fußdrüsensekrets Eikokons gebildet. Man fand den Parasiten in den Wasserlungen und in der Polischen Blase. Mit dem Rüssel werden die Wände dieser Organe durchbrochen und am Darm gesaugt. Es gibt sogar eine Paedophoropodide namens *Molpadicola*, die 3400 m tief im Ochotskischen Meer in *Holothuria molpadia* schmarotzt.

Die Wurmschnecken oder Entoconchidae haben durch ihre endoparasitische Lebensweise in Seegurken so starke Rückbildungen erfahren, daß man diese schlauchförmigen Gebilde nicht mehr als Schnecken erkennt, und nur die Jugendstadien ihre wahre Natur offenbaren (Bild 78). Da dem Wirt flüssige, vorverdaute Nahrung entzogen wird, sind weder Darm, noch Mund und After vorhanden. Nachdem die weibliche Veligerlarve Wimpern und das 0,5 mm lange Gehäuse verloren hat, bohrt sie sich in die Seegurke ein. Der Parasit entwickelt sich dann zu einem Schlauch, der mit der Außenwelt und dem Cölom des Wirts durch je eine Öffnung in Verbindung bleibt. Von außen dringen männliche Veligerlarven ein und entwickeln sich im Körperhohlraum des Weibchens zu Zwergmännchen. Die im weiblichen Tier herangereiften Eier sind zu Kokons vereinigt. *Entoconcha mirabilis* sieht wie ein weißer Wurm aus. Sie saugt am Dorsalgefäß der Holothurie Blut. Von ihrem Entdecker Johannes Müller wurde sie zunächst für ein Organ der Seegurke gehalten. Von *Thyome mortensis* weiß man, daß die Eikokons mit dem Kot der Holothurie ins Meerwasser geraten und die Veligerlarven mit deren Nahrung aufgenommen werden. Nach Verlust von Gehäuse und Wimpern wächst das Tier in das Seegurkencölom

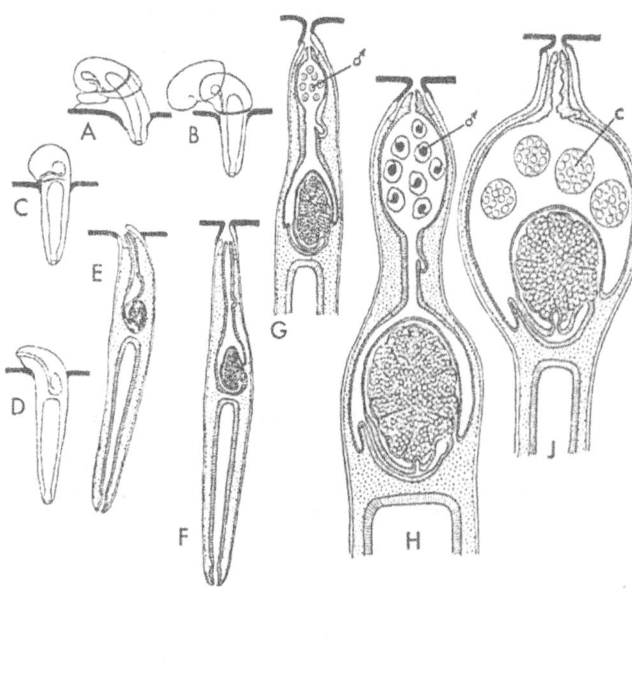

Bild 78

Entoconcha, A–D Eindringen in die Seegurke, E–J Entwicklung des großen rundlichen Ovars, eingedrungene Zwergmännchen und Eikokons (c). (Aus BAER 1952)

hinein, bleibt aber mit dem Darmkanal in Verbindung. *Enteroxenos* und *Entocolax* haben dagegen keinen Kontakt mehr mit dem Wirtsdarm. Sie sind nur noch ein unregelmäßig angeschwollener Schlauch, der mit Eimassen gefüllt ist. Diese werden vermutlich durch Platzen der Anschwellungen frei und können nur nach außen geraten, wenn die Seegurke ihre Eingeweide bei Bedrohung abstößt.

Literatur: Baer 1952, 1972, Götting 1974, Iwanow 1937, Kilias 1982.

Saprobionte Fadenwürmer und der Parastismus

Die meist nur Millimeter großen freilebenden Fadenwürmer (Nematoda) haben sich alle Lebensräume dieser Erde erobert. Man findet sie, und zwar meist in großer Individuenzahl, im Meer, im Süßwasser, in der Erde, in heißen Quellen, im Baumfluß, und im Speiseessig lebt sogar das Essigälchen. Außerdem gibt es noch eine beträchtliche Anzahl parasitischer Arten, die oft gemeinsam mit freilebenden einer größeren oder kleineren systematischen Einheit angehören. Der Weg von der freilebenden zur parasitischen Existenz wurde nämlich innerhalb des Fadenwurmreiches mehrere Male unabhängig voneinander beschritten.

Ausgangspunkt einer Parasitwerdung war fast immer das Leben in faulenden Substanzen, wie Kot, Kompost und Kadaver. Derart saprobe Lebensräume werden von bakterienfressenden Fadenwürmer bevorzugt, obwohl sie dort mit extremen Umweltbedingungen fertig werden müssen. Durch die Zersetzungsvorgänge wird der Sauerstoff knapp, die Temperatur steigt an, und die osmotischen Werte schwanken beträchtlch. Kurz: Es herrschen Bedingungen, die denen im Darm eines Wirbeltiers nicht unähnlich sind. An diese durch die saprobionte Lebensweise bereits angepaßt zu sein, ist das beste Startkapital für den Übergang zu einem endoparasitischen Dasein, oder anders ausgedrückt, Saprobionten sind für ein Leben als Innenschmarotzer vorangepaßt (praeadaptiert). Erschwerend kommt hinzu, daß derart faulende Lebensstätten vergänglich (ephemer) sind und nach einiger Zeit so verrotten, daß sie keine Lebensmöglichkeiten mehr bieten. Ein frischer, dampfender und ein vertrockneter Kuhfladen sind dafür ein überzeugendes Beispiel. Da die winzigen Fadenwürmer aber einen geringen Aktionsradius haben, mußten sie auch noch Anpassungen entwickeln, die es ihnen ermöglichen, aus dem eingetrockneten Material wieder in ein frisches Substrat zu gelangen. Somit standen sie vor einem ähnlichen Problem wie ein Parasit, der einen neuen Wirt finden muß. Sie haben es dadurch gelöst, daß ihr vorletztes, drittes Larvenstadium, die Dauerlarve, die oft noch in der Haut der Zweitlarve steckt, Phoresie ausübt (s. S. 5), indem sie auf ein im gleichen Biotop lebendes Fluginsekt kriecht. Auch diese vorübergehende Kontaktaufnahme mit einem anderen Tier und die wegen des immerhin risikoreichen Platzwechsels stark erhöhte Eiproduktion sind für eine Evolution zum Parasitismus günstig.

Man begibt sich meist unter die Flügeldecken von Mist- und Aaskäfern. Einige Arten heften sich mit einem aus dem Mund abgeschiedenen Klebsekret fest und bilden einen Haftstiel oder eine Cyste (Bild 79). Letztere wird später am Hinterende, mit dem Schwanz voran, verlassen. Das „Flugzeug“ entflieht dann mit der Dauerlarve (meist sind es mehrere) der ungastlich gewordenen Lebenstätte, um, von Geruchsrezeptoren geleitet, einen neuen Fäulnisherd aufzusuchen. Nach der Landung kriechen die Fadenwurmlarven vom Träger, um ihre Entwicklung in einer wieder bakterienreichen Umgebung fortzusetzen.

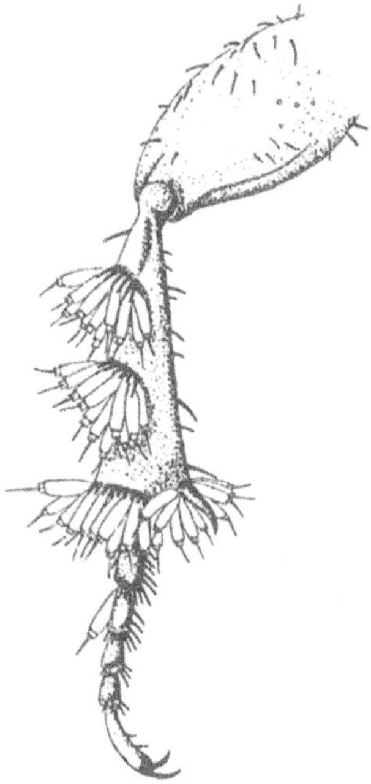

Bild 79
Rhabditis-Cysten am Bein eines Dungkäfers (*Aphodius*). (Aus SUDHAUS 1976)

Viele dieser Arten, die sich so in eine neue Lebenstätte bringen lassen, zeigen ein Verhalten der Drittlarve, das den Kontakt zum Tragtier erleichtert. Mit dem Hinterende an der Unterlage haftend, wird der Körper senkrecht emporgestreckt und vollführt pendelnde Bewegungen: Die Larve „winkt", und das kann sie stunden-, ja tagelang tun. Tatsächlich gibt es relativ ursprüngliche, aquatile Fadenwürmer, die sich mittels eines durch Haftdrüsen abgeschiedenen Sekrets vorübergehend mit ihrem Hinterende festheften und dann ein Bild bieten, das sehr an winkende Fadenwürmer erinnert.

Es lassen sich verschiedene Winktypen unterscheiden. „Platzwinker" sind Dauerlarven, die beim Winken auf ihrem Platz bleiben. Die „Kriechwinker" dagegen kriechen ständig umher, um zwischendurch ihren Körper zum Winken zu erheben. Während die Platzwinker energiesparend in günstiger Position auf einen Transporteur warten, haben die Kriechwinker den Vorteil, aktiv einen solchen suchen zu können. Manche Arten zeigen einen Übergang vom Platz- zum Kriechwinker. Vorwiegend unter den Aasbesuchern gibt es Arten, deren Winklarven sich zu einem turmartigen Gebilde zusammenschließen, das aus mehreren hundert Individuen bestehen kann und bis zu 3 mm lang wird. Diese „Türmchen-" oder „Bäumchenwinker" erheben sich dann wie ein großer winkender Wurm von der Unterlage (Bild 80). Extreme Platzwinker sind die „Röhrenwinker", deren Drittlarve die im Substrat steckende zweite Larvenhaut als Gehäuse benutzt. Aus dem geöffneten, schornsteinartig herausragenden Vorderende kommt die Larve heraus, um zu winken, und zieht sich bei Störungen blitzschnell wieder in ihre Behausung zurück. Die Röhre bietet nicht nur Schutz vor räuberischen Milben, sondern ist auch ein Feuchtigkeitsreservoir, in das man sich flüchten kann, wenn es „draußen" zu trocken wird.

Phoresie und Winken können abgebaut werden, wenn sich der Lebensraum nicht verändert. So verschwanden die Winklarven von *Rhabditis longispina* in Kulturen mit

Bild 80
Fadenwurm-Drittlarven als Bäumchenwinker. (Aus MATTHES 1978)

kontinuierlicher Substratzufuhr fast völlig. Auch im Freiland entwickeln sich Stämme mit verschwundenem Winkverhalten, wenn das saprobe Material immer erhalten bleibt. So kennt man von *Rhabditis inermis* zwei physiologische Rassen, die sich durch Winken und Nichtwinken unterscheiden. Die Nichtwinker leben im konstanten Milieu Kuhstall und Uferschlamm, während die winkende Rasse auf dem ephemeren Substrat Aas vorkommt. Es gelang, die beiden Rassen miteinander zu kreuzen. Dabei zeigt sich, daß das Winkverhalten einen monofaktoriell dominanten Erbgang hat.

Die Dauerlarven einiger Fadenwürmer bewohnen die Körperhöhlen anderer Tiere, um bei deren Tod ein saprobes Substrat für die weitere Entwicklung zu haben. Dieses „Warten auf die Leiche“ hat aber nur bei solchen „Wirten“ Erfolg, die mit den Leichen ihrer Artgenossen in Kontakt geraten. Das ist beim Regenwurm der Fall, der in Leibeshöhle und Nephridien die Dauerlarven mehrerer *Rhabditis*-Arten beherbergt.

Die Dauerlarve von *Neoaplectana carpocapsae*, zur Fadenwurmfamilie der Steinernematidae gehörend, müssen von Insekten mit der Nahrung aufnommen werden. In deren Darm befreien sie sich von der Kuticula des zweiten Larvenstadiums und dringen durch die Darmwand in die Leibeshöhle ein. Dort geben sie Begleitbakterien ab, die sie in Seitentaschen ihres Darms beherbergten. Dieses Bakterium *Xenorhabdus nematophilus* vermehrt sich in der Hämolymphe sehr stark und zersetzt mit Hilfe von Enzymen das Insekt von innen her. Im Nährmedium Leiche werden die Würmer geschlechtsreif, kopulieren und legen Eier. In wenigen Tagen entwickelt sich eine neue Nematodengeneration, die wiederum Nachkommen produziert. Wenn die Nährstoffe aufgebraucht sind, stellen alle jungen Würmer am Ende des zweiten Larvenstadiums ihr Wachstum ein und werden zu Dauerlarven, in deren Darm ein Teil der mit der Nahrung aufgenommenen Bakterien als Begleiter bleiben. Der Kadaver des Wirtstiers zerfällt dann, und die Dauerlarven können von neuen Wirten aufgenommen werden. Auch bakterienfreie Dauerlarven dringen in Insekten ein, vermehren sich aber nicht so stark, wie dies bei der Anwesenheit von Bakterien der Fall ist. Man versucht, diesen Fadenwurm im Rahmen der biologischen Schädlingsbekämpfung gegen Kartoffelkäfer und Forstschädlinge einzusetzen.

Der Parasitismus der Phasmidier

Die Klasse der Nematoda teilt man in zwei große Gruppen, die Aphasmidia (Adenophorea) und die Phasmidia (Secernentea). Phasmiden sind hinter dem After liegende, meist mit einer Drüse verbundene Sinnesorgane, die vermutlich der Wahrnehmung chemischer Reize dienen.

Was über saprobionte Fadenwürmer berichtet wurde, gilt für Phasmidier. Bei ihnen finden sich in allen größeren systematischen Einheiten Parasiten, die zum Teil unabhängig voneinander von saprob lebenden Formen abstammen. Sie haben es in ihrer Anpassung an das Schmarotzerleben verschieden weit gebracht. So gibt es welche, die noch eine freilebende Generation haben, wie der in der Lunge von Wasserfröschen und Kröten parasitierende *Rhabdias bufonis*. Dieser Wurm ist ein Zwitter, der seine Eier selbst besamt. Befruchtet gelangen diese dann über die Bronchien in die Maulhöhle, werden verschluckt, und nach Passieren des Magens schlüpt bereits die Erstlarve, die mit dem Kot ausgeschieden wird. Es kommt aber auch vor, daß die Larve erst im Freien schlüpt. Aus den Larven entwickelt sich nun eine freilebende, zweigeschlechtliche Generation. Nach Begattung und Befruchtung schlüpfen im Weibchen Larven, die ihre Mutter allmählich ausfressen und dann ins Freie gelangen. Nach Kontakt mit Amphibien bohren sie sich in diese ein und gelangen über das Lymphsystem in verschiedene Organe. Nur jene, die in die Lunge kommen, entwickeln sich zu zwittrigen Parasiten, die anderen sterben ab. Die Drittlarve kann aber auch in eine Nacktschnecke eindringen, die dann als Transportwirt dient. Vorwiegend schneckenfressende Kröten können sich so infizieren.

Auch der in warmen Ländern im Menschen schmarotzende Zwergfadenwurm *Strongyloides stercoralis* kann unter bestimmten Voraussetzungen eine freilebende Generation bilden. Er lebt in der Schleimhaut von Zwölffinger- (Duodenum) und Leerdarm (Jejunum). Es scheint keine Männchen zu geben. Die durch Jungfernzeugung entstandenen Eier werden im Darm abgelegt. Es schlüpft die Erstlarve, die sich zur Zweitlarve häutet. Diese wird mit dem Kot ausgeschieden und häutet sich im Freien zur Drittlarve. Diese dringt in die Haut des Menschen ein und wandert auf dem Blutwege über Lunge, Luftröhre und Mundhöhle in den Dünndarm. Nach zwei weiteren Häutungen ist der Wurm erwachsen (Länge 2,2 bis 2,5 mm). Unter noch nicht genau bekannten Umständen, wahrscheinlich höherer Außentemperatur, kann sich fakultativ eine freilebende, zweigeschlechtliche Generation entwickeln. Aus deren Larven entsteht entweder wieder eine freilebende Generation, oder man bohrt sich in die Haut des Menschen ein, und die parasitische Phase beginnt. Die Strongyloidosis hat unbehandelt einen chronischen Verlauf. Die ausgeschiedenen Larven können sich wieder in den gleichen Menschen einbohren. Bei Stuhlverhaltung vermögen sich die Invasionslarven bereits im Darm zu entwickeln. Sie dringen dann in die Darmwand ein, um auf dem Blut-Lungen-Weg wieder in den Darm zurückzukehren. In manchen Gegenden Asiens, Afrikas und Südamerikas sind bis 60% der Bevölkerung infiziert.

Allgemein zeigt sich bei den parasitischen Phasmidia die Tendenz, die freilebende Generation mehr und mehr abzubauen. So leben bei den Hakenwürmern (Ancylostomatidae) nur noch die Larvenstadien 1 bis 3 im Freien. Diese Darmschmarotzer plagen Mensch und Schimpanse in tropischen und subtropischen Gebieten. Sie verursachen die Hakenwurmkrankheit (Ancylostomiasis). *Ancylostoma duodenale* befällt die Menschen des Mittelmeergebiets, Nordkoreas und Japans, *Necator americanus* ist in Afrika zu Hause, wurde jedoch in die Tropen Amerikas und Asiens eingeschleppt (Bild 81). Die ungefähr 1

Bild 81 Verbreitung der Hakenwürmer. *Ancylostoma duodenale* (dick punktiert), *Necator americanus* (dünn punktiert). (Aus TISCHLER 1982)

cm großen Hakenwurmweibchen legen täglich 10000 bis 20000 Eier, die das Vierzellenstadium enthalten. Sie müssen mit dem Kot in feuchte und warme Umgebung gelangen. Der ideale Hakenwurmbiotop ist ein schattiger, feuchter Platz, möglichst ein sandiges Flußufer mit schattenspendender Vegetation, wo sich Menschen zum Baden und Waschen aufhalten und auch ihre Notdurft verrichten. Nach 1 bis 2 Tagen schlüpft die Erstlarve, geht in den Erdboden und frißt bakterienhaltigen Detritus. Bei der erforderlichen Temperatur von 22 °C folgt nach 2 bis 3 Tagen die Häutung zur Zweitlarve. Wenn diese wenig später eine Länge von 0,5 mm erreicht hat, häutet sie sich zur Drittlarve, die jedoch als „gescheidete“ Larve in der Haut des zweiten Stadiums bleibt und deshalb keine Nahrung aufnehmen kann. Mit Hilfe ihrer Reservestoffe vermag sie jedoch bis zu drei Monaten am Leben zu bleiben. Sie klettert an Pflanzen empor, um genau wie die Kuhfladen- und Kotbewohner zu winken. Man sah schon Tausende von Larven an Pflanzenstengeln emporkriechen. Hat die Larve Kontakt zum Menschen gefunden, dringt sie durch die Haut ein und wirft ihre Hülle ab. Gelegentlich kann sie auch durch verunreinigtes Trinkwasser in die Mundschleimhaut einwandern. Über die Blutbahn gelangt sie dann in das rechte Herz und von dort in die Lunge. Aus deren Gefäßen bohrt sie sich aus und wandert über Bronchien und Speiseröhre in den Dünndarm. Nach acht Tagen häutet sie sich zur Viertlarve und nach einer weiteren Woche zum erwachsenen, ca. 1 cm langen Wurm, der eine Lebensdauer von fünf Jahren haben kann, meist jedoch nach einem Jahr stirbt. Männchen und Weibchen befinden sich meist in Dauerkopula. Die Tiere setzen sich an der Darmschleimhaut fest, schneiden sie mit ihren scharfen Mundwerkzeugen an und saugen Blut. Dabei geben sie aus Drüsen der Speiseröhre ein Sekret ab, welches das Epithel auflöst und die Blutgerinnung hemmt. Da mehr Blut gesaugt wird, als verwertet werden kann, ist der Blutverlust bei Massenbefall beträchtlich. Die Folge der Parasitierung sind Vitalitätsverlust, Trägheit und Arbeitsunlust. Kinder mit Hakenwurmbefall bleiben oft in ihrer körperlichen und geistigen Entwicklung zurück. Neuere Untersuchungen zeigen, daß der Mensch bei eiweißreicher Kost relativ immun gegen Hakenwurminfektion ist, da genügend Abwehrstoffe gebildet werden. Der Kampf gegen Hakenwürmer ist nicht durch Wurmkuren, sondern allein durch sanitäre und hygienische Maßnahmen zu gewinnen. *Necator americanus* lebt in Zwölffinger- und Leerdarm. Er hat in seiner Mundkapsel zwei Schneideplatten. *Ancylostoma duodenale* hält sich im Leer- und Krummdarm (Ileum) auf. Sein Artname ist irreführend. Die Darmschleimhaut schneidet er mit vier zahnartigen Haken der Mundkapsel an (Bild 82).

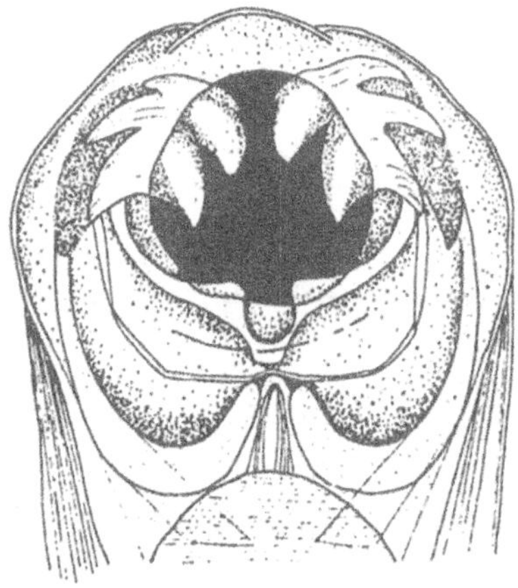

Bild 82
Mundkapsel von *Ancylostoma duodenale.*
(Nach NAUCK 1967)

Ancylostoma kam früher auch in Mitteleuropa vor. In Bergwerken und Tunnelbauten wurde den Larven das für ihre Entwicklung notwendige feuchtwarme Mikroklima geboten, wenn die Arbeiter ihre Exkremente an den entsprechenden Stellen absetzten. Das taten sie offenbar, denn beim Bau des St. Gotthard-Tunnels erkrankten viele der Beschäftigten an der „Tunnelkrankheit". Ursache der schweren Erkrankung war der Haken- oder Grubenwurm, den italienische Gastarbeiter eingeschleppt hatten. In den westdeutschen Steinkohlengruben erreichte die Grubenwurmverseuchung um die Jahrhundertwende ihren Höhepunkt. Durch energische sanitäre und hygienische Maßnahmen gelang es im Jahre 1912, diesen Parasiten aus unseren Gruben zu beseitigen.

Aber auch diese kurze freilebende Phase kann verschwinden, indem sie innerhalb der Eihülle abläuft. Das ist beim Madenwurm *Enterobius vermicularis* (früher hieß er *Oxyuris*) der Fall. Es gibt ihn auf der ganzen Welt. Die Hälfte aller Erwachsenen sind von ihm befallen, und unter den Schulkindern ist die Zahl der Wurmträger noch größer. Die erwachsenen Weibchen werden 10 bis 12 mm lang und sind mit dem bloßen Auge gut zu erkennen. Die Männchen erreichen nur eine Größe von 2 bis 6 mm. Durch seine Blutaufnahme im Darm schädigt der Madenwurm den Menschen kaum. Bei Kindern kann der Befall jedoch zu Verhaltensstörungen führen. Die Würmer haben ihren Sitz im unteren Dünndarm, im Blinddarm und im oberen Dickdarm. Die Männchen gehen nach der Begattung bald zugrunde. Im Uterus jedes Weibchens entwickeln sich 5000 bis 17 000 Eier. Die trächtigen Weibchen verlassen dann die Darmschleimhaut, kriechen zum After und legen an dessen Ringzone innerhalb von 10 bis 30 Minuten ihre vielen Eier in einem dicken Strang ab. Oft platzt auch die Kuticula in Körpermitte auf. Der darunter liegende Uterus reißt ebenfalls, und die Eimassen quellen eruptionsartig nach außen. Die Weibchen bewegen sich spannerartig, indem sie sich abwechselnd mit dem Mund ansaugen und mit dem Hinterende abstoßen, was ihnen auch den Namen „Springwurm" einbrachte. Dieses sowohl Erwachsene als auch Kinder stark juckende Geschäft der Wanderung und Eiablage erledigen sie vorwiegend in den ersten Nachtstunden. Deshalb kommt es zu Einschlafschwierigkeiten. Die mit Embryonen versehenen Eier finden am After die für ihre weitere Entwicklung notwendigen Bedingungen, nämlich Sauerstoff und eine Temperatur von 30 bis 36 °C vor. 6 bis 8 Stunden nach der Eiablage häutet sich in der Eihülle die Erstlarve zur Zweitlarve. Das Ei mit der Zweitlarve bleibt drei Wochen infektionsfähig. Es muß vom Menschen oral aufgenommen werden. Im Magen oder Zwölffingerdarm schlüpft dann die sich bald häutende Zweitlarve oder die Drittlarve. Ausnahmsweise und offenbar nur bei Erwachsenen können Invasionslarven schon schlüpfen, wenn das Ei noch am After klebt. Sie dringen dann aktiv durch den Anus in die hinteren Darmabschnitte ein. Durch enges Zusammenleben in Wohnungen werden die Eier des Madenwurms leicht von Mensch zu Mensch übertragen. Auch Staub kann infektionfähige Eier enthalten. Kinder infizieren sich immer wieder über den „After-Finger-Mund-Weg" (Bild 83), und sogar über die Nase sollen die Eier in den Darm gelangen können. Ob der Madenwurm auch Anlaß einer Blinddarmentzündung sein kann, darüber streiten sich noch die Mediziner. *Enterobius* ist ein alter Schmarotzer des Menschen, den er vermutlich von seinen äffischen Vorfahren übernommen hat. Obwohl diese Gattung eigentlich an Primaten gebunden ist, gibt es zwei in Hörnchen (Sciuridae) lebende Arten. Sie wurden offenbar durch das mit Affen gemeinsame Baumleben erworben.

Aus der Verwandtschaft des Madenwurms lebt im Blinddarm bestimmter Agamen, einer Echsenfamilie, *Tachygonetria vivipara.* Dieser Fadenwurm verfügt über zwei ver-

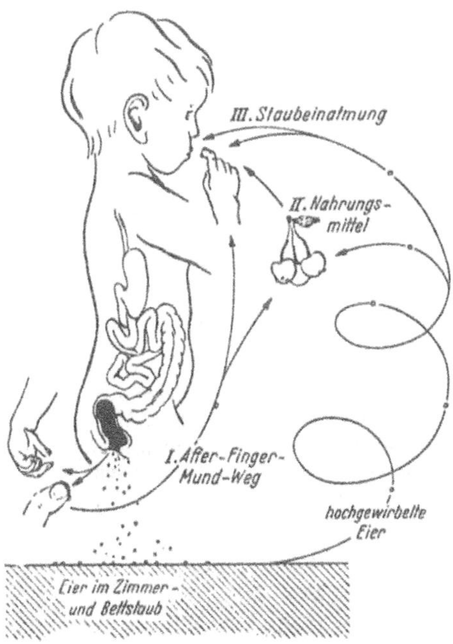

Bild 83
Infektionswege des Madenwurms.
(Aus ODENING 1969)

schiedene Weibchenformen. Die eine legt Eier, die andere bringt Larven zur Welt. Letztere werden bereits im Blinddarm abgestoßen, wo sie auch geschlechtreif werden. Die Eier der oviparen Form gelangen nach außen und sichern die Verbreitung der Art.

Die freilebende Phase kann jedoch auch durch einen Zwischenwirt ersetzt werden. Gehört dieser zu den Nahrungsobjekten des Endwirts, erhöht der Parasit seine Chance, in diesen zu gelangen.

Viele Arten aus der Familie der Spulwürmer (Ascaridae) haben einen solchen Zwischenwirt eingeschaltet. So lebt im Dünndarm der Amsel *Porrocaecum ensicaudatum*. Seine Eier gelangen mit dem Vogelkot nach draußen. Im Ei, das für die Amsel nicht infektiös ist, entwickelt sich die Zweitlarve. Es muß von einem Regenwurm gefressen werden. In ihm schlüpft die Larve, durchbohrt die Darmwand und wandert in das ventrale Blutgefäß. Dort ernährt sie sich als echter Parasit vom Blut des Ringelwurms und häutet sich zur Drittlarve. Sie wartet nun geduldig darauf, daß der Regenwurm von einer Amsel gefressen wird. Ist dies geschehen, entwickelt sich im Amseldarm der geschlechtsreife *Porrocaecum* (Bild 84). Zufälle helfen häufig, Entwicklungsgänge zu klären:

Als ich einmal als Assistent mit meinen Studenten Regenwürmer sezierte, fiel mir im Bauchgefäß ein langer Fadenwurm auf, dessen Darm mit Blut gefüllt war. Ich brachte den Fund zu unserem Nematodenexperten, meinem Kollegen Günther Osche, nicht ahnend, daß dieser sich gerade mit *Porrocaecum* beschäftigte. Es dauerte nicht lange, und ein Jubelschrei erscholl. Der bis dahin noch unbekannte Zwischenwirt von *P. ensicaudatum* war gefunden: der Regenwurm.

Endwirte, die rein vegetarisch leben, sind über Zwischenwirte schwer erreichbar. Daß auch bei ihnen dieser Weg möglich ist, beweisen Band- und Saugwürmer. Die auf Zwischenwirte festgelegten Ascariden haben sich zur Eroberung pflanzenfressender Wirte etwas besonderes „einfallen“ lassen: sie verlegen die Zwischenwirtsphase in den Endwirt, der dann eine Doppelrolle spielt.

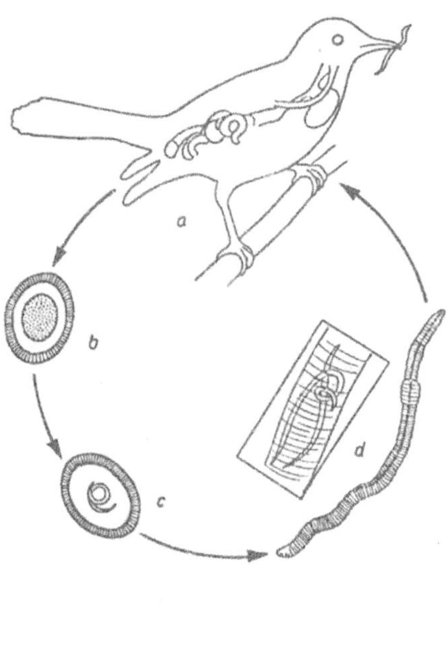

Bild 84
Entwicklungsgang des Amselspulwurms *Porrocaecum ensicaudatum*. a Endwirt, b, c Eier, d Zwischenwirt Regenwurm, daneben Blutgefäß mit zwei Larven. (Aus OSCHE 1966a)

Weltweit verbreitet, besonders in warmen Ländern mit großer Bevölkerungsdichte, aber auch in den gemäßigten Zonen, ist *Ascaris lumbricoides*, ein Darmparasit des Menschen. Wegen seiner beachtlichen Größe ist er auch allgemein bekannt. Für seine Popularität sorgte auch der berühmte Zoologe und Genetiker Richard Goldschmidt. Er schrieb für seine Kinder und für Jedermann eine Einführung in die Wissenschaft vom Leben, die er kurz „Ascaris" nannte. Seinen deutschen Namen verdankt unser Spulwurm einer gewissen Ähnlichkeit mit den in Webereien benutzten Spulen. Das Männchen des Dünndarmbewohners erkennt man am eingerollten Hinterende. Es wird 14 bis 25 cm lang, während das Weibchen mit 20 bis 40 cm wesentlich größer ist. Dies hängt mit seiner Eiproduktion zusammen. Es legt nämlich täglich 150000 bis 200000 Eier ab, das sind 64 bis 100 Millionen während seines ganzen Lebens. Das elliptische Ei mißt 60 · 45μm und seiner aus drei Hauptschichten bestehenden Schale ist noch eine vom Uterus sezernierte Mucopolysaccharidschicht aufgelagert, die ihm ein charakteristisches, höckeriges Aussehen verleiht. Diese Eier müssen mit dem Kot ins Freie gelangen, denn sie brauchen, um infektionsfähig zu werden, Sauerstoff, ausreichende Luftfeuchtigkeit und eine Mindesttemperatur von 18 °C. Bei uns sind die Eier nach 30 bis 50 Tagen infektiös, und das bleiben sie dann im Erdboden 1 bis 2 Jahre lang. Sie enthalten die schlüpfbereite Zweitlarve, nach manchen Autoren die Erstlarve. Wenn wir jetzt an unseren Amselspulwurm zurückdenken, würde jetzt der Zwischenwirt Regenwurm so ein Ei fressen. Bei *A. lumbricoides* muß der Mensch die in der Eihülle verpackte Larve aufnehmen. Düngt man Gemüse, das roh verspeist wird, mit menschlichen Fäkalien, ist die Voraussetzung dazu geschaffen. Im Dünndarm schlüpft die Zweitlarve, bohrt sich in die Darmwand ein und wandert im Blutgefäßsystem über die Pfortader nach neun Stunden in die Leber. Dort bleibt sie 4 bis 5 Tage und häutet sich zur Drittlarve. Von da geht die Reise über das rechte Herz in die Lunge. In dieser Lungenphase ist der Mensch quasi Zwischenwirt, was auch dadurch zum Ausdruck kommt, daß die Larven zu diesem Zeitpunkt einen aëroben Stoffwechsel haben. In der Lunge häutet sich die Drittlarve zur Viertlarve, die dann ihren Weg über die Luftröhre nimmt, in der Mundhöhle landet und dann abgeschluckt wird. Im Darm erfolgt schließlich die Häutung zum erwachsenen Tier. Der Stoffwechsel ist jetzt anaërob. Der Wurm lebt vom Darminhalt, und seine leicht rötliche Färbung beruht auf Hämoglobinen, die er selbst bildet.

Den Lungenweg entdeckte man beim Schweinespulwurm *A. suum*. Um festzustellen, ob auch der Spulwurm des Menschen diesen Weg nimmt, unternahm im Jahre 1922 der Japaner Koino einen mutigen Selbstversuch. Er schluckte 2000 infektionsreife *A. lumbricoides*-Eier. Schon nach wenigen Tagen stellte sich eine Lungenentzündung ein, und im blutigen Auswurf fand er Spulwurmlarven. 50 Tage nach der Infektion unterzog sich der Wissenschaftler einer Wurmkur und 667 Spulwürmer kamen ans Tageslicht

Mehr als 20 Ascariden im Menschendarm sind nicht ungewöhnlich. Bei Operationen wurden schon mehrere hundert Würmer in einem kurzen Abschnitt des Mitteldarms gefunden. Im wahrsten Sinn des Wortes gravierend waren 1063 Spulwürmer in einem Darm, die das Gewicht von 4 kg hatten. Da *Ascaris* dazu neigt, Knäuel zu bilden, kann es bei starkem Befall zu lebensbedrohendem Darmverschluß kommen. Toxine des Parasiten können Darmkrämpfe auslösen. Sogar Blockierungen des Gallengangs durch die Schmarotzer kommen vor. Selbst bei geringem Befall zeigen oft Stoffwechselprodukte der Würmer ihre Wirkung und führen neben allgemeinen Symptomen wie Müdigkeit und Schlaflosigkeit zu Lähmungen des Darms. In der Zwischenwirtsphase kann die wandernde Larve die Lunge schädigen. Sogar erwachsene Würmer landen manchmal in der Lunge, wenn sie sich vorher durch die Darmwand gebohrt haben.

1948 machte der Spulwurm anläßlich der „Darmstädter Wurmepidemie“ von sich reden. Leute, die nichts von Parasiten wußten, waren auf die „grandiose“ Idee gekommen, die Gemüseplantagen in Darmstadt-Griesheim mit den ungeklärten Abwässern der Stadt Darmstadt zu düngen und zu bewässern. Das brachte dem Spulwurm einen enormen Aufschwung. In Darmstadt war bald die Hälfte aller Einwohner Spulwurmbesitzer, in Griesheim litten 89 % der Erwachsenen und 99,5 % der Kinder unter Ascaridiasis. Auch acht Todesfälle waren zu verzeichnen.

Den gleichen Entwicklungsgang mit der Zwischenwirts-Lungenphase hat auch der Pferdespulwurm *Parascaris equorum*. Er hieß früher *A. megalocaphala* und war wegen der Größe seiner vier Chromosomen ein klassisches Objekt der Zellforschung.

Literatur: Brand 1972, Dönges 1980, Hartwich 1975, Hiepe, Buchwalder & Nickel 1985, Lehmensick 1960, Madel 1983, Matthes & Matthes 1974, Odening 1969, Osche 1957, 1962b, 1966a, b, Piekarski 1954, 1973, Reinhardt 1952, Sudhaus 1987, Tischler 1982.

Verbreitung durch den Pillenwerfer

Die in den Luftwegen von Wiederkäuern lebenden Dictyocauliden benötigen keinen Zwischenwirt. *Dictyocaulus viviparus*, dessen Weibchen 8 cm lang wird, schmarotzt in Tracheen und Bronchien von Rindern und Rotwild. Die Parasitierung kann den Tod des Wirts herbeiführen. Die vom weiblichen Fadenwurm entlassenen Eier werden aufgehustet und abgeschluckt. Die Erstlarve schlüpft im Darm, eventuell auch schon in der Luftröhre. Auf jeden Fall gelangt sie mit dem Rinderkot auf die Weide. Ein stark befallener Wiederkäuer soll täglich bis zu fünf Millionen Erstlarven ausscheiden. Im Freien erfolgen die Häutungen, und nach einer Woche ist die Drittlarve vorhanden, die hier vier Wochen lebensfähig bleibt, unter besonderen klimatischen Bedingungen aber auch draußen überwintern kann.

Da die Rinder beim Grasen ihre Kuhfladen meiden, haben die Larven es schwer, von hier direkt in das Maul eines Wirts zu gelangen. Viele kriechen deshalb tagsüber im Fladen aufwärts und erklimmen den Sporangienträger des Algenpilzes *Pilobolus*, bis sie auf dessen Spitze, dem schwarz gefärbten Sporangium sitzen. Im Sporangienträger dieses „Pillenwerfers“ herrscht ein starker Innendruck, der schließlich dazu führt, daß der Sporangienträger an seiner Spitze platzt. Aus der entstandenen Öffnung spritzt der Zellsaft mit hohem Druck heraus und schleudert das Sporangium – samt seiner Fadenwurmlarven – bis zu 2 m weit in das Weidegras. Die Nematoden brauchen offenbar ihre Pille gar nicht zu verlassen, denn diese klebt an Gras und Kräutern fest und wird von den Rindern mit der Nahrung aufgenommen. Absteigen müssen die Drittlarven jedoch im Wiederkäuerdarm, wo sie sich zur Viertlarve häuten. Diese gelangt dann über die Blutbahn in die Atemwege. Nach einer weiteren Häutung wird Geschlechtsreife erlangt.

Literatur: Hartwich 1984, Hiepe, Buchwalder & Nickel 1985, Lyons 1978, Odening 1969, Frank 1976.

Der Parasit im Parasitenei

Der mit dem Madenwurm eng verwandte *Heterakis gallinarum* parasitiert im Blinddarm von Haushuhn und wildlebenden Hühnervögeln. Die infektionsfähigen Eier enthalten die Zweitlarve. Sie werden vom Erdboden oder über den Stapel- oder Wartewirt Regenwurm aufgenommen. Durch diesen Schmarotzer kann die Legeleistung herabgesetzt werden. Viel schlimmer ist es jedoch, daß dieser Fadenwurm einen anderen Parasiten, das zu den Trichomonaden gehörende Flagellat *Histomonas meleagridis* überträgt. Der Einzeller parasitiert in Blinddarm und Leber der Hühnervögel, und die von ihm hervorgerufene „Schwarzköpfigkeit" hat in Putenfarmen unter den Jungtieren schon zu großen Verlusten geführt. Da *Histomonas* keine Cysten bilden kann, ist die Außenweltphase ein Problem. Es wird elegant gelöst! Das Flagellat dringt in die Vagina und von dort in die Eier des Nematoden ein. Im Schutz der Eischale des Fadenwurms gibt es dann für die Übertragung von Vogel zu Vogel keine Schwierigkeiten mehr.

Literatur: Cheng 1986, Frank 1976, Osche 1966a, Hiepe, Buchwalder & Nickel 1985.

Dreiwirtigkeit und Leberschaden – die Folge von Wirtskreiserweiterung

Die *Contracaecum*-Arten sind Spulwürmer des Meeres, die zwei Zwischenwirte haben. Endwirte sind fischfressende Vögel. In deren Magen oder Darm werden die Würmer geschlechtsreif. Ihre Eier geraten mit dem Vogelkot in das Meerwasser, und hier schlüpft die Zweitlarve, die von einem Hüpferling *(Cyclops)* gefressen werden muß. Nimmt ein Fisch den Kleinkrebs samt Wurm auf, entwickelt sich in seinem Gewebe die Drittlarve. Wenn dann ein Vogel den Fisch erbeutet, ist der 3-Wirte-Zyklus geschlossen.

Es hat den Anschein, als sei eine in der Stammesgeschichte dieser Schmarotzer erst später erfolgte Wirtskreiserweiterung die Ursache der Dreiwirtigkeit. Ursprüngliche Endwirte waren wohl die Fische – die Vögel wurden erst sekundär erobert.

Im Zwischenwirt Kabeljau *(Gadus morrhua)* halten sich die *Contracaecum*-Larven in der Leber auf. Deren Schädigung richtet sich nach der Zahl der Parasiten. Fische von gleicher Länge hatten bei 1 bis 2 Larven ein Lebergewicht von 175 g, bei 45 bis 62 Larven ging das Gewicht des Organs bis auf 5 g herunter. Schrumpfung, unförmige Gestalt und minimaler Fettgehalt kennzeichnen eine derart stark befallene Leber (Bild 85).

Literatur: Dogiel 1963, Odening 1969, Osche 1958.

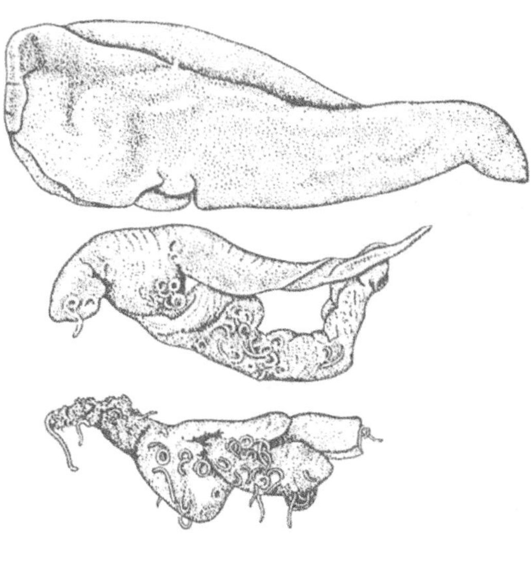

Bild 85

Leber von drei gleich großen Kabeljau-Exemplaren (Länge 67 cm) bei unterschiedlichem *Contracaecum*-Befall. (Aus DOGIEL 1963)

Der Fadenwurm am Schlauch

Die Tylenchida sind innerhalb der Phasmidier eine Fadenwurmordnung, deren Arten sich durch den Besitz eines Stachels auszeichnen, der von den Mundhöhlenwänden gebildet wird. Sie parasitieren in Pflanzen (z. B. Rübenälchen *Heterodera schachtii*) oder wirbellosen Tieren.

Zu den tierparasitischen Tylenchida gehört das Weibchen des Hummelälchens *Sphaerularia bombi.* Es schmarotzt in der Königin einer Reihe von Hummelarten, z. B. in Erdhummel *(Bombus terrestris),* Steinhummel *(B. lapidarius)* und Mooshummel *(B. pratorum).* Berühmt ist dieser Fadenwurm wegen der höchst eigenartigen Entwicklung seiner Geschlechtsorgane. Das Weibchen ist 1,1 mm lang und lebt in der Leibeshöhle der Hummelkönigin. Hier beginnt sich seine Vagina handschuhfingerartig durch die Geschlechtsöffnung (Vulva) nach außen zu stülpen. Dabei werden mehr und mehr die übrigen Teile des Genitalapparats, Uterus und Ovar herausgezogen, bis sich der gesamte Geschlechtstrakt außerhalb des Wurms befindet. Auch ein Teil des Darms wächst durch Divertikelbildung in den Schlauch ein und übernimmt als Pseudofettkörper Speicherfunktion. Der Wurm hängt dann als winziges Gebilde am Riesenschlauch, der ihn an Volumen um das 15 bis 20tausendfache übertrifft. Er wird bedeutungslos und stirbt schließlich ab (Bild 86).

Hummeln, die im Frühjahr nach Beendigung ihrer Winterruhe gefangen wurden, beherbergten in ihrer Leibeshöhle oft Weibchen mit verschieden weit entwickelten Schläuchen. Mitunter hat der ausgestülpte Geschlechtstrakt bereits im zeitigen Frühjahr

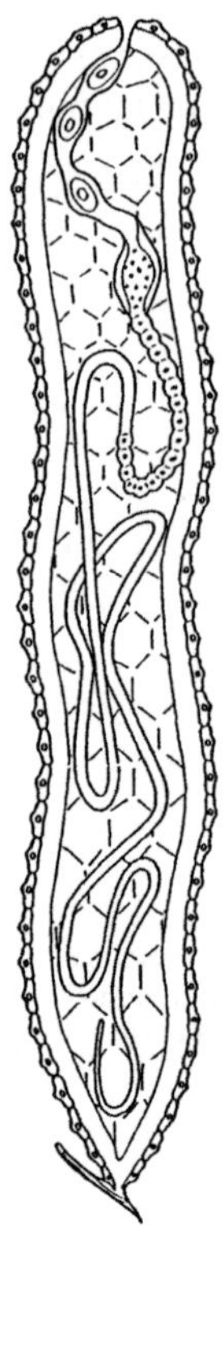

Bild 86
Altes Weibchen von *Sphaerularia bombi* mit völlig ausgestülpten Geschlechtsorganen, an denen der Weibchenkörper nur noch als kleines Anhängsel zu sehen ist.

seine endgültige Größe erreicht: ungefähr 20 mm lang und 1 bis 2 mm dick. Der Schlauch ist außen von sehr stark abgeplatteten polygonalen Zellen bedeckt, deren Kerne durch ihre buckelartige Vorwölbung dem Ganzen ein sehr charakteristisches Aussehen verleihen.

Nachdem die Hummel ihr Winterquartier, ein geeignetes Verstreck unter der Erde, verlassen hat, reifen im *Sphaerularia*-Schlauch unzählige Eier heran, die sich furchen und im 4-8-Zellenstadium in die Leibeshöhle des Wirts abgegeben werden. Nach 4 bis 7 Tagen schlüpfen die Erstlarven aus den Eiern. Da sie noch nicht in der Lage sind, die Hummel zu verlassen, nehmen sie in deren Leibeshöhle auf osmotischem Weg Nahrung aus der Hämolymphe des Wirts auf. Die Nährstoffe (Fette und Glykogen) speichern sie in ihren Darmzellen. Nach 8 bis 10 Tagen sind die Larven fähig auszuwandern. Dazu bohren sie sich zwischen den Darmzellen in das Darmlumen und wandern zum After und nach außen. Dies geschieht in der Zeit von April bis Juni.

Die sphaerularisierten Königinnen tragen keinen Blütenstaub mehr in das Nest, sind unruhig und fliegen schwerfällig. Durch Stoffwechselprodukte des Parasiten werden die Corpora allata geschädigt, was zu einer Degeneration der Gonaden führt. Ende Juni sind die meisten der befallenen Hummeln gestorben.

Die ins Freie gekommenen *Sphaerularia*larven wandern noch 1 bis 2 Tage auf der Erdoberfläche umher. Sie winken sogar einzeln oder zu mehreren vereinigt als Bäumchenwinker. Das Winken scheint aber keine biologische Bedeutung zu haben, denn es wird keine Phoresie betrieben. Es gibt auch Individuen, die überhaupt nicht winken. Wenn die Wanderzeit beendet ist, begeben sich die Larven in die Erde, wo sie noch mehrere Tage umherkriechen. Sie können dabei bis zu einen halben Meter weit kommen und 20 cm Tiefe erreichen. Aus Feuchtigkeitsbedürfnis suchen sie dann verrottete Pflanzenteile auf, rollen sich zusammen und bleiben so bis zum Eintritt der Geschlechtsreife.

In dieser freilebenden Periode kommt es zu Häutungen. Bei der ersten bleibt die Zweitlarve in der alten Larvenhaut. Dann folgt in wenigen Tagen in dieser Larvenhaut die zweite Häutung, so daß die Drittlarve von zwei Exuvien umgeben ist. Von einer Viertlarve ist in der Literatur nicht die Rede; sie scheint zu fehlen. Die fertig entwickelte *Sphaerularia bombi* verläßt die zweite Exuvie, bevor sie aus der ersten schlüpft. Während schon wenige reibend-pressende Bewegungen der Kopfregion genügen, um die sehr dünne zweite Exuvie zu sprengen, reißt die dickere erste Exuvie frühestens nach 30 Sekunden intensivster Stoßbewegungen auf.

Die Männchen sterben nach der Begattung und sind folglich keine Parasiten. Das gilt übrigens für alle Tylenchiden, mit Ausnahme von *Peraphelenchus*, der in beiden Geschlechtern und mit allen Entwicklungsstadien in Käfern schmarotzt. Das begattete *Sphaerularia*-Weibchen wird nach einer Phase ziellosen Wanderns vermutlich aus sehr kurzer Entfernung von der in Winterruhe befindlichen Hummel chemotaktisch angelockt. Aktiv dringt es in die Königin ein. An welcher Stelle, ist noch unbekannt, vermutlich sind Mund oder After die Eingangspforte.

Es gibt auch insektenparasitische Tylenchiden, die einen echten Generationswechsel haben. Sie gehören zur Gattung *Heterotylenchus*, und man kennt drei Arten aus Laufkäfern. Die begatteten Weibchen dringen in die Puppe ein und bringen dann in der Leibeshöhle des Käfers zahlreiche Larven zur Welt, die alle zu Weibchen werden. Diese Weibchen bilden im Käfer durch Jungfernzeugung eine neue Larvengeneration, die den Wirt verläßt und sich im Freien zu Männchen und Weibchen entwickelt (Bild 87).

Literatur: Madel 1973, Meisenheimer 1921, Stammer 1962, Wachek 1955.

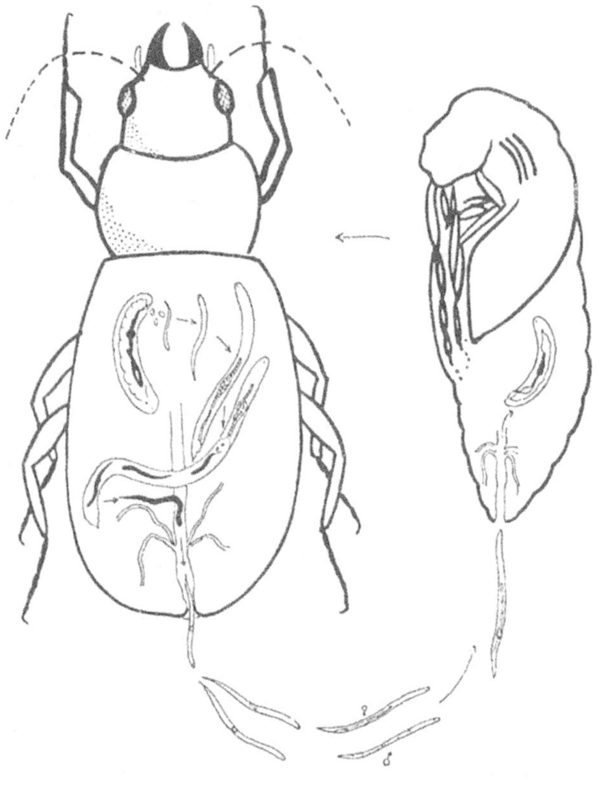

Bild 87
Generationswechsel von *Heterotylenchus bovieni*.
(Aus WACHEK 1955)

Trichine, Peitschen- und Haarwurm: Aphasmidier

Die Aphasmidia haben ihren Verbreitungsschwerpunkt im Wasser, vor allem im Meer, Erdbewohner sind selten, saprobiont lebende Arten gibt es kaum. Der Schritt zum Parasitismus ist deshalb auch selten gelungen, und unter den vielen marinen Krebstieren, Ringelwürmern und Mollusken findet sich kein einziger Endwirt eines parasitischen Fadenwurmes. Parasitische Gruppen sind die nur in Wirbeltieren schmarotzenden Trichuroidea mit Trichine *(Trichinella)*, Peitschenwurm *(Trichuris)* und den Capillarien. Auch die Rund- oder Knäuelwürmer (Mermithoidea), deren Larven in Insekten und Mollusken parasitieren (s. S. 222), gehören dazu. Die Trichuroidea sind stark abgeleitete Parasiten, die vielfach sehr organspezifisch sind und mehr im Gewebe als im Darmlumen schmarotzen. Es gibt Arten mit direkter Entwicklung und auch solche, die einen echten Zwischenwirt brauchen. Freilebende Larven fehlen völlig. Der Endwirt kann sogar mit Eiern infiziert werden, die eine Erstlarve beinhalten.

Die Trichine *(Trichinella spiralis)* zeichnet sich dadurch aus, daß jeder Wirt zuerst Endwirt und danach Zwischenwirt ist. In dieser Rolle muß er vom nächsten Wirt gefressen werden. Es gelangt also kein Entwicklungsstadium ins Freie. Die Trichine parasitiert in vielen Säugetieren. Vermutlich wurde sie erst zu Beginn des 19. Jahrhunderts mit chinesischen Zuchtschweinen nach Europa eingeschleppt. Jetzt gibt es sie auf der ganzen Welt. Wird ein Träger eingekapselter Trichinen von Mensch oder Säuger verspeist, dann löst der

Magensaft die Kapsel auf und die Drittlarve wird frei. Die Larven dringen in der Dünndarmwand bis zur Muscularis vor, gehen aber zeitweilig wieder in das Darmlumen zurück. Durch diese Wanderung kann die Darmwand erheblich geschädigt werden. Schließlich setzt sich *Trichinella* im ersten Viertel des Dünndarms fest, und nach zwei weiteren Häutungen wird die „Darmtrichine" geschlechtsreif. Nach der Begattung sterben die Männchen, und die 4 mm langen Weibchen bohren sich in das Darmgewebe ein. Hier bringen sie im Laufe von 7 bis 8 Wochen schubweise 1000 bis 1500 lebende Larven zur Welt, die im Uterus die Eihülle als Zweitlarve verlassen haben. Der Nachwuchs kann sich mittels seines Mundstachels aus dem Darm bohren und gelangt über Bindegewebe oder Blutbahn in die quergestreifte Muskulatur. Während dieser Wanderung erfolgt die Häutung zur Drittlarve. Diese läßt sich als „Muskeltrichine" an besonders gut durchbluteten Stellen nieder. Man findet sie vorwiegend in Zwerchfell, Zwischenrippenmuskeln, Kaumuskulatur, Zunge, Kehlkopf und Augenlidern. In der Muskelfaser bildet der Wirt eine zitronenförmige Gewebskapsel um den Wurm, der sich durch die Kapselwand hindurch ernährt und beim Größerwerden spiralig aufrollt. Nach frühestens fünf Monaten kann eine Verkalkung der Kapsel einsetzen. Aber selbst derart verkalkte Kapseln haben im Menschen eine Lebensdauer von 30, im Schwein von 11 Jahren. Der nächste Wirt infiziert sich wieder durch Verzehr des rohen Muskelfleischs, das die eingekapselten Trichinenlarven enthält.

Im Naturherd der Trichinellose, dem sylvanischen Zyklus, wird die Infektion von Wildtieren (Fuchs, Dachs, Wildschwein) durch Kannibalismus und trichinenhaltiges Aas aufrechterhalten. Im mitteleuropäischen Raum ist der Rotfuchs der Hauptreservoirwirt (Bild 88). Durch Verfütterung von Fuchskernen an Haus- und Nutztiere kann die Ver-

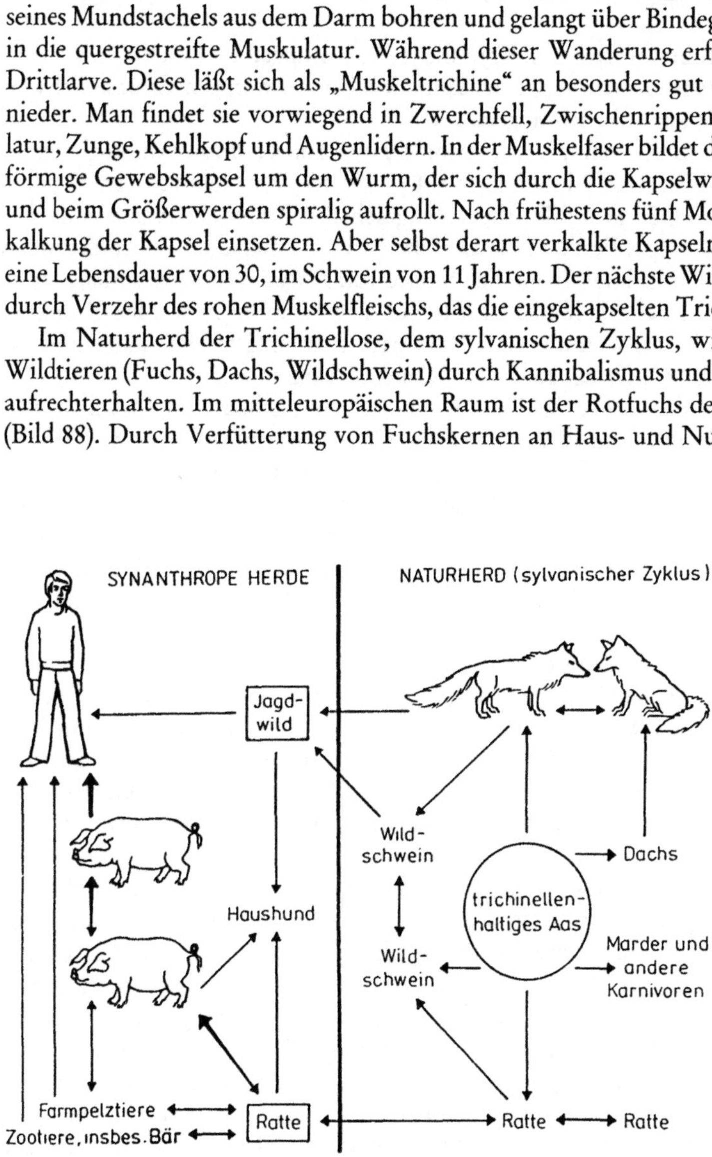

Bild 88 Hauptinfektionswege von *Trichinella spiralis* im mitteleuropäischen Raum. (Aus HIEPE, BUCHWALDER & NICKEL 1985)

bindung zwischen Naturherd und dem menschlichen Bereich geschaffen werden. Auf Grund ihrer Lebensweise als Aasfresser und Kannibalen spielen auch die Ratten eine Vermittlerrolle. Hunde und Katzen sind epidemiologisch von untergeordneter Bedeutung. Zu Infektionen des Hausschweins kommt es hauptsächlich durch Verfütterung ungenügend gekochter Schlachtabfälle, weniger durch den Verzehr toter Ratten. Für den Menschen stellt das Hausschwein die Hauptinfektionsquelle dar, wenn das Fleisch roh, kurzgebraten oder in Form von Schinken oder Rohwurst gegessen wird. *Homo sapiens* ist für die Trichine allerdings ein Fehlwirt, denn nur unter Kannibalen wird sie weitergereicht.

Trichinenbefall führt zu schweren Krankheitserscheinungen und auch zum Tode. Der Verzehr von 3000 Muskeltrichinen, eine Zahl, die schon in wenigen Gramm Schweinefleisch enthalten sein kann, ist schon gefährlich.

Der schwedische Luftfahrtingenieur Salomon A. Andrée und seine Begleiter Nils Strindberg und Knut Fraenkel stiegen im Juli 1897 mit dem Freiballon „Oernen" auf, um zum Nordpol zu fliegen. Eine drei Tage später abgeschickte Brieftaubenpost war das letzte Lebenszeichen der Gruppe. Erst im August 1930 entdeckte man die Leichen der Männer auf der Insel Vitö. Neben ihnen lagen Fleischreste von Eisbären, die massenhaft Muskeltrichinen enthielten. In den gefundenen Tagebuchaufzeichnungen werden Krankheitssymptome geschildert, wie sie für Trichinose typisch sind. Man muß deshalb annehmen, daß die Forscher nicht Opfer der Kälte, sondern der Trichine wurden.

Die Trichine war der Anlaß zur Einführung der gesetzlichen Fleischbeschau, zuerst 1862 in Plauen (Sachsen), dann 1877 in Preußen, 1937 im gesamten Gebiet des damaligen Reiches. Deutschland ist deshalb, im Gegensatz zu fast allen anderen Ländern, von der Trichinose nahezu verschont. Hin und wieder gibt es aber doch Erkrankungen durch trichinenhaltiges Fleisch, vor allem bei Schwarzschlachtungen. So erkrankten 1950 in Meschede 436 Personen, in Düren 30, von denen drei starben. Die letzte Trichinose ereignete sich 1967 in Diez an der Lahn, wo 486 betroffen waren und einer sein Leben verlor. In den USA fehlt heute noch eine gesetzliche Fleischbeschau.

Die Peitschenwürmer sind durch ein hauchdünnes Vorderende und einen mehr oder weniger stark aufgetriebenen Hinterkörper gekennzeichnet, den man früher für den vorderen Körperabschnitt hielt. Sie ernähren sich von Blut und dem Gewebe der Darmschleimhaut, das sie durch ein abgeschiedenes Enzym verflüssigen und dann durch ihre winzige Mundöffnung oder vielleicht auch mit der Oberfläche ihrer „Peitsche" – das dünne Vorderende – aufnehmen. Dieses steckt auch in der Darmschleimhaut, während das dicke Hinterende ins Darmlumen hängt.

Trichuris trichura schmarotzt im Menschen, aber auch bei Anubispavian und Rhesusaffe. Dieser 5 cm lange Fadenwurm ist weltweit verbreitet, kommt aber vorwiegend in warmen Ländern vor. Bei uns wird er oft als Mitbringsel aus tropischen Ländern oder von Gastarbeitern eingeschleppt. Die mit dem Kot nach außen gelangten Eier entwickeln sich nur bei großer Bodenfeuchtigkeit. Je nach den klimatischen Bedingungen kann es 12 Tage, aber auch 12 Monate dauern, bis sich im Ei die schlüpfbereite Erstlarve entwickelt hat. Derart infektiöse Eier ($53 \cdot 23 \mu m$) sind bei entsprechender Feuchtigkeit der Umgebung viele Jahre lebensfähig. Die Eihülle mit ihren beiden Polpfrophen besteht aus drei Schichten und soll die undurchlässigsten und chemisch widerstandsfähigsten Proteine enthalten, die es überhaupt gibt. Der Endwirt muß das Ei direkt aufnehmen, einen Zwischenwirt gibt es nicht. Im Dünndarm schlüpft die Erstlarve, bleibt dort einige Tage, um dann Blinddarm oder Dickdarm als endgültigen Sitz aufzusuchen. Anfangs verschwindet dort der Wurm 7 bis 10 Tage völlig in der Darmschleimhaut. Erst dann beginnt sein Hinterteil, in das Darmlumen hineinzuwachsen. Das Weibchen legt 4 bis 5 Monate Eier ab, dann stirbt es. Die Angaben über seine tägliche Eiproduktion schwanken zwischen einigen hundert bis über 40000. Die Aufnahme der Eier erfolgt, wie beim Spulwurm, meistens durch mit Jauche gedüngten Salat.

Für die ausgelösten Beschwerden ist die Zahl der Würmer ausschlaggebend. Bei Kindern kann starker Befall Anämie verursachen. Todesfälle gibt es nur bei ganz starken Infektionen. Gefährlich wird diese Parasitierung bei gleichzeitiger Anwesenheit von *Entamoeba histolytica* (s. S. 185), da *Trichuris* für die Amöben Eintrittspforten in das Gewebe schafft.

Die Haarwürmer oder Capillarien sind, wie schon die deutsche Benennung zum Ausdruck bringt, sehr dünn. Sie werden mehrere Zentimeter lang. Ihre Wirte sind Vögel und Säuger. Die Lebensdauer im Endwirt beträgt meistens einige Monate und überschreitet selten ein Jahr. Die Schädigung des Wirts richtet sich nach dessen Alter und der Zahl der Würmer. Allgemein werden Vögel mehr in Mitleidenschaft gezogen als Säuger. Bei der direkten Entwicklung gelangen die mit dem Kot ausgeschiedenen Eier noch ungefurcht ins Freie. Hier reifen sie heran, bis sie die Erstlarve enthalten. Das infektionsfähige Ei muß dann oral vom Wirt aufgenommen werden. Es kann aber auch ein Wartewirt und bei einigen in Vögeln schmarotzenden Arten sogar ein Zwischenwirt eingeschaltet werden.

Capillaria plica parasitiert in der Harnblase oder im Nierenbecken von Füchsen, Hunden und Katzen. Der Wirt nimmt die infektiösen Eier unmittelbar auf, es kann aber auch ein Ringelwurm (Oligochaet) als Wartewirt die Erstlarve übertragen. Im Darm des Endwirts erfolgt die Häutung zur Zweitlarve, die dann die Darmwand durchbricht und über den großen Kreislauf in die Harnblase wandert. Dort wird nach drei weiteren Häutungen Geschlechtsreife erlangt.

C. aerophila sitzt in den oberen Luftwegen von größeren Raubtieren, aber auch von Hund, Katze, Marder und Fuchs. Gelegentlich soll auch der Mensch Endwirt sein. Der Befall führt zu Atembeschwerden, mitunter zu Lungenentzündung. Da besonders junge Tiere in ihrer Entwicklung zurückbleiben, ist der Parasit in Pelztierfarmen gefürchtet. Die mit dem Kot auf den Boden gelangenden Eier, in denen sich nach vier Wochen die Erstlarve entwickelt hat, werden mit dem vorgeworfenen Futter verschluckt. Es kann daher zu einer seuchenartigen Ausbreitung kommen. Moderne Zuchtanstalten haben deshalb Käfige mit Gitterboden, durch den der Kot fällt. Es können aber auch Oligochaeten *(Lumbricus, Allolobophora)* als Wartewirt dienen. Im Darm des Wurms schlüpft dann die Erstlarve, bohrt sich durch die Darmwand und geht in die Leibeshöhle. Eine weitere Entwicklung findet jedoch nicht statt.

In Nagern, Hund, Katze, Affe und Mensch schmarotzt *C. hepatica*. Im Dünndarm des Endwirts schlüpfen die Erstlarven, durchbrechen das Darmepithel, dringen in Blutkapillaren ein und geraten über die Pfortader in die Leber. Dort verlassen sie deren Kapillarnetz und dringen in die Kapillaren des Gallengangs ein. Nach vier Häutungen wird das Erwachsenenstadium erreicht. Die Eier gelangen mit der Galle in den Kot und können vom Endwirt direkt aufgenommen werden. Beim Menschen führt der Finger-Mund-Weg bei Kindern oder gedüngtes Gemüse zur Infektion. Der Befall führt zu Entzündungen und schließlich zur Zirrhose. Da die Gallenkapillaren verstopfen, häufen sich die entwicklungsfähigen Eier. Die erwachsenen Würmer sterben. Die nun massenhaft vorhandenen Eier, in denen nur im Freien die Erstlarve entsteht, können auf zwei Wegen nach außen gelangen: Der Wirt stirbt und die Eier werden bei dessen Verwesung frei, oder er wird von einem anderen Tier gefressen. Dann geraten sie mit dem Kot dieses Wartewirts nach außen.

C. annulata hat einen richtigen Zwischenwirt, denn die Erstlarve entwickelt sich im Oligochaeten *Eisenia*, schlüpft in dessen Darm aus dem Ei, durchbricht die Darmwand und bleibt im Wurm, bis dieser von einem Hühnervogel gefressen wird. Von dessen Dünndarm wandert die Larve in die Schleimhaut von Kropf und Speiseröhre, wo die weitere Entwicklung und auch die Eiablage erfolgt. Da die 4 bis 8 cm langen Weibchen Gänge in die Schleimhaut bohren, kommt es zu Entzündungen, die das Schlucken erschweren oder unmöglich machen. Die Tiere magern ab, und der Tod kann bereits nach einer Woche eintreten.

Literatur: Cheng 1986, Dönges 1980, Dogiel 1963, Erhardt, Lämmler, Hinz & Themann 1964, Frank 1976, Hartwich 1967, Hiepe, Buchwalder & Nickel 1985, Kutzer & Otto 1966, Matthes & Matthes 1974, Mehlhorn & Piekarski 1981, Meisenheimer 1921, Odening 1969, Osche 1962b, 1966b, Piekarski 1954, 1973, Tischler 1982.

Feste Partnerbindung in Luftröhre und Harnblase

Der Phasmidier *Syngamus trachea* gehört zu den Strongyliden und parasitiert in der Luftröhre von Hühner- und Singvögeln, vor allem in Jungtieren (z. B. Küken). Die Würmer saugen Blut und haben deshalb eine schüsselförmige Mundkapsel, an deren Boden sich 6 bis 8 Schneideplatten befinden. Der blutgefüllte Darm verleiht ihnen eine auffallend rote Färbung, deshalb spricht man auch vom Rotwurm. In der Trachea – vielleicht auch schon in den Bronchien – vereinigen sich Männchen und Weibchen zu einer Dauerkopula, die nie mehr gelöst wird. Dabei umgreift das Männchen mit seiner am Hinterende befindlichen Kopulationstasche (Bursa) das junge, noch nicht ausgewachsene Weibchen (Bild 89).

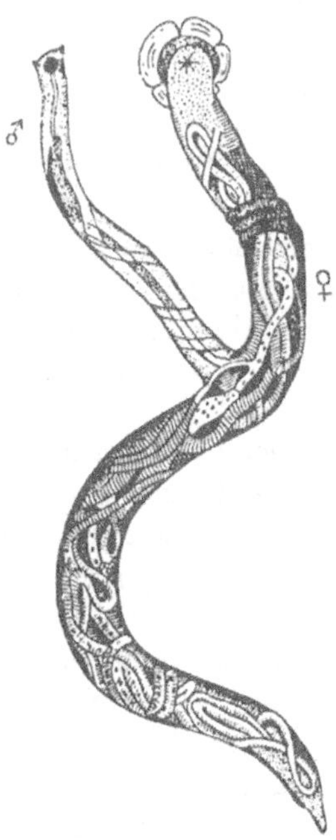

Bild 89
Pärchen von *Syngamus trachea*.
(Aus DOGIEL 1963)

Dieses legt 2 bis 3 Wochen nach der Infektion des Vogels seine Eier ab. Das vereinigte Paar ähnelt einem Y und nimmt täglich 0,013 bis 0,014 ml Blut auf. Während das Weibchen eine Länge von 40 mm erreicht, bringt es das Männchen nur auf 8 mm.

Die Eier geraten in die Mundhöhle, werden abgeschluckt und kommen mit dem Kot ins Freie. In der Eihülle schreitet die Entwicklung bis zur Drittlarve fort. Durch Aufnahme dieser Eier wird der Vogel Endwirt; auch eine Infektion durch bereits geschlüpfte Larven soll möglich sein. Viel häufiger ist jedoch der Erwerb des Parasiten über einen Warte- oder Stapelwirt, der ebenfalls das Ei mit der Drittlarve aufnimmt. Diese schlüpft in ihm aus der Hülle und bleibt bis zu vier Jahren infektiös. Als solche Wartewirte kommen Regenwürmer, Nackt- und Gehäuseschnecken, Insekten und Tausendfüßer in Frage. Oft enthält der Wirt mehrere Drittlarven und ist damit ein richtiger Stapelwirt.

Im Vogel bohrt sich die Drittlarve in ein Darmblutgefäß und gelangt nach 24 Stunden über Leber und Herz in die Lunge. Hier erfolgt die Häutung zur Viertlarve und, in den Bronchien, zu den erwachsenen Tieren, die dann in die Luftröhre wandern, um sich zur Dauerkopula zu vereinigen. Bei starkem Befall kommt es zu schwerer Erkrankung, oft sogar mit tödlichem Ausgang. In Fasanenzuchten kann *Syngamus* große Verluste verursachen.

Auch dem Weibchen des Aphasmidiers *Trichosomoides crassicauda* kann das Männchen nicht verlorengehen. Dieses dringt nämlich durch die Vagina in seine Partnerin ein und lebt im Uterus, um die Besamung der Eier zu besorgen. Deshalb mißt es auch nur 3,5 mm, während das Weibchen 10 cm lang ist. Bis zu sechs Männchen hat man schon im weiblichen Uterus gezählt. Das ist dann Vielmännerei (Polyandrie).

Trichosomoides schmarotzt in der Harnblasenwand von Ratten. Die mit dem Harn ins Freie gelangten Eier werden mit dem Futter aufgenommen. Im Magen schlüpft die Larve, und nach einer mehrwöchigen Wanderung im Blutkreislauf läßt sie sich in der Harnblase nieder.

Literatur: Baer 1952, Dogiel 1963, Frank 1976, Fernando, Stockdale & Remmler 1971, Hartwich 1967, Hiepe, Buchwalder & Nickel 1985, Odening 1969, Pflugfelder 1977.

Fadenwurmriesen

Während freilebende Fadenwürmer nur wenige Milimeter groß sind und höchst selten mehr als 1 cm Länge erreichen, nimmt bei parasitischen Arten, vor allem wenn sie in Wirbeltieren leben, die Größe zu. Das hat sicher verschiedene Gründe: Zunächst ist man in Organen und Geweben eines Wirts vor mechanischen Beanspruchungen weitgehend geschützt, braucht sich kaum zu bewegen und auch nicht vor Feinden zu verstecken. Nahrung ist meist im Überfluß vorhanden. Daß die Weibchen meist wesentlich größer sind als die Männen, hängt mit der hohen Eiproduktion zusammen, die ein riskanter Entwicklungsgang verlangt. Konnte man schon über stattliche 40 cm des Spulwurms staunen, der Medinawurm und der zu seiner weiteren Verwandtschaft gehörende Plazentawurm übertreffen ihn um ein Mehrfaches.

Dracunculus medinensis (*Dracunuculus* = kleiner Drache) wird nach Stätten seines Vorkommens Medina- oder Guineawurm genannt. Er tritt bevorzugt in trockenen Gegenden auf, wo kleine Wasseransammlungen von Bedeutung sind. Seine Verbreitung erstreckt sich von Indien zum Iran und über die arabische Halbinsel sowie das mittlere Afrika zwischen Somalia und Senegal.

Bedeutung als Parasit hat nur das Weibchen, das die stattliche Länge von 70 bis 120 cm, aber nur einen Durchmesser von 1 mm erreicht. Das Männchen wird 2 bis 4 cm lang. Endwirt ist vor allem der Mensch. Es können aber auch Affen, Hunde, Wölfe, Füchse, Pferde, Rinder, Marder und Leoparden parasitiert werden.

Der Mensch infiziert sich, wenn er mit dem Trinkwasser einen Hüpferling *(Cyclops)* aufnimmt, der in seiner Leibeshöhle die Drittlarve des Medinawurmes beherbergt. Die dann im Darm frei gewordene Larve wandert in die Lymphbahnen von Bauch- und Brustraum. Nach zwei weiteren Häutungen werden Männchen und Weibchen, die beide erst wenige Zentimeter lang sind, geschlechtsreif und kopulieren im Lymphsystem. Das Männchen stirbt dann, und das Weibchen wandert in das Unterhautbindegewebe (Subcutis) solcher Stellen des menschlichen Körpers, die häufig mit kaltem Wasser in Berührung kommen. Es wird während seiner 11 bis 13 Monate dauernden Entwicklung im Menschenwirt zu einem langen Brutschlauch. Der Darm wird beiseite gedrängt und funktionsuntüchtig, während die mit Larven gefüllten Uteri der Hauptinhalt des lebendgebärenden Wurmes sind. Dieser liegt in der Unterhaut in einer Bindegewebsröhre, und über seinem Kopfende kommt es zur Bildung einer schmerzhaften, furunkelartigen Beule, in deren Mitte ein mit Flüssigkeit gefülltes Bläschen gebildet wird. Bei Abkühlung durch Wasser stülpt das Weibchen den Uterus vor, sein Vorderende sowie das Bläschen reißen auf und durch Muskelkontraktionen des ganzen Wurms wird eine milchige Wolke von ca. 600 µm langen Erstlarven ausgestoßen. Dieser Durchbruch verwandelt die Beule in ein offenes Geschwür. Schubweise entledigt sich so das Weibchen in einer Zeit von 2 bis 3 Wochen seiner 1 bis 3 Millionen Larven. Nach jeder Entleerung zieht es sich wieder in seine Röhre zurück. Wenn der gesamte Larvenvorrat abgegeben ist, stirbt das Weibchen und verkalkt wie auch das Männchen oder wird resorbiert.

Bevorzugte Stellen der Parasitierung sind Unterschenkel und Füße. Bei Wäscherinnen treten die Geschwüre oft an den Armen, bei Wasserträgern am Rücken auf. Wie der Medinawurm die richtige Stelle findet, weiß man noch nicht.

Die vom Hüpferling aufgenommene Erstlarve (meist nur ein Exemplar pro Kleinkrebs) durchbricht dessen Darmwand und gelangt in die Leibeshöhle. Dort erfolgen innerhalb von zwei Wochen Häutungen bis zur infektionsfähigen Drittlarve.

In seinen Verbreitungsgebieten kann der Medinawurm überall dort auftreten, wo Menschen jenes Wasser trinken, mit dem sie sich auch waschen oder in dem sie herumwaten. So begünstigen Schöpfstellen, bei denen Stufen zum Wasser führen, eine Infektion. In manchen Gegenden Indiens wird der Wurmbefall durch religiöse Bräuche gefördert: man wäscht sich gemeinsam an Wallfahrtsorten und trinkt auch noch vom „köstlichen Naß“.

Giftstoffe, die der Wurm abgibt, können zu Erbrechen und Durchfällen führen. Die Hauptgefahr sind jedoch Sekundärinfektionen. So erwies sich in Obervolta Tetanus als relativ häufige und meist tödliche Komplikation der Dracunculiasis. Durch den Befall scheint keine Immunität zu entstehen, denn manche Personen infizieren sich jedes Jahr von neuem, andere sind von vornherein für diesen Parasiten unempfänglich.

In der Geschichte der Menschheit ist *Dracunculus* der erste Endoparasit, den man kannte und mit dem sich die Heilkunde befaßte. Nach der Meinung Leuckarts bezieht sich eine Stelle in der Bibel (4. Buch Mose, 21) wahrscheinlich auf den Medinawurm. Es wird dort von feurigen Schlangen berichtet, welche die Israeliten auf ihrem Rückzug aus Ägypten gebissen und dezimiert haben.

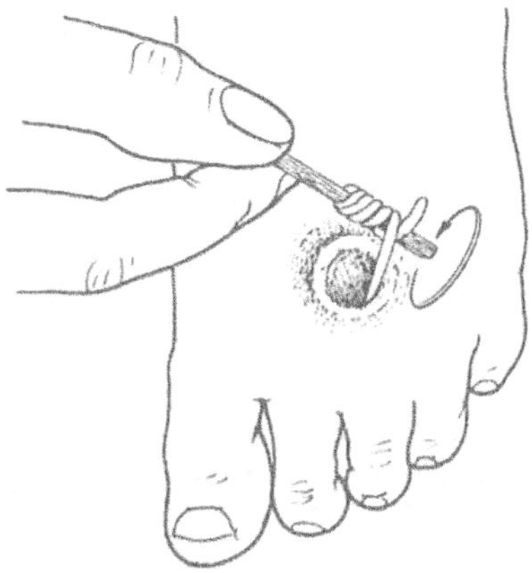

Bild 90
Ein Medinawurm wird aufgewickelt.
(Aus DÖNGES 1980)

In den Verbreitungsgebieten pflegt man schon seit dem Altertum das unter der Haut liegende Weibchen, nachdem es durch kaltes Wasser hervorgelockt wurde, auf ein am Ende gespaltenes Stäbchen aufzuwickeln (Bild 90). Dies geschieht in Etappen und erstreckt sich über viele Tage.

Man hat schon vermutet, daß das Standeszeichen der Ärzte, der mit einer Schlange umwundene Äskulapstab, auf die vorgeschichtliche Darstellung eines aufgewickelten Medinawurms, des Aushängeschildes der „Barbierchirurgen", zurückgeht. Auch den Namen des Gottes Äskulap könnte man mit „Wurmfänger" übersetzen. Andererseits benutzten die wandernden Ärzte der Antike einen Wanderstab, und die Schlange galt wegen ihrer Häutungen als Symbol der Erneuerung und Heilung.

Zur Verwandtschaft des Medinawurmes zählt *Placentonema gigantissima.* Er lebt in der Plazenta trächtiger Pottwal-Weibchen. Der Fadenwurm gehört ebenfalls in das Buch der Rekorde, denn bei einem Durchmesser von 2,5 cm erreicht das Weibchen eine Länge von 8,40 m, das Männchen wird immerhin 3,75 m lang.

Literatur: Dönges 1980, Frank 1976, Hartwich 1984, Hausmann 1975, Mehlhorn & Piekarski 1981, Muller 1971, Odening 1969, Osche 1966a, Piekarski 1954, 1973, Tischler 1982.

Durch Blutsauger übertragen

Die Filariiden sind Fadenwürmer die durch blutsaugende Gliederfüßer von Wirt zu Wirt übertragen werden. Ihre Weibchen, die meist wesentlich größer als die Männchen sind, setzen im Endwirt sehr agile Erstlarven, die Mikrofilarien, ab. Auf diese wirken die blutsaugenden Zwischenwirte offenbar anziehend, denn man findet in dem von ihnen aufgenommenen Blut mehr Mikrofilarien pro ml als im Endwirt in der gleichen Blutmenge vorhanden sind. Dieses Phänomen ist noch nicht geklärt.

Die ersten erwachsenen Exemplare von *Wuchereria bancrofti* entdeckte der australische Tropenarzt Joseph Bancroft, die ersten Mikrofilarien fand Wucherer im Blutharn eines Brasilianers. 1877 wurde durch Manson die Zwischenwirtsrolle der Mücke entdeckt, und damit hatte man erstmals Insekten als Überträger und Verbreiter von Krankheiten erkannt.

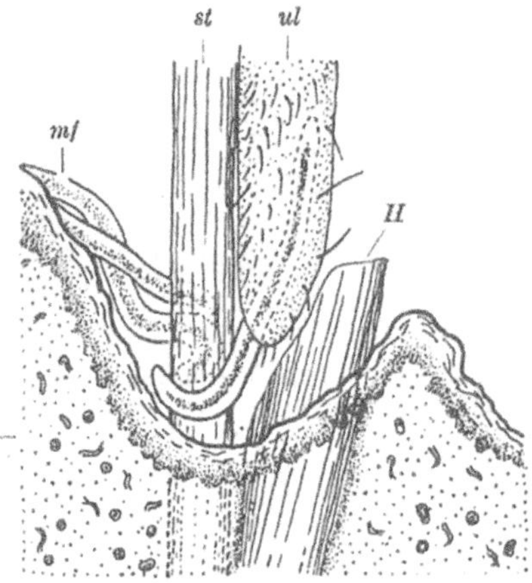

Bild 91
Mikrofilarie von *Wuchereria bancrofti* bricht beim Stich aus der Unterlippe der Mücke aus (mf = Mikrofilarie, ul = Unterlippe, St = Stechborste, H = Haar des Wirtes, Sc = subcutanes Gewebe). (Aus PIEKARSKI 1954)

Das *Wuchereria*-Weibchen erreicht 10 cm Länge, das Münnchen nur 4,5 cm. Beide sind, wie in der ganzen Familie üblich, fadendünn. Das Vorkommen dieses Parasiten erstreckt sich über die meisten Tropenländer der Erde. Endemisch ist *W. bancrofti* in Südspanien, Ungarn und Jugoslawien. Endwirt ist der Mensch, Zwischenwirte sind Mücken der Gattungen *Culex, Aëdes, Mansonia, Anopheles* und *Psorophora.*

Für den Menschen ist die Drittlarve infektiös. Ungefähr drei Individuen dieser Larve befinden sich beim Saugakt der Mücke in deren Stechborstenscheide (Labium), an deren dünnwandiger Knickstelle sie ausbrechen und aktiv in die Stichwunde eindringen (Bild 91). Anstoß zum Verlassen des Mückenrüssels ist offenbar die Beugung der Rüsselscheide beim Stechakt, denn die Larven treten auch aus, wenn die Mücke Zuckerwasser aufnimmt. Die 1500 µm langen Larven wandern dann in die Lymphbahnen, besonders aber in die Lymphknoten. Sie häuten sich noch zweimal, werden geschlechtsreif und können im Menschen eine Lebensdauer von 15 bis 20 Jahren erreichen. Da nicht immer gleichzeitig Infektionsstadien verschiedenen Geschlechts übertragen werden, bedarf es oft mehrerer Blutmahlzeiten infizierter Mücken und auch einer gewissen Zeit, bis sich Männchen und Weibchen in einem Lymphknoten finden.

Der befallene Mensch erkrankt an Filariose. Es kommt zu entzündlichen und allergischen Prozessen durch Stoffwechselprodukte der Würmer sowie Körperproteine abgestorbener Exemplare und zu Stauungen im Lymphsystem. Die Folge intensiver Infektion und häufiger Reinfektion ist die berüchtigte Elephantiasis, ein Spät- und Dauerschaden dieser Parasitierung (Bild 92). Gliedmaßen, äußere Geschlechtsorgane und weibliche Brüste schwellen monströs an.

Im menschlichen Körper erzeugt das ovovivipare *Wuchereria*-Weibchen zu Tausenden Erstlarven, die in die Lymphströme entlassen werden und von dort in den Blutkreislauf geraten. Diese ca. 300 µm langen Mikrofilarien stecken noch in der Eimembran, die sie an den Körperenden überragt. Diese gescheidete Larve kann einige Monate im Blut leben, muß aber schließlich vom Zwischenwirt Mücke aufgenommen werden. Es ist ein erstaunliches Synchronisationsphänomen, daß sich die Mikrofilarien, die einen circadianen Rhythmus haben, an die Aktivitäten der Zwischenwirte anpassen. In Melanesien und Mikronesien sind vorwiegend nachtaktive *Culex*-Arten die Zwischenwirte, und dement-

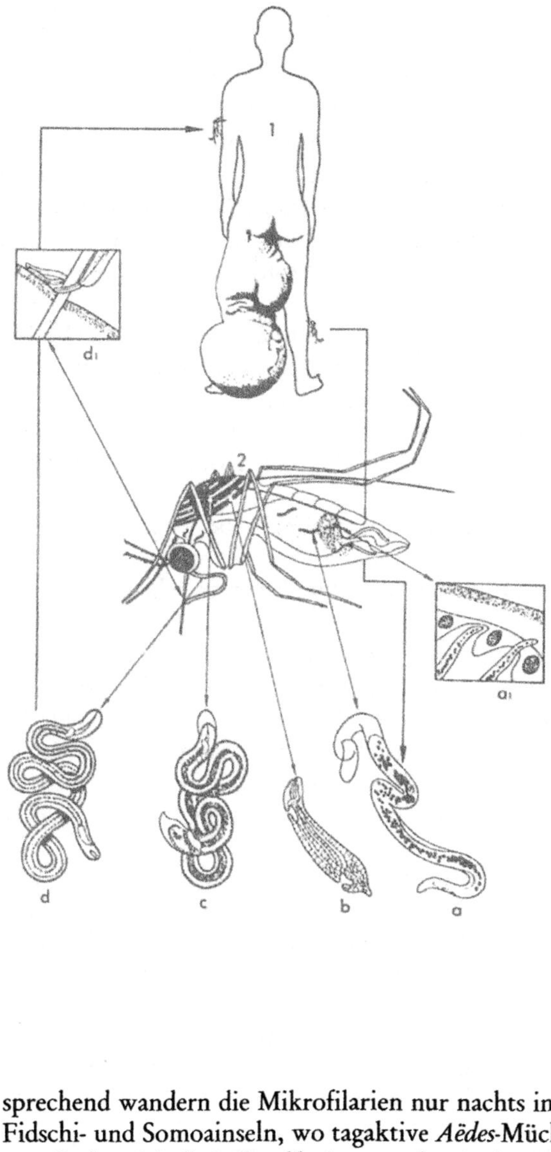

Bild 92
Entwicklungsgang von ***Wuchereria bancrofti***. 1 Endwirt Mensch mit Elephantiasis, 2 Zwischenwirt Mücke, a = gescheidete Mikrofilarie, a1 = Erstlarve durchbricht Mückendarm, b = Zweitlarve („Würstchen"), c = Zweitlarve häutet sich zur Drittlarve, d = Drittlarve, d1 = Ausbruch der Drittlarve. (Aus FRANK 1976)

sprechend wandern die Mikrofilarien nur nachts in die peripheren Blutgefäße. Auf den Fidschi- und Somoainseln, wo tagaktive *Aëdes*-Mücken das Übertragungsgeschäft besorgen, finden sich die Mikrofilarien tagsüber in den Hautkapillaren des Menschen.

Die beim Saugakt der Mücke in diese gelangten Mikrofilarien verlassen mit Hilfe ihres vorschleuderbaren Stilettapparats ihre Hülle und den Magen der Mücke. Die Larven, denen es nicht gelingt, sich aus ihrer Scheide zu befreien, gehen zugrunde. In der Regel nimmt eine Mücke weniger als fünf Mikrofilarien auf. Solche, die zu viele von ihnen erwischt haben, sterben. Die Mikrofilarien wandern dann in die Flugmuskulatur, wo sie 4 bis 10 Stunden nach der Blutmahlzeit zur Ruhe kommen. Sie verkürzen sich zunächst zu einem ziemlich bewegungslosen „Wurststadium", wachsen dann heran und häuten sich zur Zweit- und Drittlarve (Bild 92). Letztere wandert im Hämolymphraum zur Stechborstenscheide. Für diese 6 bis 8 Tage dauernde Entwicklung im Zwischenwirt ist hohe Luftfeuchtigkeit und eine Mindesttemperatur von 27 °C erforderlich.

Der wichtigste Überträger ist die Hausmücke der Tropen *Culex pipiens fatigans*. Sie legt ihre Eier in große und kleine Gewässer und fliegt gern in Wohnhäuser. Es sind schon Stämme entstanden, denen Insektizide nichts mehr anhaben können. So breitet sich diese Mücke immer weiter aus, und es gibt sie schon in vielen Gebieten Westafrikas, in denen sie vor dem Zweiten Weltkrieg noch fehlte. Durch Bekämpfung der Malaria-Mücke *Anopheles* wurden auch noch wichtige Nahrungskonkurrenten beseitigt. Die Larven von *C.p. fatigans* können zudem in stark verunreinigtem Wasser leben, in dem natürliche Feinde nicht mehr existieren können. Da sie gleichfalls verunreinigtes Wasser vertragen, hat man Guppys *(Poecilia reticulata)* zur biologischen Bekämpfung der Mückenlarven eingesetzt.

Eine in Biologie und Pathogenität sehr ähnliche Filarie ist *Brugia malayi*. Ihr Verbreitungsgebiet ist sehr eng und reicht von Südchina und Indien nach Japan, Formosa, Malaysia und Indonesien. Seit einiger Zeit weiß man, daß es von dieser Art zwei Stämme gibt, von denen der eine nächtliche Mikrofilarien-Aktivität zeigt und im Menschen vorkommt, der andere mit einer nur angedeuteten Periodizität in Mensch, Katze, Makaken und anderen Säugetieren schmarotzt.

Onchocerciden parasitieren bei Säugetieren im Bindegewebe, bei Vögeln in der Herzmuskulatur. Die ungescheideten Mikrofilarien wandern in das Unterhautbindegewebe der Säuger und in das Blut der Vögel. Zwischenwirte sind Kriebelmücken (s.S. 35) und Gnitzen (s.S. 34).

Der Mensch ist der Endwirt der Knäuelfilarie *Onchocerca volvulus*. Die Onchocercose ist in einem breiten, sich durch Mittelafrika erstreckenden Gürtel weit verbreitet und tritt auch im Jemen auf. In der Neuen Welt sind Mexiko, Guatemala, Venezuela, Kolumbien und das nördliche Brasilien Befallsgebiete. Wahrscheinlich haben die amerikanischen Parasiten schon seit der Kontinentaldrift eine von den afrikanischen *Onchocerca*-Stämmen unabhängige Entwicklung durchlaufen und sind nicht erst durch den Sklavenhandel eingeschleppt worden.

Zwischenwirt sind *Simulium*-Arten. Da die Larven und Puppen dieser Kriebelmücken in schnell fließenden Bächen und Flüssen leben, werden vor allem Hügel- und Bergländer und an solche angrenzenden Ebenen von *Onchocerca* heimgesucht. In den 600 bis 1200 m hoch liegenden und an Bächen reichen Kaffeeanbaugebieten Mittelamerikas sind die Simuliden als „Kaffeefliegen" gefürchtet.

Bei einer Dicke von nicht einmal einem halben Millimeter erreichen die ausgewachsenen Weibchen von *O. volvulus* maximal 50 cm Länge, die Männchen nur 4,2 cm. Charakteristisch für die erwachsenen Würmer ist ihre quergestreifte Kuticula. Mehrere Weibchen und Männchen vereinigen sich in der menschlichen Unterhaut zu einem Knäuel, der von Bindegewebe umgeben und durchsetzt ist. Ein Jahr nach der Infektion entstehen tumorähnliche Knoten von Stecknadelkopf- bis Walnußgröße, vorwiegend an Stellen, wo die Haut einem Knochen dicht anliegt. Die Knoten sind im allgemeinen schmerzfrei. Bei einem Teil der Befallenen kommt es an Rumpf, Gesäß und Schenkeln zu einer chronischen Dermatitis, der „Papierhaut". Im Knäuel erfolgt auch die Begattung. Beide Geschlechter vermögen in der Kapsel bis zu 15 Jahre alt zu werden. So lange ist das vivipare Weibchen auch in der Lage, Mikrofilarien abzusetzen. Diese wandern, ohne eine Periodizität zu zeigen, in das Unterhautbindegewebe und sind gefährlicher als der erwachsene Wurm. Sie können nämlich in die Hornhaut des Auges einwandern. Die Folge sind Hornhauttrübung und Irisentzündung, was letztlich, meist erst 8 bis 9 Jahre nach der Infektion, zur Erblindung führen kann. In Nordghana waren im jahre 1960 bei einer geschätzten Gesamtbevölkerung von einer Million, ungefähr 600000 Menschen mit *Onchocerca* befallen, und davon 18000 erblindet. Vor dieser „Flußblindheit“ kann die operative Entfernung sämtlicher Knoten im Kopfbereich schützen.

Die Mikrofilarien sind 30 Monate im Unterhautbindegewebe lebensfähig. In dieser Zeit müssen sie von einer weiblichen Kriebelmücke beim Saugakt aufgenommen werden. Im Insekt druchbrechen sie die Darmwand und wandern in die Brustmuskulatur. Dort entwickeln sich die Mikrofilarien über ein Wurststadium in sechs Tagen bis zur Drittlarve. Diese begibt sich in den Rüssel, durchbricht ihn beim Saugakt und dringt über den Stichkanal in den Menschen ein. Das Mückenweibchen sticht nur am Tag und unter freiem Himmel. Die eingeimpften Parasiten werden dann nach einem Jahr im Menschen geschlechtsreif. Zwischenwirte sind in Afrika zwei, in der Neuen Welt drei *Simulium*-Arten. Simuliiden sind auch Zwischenwirte in Rindern, Pferden und Rotwild schmarotzender *Onchocerca*-Arten.

Neuerdings gibt es, um die Umwelt nicht mit löslichen Insektiziden zu belasten, lacküberzogene Insektizidgranula, deren Größe auf den Filterapparat der Simulidenlarven abgestimmt ist.

Die Filarie *Loa loa* fand man erstmals im Jahre 1770 bei einer Negersklavin auf Haiti, und ihr Name stammt aus der afrikanischen Eingeborenensprache. Das Parasitendasein dieses Fadenwurms ist an den äquatorialen Regenwald Afrikas gebunden. In manchen Gegenden sind 90% der Bevölkerung befallen.

Die erwachsenen Würmer sind relativ dick, das Weibchen ist 7 cm, das Männchen 3,4 cm lang. Typisch sind warzenartige Erhebungen der Kuticula. In ihrem Endwirt Mensch wandern die Würmer ständig im Unterhautbindegewebe umher, gelegentlich auch im Bindegewebe des Körperinneren. Da sie manchmal so dicht an die Oberfläche kommen, daß man sie wandern sieht, nennt man *Loa* auch die „Wanderfilarie“. So kommt es vor, daß die Parasiten durch die vordere Augenkammer über den Augapfel kriechen. Diese „Augenfilarie“ ist schmerzhaft, führt aber nur vorübergehend zur Beeinträchtigung des Sehvermögens. Frühestens ein Jahr nach der Infektion, oft erst viel später, entstehen durch allergische Reaktionen stark juckende Schwellungen. Dann hat die Loiasis zur Kamerun- oder Kalaber-Schwellung geführt. Die Erreichung der Geschlechtsreife im Menschen kann sechs Monate bis zwei Jahre, das ganze Wurmleben 15 Jahre dauern. Das Weibchen setzt gescheidete Mikrofilarien ab, die bis zu 300 µm groß werden. Sie wandern nur tagsüber in die peripheren Blutgefäße, da die sie aufnehmenden Zwischenwirte tagaktiv sind.

Zwischenwirte sind die Bremsen *Chrysops silacea* und *Ch. dimidiata.* Diese „Mangrovenfliegen“ haben ihren Lebensraum im tropischen Regenwald. Die Larven entwickeln sich in den Sümpfen, die erwachsenen Fliegen halten sich in der Region der Baumkronen auf. Beide Geschlechter trinken Nektar, aber nur die Weibchen saugen Blut. Vor allem zwischen 11 und 15 Uhr kommen sie zu diesem Zweck aus der Höhe herab.

Im Zwischenwirt entledigt sich die Erstlarve der Eihülle, und über Wurststadium und Zweitlarve wird nach 10 bis 12 Tagen die Drittlarve gebildet. Dies geschieht im Hinterleibsfettkörper oder in der Brustmuskulatur. Die Zahl der sich in dem relativ großen Insekt entwickelnden Infektionslarven ist sehr hoch und kann mehrere hundert betragen. Diese drängen nach vorn in den Hämolymphraum der Stechborstenscheide. Beim Blutsaugen wird *Chrysops* durch die sehr lebhaften Larven gestört und „melkt“ ihren Rüssel aus, der an einer dünnwandigen Knickstelle aufplatzt. Die dabei auf die Haut geschleuderten *Loa*-Larven verschwinden dann rasch in der Einstichstelle.

Es gibt auch Onchocerciden, deren Zwischenwirte Zecken sind: so die Filarie *Macdonaldius oschei,* die in den großen Arterien neuweltlicher Riesenschlangen *(Boa constrictor)* schmarotzt. Die im peripheren Blut befindlichen Mikrofilarien werden von der Lederzecke *Ornithodoros talaje* aufgenommen, wo sie sich in den Exkretionsgefäßen zur Infektionslarve entwickeln. Bei einer erneuten Blutmahlzeit wandern dann die Larven in den Schlangenwirt ein. Die Übertragung auf altweltliche Riesenschlanagen kann bei diesen zu schweren Erkrankungen führen, oder den Tod zur Folge haben.

Literatur: Cheng 1986, Dönges 1980, Frank 1964a, b, 1976, Hiepe, Buchwalder & Nickel 1985, Martini 1946, Mehlhorn & Piekarski 1981, Nauck 1975, Nelson 1970, Odening 1971, Osche 1966a, Piekarski 1954, 1973, Tischler 1982.

Viele Haken und kein Darm – die Kratzer

Reine Endoparasiten sind die im System der Wirbellosen schwer einzuordnenden Kratzer (Acanthocephala). Man führt sie entweder als Klasse innerhalb des Stammes der Rundwürmer (Nemathelminthes) oder als eigenen Tierstamm. Ihre Vorfahren sind vielleicht kleine freilebende Sand- oder Schlickbewohner.

Die geschlechtsreifen Würmer parasitieren im Darm von Wirbeltieren, vor allem Fischen. Man kennt bis zu 650 Arten. Die Kratzer haben einen schlauchförmigen Körper, dessen Länge meist zwischen 2 mm und 4 cm liegt; es gibt aber auch Vertreter, deren Weibchen 60 oder 90 cm erreichen. Die Männchen sind stets kleiner. Man kann einen Vorder- und einen Hinterkörper unterscheiden. Ersterer besteht aus einem Halsteil und einem mit Haken besetzten Rüssel (Proboscis), der aus- und eingestülpt werden kann (Bild 93). Der längliche Hinterkörper ist mehr oder weniger abgeplattet, jedoch nach dem Tode zylindrisch.

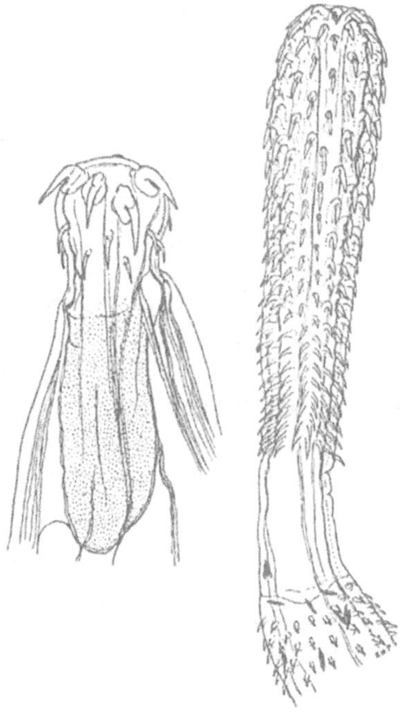

Bild 93
Rüssel von Kratzer *Neochinorhynchus emydis* (links) und *Illiosentis cetratus.* (Aus BAER 1952)

Den Acanthocephalen fehlen Darm, Mund- und Afteröffnung. Sie nehmen die im Darm ihres Wirts schon vorverdaute und reichlich vorhandene Nahrung osmotisch durch ihre Körperoberfläche auf. Die Haut besteht aus einer dünnen Kuticula und einer darunter liegenden Hypodermis. Diese wird von einem Lakunensystem durchzogen, das eine Flüssigkeit mit gelben oder rötlichen Fetttropfen enthält, die den Kratzern ihre Färbung verleihen und aus dem Nahrungsbrei des Wirtsdarms stammen. Am Hinterrand des Halses bildet die Haut zwei weit in den Körper hineinragende Schläuche, die Lemnisken. Sie sollen im Dienst der Lipidversorgung stehen, während die Kohlenhydrate im übrigen Körperbereich aufgenommen werden. Ein bandartiger Ligamentstrang, an dem sich die Gonaden entwickeln, ist vielleicht ein Darmrudiment. Der Hautmuskelschlauch besteht aus einer äußeren Ring- und einer inneren Längsmuskelschicht. Bewegungen dieser Muskulatur sind vielleicht für die Verteilung der Nahrungsflüssigkeit im Lakunensystem verantwortlich.

Das Männchen hat eine ausstülpbare Kopulationsbursa, mit der bei der Begattung die Geschlechtsöffnungen in gegenüberstehender Lage fixiert werden. Begattete Weibchen haben am Hinterende eine kappenförmig aufsitzende bräunliche Masse, die den Vaginalkanal und seine Öffnung ausfüllt. Sie stammt aus den männlichen „Kittdrüsen" und soll das Ausfließen des Spermas verhindern.

Eine im Tierreich einmalige Einrichtung haben die Weibchen, nämlich die Uterusglocke, die ein Eiersortierapparat ist. Die riesige, in der Leibeshöhle flottierenden Eimassen werden von der Glocke angesaugt. Die noch plumpen, unentwickelten Eier werden dann durch zwei seitliche Öffnungen wieder an die Leibeshöhle abgegeben, während die vollentwickelten, schlanken Eier über den Uterus in die Vagina und letztlich über den Wirtsdarm ins Freie geraten. Die Eizahl ist häufig sehr groß. Beim Weibchen des Riesenkratzers können 10 Millionen reife Eier neben unzähligen unreifen in der Leibeshöhle vorhanden sein.

Der Acanthocephalenrüssel läßt sich durch Rückziehmuskeln wie ein Handschuhfinger in die Rüsselscheide einziehen. Kontrahiert sich deren Ringmuskulatur, wird er wieder ausgestülpt, wobei zuerst die Rüsselbasis nach außen gelangt. Beim Ausstülpen bohren sich die Haken in die Darmzotten. Durch fortwährendes Aus- und Einstülpen kann sich der Kratzer im Darm fortbewegen. Mit Hilfe der Haken vermag er sich aber auch fest im Wirtsdarm zu verankern, und er bleibt dann auch meist sein Leben lang am gleichen Platz.

Vor den verdauenden Wirtsfermenten sind die Kratzer durch ihre saure Mucopolysaccharide enthaltende Epikuticula und die Außenschicht der Haut geschützt.

Die Embryonalentwicklung führt zur Bildung einer Erstlarve. Diese Hakenlarve, auch Acanthor genannt, trägt vorn drei bewegliche Hakenpaare. In der Eikapsel gelangt diese Larve mit dem Wirtskot nach außen. Erst im Darm eines Zwischenwirts schlüpft sie aus. Zwischenwirte sind vor allem Krebstiere (Flohkrebse, Asseln) oder Larven, seltener auch erwachsene Stadien von Insekten. Im Zwischenwirt durchbrechen die Haken die Darmwand, und in der Leibeshöhle entwickelt sich die jetzt Acanthella genannte Larve allmählich zum kratzerähnlichen Tier. Nach 5 bis 12 Wochen hat sich dann ein Infektionsstadium entwickelt, das von einer cystenartigen Hülle umgeben ist. Diese Jugendform ist eigentlich keine Larve mehr; sie heißt Postlarve oder Cystacantha (Bild 94).

Das Wirtsspektrum der einzelnen Arten ist bezüglich der Endwirte breit, hinsichtlich der Zwischenwirte ziemlich eng. Normal und auch ursprünglich ist der 2-Wirte-Zyklus zwischen Wirbeltier-Endwirt und Arthropoden-Zwischenwirt.

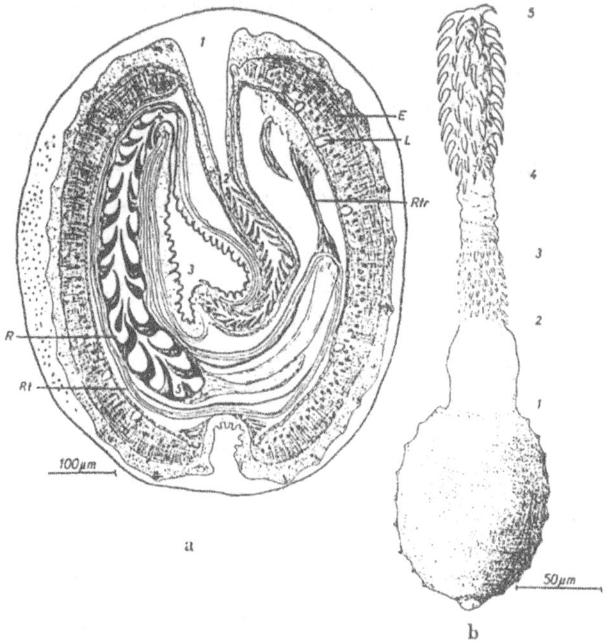

Bild 94
a Schnitt durch das cystenartig umhüllte Jugendstadium von ***Polymorphus boschadis.*** E Oberhaut mit Lakunen (L), R Vorderende des Rüssels mit Widerhaken, Rt Rüsseltasche, Rtr Rückziehmuskel, 1–5 Rüsselabschnitte, b ausgestülpte Jugendform.
(Aus PFLUGFELDER 1977)

Einen derart einfachen Entwicklungsgang hat der Riesenkratzer *Macracanthorhynchus hirudinaeus,* der geschlechtsreif (Weibchen 65 cm, Männchen 10 c) im Dünndarm von Schwein, Raubtieren und Affen parasitiert. Zwischenwirte sind die Larven von Maikäfer, Walker, Rosenkäfer und anderen Käfern. Der Mensch infiziert sich – wie es in Rußland vorkommen soll – beim Verzehr roher Engerlinge. Da jedoch die Kratzerlarve auch vom fertigen Käfer übernommen wird, kann man sich auch beim Abbeißen von Maikäferköpfen infizieren.

Auch *Echinorhynchus polymorphus* hat einen derartigen Zyklus. Endwirt sind Wasservögel, die sich den Schmarotzer durch das Fressen von Flohkrebsen holen. Im Endwirt löst sich stets die Cystenhülle auf, die „Postlarve“ setzt sich an der Darmwand fest und wächst zum erwachsenen Kratzer heran. Dies dauert 4 bis 10 Wochen.

Bei vielen Kratzer aber gelangen die Jungwürmer zunächst in einen durchaus entbehrlichen Warte- oder Stapelwirt. Dort durchbohren sie den Darm und bleiben, ohne sich zu verändern, in Gewebe eingekapselt, bis sie vom Endwirt aufgenommen werden. Der Wartewirt ist eine Wirbeltierart, die nicht nur zur Nahrung des Endwirts gehört, sondern auch oft die Möglichkeit hat, den Zwischenwirt zu fressen.

Pomphorhynchus laevis ist ein häufiger Parasit europäischer Süßwasserfische. Zwischenwirt ist der Flohkrebs *Gammarus pulex.* Enthält der gefressene Flohkrebs noch keine fertige Invasionslarve, sondern nur eine Acanthella-Form, dann fungiert der Fisch als Wartewirt. Es ist End- und Wartewirt zugleich, wenn er im Darm geschlechtsreife Kratzer und in der Leibeshöhle Invasionslarven hat.

Durch Wartewirte kann auch der Kreis der Endwirte erweitert werden. Der Kratzer *Centrorhynchus aluconis* schmarotzt in Greifvögeln und Eulen. Zwischenwirte sind bestimmte Heuschrecken. Aber nur verhältnismäßig wenige Greifvögel und Eulen ernähren sich ganz oder gelegentlich von Insekten. Die meisten Endwidrtsvögel beziehen deshalb *Centrorhynchus* durch Aufnahme insektenfressender Wartewirte wie Frosch, Maulwurf und Spitzmaus.

Die Endwirte werden durch Nahrungsentzug, toxische Wirkungen und gelegentlich durch Behinderung der Darmpassage oder Verletzung des Darms geschädigt. Wirkliche Krankheitserscheinungen treten nur bei Massenbefall auf. Frösche, die stark durch *Acanthocephalus ranae* infiziert sind, zeigen ein träges Verhalten und lassen sich leicht fangen. Bei Jungschweinen können 50 Riesenkratzer tödlich wirken. Teichwirte und Forellenzüchter fürchten den 1 cm langen *Neochinorhynchus rutili,* der bei vielen Süßwasserfischen oft in Massen vorkommt. In Forellenzucht führt diese Parasitierung zu einem seuchenartigen Sterben der Setzlinge, bei Karpfen kommt es zu Erkrankungen, die an Bauchwassersucht erinnern. Zwischenwirte diese Kratzers sind Muschelkrebse. Zwischen *Neochinorhynchus* und Bandwürmer scheint übrigens ein gewisser Antagonismus zu bestehen: viele Bandwürmer im Fischdarm, dann wenig Kratzer und umgekehrt.

Literatur: Baer 1952, 1972, Crompton & Lee 1965, Dogiel 1963, Engbert 1962, Hartwich 1967, 1984, Meisenheimer 1921, Nicholas 1967, 1973, Odening 1969, Storch & Welsch 1970, Whitfield 1979.

Bandwürmer

Die Bandwürmer (Klasse Cestoda) sind endoparasitische Plattwürmer (Plathelminthes), die weder Mundöffnung noch Darm besitzen und ihre Nahrung über die Körperoberfläche aufnehmen. Mit Ausnahme der Angehörigen einer Gattung sind sie alle Zwitter. Durch Metamerie haben sie die Geschlechtsapparate vervielfacht und dadurch die Vermehrungskapazität enorm erhöht.

Zwei sehr urtümliche Gruppen, die Amphilinidea und die Gyrocotylidea zeichnen sich durch einen kurzen, ungegliederten Körper ohne Kopf und nur einen zwittrigen Geschlechtsapparat aus. Sie werden zur Unterklasse der Cestodaria vereint oder als zwei eigene Klassen der Plattwürmer geführt.

„Cestodaria“

Die Amphilinidea sind so archaisch, daß man sie fast als lebende Fossilien bezeichnen kann. Es gibt 10 Arten, die stark abgeflacht und zwischen 2 und 38 cm lang sind. Sie verteilen sich auf drei Familien mit sieben Gattungen. Mit Ausnahme von *Austramphilina elongata,* die in der australischen Süßwasserschildkröte *Chelodina longicollis* lebt, wird in der Leibeshöhle von Stören und Knochenfischen des Süß- und Meerwassers parasitiert.

Die vollständige Entwicklung kennt man nur bei *Amphilina foliacea.* Diese 3 bis 5 cm große Art schmarotzt im Sterlet, der zu jenen niederen Wirbeltieren gehört, deren Leibeshöhle durch paarigen Poren mit der Außenwelt in Verbindung steht. Durch diese Öffnungen gelangen die *Amphilina*-Eier ins Wasser, wo sie durch Abgabe eines farblosen Exkrets schweben, bis sie von einem Flohkrebs gefressen werden. Dabei wird die bewimperte Erstlarve (Lycophore) frei. Sie ist mit 10 Haken ausgerüstet, die nach dem Prinzip einer Klemme funktionieren. Im Zwischenwirtsdarm streift sie ihr Wimperkleid ab und dringt mit Hilfe ihrer Penetrationsdrüsen durch die Darmwand in die Leibeshöhle ein. Hier wird sie zur Invasions- oder Endlarve, wobei sie bis auf 2 bis 4 mm heranwächst und einem Plerocercoid (s. S. 144) ähnlich wird, was schon Anlaß war, in den Cestodariern *neotäne Bandwürmer* zu sehen. Dann werden die Haken durch Einstülpung in das Hinterende eingebaut, wo sie auch beim erwachsenen Tier verbleiben. Wird der Flohkrebs von einem Sterlet gefressen, gerät die Invasionlarve in dessen Darm und dringt dann durch die Darmwand in die Leibeshöhle ein, um zum erwachsenen Tier heranzureifen. Auch dieses hat ein ausstülpbares Penetrationsorgan, in dessen Nähe der Uterus ausmündet. Vermutlich wird dieses bei der Eiablage in eine der paarigen Leibeshöhlenporen des Wirts gesteckt. Es gibt übrigens auch Arten, deren Lycophore keine Wimpern hat.

Zwischen den Eingeweiden von *Gymnarchus niloticus*, einem schwach elektrischen Fisch der Flüsse Afrikas nördlich des Äquators, lebt 3 cm lang und blattförmig *Nesolecithus africanus*. Auch hier sind vermutlich Süßwasserkrebstiere die Zwischenwirte. Der nächste Verwandte und einzige Gattungsgenosse ist *N. janickii*, der in Südamerika in der Leibeshöhle von *Arapaima gigas* parasitiert, einem der größten Knochenfische des Süßwassers. Da beide Fische im Süßwasser leben und der Ozean eine populationstrennende Barriere bildet, muß die Isolation spätestens mit dem Zerbrechen des Gondwanakontinents und dem Auseinanderdriften von Afrika und Südamerika eingetreten sein. Das liegt immerhin 130 Millionen Jahre zurück.

Die Gyrocotylidea sollen keine näheren verwandtschaftliche Beziehungen zu den Amphilinidea haben. Die Würmer sind 2 bis 5 cm lang, und auch hier gibt es zehn Arten. Schmarotzt wird im Darm sehr urtümlicher Meeresfische, der Holocephalen, die durch Chimären oder Seekatzen repräsentiert werden. Die Eier enthalten bewimperte oder unbewimperte Larven mit fünf Hakenpaaren am Hinterende. Wahrscheinlich klammern sie sich an die Kiemen der Fische und dringen mit Hilfe von Drüsensekret in die Blutkapillaren ein, um über die intraintestinale Arterie in das Darmlumen zu gelangen. Mittels einer trichterartigen Erweiterung an ihrem Hinterende halten sie sich an der Darmwand des Wirts fest. Einen Zwischenwirt gibt es offenbar nicht. Bei den Gyrocotyliden wurde die syncytiale Epidermis elektronenoptisch untersucht. Sie ist mit Microvilli besetzt, die sich von den Microtrichen der Cestoda durch das Fehlen elektronenundurchlässiger Spitzen unterscheiden.

Literatur: Baer 1952, 1972, Cheng 1986, Dönges 1980, Dönges & Harder 1966, Janicki 1928.

Die Bandwürmer im eigentlichen Sinne

Sie bilden die Unterklasse der Eucestoda und dürften, wie die Saugwürmer (Trematoda), im Permzeitalter, vielleicht sogar noch früher, aus rhabdocoelenartigen Strudelwürmern entstanden sein. Im Darm aller Klassen von Wirbeltieren leben sie als Endoparasiten, und manche wandern sogar im Darm, um immer im günstigsten Abschnitt zu sein. Ihr Körper besteht aus einem der Verankerung dienenden Kopf (Scolex), einem Halsteil und einer Kette von Gliedern (Proglottiden), die je einen zwittrigen Geschlechtsapparat enthalten, wodurch eine hohe Vermehrungskapazität erreicht wird. Allein die Arten der Gattung *Dioecocestus* sind getrenntgeschlechtlich (s. S. 161). Die Glieder werden von einer Sprossungs- oder Strobilationszone am Halsteil gebildet, und die am weitesten entwickelten befinden sich am Hinterende des Wurms. Längsmuskulatur, Nerven- und Exkretionssystem sind durchgehende Organeinheiten, und der Bandwurm ist deshalb kein Tierstock, sondern ein einziges Individuum.

Da Darm und Mundöffnung fehlen, wird die Nahrung über die Körperoberfläche aufgenommen. Die syncytiale Epidermis, die keine Zellgrenzen hat und deren Kerne in

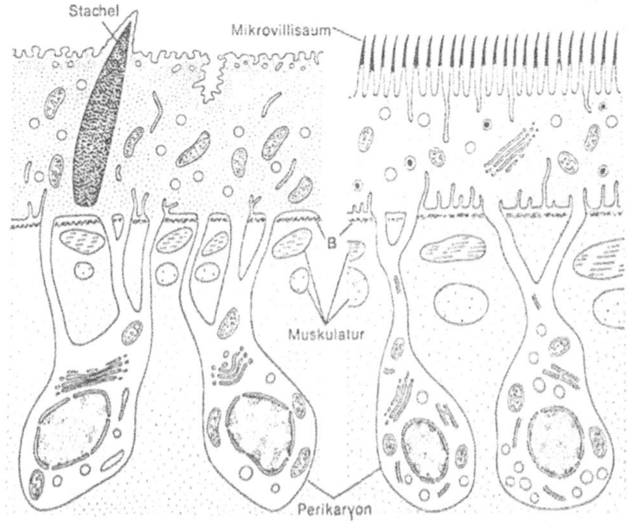

Bild 95
Körperbedeckung von *Fasciola* (Trematoda) links und *Abothrium* (Cestoda), B Basallamina. (Aus REMANE, STORCH, WELSCH 1980)

langen Zellsäcken unter den Hautmuskelschlauch versenkt sind, hat zur Oberflächenvergrößerung feine Fortsätze (Bild 95). Diese dicht stehenden Microvilli (Microtrichen), die eine elektronenundurchlässige Spitze haben, fördern die Nahrungsabsorption entsprechend dem Stäbchensaum des Wirbeltierdarmes.

In Reptilien gibt es Bandwürmer, die so große Microvilli haben, daß man schon mit dem Lichtmikroskop ihr behaartes Aussehen bewundern kann. Zwischen den Microvilli befindet sich eine vom Bandwurm abgeschiedene Schicht (Glycocalyx), die reich an Kohlenhydraten ist, vom Wirt produzierte Enzyme absorbiert und damit eine Verdauung durch diesen verhindert. Ihre weißliche Farbe verdanken die Bandwürmer „Kalkkörperchen", welche die Aufgabe haben, anaërob produzierte Säuren zu puffern. Sie bestehen aus organischem und amorphem anorganischen Material (Calcium, Magnesium, Phosphor).

In die Entwicklung ist mindestens ein Zwischenwirt eingeschaltet.

Es gibt ungefähr 3300 Arten, die sich auf die Wirtsgruppen wie folgt verteilen: Meeres- und Süßwasserfische 846, Lurche 38, Kriechtiere 126, Vögel 1574, Säugetiere 740.

Noch saugwurmähnlich

Die Ordnung der Pseudophyllidea hat Eier mit Deckel, die durch eine Öffnung des Uterus entlassen werden. Dies und andere Baumerkmale des Geschlechtsapparates, sowie die Entwicklungsweise sind Gemeinsamkeiten mit den Saugwürmern (s. S. 161).

Aus dem Ei schlüpft eine bewimperte, am Hinterende mit sechs Haken versehene Larve, die frei im Wasser schwimmt. Dabei bewegt sie sich in Spiralen und dreht sich gleichzeitig um ihre Achse. Diese „Coracidium" genannte Larve muß von einem planktontischen Kleinkrebs *(Cyclops, Diaptomus)* gefressen werden, in dessen Darm das Wimperepithel verdaut wird. Mit Haken und Bohrdrüsen durchbricht das Coracidium die Darmwand, um sich in der Leibeshöhle des Krebstieres über die Oncosphäre in ein längliches zweites Larvenstadium zu verwandeln, das Procercoid. Bei diesem befinden sich die Haken auf einem rundlichen Anhang (Cercomer). Liegt ein 2-Wirte-Zyklus vor, muß der

Kleinkrebs vom Endwirt aufgenommen werden, beim vorwiegenden 3-Wirte-Zyklus ist ein zweiter Zwischenwirt (Fisch, Lurch, Kriechtier oder Säuger) eingeschaltet. Das Procercoid durchbohrt dessen Darm, um sich – meist in der Muskulatur – unter Verlust des Cercomers zur Invasionslarve, dem Plerocercoid, zu entwickeln. Das hat bereits längliche Sauggruben und entspricht Kopf und Hals des Bandwurms. Gelangt dieses Stadium in einen geeigneten Endwirt (Fisch, Kriechtier, Vogel, Säuger), dann wird es zum Bandwurm.

Man unterscheidet bei den Pseudophyllideen fünf Familien.

Die Bothriocephalidae mit der Gattung *Bothriocephalus* schmarotzen als erwachsene Tiere in Fischen, die mit Copepoden das Procercoid aufnehmen – also ein 2-Wirte-Zyklus. Der aus Ostasien nach Europa eingeschleppte *B. gowokongensis* hat sich bei uns an den Karpfen als Hauptwirt angepaßt, und die Bothriocephalose ist eine der verlustreichsten parasitären Erkrankungen in der Fischwirtschaft geworden.

Fischparasiten sind auch die *Triaenophorus*-Arten der Triaenophoridae, die wie alle übrigen Pseudophyllidea einen 3-Wirte-Zyklus haben. Im Darm eines Raubfischs wird das Plerocercoid ein Bandwurm, dessen Eier mit dem Kot ins Wasser geraten. Dort schlüpft das Coracidium, wird vom Kleinkrebs gefressen und gelangt dann später als Procercoid in einen Fisch. Das dort entstandene Plerocercoid muß dann vom Raubfisch mit der Fischbeute aufgenommen werden. Massenbefall mit Plerocercoiden führt vor allem in Forellenzuchten zu oft großen Verlusten. Diese Larventriaenophorose kann auch mit parasitärer Kastration der Fische verbunden sein. Auch die Amphicotylidae leben als Plerocercoid und als fertiger Wurm in Fischen.

Endwirte der Diphyllobothriidae sind Vögel, Kriechtiere, Säuger und Mensch. Zu dieser Familie gehört nicht nur die Gattung *Diphyllobothrium* mit *D. latum* (s. S. 145). Für *Schistocephalus gasterosteus* ist der Stichling zweiter Zwischenwirt. Die für diesen Fisch riesigen Plerocercoide brechen nach dessen Tod gelegentlich aus dem Fisch aus und leben dann noch einige Zeit am Gewässergrund. Für gründelnde Wasservögel ist dies eine wichtige Infektionsquelle. Im Darm afrikanischer, asiatischer und australischer Riesenschlangen *(Python)* lebt *Bothridium pithonis* oft in so großen Mengen, daß es den Würmern unmöglich ist, geschlechtsreif zu werden. Erwachsene Exemplare sind 60 bis 80 cm lang, und der Scolex besteht aus zwei Saugröhren (Bothridien) (Bild 96). Das Vorkommen auf drei Kontinenten läßt auf ein hohes Alter dieser Parasitierung schließen. Kleine und mittelgroße Arten mit einem schmalen löffel- bis fingerförmigen Scolex umfaßt die Gattung *Spirometra*. Bei einigen von ihnen erfolgt periodisch eine Abstoßung der gesamten Gliederkette. Endwirte sind Raubtiere (Katzen, Hunde, Füchse) und auch der Mensch. Das Procercoid entwickelt sich im Kleinkrebs, die Invationslarve in Fröschen, Schlangen, Vögeln und Kleinsäugern. In Fehlzwischenwirten, z. B. Haus- und Wildschwein, sowie im Menschen, wenn er mit Trinkwasser einen procercoidhaltigen Kleinkrebs aufnimmt, kommt es im Rahmen einer entgleisten Entwicklung zur Entstehung eines unregelmäßig geformten Gebildes, dem Sparganum. Der Mensch kann durch Verspeisen von Fröschen zum Endwirt werden. In Indochina behandelt man Entzündungsherde, vor allem im Augenbereich, durch Auflegen von Froschfleisch. Dadurch kommt es vor, daß Plerocercoide in das Menschenauge einwandern und schwere Schäden verursachen.

Die Ligulidae sind kräftige, riemenförmige Bandwürmer, die im Durchschnitt 28 cm lang werden. Sie haben rückgebildete Sauggruben, und die Querfurchen ihrer Gliederkette entsprechen nicht der inneren Aufteilung. Die Endwirte sind fischfressende Vögel. Der Fisch infiziert sich über Copepoden, und man hat bis zu 18 Plerocercoide von *Ligula intestinalis* in einem Fisch gefunden, der durch die „Riemenwurmkrankheit" (Ligulose) ge-

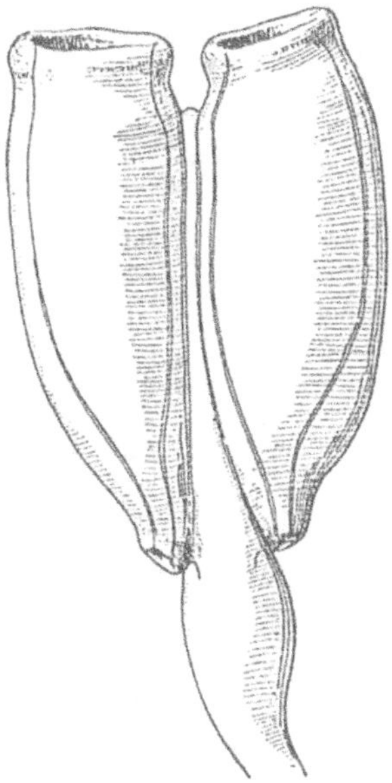

Bild 96
Scolex von *Bothridium.* (Aus FUHRMANN 1933)

schädigt wird. In Zusammenhang damit kann durch eine Hemmung der Hypophysenfunktion die Gonadenentwicklung des Fischs gestört werden. Im Endwird lebt *Ligula* nur wenige Tage. Langzeituntersuchungen an einem See in England ergaben, daß 1973 eine einzige Plötze mit *L. intestinalis* infiziert war, 1974 stieg die Zahl auf fünf, und 1975 waren es 40%. Durch parasitäre Kastration kommt es schließlich zu einer Verringerung der Fischpopulation.

Der längste Bandwurm

Das Coracidium vom Breiten Bandwurm, vom Grubenkopf oder Fischbandwurm *Diphyllobothrium latum* schlüpft nur in lichtdurchflutetem Flachwasser. Es entwickelt sich zum Procercoid, wenn es innerhalb von 24 Stunden von *Cyclops strenuus, Diaptomus gracilis, D. vulgaris* oder *D. oregonensis* gefressen wird. Andere Copepodenarten verdauen das gesamte Coracidium. Es dauert dann 2 bis 3 Wochen, bis das Procercoid mit 0,5 mm Länge in seine Wartephase eintritt. Bis zu 12 Larven kann ein Kleinkrebs verkraften – sind es mehr, geht er zugrunde. Durch die große Individuenzahl der Copepodenpopulationen ist gewährleistet, daß sich viele Procercoide entwickeln und eine ausreichende Menge von Fischen zu Plerocercoidträgern werden (Bild 97).

Im zweiten Zwischenwirt, einem Fisch, durchdringt das Procercoid die Darmwand, um im Bindegewebe zwischen den Eingeweiden einschließlich der Leber oder in der Muskulatur das Plerocercoid-Stadium zu erreichen. In Europa und Asien sind meist Hecht, Barsch, Kaulbarsch und Quappe die zweiten Zwischenwirte. Durch den Genuß rohen und ungaren Fleisches derart infizierter Süßwasserfische wird der Mensch Endwird des Fischbandwurms, der aber auch in vielen fischfressenden Säugetieren schmarotzt. Ganz genau erfuhr man dies Ende des 19. Jahrhunderts, als in Dorpat Schüler von Professor Braun sich *dazu hergaben,* mit Plerocercoiden infiziertes Hechtfleisch zu essen. Sie bekamen alle den Fischbandwurm.

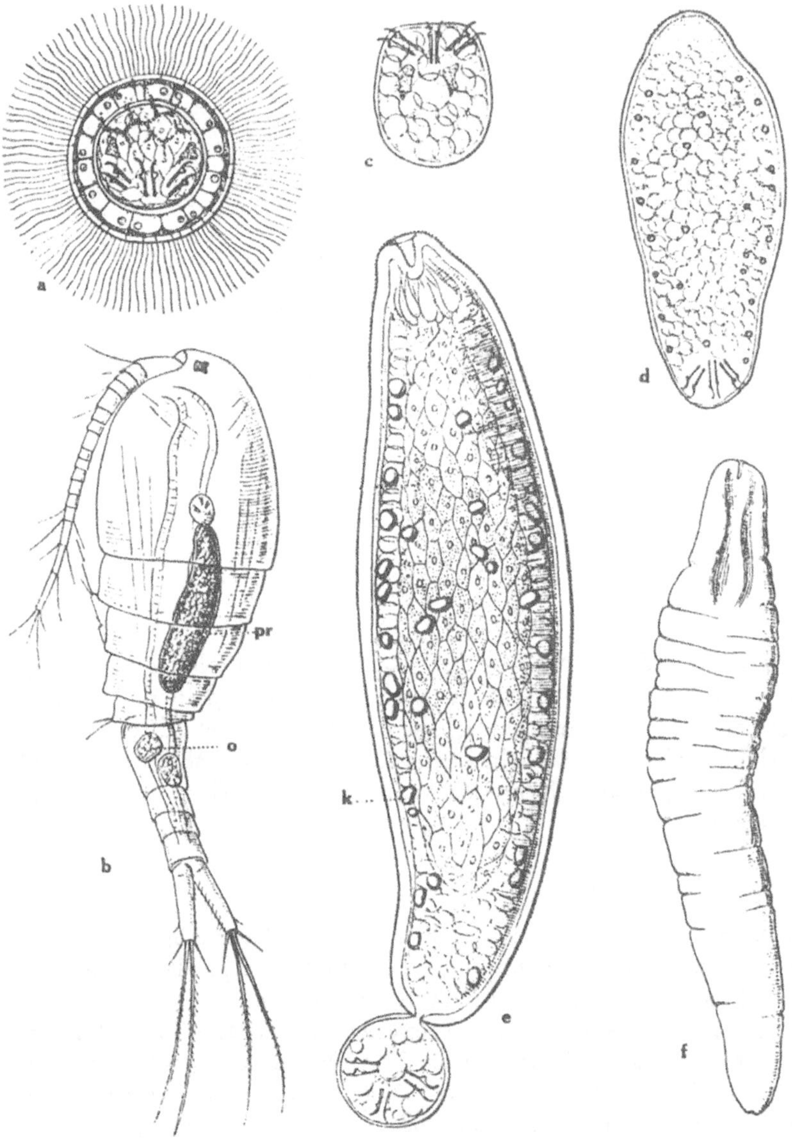

Bild 97 *Diphyllobothrium latum*, a Coracidium, b *Cyclops strenuus* mit zwei Hakenlarven (Oncosphären) = o und einem Procercoid = pr, c Oncosphäre, d junge Larve, e Procercoid, f Plerocercoid. (Nach ROSEN)

Die „Mode", einen solchen Bandwurm mit sich herumzutragen, ist überall dort verbreitet, wo man Fische roh, zum Beispiel als Salat, zu verspeisen pflegt. Deshalb ist *D. latum* der häufigste Bandwurm der Japaner, und in Europa sind die Länder an der östlichen Ostsee starke Befallsgebiete. In Finnland sollen 20 bis 27 % der Bevölkerung Besitzer dieses Parasiten sein. In die Neue Welt wurde er erst eingeschleppt.

Seine Länge paßt der Fischbandwurm der Größe des Wirts an. Im Menschen muß er 8–10 m, kann aber auch gelegentlich 15–20 m lang werden. In der Katze erreicht er nur etwas mehr als 1 Meter. Siedeln sich mehrere Exemplare im Darm des gleichen Endwirts an, dann bleiben sie als Folge gegenseitiger Beeinflussung kleiner als bei Einzelparasitierung.

Unser langer Bandwurm hat die unangenehme Eigenschaft, in seinem Gewebe große Mengen von Vitamin B 12 anzureichern, nämlich 10 bis 15mal so viel wie seine anderen Kollegen. Durch diesen Entzug des vom Bacterium *Escherichia coli* in unserem Darm synthetisierten Vitamins erkrankt der Bandwurmträger an perniziöser Anämie. Deshalb verabreicht der Arzt nach Entfernung des Übertäters das fehlende Vitamin. Da der kleine Kopf des Mitteldarmbewohners sich häufig im Zwölffingerdarm verankert, jener Stelle wo der Wirt dem Nahrungsbrei das Vitamin entzieht, vermutet man, daß der Wurm seine Nährstoffe – wie auch *Echinococcus* (s.S. 155) – mit dem Microvilli der Halsregion aufnimmt.

Oft ist nach dem zweiten Zwischenwirt Fisch noch ein Raubfisch eingeschaltet. Die Plerocercoide, die er mit seinem Beutefisch aufnimmt, widerstehen den Verdauungsfermenten des Räubers. Da die Plerocercoide jahrelang auf einen Endwirt warten können, wird dieser zum Stapelwirt. So können sich in einem zehnjährigen Hecht Hundert, ja sogar Tausende von Larven ansammeln.

Im Endwirt sprossen täglich etwa 30 neue Glieder, und nach 3 bis 6 Wochen wird *Dibothriocephalus* geschlechtsreif. Zwischen den Gliedern erfolgt die Begattung, und pro Tag produziert ein 9 m langer Wurm 1 bis 3,7 Millionen Eier. Bei einem Patienten wies man in festem Kot 825 000 und in flüssigem über zwei Millionen Eier nach. Der schmarotzende Einmieter war ihm schon sechs Jahre lang treu!

In Afrika parasitiert in großen Raubtieren *D. theileri*. Zwischenwirte sind hier Säugetiere, die procercoidhaltige Kleinkrebse mit dem Trinkwasser aufgenommen haben. Auch die Menschen trinken solches Wasser, und tatsächlich weist der Nomadenstamm der Massai einen hohen Grad subkutaner Plerocercoidinfektion auf. Diese Menschen wären eigentlich eine Sackgasse für den Bandwurm und damit Fehlzwischenwirte. Da dieser Stamm jedoch seine Toten sehr oberflächlich begräbt, und die Hyänen verwesende Leichen ausgraben und fressen, sind die Massai echte Zwischenwirte.

Urtümliche Fische als Endwirte

Die Bandwürmer aus der Ordnung der Trypanorhychidea verankern sich im Darm ihres Endwirts Hai mittels einer bemerkenswerten Scolexausrüstung. Am Vorderende der sehr langen und schmalen Kopfregion sind nicht nur zwei oder vier Sauggruben vorhanden, sondern es können vier mit Haken besetzte Rüssel ausgestülpt werden. Bei Nichtgebrauch ziehen sich diese in vier mächtige Rüsseltaschen zurück (Bild 98). Das freischwimmende Coracidium nimmt auch hier ein Kleinkrebs auf, wo es sich zum Procercoid entwickelt. Zweiter Zwischenwirt und Bildungsstätte des Plerocercoids sind marine Knochenfische oder Wirbellose.

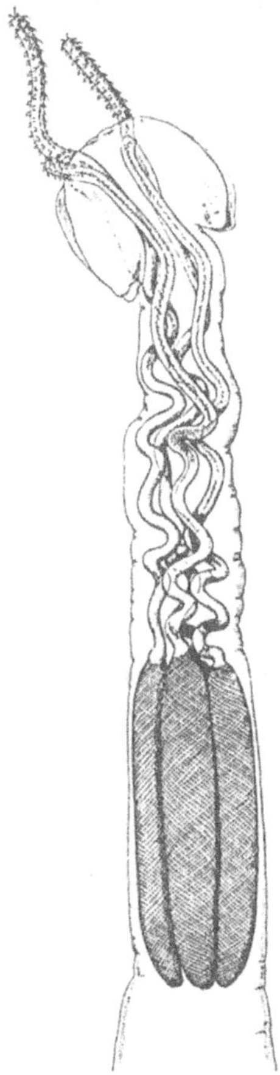

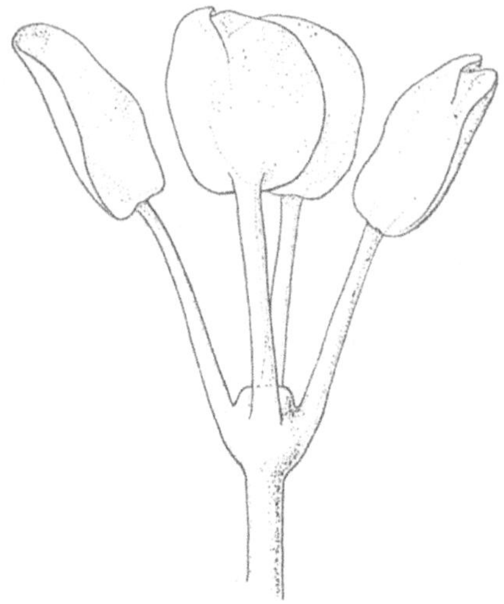

Bild 99 Scolex von *Anthobothrium* mit gestielten Saugscheiben. (Aus FUHRMANN 1933)

Bild 98
Scolex eines Trypanorhynchiden. (Aus FUHRMANN 1933)

Der Ahnenform dieser Ordnung steht vielleicht *Haplobothrium globuliforme* nahe, eine Art, die ganz allein die Haplobothriidea vertritt. Hier ist der Scolex ebenfalls mit einziehbaren Rüsseln ausgestattet. Die bis 11 cm lange Gliederkette („Primärwurm") zerfällt oft in mehrere Stücke („Sekundärwürmer"), an deren vorderen Gliedern dann zwei Sauggruben auftreten und damit ein „Pseudoscolex" entsteht. Endwirt ist im Süßwasser Nordamerikas der Knochenganoide *Amia*, der den Bandwurm über Kleinkrebs und Fisch erhält.

Der Haidarm ist auch Lebensraum der Tetraphyllidea, deren Kopf zum Teil durch vier löffelartige Saugscheiben (Bothridien) ausgezeichnet ist. Diese können entweder lang gestielt sein (z. B. *Anthobothrium*, Bild 99), oder dem Scolex flach ansitzen. Bei *Acanthobothrium* sind sie in Septem geteilt und mit Randhaken versehen (Bild 100). Im Verdauungstrakt des Wirts vermögen sich einzelne Glieder dieser Bandwürmer abzulösen und selbständig umherzukriechen. Erst dann wird der Geschlechtsapparat gebildet. Die Haie erwerben über Knochen- und Tintenfische das Plercocercoid. Erster Zwischenwirt ist auch hier der Kleinkrebs.

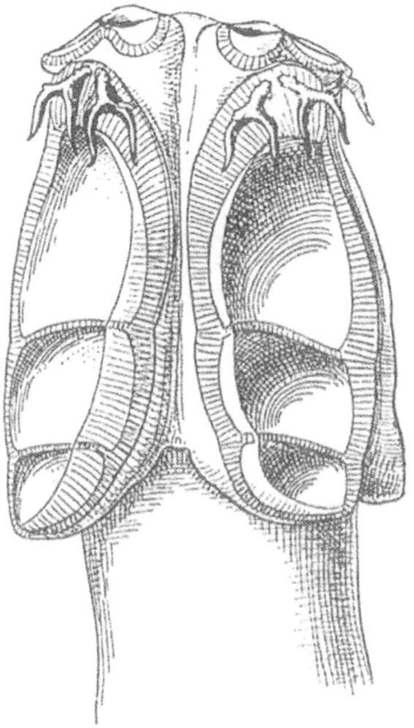

Bild 100
Scolex von *Acanthobothrium*.
(Aus FUHRMANN 1933)

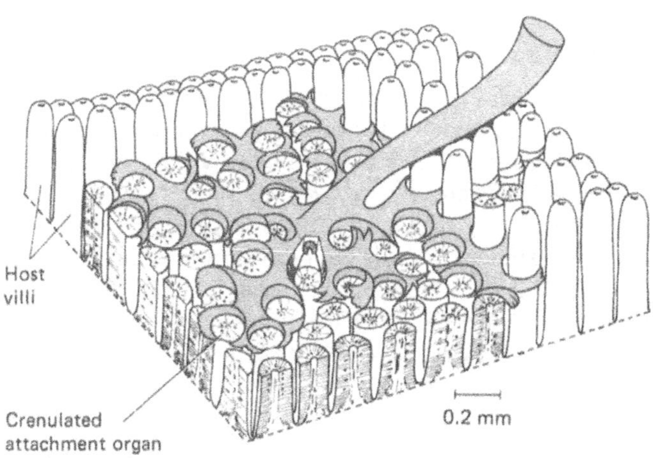

Bild 101a Scolex von ***Phyllobothrium pieri*** zwischen den Darmzotten des Rochens. (Aus WILLIAMS 1968)

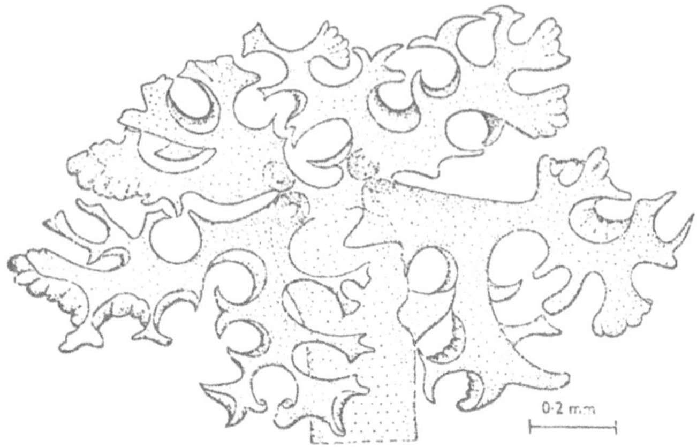

Bild 101b Scolex aus den Darmzotten herausgelöst.

Im Spiraldarm des Rochens leben *Phyllobothrium pierei* und *Pseudoanthobothrium hansei*. Ersterer bewohnt den hinteren Bereich, wo die Darmzotten kurz sind, letzterer den vorderen langzottigen Teil. Beide haben den Haftapparat ihres Scolex der Zottenlänge angepaßt, und jeder ist dadurch unwiderruflich an sein Mikrohabitat gebunden. Die Scolex-Lappen von *Ph. pierei* sind zergliedert, sehen fast wie ein *Monstera*-Blatt aus, und jede Zackenbildung des Lappenrands paßt um eine einzelne Zotte (Bild 101). *Ps. hanseni* hat vier becherförmige Bothrien, die genau auf die Spitze der langen Zotten passen. Außerdem besitzt der Wurm einen langen apikalen Rüssel mit einem Saugnapf an der Spitze, der sich zum unteren Teil der Zotte heruntertastet und dort festheftet.

Larven wurden geschlechtsreif

Da ihr einfach gebauter Scolex einer Nelkenblüte ähnen soll, nennt man sie Nelkenwürmer (Caryophyllidea). Sie sind ungegliedert und haben nur einen Geschlechtsapparat. Man könnte in ihnen primitive Pseudophilliden sehen, wenn es nicht Arten der Gattung *Archigetes* gäbe, die als Procercoid im Röhrenwurm *Tubifex* geschlechtsreif werden. Bei den anderen Arten dient der Wurm als Zwischenwirt für das in die Leibeshöhle wandernde Procercoid. Dieses entwickelt sich dann im Endwirt Fisch zum erwachsenen Bandwurm, der einem Plerocercoid sehr ähnlich sieht. So darf man wohl annehmen, daß die geschlechtsreifen Stadien der Nelkenwürmer neotene Larven sind und deren Karpfenfisch-Endwirte früher einmal zweite Zwischenwirte waren. Wenn dem so ist, hat diese Gruppe Ordnungsrang verdient.

In Gewässern mit intensiver Fischwirtschaft führt starker Befall mit den 2 bis 40 mm langen Parasiten zu Entzündungen, Geschwürbildung und Rupturen im Darmkanal der Fische. In den Beständen verursacht die Nelkenwurmkrankheit deshalb erhebliche Verluste. In jüngster Zeit wird das Krankheitsgeschehen wesentlich durch die mit dem Graskarpfen aus Ostasien eingeschleppte Art *Khawia sinensis* bestimmt.

An den Fischen neu eingerichteter Stauseen hat man die Dynamik der Parasitierung untersucht. Nach zwei Jahren war der Blei *(Abramis brama)* zu 26% von *Caryophyllaeus laticeps* befallen, drei Jahre später zu 40 % und nach weiteren zwei Jahren zu 80 %. Es wurde wohl richtig vermutet, daß die schnelle Zunahme der *Tubifex*bevölkerung am Seeboden diesen Befallsanstieg ermöglichte.

Literatur: Baer 1952, 1972, Cheng 1986, Dönges 1980, Dogiel 1963, Frank 1976, Fuhrmann 1930, Hiepe, Buchwalder & Nickel 1985, Kennedy 1975, Matthes & Matthes 1974, Odening 1969, 1984, Price 1980, Reichenbach-Klinke 1956, Wesenberg-Lund 1939, Whitfield 1979, Williams 1968.

Bandwürmer des Menschen

Die Ordnung der Cyclophyllidea enthält etwa 2300 Bandwurmarten – in Säugetieren 680, Vögeln 550, Kriechtieren 55 und Lurchen 15. Die erwachsenen Würmer haben meist einen kugeligen Scolex mit vier gut entwickelten Saugnäpfen (Acetabula). Sie sind symmetrisch angeordnet und werden bei manchen Arten in ihrer Haftfunktion durch einen Scheitelfortsatz, das Rostellum, unterstützt. Dieses ist oft einziehbar und kann mit einem oder mehreren Kränzen von Haken besetzt sein (Bild 106). Bei der Entwicklung überwiegt der 2-Wirte-Zyklus, drei Wirte sind seltener. Der Uteus hat keinen eigenen Ausgang, und die Geschlechtsöffnungen sind vorwiegend randständig. Die Eier gelangen mit dem reifen Glied nach außen und enthalten bereits eine fertige Hakenlarve (Oncosphäre). Diese ist innerhalb der Dottermembran von einer dickschaligen Embryophore umgeben, deren charakteristische radiäre Streifung aus Keratinstäbchen besteht. Gestalt und Typus der Finnen sind unterschiedlich. Neuerdings wurden an Kopf und Gliedern Sinneszellen nachgewiesen, von denen manche am Scolex eine Cilie tragen.

Human-, veterinärmedizinisch und wirtschaftlich sind die Taeniidae die bedeutendste Familie mit etwa 130 Arten. Zu ihrem 2-Wirte-Zyklus gehören nur Säugetiere. Endwirte sind Fleischfresser und Mensch, Zwischenwirte Pflanzenfresser. Letztere können leicht erreicht werden, da die ins Freie gelangten reifen Glieder auf Pflanzen kriechen und sich dort ihrer Eier entledigen. Bei manchen Arten kann der Mensch Fehlzwischenwirt werden. Finnenstadium ist der Cysticercus, eine mit Flüssigkeit gefüllte Blase, an deren oberen Pol ein Scolex entsteht, der eingestülpt in die Blase hineinhängt und noch von einer sackartigen Hülle, dem Receptaculum scolicis, umgeben ist (Bild 102).

Für den Rinderbandwurm *Taenia saginata (= Taeniarhynchus s.)* ist in deutscher Sprache sein Hauptzwischenwirt namengebend. Da andere Bandwürmer nach ihrem Endwirt benannt werden, versucht man ihn neuerdings als „Rinderfinnenbandwurm“ einzuführen – wahrscheinlich mit wenig Erfolg. Als Zwischenwirte dienen auch Büffel und kleine Wiederkäuer. Endwirt ist jedenfalls der Mensch mit der Wohnstätte Zwölffingerdarm.

T. saginata kann 10 m Länge erreichen, und sein Kopf trägt keine Haken. In einem einzigen Glied werden 100000 bis 125000 Eier gebildet, die, wenn sie besamt sind, mit Hüllen versehen und in einem verzweigten Sack, dem Uterus, aufbewahrt werden. Das letzte Fünftel des Wurms besteht aus derart prall mit Eiern gefüllten reifen Gliedern. Etwa 400 Stück werden davon im Monat gebildet. Gönnt man dem Schmarotzer eine mittlere Lebensdauer von 18 Jahren, dann kann er es in seinem Leben ohne weiteres auf eine Eizahl von 10 Milliarden bringen. Etwa 40 Millionen der Weltbevölkerung sollen sich seiner „erfreuen“. Im Bandwurmträger lösen sich die mit reifen Eiern gefüllten Endglieder einzeln ab und geraten mit dem Stuhl nach außen. Da auch ein einzelnes, abgelöstes Glied bewegungsfähig ist – was Ärzte oft in Staunen setzt – kann es sogar den Schließmuskel überwinden und den After aktiv verlassen. Der Schreck ist groß, wenn ein derartiges längliches, weißes Gebildes von 16 bis 20 mm Länge im Bett oder in der Wäsche gefunden wird. Das

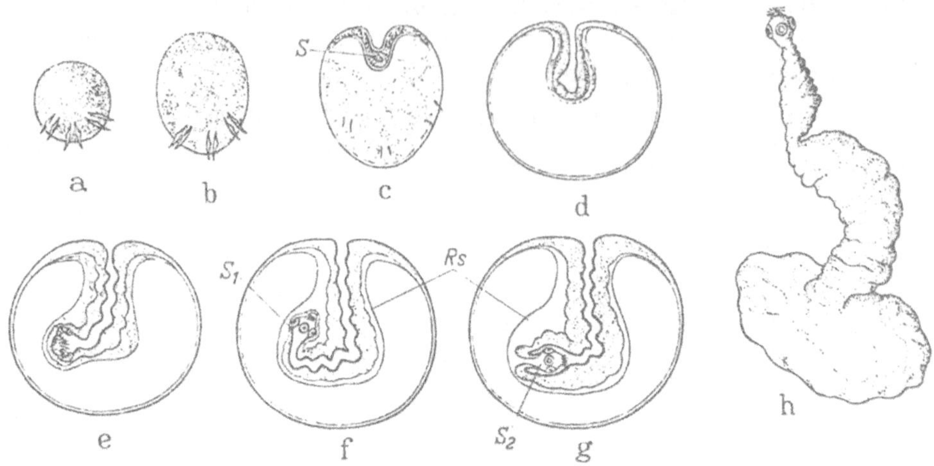

Bild 102 Finnenentwicklung bei *Taenia solium.* a freie Oncosphäre, b Wachstum der Oncosphäre, c beginnende Einstülpung der Keimschicht, d–f Ausbildung des Scolex in der Finnenblase, g Anfang der Scolex-Ausstülpung, h ausgestülpter Scolex mit anhängender Finnenblase, S Scolexanlage, S1 fertiger Scolex, S2 ausstülpender Scolex, Rs Receptaculum scolicis. (Aus PIEKARSKI 1954)

abgelöste Glied soll sogar in der Lage sein, aus Dunggruben oder offenen Aborten regelrecht herauszuwandern. Durch Jauchedüngung gelangen abgegangene Glieder auf eine Wiese, und die monatelang infektionsfähig bleibenden Eier werden frei.

Werden diese nun von weidenden Rindern aufgenommen, schlüpfen in deren Darm die Hakenlarven aus, bohren sich in die Darmwand ein und lassen sich mit dem Blutstrom in die Muskulatur des Zwischenwirts transportieren. 24 bis 72 Stunden nach der Infektion haben die Larven ihren Ansiedlungsort, vor allem Kau-, Schlund- und Zwerchfellmuskulatur, erreicht. Hier verliert die Larve ihre sechs Haken und wird zum Cysticercus bovis. Dieser ist 4 1/2 Monate nach der Infektion des Rindes bei einem Durchmesser von 7 bis 9 mm infektionsfähig und bleibt es über Jahre. Mit rohem Rindfleisch nimmt der Mensch die Finne auf. Im oberen Teil seines Dünndarms stülpt sich der Bandwurmkopf unter dem Einfluß der Gallenflüssigkeit handschuhfingerartig aus, und die Finnenblase wird verdaut. Nachdem sich der Kopf an der Darmwand festgeheftet hat, beginnt die Gliederkette zu sprossen. Nach 10 bis 12 Wochen ist der geschlechtsreife Wurm herangewachsen. Mit einer weiteren Finne kann sich der Bandwurmträger nicht infizieren. Erst wenn der vorhandene Wurm ausgeschieden ist, hat eine neue Finne Chancen. Werden allerdings gleichzeitig mehrere Finnen aufgenommen, müssen die sich entwickelnden Bandwürmer ihre gegenseitige Konkurrenz ertragen.

Der Befall mit einem Rinderbandwurm verläuft meist ohne stark spürbare Krankheitserscheinungen. Es können allerdings Appetitlosigkeit, Heißhunger, Brechneigung, Kopfschmerz und Abmagerung auftreten. Ein findiger Kopf verkaufte einmal Abmagerungspillen, die sich als in Staniol verpackte Rinderbandwurmfinnen entpuppten. Eine Bestrafung wegen Körperverletzung war die Folge. Bei Kindern kann die „Taeniose" zu nervösen Erscheinungen führen. Gründliche Fleischbeschau, Vermeidung von Jauchedüngung und als „ultima ratio" der Verzicht auf frisches Tatar sind die beste Vorbeugung. Die Finne geht bei 50 °C schnell zugrunde, bei – 18 °C stirbt sie nach etwa 60 Stunden.

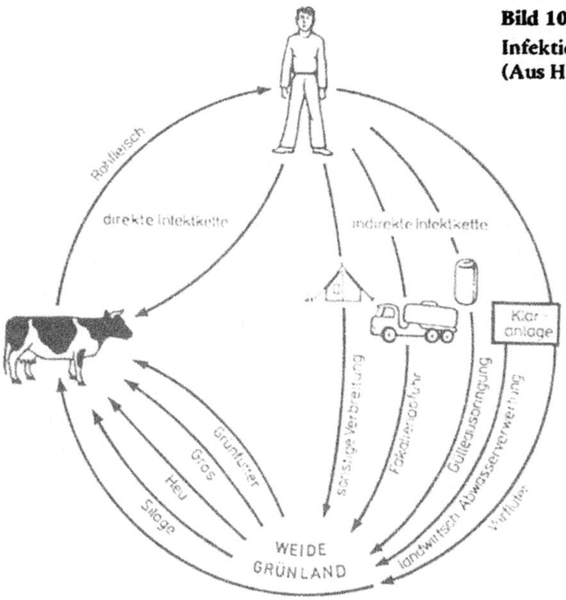

Bild 103
Infektionswege des Rinderbandwurms.
(Aus HIEPE, BUCHWALDER & NICKEL 1985)

Gründliche Untersuchungen zeigten, daß die Rinder vor allem über einen langen Infektionsweg erreicht werden (Bild 103), so durch die Verregnung von Abwässern aus Kläranlagen auf Weideflächen. Die Eier können im städtischen Abwasser bis zu drei Wochen, im Vorfluter bis zu zwei Monate überleben. Sie behalten je nach Witterung, 50 bis 200 Tage ihre Infektionsfähigkeit. Auch durch abwasserbelastetes Flußwasser, das zur Beregnung oder durch Überschwemmungen auf die Weideflächen kommt, werden den Rindern erhebliche Mengen von Eiern serviert. Schließlich ist auch die auf Futterflächen ausgebrachte Gülle häufig mit eierhaltigen Sozialabwässern vermischt.

Zwischenwirt des Schweinebandwurms *T. solium* ist das Schwein, und der Endwirt Mensch infiziert sich durch Genuß finnenhaltigen Schweinefleischs. An diesem Bandwurm haben übrigens in der Mitte des 19. Jahrhunderts zwei deutsche Forscher durch einen makabren Versuch nachgewiesen, daß diese Parasiten sich aus Finnen entwickeln. Sie verfütterten Finnen des Schweinebandwurms an einem zum Tode Verurteilten und fanden später bei der Sektion einen jungen Bandwurm im Darm des Deliquenten.

Die Finne, der Cysticercus cellulosae, erreicht maximal einen Durchmesser von 2 cm. Sie entwickelt sich auch im Wildschwein, in Hunden oder Katzen und ist zwar für den Fleischbeschauer besser sichtbar, dafür aber widerstandsfähiger als die des Rinderbandwurms. Im Schwein lebt sie 3 bis 6 Jahre, um dann abzusterben und zu verkalken. Bis zu sechs Wochen vermag die Finne sogar in Kadavern zu überleben. Das Schweinefleisch muß auf 60 bis 65 °C erhitzt werden, um sie abzutöten. Räuchern und Pökeln sind unsichere Verfahren. Bei Kühlhaustemperatur bleibt die Finne 11/2 Monate am Leben. Selbst wenn der Mensch gleichzeitig mehrere Finnen aufnimmt, soll es auch dann nur zur Entwicklung eines Wurms kommen. Die französische Bezeichnung „ver solitaire" (einsamer Wurm) für den Schweinebandwurm ist sicher darauf zurückzuführen.

T. solium wird 2 bis 4 m lang, und sein Rostellum trägt zwei Kränze größerer und kleinerer Haken. Der mit Eiern gefüllte Uterus hat weniger Seitenäste als der von *T. saginata*. Die reifen Glieder verlassen ihren Endwirt Mensch nicht einzeln, sondern in Gruppen von 5 bis 6 zusammenhängenden Gliedern, die im Gegensatz zum Rinderbandwurm den Darm nicht aktiv verlassen können, sondern nur mit dem Stuhl ins Freie gelangen. Man schätzt, daß der Schweinebandwurm während seines Lebens 200 bis 300 Millionen Eier abgibt.

Der Besitz dieses Darmbewohners kann zu ähnlichen Symptomen führen, wie sie beim Rinderbandwurm auftreten. Durch Fleischbeschau und saubere Schweinehaltung ist *T. solium* gottlob selten geworden, „gottlob" deshalb, weil er zu den gefährlichen Bandwürmern gehört, deren Finne sich auch im Menschen entwickeln kann. Der Mensch ist als Bandwurmträger in Gefahr, durch Selbstinfektion zum Zwischenwirt zu werden. Da aber das für die Entwicklung des erwachsenden Parasiten angestrebte Ziel, der menschliche Darm, in diesem Fall nur bei Kannibalen erreicht werden kann, ist der Mensch Fehlzwischenwirt. Doch das ist für den an Cysticercose erkrankten Finnenträger kaum ein Trost. Bei einer Infektion mit Bandwurmeiern werden meist viele dieser winzigen Gebilde aufgenommen, und es entwickeln sich dann auch mehrere Finnen. In der Muskulatur stören sie nicht sehr und führen allenfalls zu rheumatischen Beschwerden. Leider wandert die Sechshakenlarve beim Menschen mit Vorliebe in das Gehirn, und die Finne muß dann wie ein Tumor operativ entfernt werden. Sitzt die Finne im Rückenmarkt, kann sie Querschnittlähmung verursachen. Der Besitzer eines Schweinebandwurms ist selbstverständlich nicht nur eine Gefahr für sich selbst, sondern auch für andere Menschen, die sich mit seinen Bandwurmeiern infizieren können. Sogar das Kind im Mutterleib kann Finnenträger werden, wenn die Larve die Plazenta durchdringt. In manchen tropischen Gegenden Südamerikas und Afrikas ist die Cysticercose ein ernstliches Problem.

Wahrscheinlich sind mögliche Infektionen mit *T. solium*-Finnen einschließlich der Trichinose die eigentliche Ursache des Verbots von Schweinefleischgenuß für Mohammedaner und Juden.

Oberstes Gebot ist auch hier wieder, nicht mit menschlichen Fäkalien zu düngen. Außerdem sollte der Schweinebandwurm nach seiner Abtreibung am besten durch Verbrennung vernichtet werden.

In Raubtieren

Die Glieder von *Taenia pisiformis* sind trapezförmig und hinten verbreitert, so daß die Gliederkette gesägt erscheint. Dieser „gesägte Bandwurm" schmarotzt im Darm von Raubtieren. Aus deren Kot kriechen die reifen Glieder an Pflanzen hoch und werden von den Zwischenwirten, Hasen und kleine Nager, aufgenommen. Deshalb sind es immer viele Exemplare des Cysticercus pisiformis, die sich in ihnen entwickeln und meist traubenartig im Mesenterium hängen.

Mit langen Stielen hängen auch die Finnen von *T. hydatigena* in den Mesenterien der Zwischenwirte, Finnenbefall der Leber ist möglich. Mit 1,50 bis 5 m Länge ist dies der größte Hundebandwurm. Im Endwirt Hund, der sogar selbst Zwischenwirt werden kann, dauert die Entwicklung bis zum fertigen Wurm drei Monate. Die Zwischenwirte sind kleine und große Wiederkäuer, Schwein, Pferd, Rot- und Rehwild und Nagetiere.

Wolf und Hund sind die Endwirte von *T. ovis*, dessen Finne sich in Zwerchfell und Skelettmuskulatur von Schafen und Ziegen entwickelt. Der Bandwurm ist vorwiegend in den Schafzuchtgebieten Neuseelands verbreitet.

Streng wirts- und körperteilspezifisch ist der Cysticercus con *T. olngojinei*, der sich in der 2 bis 3 cm großen Sacralwirbelhöhle der Kuhantilope bildet. Dieser Skeletteil kann nur von der Fleckenhyäne Afrikas, dem Endwirt, zermalmt werden, sonst von keinem anderen Raubtier.

Der typische Katzenbandwurm *Hydatigera taeniaeformis* kommt auch bei wilden Feliden und nur selten bei Hund und Fuchs vor. Seine Finne entwickelt sich in Nagetieren. Sie ist ein Cysticercus, der bereits über eine mindestens 10 cm lange Gliederkette verfügt, ein sogenannter Strobilocercus. Für Versuchstierhaltungen und Pelztierzuchten ist der Finnenbefall ein Störfaktor, der nur unter großem Aufwand beseitigt werden kann.

Vermehrung in der Finne

Es gibt Taeniiden, bei denen zusätzlich in der Finne ungeschlechtliche Vermehrung stattfindet. Die Finne des in Füchsen und Hunden parasitierenden *Multiceps serialis* wächst im Unterhautbindegewebe von Hase und Kaninchen zu einer Blase von mehreren Zentimetern Durchmesser heran. In diesem Coenurus serialis knospen einige Dutzend cysticercusartige Gebilde. Vereinzelt hat man die Finne auch beim Menschen gefunden.

Hund und Fuchs sind auch die Endwirte des Quesenbandwurms *Multiceps multiceps.* Die bis hühnereigroße Finne, der Coenurus cerebralis, entwickelt sich im Gehirn, seltener im Rückenmark herbivorer Säuger. Hauptzwischenwirt ist das Schaf. Hütehund und Schafherde sind für diesen Bandwurm die ideale ökologische Situation. Sitzt die Finnenblase beim Schaf in der rechten Hirnhälfte, dreht sich das Tier nach links und umgekehrt. Nicht selten stirbt der Zwischenwirt an der „Drehkrankheit“. Auch Menschen sind schon als Fehlzwischenwirte zugrunde gegangen.

Die zur Gattung *Echinococcus* gehörenden Arten werden nur wenige Millimeter groß, haben 3 bis 7 Glieder und besiedeln den Darm ihrer räuberischen Endwirte (Carnivora) in großen Mengen. Im Darm eines in Rußland geschossenen Fuchse zählte man 450000 Exemplare! Die reifen Glieder enthalten nur 200 bis 1500 Eier. Diese geringe Eizahl wird durch die ungeschlechtliche Vermehrung in der Finnenblase, die hier Hydatide heißt, ausgeglichen. Die Hydatide ist außen von einer geschichteten, lederartigen Membran umgeben. Der Wirt umhüllt sie zusätzlich noch mit einer Bindegewebskapsel, der Pericyste. An der inneren, kernreichen Keimschicht sprossen Köpfe (Protoscolices) und Brutkapseln, in denen später ebenfalls Köpfe entstehen (Bild 104). Mit der Keimschicht sind die

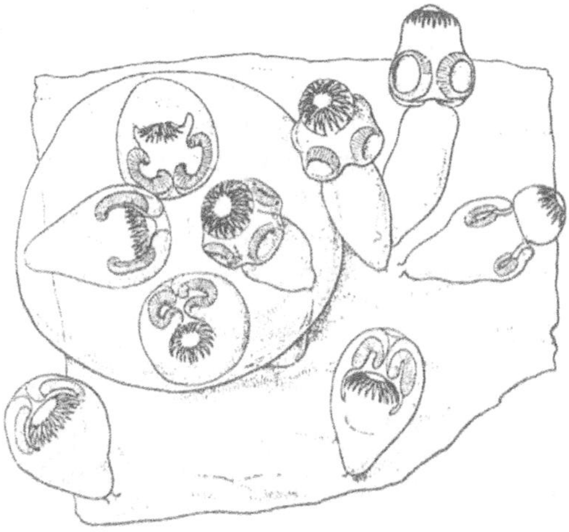

Bild 104
Stück der Hydatidenwand mit Scolices und Brutkapseln von *Echinococcus granulosus.* (Aus FUHRMANN 1933)

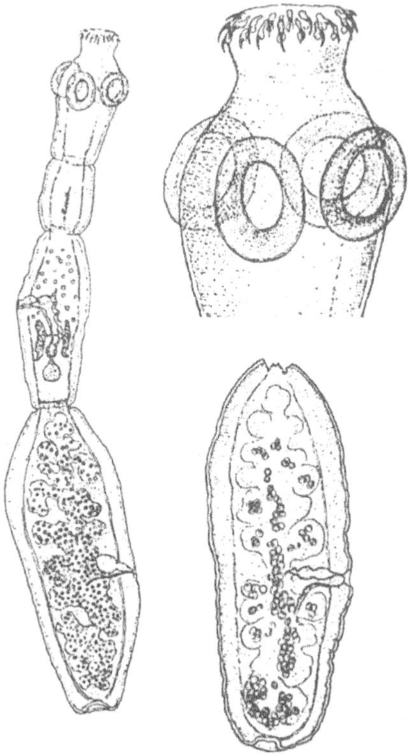

Bild 105
Echinococcus granulosus, erwachsener Bandwurm, Scolex und abgelöstes reifes Glied. (Aus MATTES & WIGAND 1958)

Kapseln durch einen leicht abreißbaren Stiel verbunden. Am Boden der mit Flüssigkeit gefüllten Blase sammelt sich der aus Köpfen und Brutkapseln bestehende „Hydatidensand". Man zählte in 1 ml Bodensatz 400000 Köpfe. Platzt eine Hydatide, dann können sich die ausgesäten Protoscolices zu neuen Hydatiden entwickeln – ein Vorgang, der in diesem carcinomähnlichen Geschehen an die Metastasenbildung erinnert.

Der Hundebandwurm *E. granulosus* ist ein dreigliedriger Zwerg von höchstens 6 mm Länge, der tief zwischen den Dünndarmzotten seines Endwirts, des Hundes, sitzt und sich dort mit Saugnäpfen und Hakenkranz verankert. Sein zweites Glied enthält den zwittrigen Geschlechsapparat, das dritte und letzte den mit Eiern gefüllten Uterus (Bild 105). Obwohl er kaum jemals allein im Hundedarm ist, stellte man bei in vitro gehaltenen Individuen Selbstbesamung des geschlechtsreifen Gliedes fest. Fremdbegattung wurde niemals beobachtet. Der Hundebandwurm ist weit verbreitet und kommt überall dort vor, wo seine Zwischenwirte, vor allem Schaf, Rind und Schwein, vom Hund infiziert werden können und dieser wieder das finnige Fleisch zum Fraß bekommt. Auch Wolf und Schakal, gelegentlich Katzen, sind Endwirte dieses Parasiten. In Europa ist er vor allem in den Balkanländern häufig.

In seinem Endwirt hat der Hundebandwurm eine Lebensdauer von etwa vier Monaten. Immer wenn die mit Eiern angefüllten Endglieder reif sind, lösen sie sich vom Bandwurm ab und geraten mit dem Kot ins Freie. Sie kriechen dann auf Gegenstände ihrer Umgebung, vorwiegend Grashalme. Dort preßt das Bandwurmglied seinen Eivorrat aus, der dann am Gras kleben bleibt. Dieser Eiballen kann nun bequem vom Weidevieh aufgenommen werden. Auch die Endglieder, die das „Pech“ haben, in der Umgebung des Hundeafters hängenzubleiben, geben ihre Eier ab, die dann vom leckenden Hund über das ganze Fell verteilt werden können. Wie interessante Untersuchungen zeigten, ist es die Lichtwirkung, die das aus der Finsternis des Hundedarms kommende Bandwurmglied zur Fortbewegung und Eiablage veranlaßt.

Im Weidevieh (Schaf, Rind) verläßt die Hakenlarve ihre Hülle, dringt in die Darmwand ein und erreicht über die Blutbahn die Leber. Hier entwickelt sich die Larve zur Hydatide, oder aber sie wandert über das rechte Herz in die Lunge, um dort heranzuwachsen. In selten Fällen gerät die Larve sogar in den großen Kreislauf und wählt dann andere Organe ihres Wirts für die Hydatidenentwicklung. Im Schwein wird die Leber bevorzugt, bei Rindern ist die Lunge der häufigste Ansiedlungsort, während bei Schafen die Lunge etwas öfter befallen wird als die Leber. Die Finne wächst sehr langsam, kann 20 Jahre alt werden und die Größe einer Apfelsine oder sogar die eines Kinderkopfes erreichen. Sie enthält Brutkapseln und viele Tausende von Protoscolices. Es können auch Tochterblasen nach außen abgegeben werden. Diese befinden sich dann zwischen der lederartigen Hydatidenhülle und der Pericyste. Wenn nun ein Hund eine Schafleber frißt, die eine solche Hydatide oder einen solchen Hülsenwurm, wie man diese Finne auch nennt, enthält, dann beschert er seinem Darm zigtausend Bandwurmköpfe, und aus jedem Kopf sprießt ein Bandwurm.

Der Mensch kann Fehlzwischenwirt werden. Wirklicher Zwischenwirt ist er höchstens in einigen Gegenden Afrikas und des vorderen Orients, wo man Leichen so begräbt, daß Hunde Menschenleber fressen können. Die Leber ist jenes Organ, in dem sich die Larve beim Menschen mit besonderer Vorliebe „zur Ruhe setzt“. Da die Hydatide sehr langsam heranwächst, können in der Kindheit erworbene Infektionen erst im Erwachsenenalter zu klinischen Erscheinungen führen. Daß ein so großer Fremdkörper in Leber oder Lunge letztlich zu schweren Erkrankungen führt, liegt auf der Hand. Diagnostiziert wird die Echinococcose durch das Röntgenbild oder durch andere Verfahren, wie zum Beispiel die Intrakutanreaktion, bei der man Hydatidenflüssigkeit unter die Haut spritzt. Heilung ist nur durch Operation möglich. Beim Platzen einer Hydatide werden Antigene frei, auf die der Körper mit einem tödlichen Schock reagieren kann. Da der Mensch kein „idealer“ Zwischenwirt ist, entwickeln sich in seinen Hydatiden nur wenige oder gar keine Protoscolices.

Infektionsquelle dieser schrecklichen Krankheit ist also unser Hund. Dieser kann jedoch nur dann Bandwurmträger werden, wenn er mit finnenhaltigen, rohen Schlachtabfällen gefüttert wird. Dies geschieht in Mitteleuropa wohl kaum noch, und der Hundebandwurm ist tatsächlich bei uns ein sehr seltener Parasit geworden. In Island hat man in Gebieten mit starker Hundebandwurmverseuchung durch planmäßige Bekämpfungsmaßnahmen gute Erfolge erzielt. Alle Hunde wurden im Abstand von 1/2 bis 1 Jahr Bandwurmkuren unterworfen, die Abgänge restlos vernichtet und die Schlachthaushygiene verbessert. Seitdem findet man dort Echinococcose nur noch bei alten Einwohnern, die sich vor Einsetzen dieser Aktion infizierten. Das „cave canem“ gilt jedoch auch weiterhin, vorwiegend wenn man sich in Länder begibt, die in hygienischer Hinsicht noch unterentwickelt sind.

Daß auch Wirtshormone die Schmarotzer beeinflussen, beweist *E. granulosus*, der sich in kastrierten Hunden nicht ansiedeln läßt.

Ein enger Verwandter des Hundebandwurms lebt im Rotfuchs. Dieser *E. multilocularis* ist 3 bis 5, meist viergliedrig, wird aber höchstens 3,5 mm lang. Zwischenwirt ist die Feldmaus *Microtus arvalis* und andere Mäuse, die sich durch Aufnahme der vom Fuchs ausgeschiedenen Bandwurmeier infizieren. Die Finne siedelt sich in der Leber des Zwischenwirts an, ist in ihrem Inneren wabig-gallertig und schnürt nach außen Tochterblasen ab, so daß ein traubenartiges Gebilde entsteht. Der Fuchs wird durch Verzehr einer finnentragenden Maus zum Endwirt.

Auch bei diesem *Echinococcus* vermag sich die Finne im Menschen zu entwickeln und bei ihm ebenfalls fast stets in der Leber. So können sich Jäger und Präparatoren beim Abbalgen eines erlegten Fuchses die Eier einverleiben. Auch ungewaschene Waldfrüchte wie Heidelbeeren sind eine Übertragungsquelle. Im Menschen durchwächst die Finne nach und nach die ganze Leber, wobei es zur Entstehung zentral gelegener Zerfallshöhlen kommt. Es gibt gegen diese alveoläre Echinococcose, die früher in der Medizin auch „Gallertkrebs" genannt wurde, erst seit neuester Zeit ein allerdings schwer verträgliches Medikament. Infektionen des Menschen, der wiederum Fehlzwischenwirt ist, kommen in Mitteleuropa vorwiegend in Süddeutschland (Baden-Württemberg, Oberbayern), in der Schweiz und in Ostfrankreich vor. Auch in Rußland gibt es diesen Bandwurm. In den Füchsen Argentiniens vertritt ihn der ebenso gefährliche *E. patagonicus.* Da sich Hund und Katze mit *E. multilocularis* als Endwirt und die Hausmaus als Zwischenwirt infizieren lassen, wäre ein Zyklus Katze-Hausmaus-Katze möglich, der dann in bedenklicher Nähe des Menschen abliefe.

Die Höchstzahl von Hydatidenträgern gibt es bei primitiven Eingeborenenstämmen Kenyas. Dort ist es üblich, nur leicht gerösteten Hundedarm zu verspeisen. Eine ebenso hohe Infektionsrate haben die Gerber des Libanons. Sie pflegen der Gerbbrühe Hundekot zuzusetzen und erwerben die *Echinococcus*-Eier über ihre Hände.

Der Zwergbandwurm ohne Zwischenwirt

Die Hymenolepididae sind eine sehr umfangreiche Familie, von deren Arten etwa 650 Vögel und 170 Säuger als Endwirte haben. Meist besteht ein 2-Wirte-, seltener ein 3-Wirte-Zyklus und der Zwergbandwurm *Hymenolepis nana* (auch als *Vampirolepis n.* bezeichnet) hat nur einen Wirt. Er ist 4 cm lang, erreicht nur selten 10 cm und ist damit der kleinste Bandwurm des Menschen. Er gibt ihn vorwiegend in wärmeren Ländern. Die Eier werden schon im Menschendarm frei. Wenn man sich mit ihnen infziert, schlüpft im Zwölffingerdarm die Hakenlarve. Diese dringt in eine Darmzotte ein und verwandelt sich innerhalb von vier Tagen in eine geschwänzte Finne, ein Cysticercoid. Die den Zwischenwirt ersetzende Zotte wird dann gesprengt, und die Finne entwickelt sich in einem hinteren Darmabschnitt zum Bandwurm. Da hier genau wie beim Fadenwurm *Enterobius* der direkte After-Finger-Mund-Weg möglich ist, sind besonders Kinder Bandwurmträger. Ob eine innere Selbstinfektion durch Larven, die den Darm nie verlassen, möglich ist, weiß man noch nicht.

Als Wirte kommen auch Nagetiere in Frage. Auch bei diesem Bandwurm war es möglich, die Wirkung von Wirtshormonen zu demonstrieren. Kastriert man das Rattenmännchen, in dem er schmarotzt, stellt er die Bildung von Geschlechtsprodukten ein. Spritzt man der Ratte wieder männliche Hormone, bildet der Bandwurm reife Eier. Gelegentlich trifft *H. nana* im Rattendarm mit dem Kratzer *Moniliformis moniliformis* zusammen, dann weicht er der Konkurrenz in einen anderen Darmabschnitt aus. Hier gedeiht er dann allerdings nicht optimal und bildet auch weniger Eier. Experimentell konnte sogar eine Cysticercoidentwicklung in Flöhen und anderen Insekten erreicht werden.

Insekten sind stets Zwischenwirte des Rattenbandwurms *H. diminuta.* Diese Art begegnet der Wirtsabwehr durch ein hämolytisches Sekret, das die Microvilli abscheiden.

Das Cysticercoid als Hyperparasit

Die Bandwürmer aus der Familie der Dilepididae leben in Säugetieren und Vögeln, eine Gattung *(Ophiovalipora)* in Schlangen. Zwischenwirte für die Cysticercoide sind Wirbellose. Viele Arten haben in jedem Glied zwei Geschlechtsapparate. Die Angehörigen der Gattung *Dipylidium* sind Säugetierschmarotzer, die selten länger als 50 cm werden. Ihre Zwischenwirte sind oft Flöhe und deren Larven. Dann ist das Cysticercoid ein Hyperparasit.

D. caninum heißt wegen der Form seiner reifen Glieder Gurkenkernbandwurm (Bild 106). Er lebt im vorderen und mittleren Dünndarm kleiner Fleischfresser, wo er 15 bis 20 cm lang wird, oder im Hund, in dem er bis zu 50 cm Länge erreichen kann. Der primär netzartig angelegte Uterus füllt in den reifen Gliedern das ganze Parenchym aus. In den ursprünglichen Maschen liegen dann die Eier von schleimiger Masse umgeben in Paketen von 20 bis 30 Stück. Die reifen Glieder können den After aktiv verlassen. Wegen des dadurch ausgelösten Juckreizes rutschen befallene Hunde häufig mit ihrer hinteren Körperpartie über den Boden – sie „fahren Schlitten". Zwischenwirte sind neben dem Haarling *Trichodectes* Larven von Flöhen *(Ctenocephalides, Pulex).* Die Oncosphäre durchbohrt den

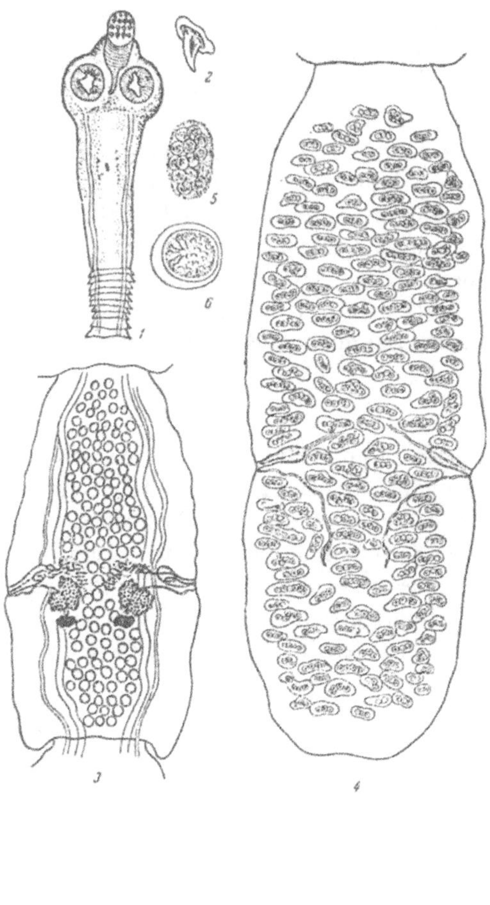

Bild 106

Gurkenkernbandwurm, 1 Scolex mit Rostellum und Sprossungszone, 2 Rostellumhaken, 3 Glied mit doppeltem Geschlechtsapparat, 4 reifes Glied mit Eipaketen, 5 Eipaket, 6 einzelnes Ei. (Aus ODENING 1969)

Darm der Flohlarve und entwickelt sich in der Leibeshöhle zum Cysticercoid, das im erwachsenen Floh nach zwei Wochen infektionstüchtig wird. Ein Teil der Finnen wird vom Floh eingekapselt und abgetötet. Trotzdem sterben viele Flohlarven und Flöhe an der Parasitierung. Der Endwirt infiziert sich durch Zerbeißen der Insekten. Wenn Kinder sich von Hunden im Gesicht lecken lassen, können sie im Hundespeichel enthaltene Cysticercoide aufnehmen und zum Bandwurmbesitzer werden. Es dauert dann drei Wochen, bis der Wurm geschlechtsreif ist.

In Hornmilben und Staubläusen

In der Leibeshöhle von Hornmilben (Oribatiden) entwickeln sich die Cysticercoide der Anoplocephalidae, was oft mehrere Monate dauert. Mit dem Futter werden dann die infizierten Milben von Wiederkäuern, Einhufern oder Nagern aufgenommen. In der Gattung *Moniezia,* die sich durch einen doppelten Geschlechtsapparat pro Glied auszeichnet, sind neben diesen Milben auch Staubläuse (Psocoptera) Zwischenwirte. *M. benedeni* im Rind und *M. expansa* im Schaf sind die wichtigsten Wiederkäuer-Cestoden. Diese Bandwürmer haben nur eine kurze Lebensdauer, und ihre Cysticercoide überwintern in der Milbe. Bei *M. expansa* hat man 56 Hornmilbenarten als Zwischenwirte erkannt. Die Milben kommen abends aus dem Humus heraus, und Rinder und Schafe infizieren sich beim abendlichen Weiden. Pferd, Esel und Maultier besorgen sich ebenfalls beim Fressen Oribatiden und werden Endwirt von *Anoplocephala perfoliata;* Primaten der Alten Welt holen sich auf diesem Wege *Bertiela studeri.*

Einen 3-Wirte-Zyklus haben die Mesocestoidae, bei denen die Geschlechtsöffnung auf der Oberfläche des Gliedes liegt. Endwirte sind Raubtiere und Vögel. Im reifen Glied von *Mesocestoides lineatus* sind sämtliche Eier von einer gemeinsamen Kapsel, dem Paruterinorgan, umhüllt. Endwirt dieses Bandwurms sind Fuchs, Dachs, Marder und Hund. Ein paarmal hat man ihn auch beim Menschen gefunden. Hier muß die cysticercoidhaltige Hornmilbe von einem zweiten Zwischenwirt (Lurche, Kriechtiere, Vögel) gefressen werden. In ihm bildet sich dann ein 1 cm bis mehrere Zentimeter langes, flaches Larvenstadium, das Tetrathyridium. Im Endwirt entwickelt sich der geschlechtsreife Wurm im Darm, oder die Larve siedelt sich in der Leibeshöhle an. Dies tut sie auf jeden Fall bei ungeeigneten Wirten, die damit zu Stapelwirten werden. Bei dem in Fuchs und Maus lebenden *M. corti* können sich Larve und fertiger Wurm sogar durch Längsteilung vermehren.

Nur der Kopf überwintert

Die zu Ehren des französischen Parasitologen Casimir Davaine Davanieidae genannten Bandwürmer führen im Darm ihres Endwirts vom Frühjahr bis zum Herbst ein normales Cestodenleben. Dann aber stoßen sie ihre gesamte Gliederkette ab. Die Scolices bleiben nach dieser „Destrobilation" zwischen den Darmzotten, um im nächsten Frühjahr eine neue Gliederkette zu bilden. Vermutlich wird dieses Geschehen durch Wirtshormone gesteuert. Endwirte der 13 Gattungen dieser Familie sind vorwiegend Vögel. Nur in der Gattung *Raillietina* gibt es Arten, die in Säugern und Mensch schmarotzen. Zwischenwirte sind Schnecken und Insekten.

Getrenntgeschlechtliche Bandwürmer

Bei Bandwürmern gibt es nur wenige Fälle sekundärer Getrenntgeschlechtlichkeit. Es sind die Arten der Gattung *Dioecocestus* (Familie Dioecocestidae), die im Darm von Wasservögeln parasitieren. Das Weibchen ist länger, breiter und dicker als das Männchen, das dafür aber einen doppelten männlichen Geschlechtsapparat besitzt, während der weibliche einfach ist. Da die Vagina blind im Körpergewebe endet, wird der mit starken Haken bewaffnete Penis an beliebiger Stelle in das Weibchen gestoßen, bis das Vaginalrohr erreicht ist. Im Wirtstier trifft man stets ein Pärchen dieses Bandwurms an. Vielleicht ist die Finne zweiköpfig, und männliche und weibliche Entwicklungstendenzen werden auf zwei Geschwistertiere verteilt.

Literatur: Arai 1980, Arme & Pappas 1983, Baer 1952, 1972, Cheng 1986, Dönges 1980, Eckert 1970, Frank 1976, Fuhrmann 1904, 1933, Hiepe, Buchwalder & Nickel 1985, Lubinsky 1960, Matthes 1963, Matthes & Matthes 1974, Meisenheimer 1921, Morseth 1960, Odening 1969, 1984, Osche 1966 a, Smyth 1964, Threadgold 1984, Verster 1967, Vogel 1955, 1957, 1960, Vogel & Schumacher 1957, Whitfield 1979, Williams 1968.

Das Modell für Ursaugwürmer

Die Aspidobothrii sind eine nur an die 40 Arten umfassende, recht primitive Klasse der Saugwürmer (Trematoda).

Die oviparen Zwitter haben ein sehr umfangreiches Haftorgan. Dieses besteht aus einem durch Septen wabenförmig in zahlreiche Sauggruben aufgeteilten Gebilde oder einer Reihe von Saugnäpfen.

Die Larven sind bereits saugwurmähnlich und schwimmen als bewimpertes Cotylocidium oder kriechen als unbewimpertes Aspidocidium am Gewässerboden. Wirte sind primär Schnecken und Muscheln des Süßwassers und des Meeres. Einige Arten, so die in Süßwassermuscheln Nordamerikas parasitierende *Cotylaspis insignis*, vollenden ihren gesamten Lebenszyklus im Weichtier. Andere Arten tun dies ebenfalls, können jedoch auch erwachsen im Darm von Schildkröten gefunden werden, wie z. B. *Aspidogaster conchicola*. *Lobastoma manteri* hat schließlich bereits einen 2-Wirte-Zyklus und kann nur im Darm der Stachelmakrele *Trachynotus* geschlechtsreif werden. Es soll auch ektoparasitische und symphorionte Arten geben.

Literatur: Cheng 1986, Dönges 1980, Odening 1984.

Die „digenetischen" Saugwürmer

Die ehemaligen Digenea bilden innerhalb der Überklasse der Trematoda die Klasse der Malacobothrii, in der es etwa 7200 Arten gibt.

Die erwachsenen Würmer leben als Schmarotzer in Wirbeltieren. Ort der Parasitierung sind Darm, Leber, Niere, Harnwege und Blutgefäßsystem. Die geschlechtsreifen Tiere sind, von wenigen Ausnahmen abgesehen, Zwitter, bei denen es meist zur Fremdbefruchtung kommt. Zusätzlich vollzieht sich eine zweite Vermehrungsphase in einem ersten Zwischenwirt. Da hierbei Reduktionsteilungen ablaufen, handelt es sich bei diesen Vorgängen um Jungfernzeugung. Mit Ausnahme eines Ringelwurms sind diese Zwischenwirte stets Weichtiere, in der Regel Schnecken. Bei der Nahrungsaufnahme arbeiten ein Mundsaugnapf und ein muskulöser Schlund alternierend nach Art einer Saug-Druck-Pumpe zusammen. Der sich anschließende Darm ist zweischenklig und meist ohne After.

Ein Bauchsaugnapf, der ein Haftorgan darstellt, liegt in der Regel vor der Körpermitte. Er kann aber auch fehlen, rudimentär angelegt oder auch in der Mehrzahl vorhanden sein.

Den befruchteten Eizellen werden aus den sogenannten Dotterstöcken stammende Dotterzellen beigepackt, die Nährstoffe, vorwiegend Proteine für die Embryonalentwicklung der Wimperlarve, des Miracidiums, liefern. Außerdem scheiden sie Skleritin für die Bildung einer Eischale aus. Diese Substanz ist ein in chemischer und mechanischer Hinsicht äußerst widerstandsfähiges Protein. Die gute Qualität der Kapselsubstanz wird auch noch durch die lange Verweildauer der Eier im überlangen Uterus gewährleistet. An einem der beiden Kapselpole verursacht die Eizelle mit Hilfe von Pseudopodien die Aussparung einer kreisrunden Furche. Das ist die Bruchstelle für das Operculum, den Deckel, der später beim Schlüpfen des Miracidiums abgesprengt wird und nur den Eiern der Pärchenegel fehlt.

Das Miracidium, an dessen innerer Organisation meist ein gut entwickeltes Nervensystem und Lichtsinnesorgane in Form zweier Pigmentbecherocellen bemerkenswert sind, hat bewimperte Ektodermzellen von artkonstanter Zahl (Bild 107). Nur in einer Familie (Halipegidae) sind die Wimpern durch Stacheln ersetzt. Am Vorderende befinden sich Drüsen, die der Anheftung und dem Eindringen in den Zwischenwirt durch Epithel-

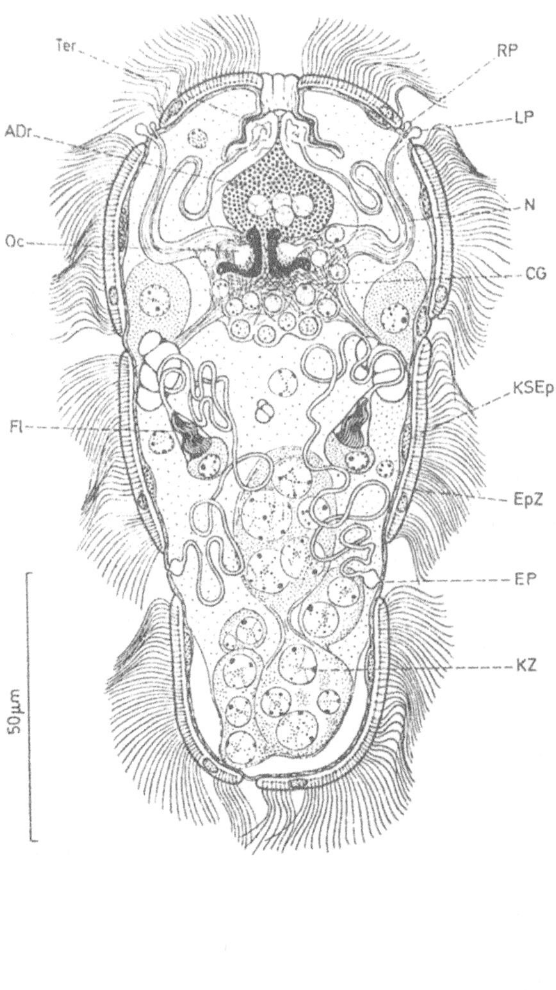

Bild 107
Miracidium von *Isthmiophora melis*, ADr = Penetrationsdrüse, CG = Cerebralganglion, EP = Exkretionsporus, EpZ = Epithelzelle, Fl = Wimperflamme im Exkretionssystem, KSEp = Kern im Subepithel, KZ = Keimzellen, N = Nerv, Cc = Lichtsinnesorgan, Ter = zurückgezogene Bohrspitze. (Aus DÖNGES 1980)

auflösung dienen (Penetrationsdrüsen). Manche habe auch einen Bohrstachel. Der hintere Körperabschnitt dieser erstlarve enthält Keimzellen, bei einigen wenigen Arten entwikkelt sich hier sogar schon eine kleine Stablarve (s. S. 173). Wenn das Miracidium aus der Kapsel schlüpft, kommt der Schlag seiner Wimpern voll in Gang und wird erst nach 4 bis 12 Stunden eingestellt, wenn alle Energiereserven verbraucht sind. Beim Schwimmen kann eine Geschwindigkeit von 4 mm in der Sekunde erreicht werden. Gelenkt wird durch Körperkrümmung, und positive Phototaxis führt die Larve in die oberen Wasserschichten, wo sich die Schnecken aufhalten. Diese findet sie auf kurze Entfernung chemotaktisch. Beim Eindringen in den Zwischenwirt werden die bewimperten Epithelzellen meist einzeln abgeworfen, und nur in wenigen Fällen nimmt die Larve ihren Cilienmantel mit in die Schnecke. Bei einigen Familien sind die Miracidien nicht freischwimmend, sondern schlüpfen erst im Schneckendarm aus.

Im Zwischenwirt verwandelt sich das Miracidium in einen darmlosen Sack, die Muttersporocyste. Diese kann bis zu 1 cm lang werden, sich auch verzweigen und durch Teilung vermehren. Zur Nahrungsaufnahme durch Resorption sind auf ihrer Körperhülle verzweigte Microvilli ausgebildet. Sie enthält eine Zellmasse, von der sich als Keimballen die Embryonen der nächsten Generation ablösen. Es kommt meist zur Entwicklung einer zweiten Sporocystengeneration (Tochtersporocysten) (Bild 108) oder mehrerer Generationen von Stablarven (Mutterredie, Tochterredien).

Die nach dem italienischen Naturforscher Francesco Redi benannten Redien oder Stablarven sind ein 2 bis 3 mm langer Keimsack mit Darm, Schlund und zwei zipfelartigen An-

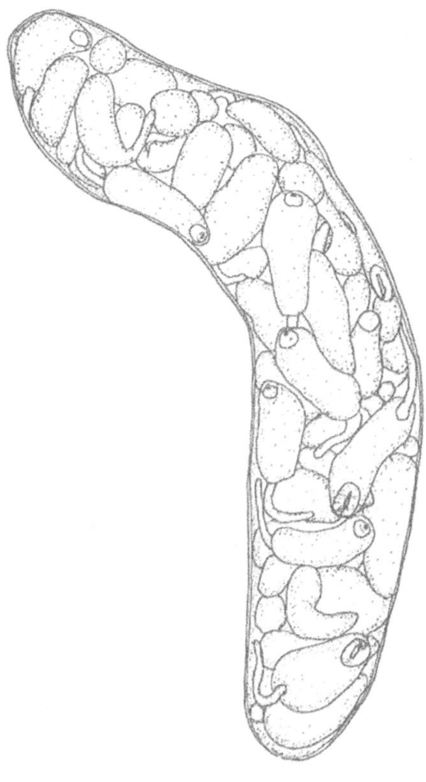

Bild 108
Xiphidiocercarien in einer Tochtersporocyste. (Aus MATTNER 1970)

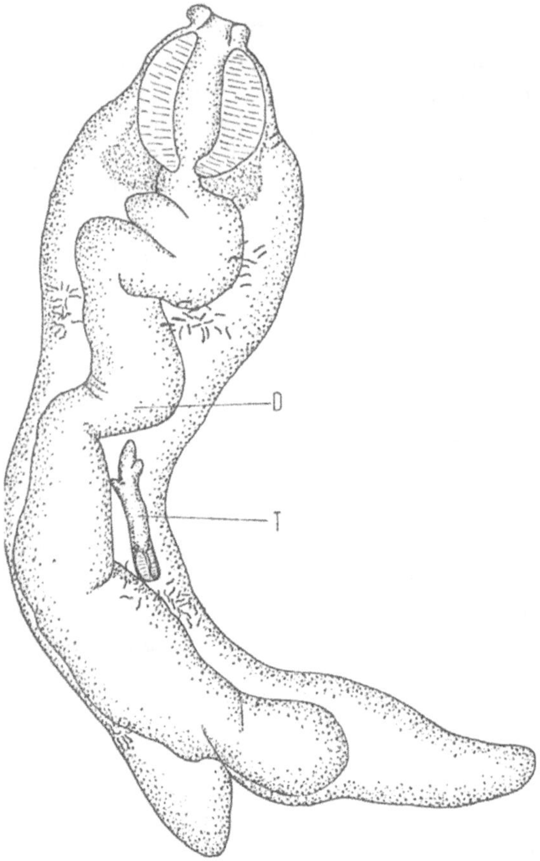

Bild 109
Redie und Tochterredie (T) – beide mit großem Schlund – von *Isthmiophora melis*, D = Darm. (Aus MATTNER 1970)

hängen, die der Fortbewegung im Wirt dienlich sind (Bild 109, 110). Junge Redien ernähren sich über die Mundöffnung, unbewegliche ältere nehmen Nährstoffe durch die Körperwand auf. Manche haben eine Geburtsöffnung, aus der Tochterredien oder Cercarien entlassen werden. Obwohl der Redienentwicklungsgang mit einer nicht festgelegten Zahl von Generationen offenbar stammesgeschichtlich ursprünglich ist, kann die Stablarvenphase auch übersprungen werden. Der Umweg vom Miracidium über Sporocyste und Redie und letztlich bis zur Cercarie (Bild 113) ist biologisch sinnvoll, da sich jedes Stadium vervielfacht und so die Zahl der auf ein einziges Ei zurückgehenden Nachkommen enorm hoch ist. Die Überschwemmungsvermehrungen führen meist zu einer totalen Parasitierung der Schnecke. Tochtersporocysten oder Redien können alle Gewebsspalten und Hämolymphräume besiedeln, bevorzugen jedoch die nährstoffreiche Mitteldarmdrüse und die Gonaden. Früher oder später wird die Schnecke durch Stoffwechselendprodukte ihrer Schmarotzer kastriert. Die Redien von *Parorchis acanthus* dringen sogar in die Gonade der Schnecke *Thais haemastoma* ein, zerstören sie und verursachen damit eine mechanische parasitäre Kastration. Redien setzen auch den Sauerstoffverbrauch ihrer Zwischenwirtsschnecke herab. Die Lebenserwartung wird jedoch kaum geändert. Aus Embryonen in Tochtersporocysten und Redien entwickelt sich schließlich ein freileben-

Bild 111
Lophocercarie.
(Aus MATTNER 1970)

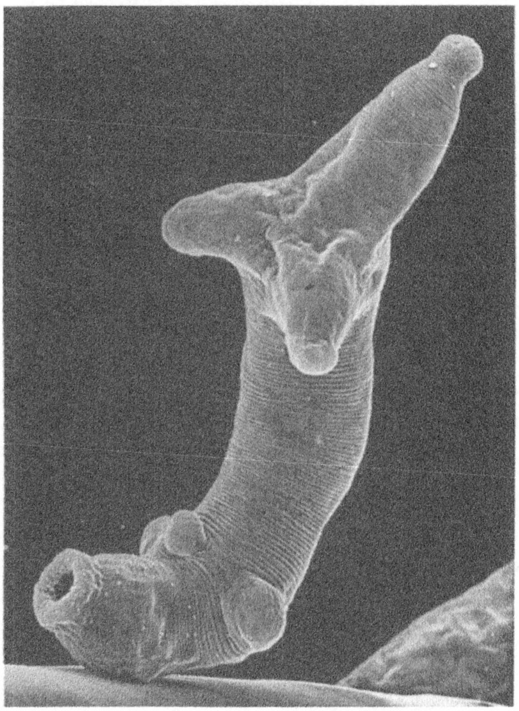

Bild 110
Redie unter dem Rasterelektronenmikroskop.
(Aufnahme Dr. K. Rauenbusch)

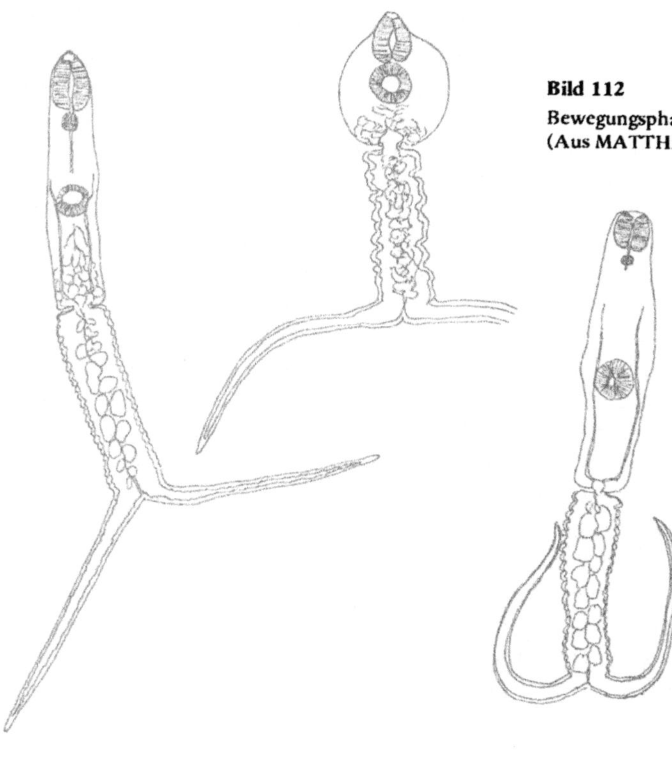

Bild 112
Bewegungsphasen einer Furcocercarie.
(Aus MATTHES & MATTHES 1973)

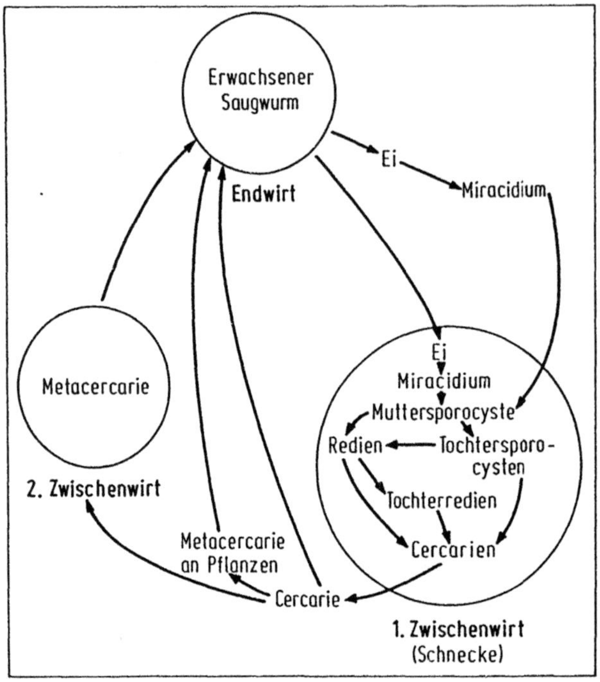

Bild 113
Entwicklungsgänge von Saugwürmern. (Aus MATTHES & MATTHES 1974)

des Invasionsstadium, die Schwanzlarve oder Cercarie (Bild 108). Monatelang, in manchen Fällen sogar über drei Jahre hinweg kann eine Schnecke solche Larven ausscheiden. So hat unter Laboratoriumskontrolle eine Tellerschnecke *(Tropidiscus)* innerhalb von 320 Tagen ca. 80000 ausgestoßen, die alle Abkömmlinge eines einzigen Miracidiums vom Saugwurm *Posthodiplostomum* waren.

Die Schwanzlarven sind schon ein kleiner Saugwurm, meist nicht größer als 1 mm, mit Saugnäpfen und angedeutetem Verdauungsapparat. Hinzu kommen jedoch ausgesprochen larvale Organe, deren wichtigstes ein muskulöser, der Fortbewegung dienender Schwanz ist. Zum Eindringen in einen zweiten Zwischenwirt oder in den Endwirt, dem der Abwurf des Schwanzes vorausgeht, dient ein Penetrationsapparat. Ein Satz einzelliger Drüsen scheidet Sekrete ab, die eine Klebsubstanz, Proteasen und Collagenasen enthalten. Hinzu kommt, besonders wenn in Wirbeltiere eingedrungen werden muß, eine mechanische Komponente. Der Mundsaugnapf ist dann birnenförmig umgebildet und führt kräftige peristaltische Bewegungen aus. Ein nach hinten gerichteter Dörnchenbesatz kann ein Zurückgleiten im Bohrkanal verhindern. Meist durchbohren Cercarien den Wirt an Stellen geringeren Widerstandes. So dringen die Schwanzlarven von *Isthmiophora melis* in die Kloakenöffnung von Lurchen ein und durchbohren dann nur zarte innere Schleimhäute. Cercarien vom Pärchenegel nehmen auch Haarfollikel als Invasionsweg. Das Eindringen dauert 10 Sekunden bis eine Minute und wird durch die freien Fettsäuren des Wirts angeregt. Man unterscheidet verschiedene Cercarientypen. So u. a. Gabelschwanz- oder Furcocercarien, Xiphidiocercarien mit einem am Mundsaugnapf befestigten Bohrstachel, echinostome Cercarien mit Kopfkragen und Kragenstacheln und Lophocercarien mit einem Flossensaum am Körper (Bild 111). Die meisten dieser Larven sind Schwimmer und suchen ihren Wirt direkt auf. Man kann permanentes und intermittierendes Schwimmverhalten unterscheiden.

Larvale Organe sind auch die unter der Körperdecke liegenden cystogenen Drüsen. Diese scheiden im zweiten Zwischenwirt innerhalb von Minuten ein Sekret aus, das zu einer festen Hülle erhärtet. Diese Cystenhülle besteht aus mehreren Schichten, die saure und neutrale Mucopolysaccharide, Lipo- und Glycoproteine enthalten. Während der Erhärtung führt die Cercarie Wälz- und Drehbewegungen aus, die der Cyste ihre optimale kugelige oder ellipsoide Form geben. Dieser Cystenbildung kann aber auch erst noch eine Wachstumsphase vorausgehen. Nur wenige Arten vermögen auf Grund geringer Immunabwehr am Parasitierungsort auf eine Cystenbildung zu verzichten. Die encystierte Cercarie, die man Metacercarie nennt, ist ökologisch betrachtet ein Wartestadium, auf dem bei geringem Stoffwechsel lange verweilt werden kann. Bei Echinostomatiden beträgt die Lebensdauer der Metacercarien in Weichtieren ein Jahr, in Fischen und Fröschen bis zu 3 1/2 Jahre. Die längste Lebensdauer wurde für die Metacercarie von *Posthodiplostomum cuticola* in einer Rotfeder mit sechs Jahren und 10 Monaten bestimmt. Es kommt sogar vor, daß noch zusätzlich ein Wartestadium eingeschaltet wird. Diese Mesocercarie hat jedoch keine Hülle. Nach der oralen Aufnahme durch den Endwirt bedeutet die Passage des Wirtsmagens wegen seines Säuregehaltes eine Gefährdung der Metacercarie. Diese besitzt jedoch $CaCO_3$-Kugeln, welche die eindringende Salzsäure neutralisieren (Bild 114).

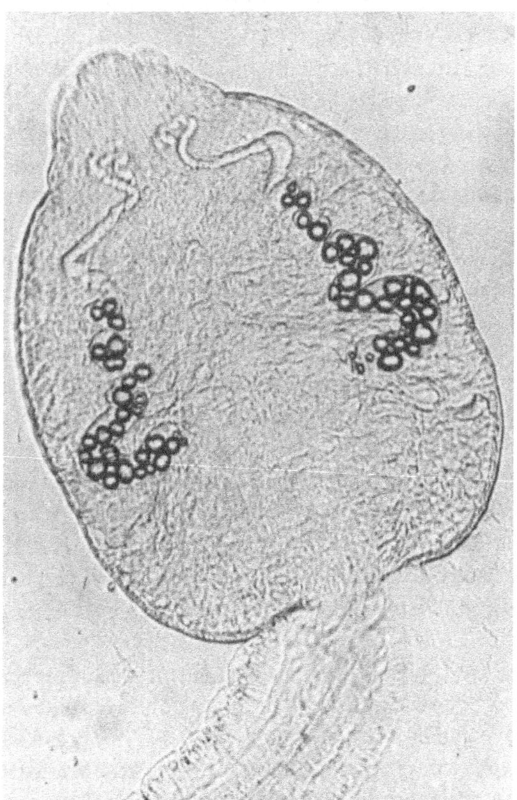

Bild 114
Cercarie von *Isthmiophora melis* mit Kalkkugeln in den Exkretionskanälen. (Aus MATTNER 1970)

Das dabei frei werdende CO_2 aktiviert den Insassen. Da die Cystenwand von den Verdauungsfermenten des Wirts nicht aufgelöst werden kann, scheidet die Metacercarie selbst ein Sekret ab, durch das ein Schlupfloch geschaffen wird. Trypsin und Temperaturen lösen als Schlüsselreize diesen Vorgang aus.

Nach Erreichen des Endwirts bilden sich auf der Körperoberfläche des Saugwurms Proteinstacheln, die von der äußeren Plasmamembran überzogen sind und durch Muskelzellen bewegt werden können (Bild 95). Sie dienen zum Festhalten, zur Fortbewegung und zum Schutz. Obwohl die erwachsenen Würmer – die man auch Marotae nennt – Mund und Darm besitzen, wurde auch bei ihnen die Aufnahme von Glucose und Aminosäuren durch die Körperoberfläche festgestellt.

Literatur: Baer 1952, 1972, Cheng 1986, Dönges 1980, Frank 1976, Matthes & Matthes 1973, Mattner 1970, 1971, Neuhaus 1940, Odening 1984, Piekarski 1954, Rees 1967, Remane, Storch & Welsch 1980, Schell 1970, Welsch & Storch 1973, Wesenberg-Lund 1939, Whitfield 1979.

Großer Leberegel und seine Verwandtschaft

Die Fasciolidae sind im geschlechtsreifen Zustand Parasiten in den Gallengängen der Leber oder auch im Darm von Säugetieren. Sie haben einen 2-Wirte-Zyklus.

Die Eier müssen ins Wasser geraten, wo das Miracidium ausschlüpft und in eine Wasserschnecke eindringt. Hier verwandelt es sich zur Muttersporocyste, in der sich Redien entwickeln. Diese verlassen den Keimschlauch und wandern zur Mitteldarmdrüse. Dann entstehen in ihnen entweder sofort Cercarien oder erst Tochterredien. Letztere verlassen die Mutterredie durch deren Geburtsöffnung, um sich in der Mitteldarmdrüse anzusiedeln. In ihnen bilden sich Cercarien oder erst noch weitere Rediengenerationen. Die fertigen Cercarien schwärmen aus der Schnecke aus, heften sich mit ihrem Bauchsaugnapf an Pflanzen fest, dann bricht der Schwanz ab und es wird eine Cystenhülle gebildet. Nach ungefähr 24 Stunden ist die Metacercarie invasionsfähig, und ein Endwirt kann sich mit der Nahrung oder beim Trinken infizieren.

Fasciola hepatica, der Große Leberegel richtet in fast allen Ländern der Erde alljährlich beachtliche Schäden in der Viehhaltung an, vor allem bei Schafen und Rindern. So betrugen Mitte der 60er Jahre in Bayern die Leber- und Schlachtwertverluste bei Rindern 27,1 bis 37,5 Millionen DM. Hierbei sind Minderungen durch Abfall der Milchleistung, schlechte Futterverwertung und Beeinträchtigung der Fruchtbarkeit nicht eingerechnet.

Da der Zwischenwirt, die Zwergschlammschnecke *Galba truncatula,* amphibisch lebt, encystiert sich die Cercarie in überschwemmten Wiesen an Landpflanzen. Diese müssen dann wieder so weit abtrocken, daß sie von Säugern gefressen werden können. Die Encystierung zur Metacercarie dauert 30 bis 40 Minuten. Diese ist frühestens nach 24 Stunden infektionsfähig und bleibt es bis zu einem Jahr. In Europa kann sie sogar überwintern. 10 % der Cercarien encystieren sich an der Wasseroberfläche, indem sie kleine Luftblasen in die Cyste einschließen. Sie können dann längere Zeit schwimmen und werden vom Endwirt beim Trinken aufgenommen.

Im Dünndarm des Endwirts, hinter der Einmündung des Gallengangs, schlüpft dann der Jungegel aktiv aus der Cyste, indem er eine dicke ventrale Mucopolysaccharid-Zone enzymatisch auflöst. Innerhalb von 24 Stunden wird die Darmwand durchbohrt, und es folgt ein 4-Wochen-Aufenthalt im Lebergewebe, dessen Zellen mit Hilfe von Mundsaugnapf und Schlund gesprengt werden. Das auslaufende Plasma dient dann als Nahrung. Anschließend folgt das Eindringen in die Gallengänge, offenbar zu jenem Zeitpunkt, von dem ab eine weitere Zerstörung von Leberzellen die Existenz des Wirts gefährden würde. In den Gallengängen, wo der Egel geschlechtsreif wird, dienen als Wirtsreaktion gebildete Epithelwucherungen, abgestoßene Epithelien, Schleim und Blutzellen als Nahrung. Auf dem Weg vom Darm zur Leber verirren sich manche Tiere. Sie können sogar bei trächtigen Wirten in derem Embryo gelangen, so daß dann Jungtiere mit Leberegelbefall zur Welt kommen. Bei Schafen erwies sich eine Parasitierung mit mehr als 100 Egeln als tödlich. beim Rind treten klinische Symptome erst bei mehr als 250 Egeln auf. Durch Kauen von Grashalmen, Essen von Sauerampfer und Brunnenkresse vermag auch der Mensch Metacercarien aufzunehmen und Endwirt zu werden. Auch von nassen Wiesen stammendes Fallobst kann mit Metacercarien behaftet sein. Gefährdet sind besonders Kinder. In der Gegend von Lyon trat 1956/57 Fasciolose geradezu epidemisch auf, und es wurden 500 menschliche Erkrankungen festgestellt.

55 bis 67 Tage nach Ankunft im Endwirt gibt *Fasciola* die ersten Eier ab (Präpatenzzeit). Sie müssen mit dem Kot in ein *Galba truncatula*-Gewässer geraten. Durch lichtstimulierte Bewegungen und Enzymabgabe sprengt das Miracidium den Deckel der Eikapsel und schlüpft in wenigen Minuten. Es schwimmt dann in den ersten Stunden in Zickzacklinien nahe der Wasseroberfläche umher. In einem Umkreis von 15 cm reagiert es chemotaktisch auf die Zwischenwirtsschnecke und wird am stärksten von *Galba truncatula*, dem Hauptzwischenwirt, angezogen. Meist dringt die Larve über Mantelhöhle und Lunge in die Schnecke ein. Dabei wird zunächst ein Bohrrüssel ausgestülpt und unter Längsrotation eingebohrt (Bild 115 a). Durch Hin- und Herschlagen des Hinterkörpers (b) klebt dann die Larve das Vorderende an die Schnecke (c), um dann mit Hilfe von Enzymen, quasi durch

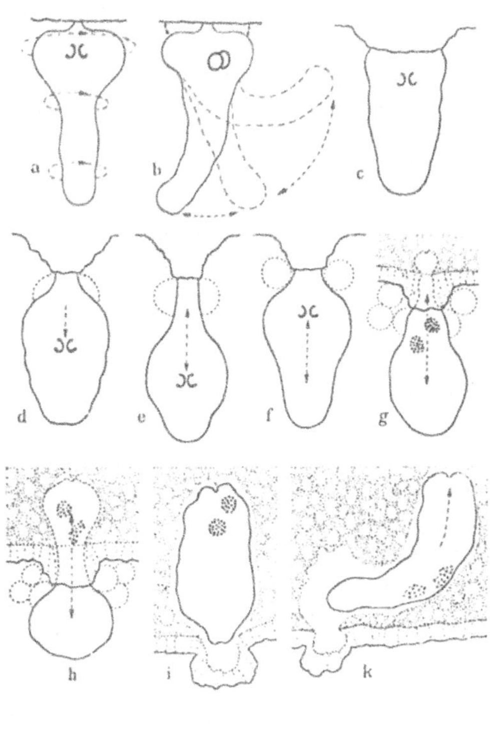

Bild 115
Eindringen des Miracidiums von *Fasciola hepatica* in die Schnecke *Galba truncatula*, a Einbohren des Rüssels unter Längsrotation, b Hin- und Herschlagen des Hinterendes, c an den Wirt angepreßt, d–h Eindringen mittels peristaltischer Bewegungen, i–k Miracidium im Bindegewebe.
(Aus PIEKARSKI 1954)

äußere Verdauung, deren Epithel aufzulösen. Mit rhythmisch-peristaltischen Bewegungen, die in der Bilddarstellung an der Verlagerung der Augenbecher erkennbar sind, dringt die Wimperlarve dann in das Unterhautbindegewebe ein. Dabei geht das in unserem Bild nicht eingezeichnete Wimperkleid verloren. Im Unterhautbindegewebe (i – k) wird oft die Bohrtätigkeit auf dem Wanderweg fortgesetzt. Aus dem Miracidium ist nun eine junge Sporocyste geworden, die meist in der Mantelhöhle sitzt. Nach drei Tagen läßt sie die ersten Keimballen erkennen, aus denen Mutterredien werden. Quer- und Dreifachteilung der Sporocyste kommen vor. Durch Aufreißen der Sporocystenwand werden die Mutterredien frei und wandern zur Mitteldarmdrüse. Sie werden bis 2 mm lang, und es ist in Europa von den Temperaturverhältnissen abhängig, ob in den Mutterredien gleich Cercarien oder erst Tochterredien gebildet werden. Bei höheren Temperaturen werden Tochterredien übersprungen. Es können aber auch beide Larvenformen gleichzeitig in der Mutterredie entstehen.

In den Redien erfolgt die Bildung der Cercarien zwar kontinuierlich, ihre Ausschüttung – in Anpassung an die amphibische Lebensweise der Schnecke – jedoch in bestimmten Abständen, ausgelöst durch Eintauchen ins Wasser oder Wasserwechsel. Im ganzen stammen von einem Miracidium bis zu 40 Mutterredien und 500 bis 1000 Cercarien.

Der Riesenleberegel *F. gigantica* unterscheidet sich in seiner Entwicklung von *F. hepatica* dadurch, daß stets erst Tochterredien gebildet werden, ehe es zur Produktion von Cercarien kommt. Es können 4 bis 5 Rediengenerationen aufeinander folgen, und die Redien jeder Generation sind in der Lage, sowohl Tochterredien als auch Cercarien zu bilden. Dieser Leberegel ist 20 bis 76 mm lang, 3 bis 12 mm breit und braucht für seine Entwicklung höhere Temperaturen. Deshalb kommt er in tropischen Gebieten Asiens, Afrikas und Ozeaniens vor, allerdings auch in südlichen Randgebieten Europas. In einigen Gegenden können sich die Areale von *F. hepatica* und *F. gigantica* überschneiden. Dadurch sind Mischinfektionen der Endwirte möglich. Dies sind wilde und domestizierte Huftiere, vor allem Kamel und Wasserbüffel, aber auch Haus- und Wildschwein. Zwischenwirte sind Schlammschnecken der Gattung *Radix*, die reine Wasserbewohner sind. Die Metacercarie hat ihre längste Lebensdauer, wenn sie an Pflanzen in Fließgewässern sitzt.

Der Amerikanische Riesenleberegel *Fascioloides magna* ist Nordamerikaner, kam jedoch im vorigen Jahrhundert mit eingeführten Wapitihirschen nach Europa. In seiner Heimat sind Hirsch, Rind, Bison, Schaf und Pferd Endwirte. Zwischenwirte sind sechs Schlammschneckenarten, darunter *Lymnaea stagnalis*. Rot-, Reh- und Damwild werden in Europa von ihm befallen, *Galba truncatuala* ist hier der Zwischenwirt.

In Amerika erreicht der Riesenleberegel eine Länge von 10 cm, in Europa von 7 cm. Er hat in seinem Ursprungsland viehwirtschaftlich eine ähnliche Bedeutung wie *F. hepatica*. 70 bis 80 % der Rinder und Schafe sind in einigen Teilen von Texas und Ontario von ihm befallen.

Die Mutterredien werden schon als frühe Embryonalformen frei. Nur die Tochterredien bilden Cercarien. Auch diese verlassen ihre Bildungsstätte im unentwickelten Zustand und verbleiben noch vier Tage in der Mitteldarmdrüse, um schwimmfähig zu werden. Ihr Ausstoß erfolgt fast ausschließlich nachts. Die Encystierung geschieht an untergetauchten Pflanzen oder Wasserpflanzen, die sich höchstens 3 cm unterhalb des Wasserspiegels befinden.

Im Endwirt dringen die Jungegel durch die Darmwand, um durch die Bauchhöhle zur Leber zu gelangen. Dort wandern sie zunächst umher, werden aber dann von walnußgroßen Kapseln aus Wirtsgewebe eingeschlossen, wo sie Geschlechtsreife erlangen. In geeigneten Wirten (Hirsch, Schaf) bekommen die dünnwandigen Umhüllungen Verbindung mit den Gallengängen, und die Eier können in die Außenwelt. Bei Rindern aber geraten keine oder fast keine Eier nach draußen, da die Kapseln zu dickwandig sind. Der Befall von Rindern ist deshalb nur bei Nachbarschaft infizierter Hirsche oder Schafe möglich. Das europäische Reh ist äußerst empfindlich gegen diesen Egel und kann schon an vier Exemplaren sterben. Das Reh fehlt in Amerika, daher ist dieses Parasit-Wirt-Verhältnis bei uns sehr jung.

Der große Darmegel *Fasciolopsis buski* (7,5 cm lang, 2 cm breit) parasitiert in Ostasien im Dünndarm seiner Hauptwirte Mensch und Schwein. In China wird vorwiegend der Mensch von ihm befallen, in Vietnam und Formosa ist das Schwein sein häufigster Endwirt. Man schätzt, daß 10 Millionen Asiaten Träger dieses Saugwurms sind. Der Schmarotzer lebt vom Darminhalt und wird seinem Träger durch giftige Stoffwechselprodukte und mechanische Reizung des Darmkanals lästig. Krampfartige Leibschmerzen, Durchfall und Anämie sind die Folgen seiner Anwesenheit. Bei Kindern kann der Darmegelbefall Entwicklungsstörungen verursachen, ja die Fasciolopsiasis kann bei ihnen sogar tödlich enden.

Der erwachsene Wurm gibt täglich 20000 Eier ab, die mit dem Kot in ein Gewässer gelangen müssen, damit das Miracidium ausschlüpfen und in eine Tellerschnecke (Planorbidae) eindringen kann. In der Schnecke geht die Entwicklung über Muttersprocyste, Mutterredien und Tochterredien. In letzteren entstehen die Cercarien, die noch einige Tage in Spalträumen des Schneckengewebes bleiben, um nach Verlassen des Zwischenwirts an Wasserpflanzen Metacercarien zu werden. Bevorzugt werden Wassernuß *(Trapa natans)*, *Eichhornia*, *Azolla* und Wasserkastanie *(Eleocharis tuberosa)*.

In China und verschiedenen anderen Ländern Südostasiens wird die Wassernuß in flachen Teichen kultiviert, da ihre Früchte ein beliebtes Nahrungsmittel sind. Auch die Wasserkastanie wird gezüchtet, weil ihre Knollen kandiert gegessen werden. Die Metacercarien sitzen auf Knollen und Wassernuß. Letztere wird nach alter Sitte mit den Zähnen geschält, und da man bis zu 200 Metacercarien auf einer Nuß zählte und die Kulturen fleißig mit menschlichen Fäkalien gedüngt werden, ist für den Darmegelbefall des Menschen bestens gesorgt. Als Schweinefutter werden *Eichhornia* und *Azolla* in Formosa und Vietnam in Wasserkulturen angebaut. Diese werden sehr oft mit frischem Schweinekot gedüngt. Kann man bessere Bedingungen für das Gedeihen von Parasiten schaffen?

In Magen und Dünndarm des Endwirts werden die Cystenhüllen aufgelöst, und die frei gewordenen Jungegel heften sich sofort mit ihren Saugnäpfen an der Darmschleimhaut fest. Bei starkem Befall geraten die Egel nicht so groß wie bei schwacher Infektion.

Literatur: Odening 1971, Neuhaus & Six 1965, Richter & Six 1968.

Überlistung des Endwirtes: *Leucochloridium* betreibt Mimikry

Unter den Leucochloridiidae ist *Leucochloridium paradoxum* die bekannteste Art. Die erwachsenen Würmer schmarotzen bei Singvögeln in einer Aussackung der Kloake, der Bursa Fabricii. Ihre Eier kommen mit dem Vogelkot auf Pflanzen. Dieser wirkt auf die in feuchten Gebieten lebende Bernsteinschnecke *(Succinea)* anziehend und wird von ihr eingeschlürft. Im Schneckendarm schlüpfen die Miracidien, bohren sich durch dessen Wand und wandern in die Mitteldarmdrüse. Dort entwickeln sich die Muttersporocysten. Aus diesen werden dann Tochtersporocysten frei, die sich wurzelartig verzweigen. Einzelne Seitenzweige wachsen zu 1 cm langen, keulenförmigen Brutsäcken aus, in die, vom Wurzelteil kommend, schwanzlose Cercarien, sogenannte Cercaraeen, einwandern. Diese kapseln sich ein und werden zu Metacercarien. Ein Verschlußapparat an der Brutsackbasis ermöglicht ein Eindringen der Cercarien und verhindert einen Rückfluß der Metacercarien in den Wurzelabschnitt (Bild 116). Die mit 300 bis 400 Metacercarien angefüllten Brutsäcke schieben sich in die Fühler der Schnecke, die dadurch stark anschwellen. Es werden beide oder auch nur ein Fühler beschickt. An der Basis der Fühler liegen Ersatzsäcke bereit. Durch die gespannte dünne Fühlerhaut schimmern grüne und gelbbraune Ringelung sowie augenähnliche Punkte des Brutsackes (Bild 117). Dieser pulsiert Tag und Nacht in Längsrichtung, ungefähr 40 bis 70 mal in der Minute. Die sonst lichtscheuen Schnecken gehen, wenn sie befallen sind, ins Helle. Singvögel bemerken den pumpenden Sack, der große Ähnlichkeit mit einer Raupe oder einer ähnlichen Insektenlarve hat. Beim Anpikken platzt die gespannte Fühlerhaut, und der Brutsack wird frei. Gelegentlich kann sich dies auch spontan ereignen, so daß dann den Vögeln die Brutsäcke auf Blättern liegend serviert werden. Für die Infektion mit den Metacercarien sind besonders Jungvögel empfänglich, die von ihren Eltern mit den Säcken gefüttert werden. Die Schnecke erleidet durch den Befall parasitäre Kastration.

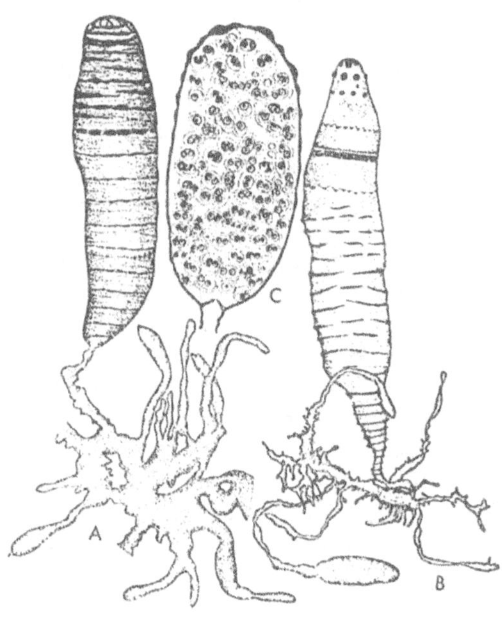

Bild 116
Leucochloridium paradoxum, A, B wurzelartige Sporocysten mit Säckchen, C Längsschnitt durch einen Sack, gefüllt mit Metacercarien und unten mit Verschlußapparat. (Aus BAER 1952)

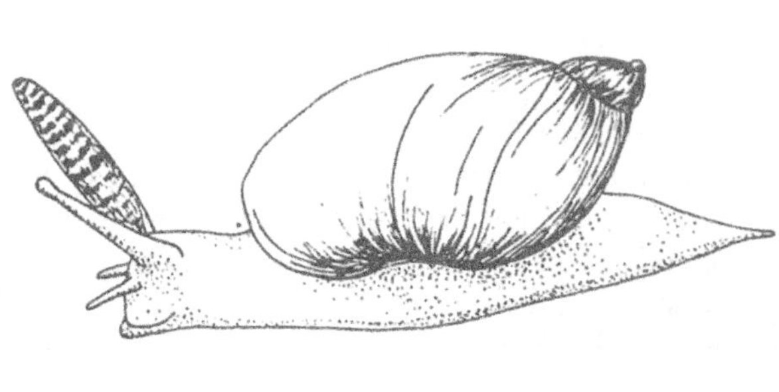

Bild 117
Bernsteinschnecke mit Brutsack im rechten Fühler.
(Aus HARTWICH 1967)

Die Sporocyste kannte man eher als den fertigen Saugwurm. Man gab ihr den Namen *Leucochloridium paradoxum*. Der später entdeckte Saugwurm bekam den Namen *Distomum macrostomum*. Seitdem man weiß, daß beide zueinander gehören, ist die Bezeichnung *Leucochloridium macrostomum* üblich.

Literatur: Baer 1952, 1972, Bakke 1980, Frank 1976, Wesenberg-Lund 1931, 1939, Wickler 1968.

Riesenschwanzlarve täuscht eine Mückenlarve vor

Auch die Saugwürmer der Familie Azygiidae haben nur einen Zwischenwirt. Als erwachsenes Tier lebt *Azygia lucii* im Magen des Hechts und anderer Raubfische. Im Zwischenwirt, der Sumpfschlammschnecke *Galba palustris*, wachsen große Sporocysten heran, und in den Redien entwickeln sich die Cercarien, die nach dem Schlüpfen noch eine Zeitlang in der Mitteldarmdrüse bleiben. Nach dem Verlassen der Schnecke nimmt der Cercarienschwanz Wasser auf und quillt derartig, daß er zu einem voluminösen Gebilde wird, das dann den Körper der Larve als Schwanzkammer umschließt. Diese Cysticercarie kann drei Tage frei leben. Sie bewegt sich dabei durch kräftige, nach links und rechts gerichtete Schläge des Schwanzendes und darauf folgendes Schweben mit ausgebreiteter Schwanzgabel. Sie ähnelt dadurch in ihrer Bewegungsweise einer Mückenlarve und wird deshalb von planktonfressenden jungen Hechten verspeist, an deren Magenwand sich der Wurm ansiedelt. Dieser bleibt auch dann am Leben, wenn der kleine Hecht von einem großen gefressen wird. Große Hechte können den Saugwurm nur auf diese Weise erwerben, denn sie fressen kein Plankton.

Literatur: Odening 1969, Szidat 1932.

Die Redie im Miracidium

Das Miracidium des Luftröhrensaugwurms *Typhlocoelum sisowi* enthält beim Schlüpfen bereits eine unreife Redie. Es dringt in eine Tellerschnecke ein, wo die Redie nach 8 bis 10 Tagen schwanzlose Cercaraen hervorbringt. Diese Cercarien encystieren sich in der Schnecke. Wird sie von einem Entenvogel gefressen, löst sich in seinem Verdauungskanal die Cystenwand auf. Der junge Wurm wandert dann über Speiseröhre und Rachenhöhle in die Luftröhre ein. Endgültiger Sitz sind dann die Bronchien. Da es dort offenbar sehr glatt ist, gleicht die Unterseite des Parasiten einem Reibeisen.

Literatur: Hiepe, Buchwalder & Nickel 1985, Odening 1969.

Die Cercarie bohrt sich in einen zweiten Zwischenwirt

Im Laufe ihrer Stammesgeschichte haben die meisten Saugwürmer einen zweiten Zwischenwirt eingeschaltet.

Bei den Lungenegeln der Gattung *Paragonimus* dringen die stummelschwänzigen Cercarien aktiv in höhere Krebse ein. Durch den Genuß der ungekochten Krustentiere werden Mensch und räuberische Säuger zu Endwirten.

Am verbreitetsten ist *P. westermani*, der in katzenartigen Raubtieren, aber auch in Schweinen lebt. Der Mensch leidet in Korea, Japan, Taiwan, China und auf den Philippinen unter Paragonimiasis, weil er dort Krebse roh zu verspeisen pflegt. Man schätzt die Zahl der befallenen Menschen auf 3,2 Millionen. In Europa gibt es den Lungenegel nicht, da sowohl die nötigen Eßgewohnheiten, als auch die Zwischenwirtsschnecken fehlen.

Die Eizellen sind bei ihrer Ablage noch ungefurcht. Bei optimaler Temperatur (über 25 °C) entwickelt sich in etwa drei Wochen ein Miracidium, das den Deckel absprengt und nach wenigen Stunden eine Schnecke (u. a. der Gattungen *Melania* und *Semisulcospira*) gefunden haben muß, in die es eindringt. Nach 11 Wochen haben sich über Sporocyste, Mutter- und Tochterredien Cercarien gebildet. Da die Zwischenwirtskrebse, meist Süßwasserkrabben der Gattung *Potamon*, nachts auf Wanderschaft gehen, kommen die Cercarien nachmittags oder abends aus der Schnecke. Sie können zwei Tage frei leben. Mit Hilfe ihrer Saugnäpfe und durch abwechselnde Kontraktion und Streckung ihrer Körpermuskulatur sind sie in der Lage, sich am Boden der flachen, bachartigen Gewässer egelartig fortzubewegen. Auch ein schlängelndes Schwimmen ist möglich. Mittels Bohrstachels und Drüsensekrets dringt die Cercarie durch die Gelenkhäute des Krebses. Auf dessen Muskulatur encystiert sie sich und wächst noch etwas. Nach einem oder mehreren Monaten ist die Metacercarie infektionsfähig.

Im Darm des Endwirts verläßt der Jungegel die Cyste. Nach 3 bis 6 Stunden befindet er sich in der Leibeshöhle und nach 6 bis 10 Tagen in der Bauchwand, wo er eine Wachstumsphase durchmacht. Nachdem er in die Leibeshöhle zurückgewandert ist, durchbohrt Paragonimus das Zwerchfell und geht über die Pleuralhöhle in die Lunge. Dort sitzt er dann in einer vom Wirt gebildeten Bindegewebskapsel, die mit einer Bronchiole in Verbindung steht. Beim Menschen hält er sich hier meist allein, bei Säugetieren paarweise auf. Die von einem Tier täglich ausgeschiedenen 1000 bis 2000 Eier gelangen über die Luftwege aufwärts und werden ausgehustet oder abgeschluckt. Im letzteren Fall wird die Magenpassage unbeschadet überstanden, da die Eikapsel besonders dickwandig ist. Die Lebensdauer im Menschen kann mehrere Jahre betragen. In den meisten Fällen verläuft die mit Husten und blutigem Auswurf verbundene Krankheit gutartig, nur schwere Infektionen können zum Tode führen.

Die in unseren Gewässern in großen Mengen vorkommende Schlammschnecke *Lymnaea stagnalis* ist unter anderem erster Zwischenwirt eines Echinostomatiden. Die Mitglieder dieser Familie haben alle am Vorderende einen Stachelkranz, den Kopfkragen. Es handelt sich um *Isthmiophora melis*, einen Saugwurm, der im Zwölffingerdarm marderartiger Tiere (Dachs, Iltis) und der Wanderratte parasitiert. Er nimmt dort Darminhalt auf. Die Eier geraten unembryoniert nach außen und müssen ins Wasser. Tatsächlich halten sich Iltis und Wanderratte gern in Wassernähe auf. Temperaturabhängig entwickelt sich in 10 bis 30 Tagen ein elf Stunden aktives Miracidium. Nach Eindringen in die Schnecke entsteht im Parenchym des Unterhautbindegewebes eine kleine Sporocyste, die nach etwa 12 Tagen bereits Redien abgibt. Die ersten beiden Rediengenerationen haben einen großen (Bild 109), alle folgenden einen kleinen Schlund.

Nach ungefähr 56 Tagen schwärmen die ersten Cercarien aus, für die 15 bis 25 Kalkkugeln in den Hauptkanälen des Exkretionssystems charakteristisch sind (Bild 114). Die Schwanzlarve ist ein Dauerschwimmer und maximal 36 Stunden lebensfähig. Sie befällt Lurche, deren Larven und Fische als zweite Zwischenwirte. Nachdem die Cercarie in Kloake oder Mundöffnung eingedrungen ist, durchbohrt sie die inneren Epithelien. Bei Fröschen erfolgt die Encystierung vorwiegend in den Nieren, und das Wirtsgewebe bildet noch eine zusätzliche Hülle um die Metacercarie. Der Mensch kann sich infizieren, wenn er einen zweiten Zwischenwirt roh oder halbroh genießt.

Literatur: Cheng 1986, Dönges 1980, Frank 1976, Hiepe, Buchwalder & Nickel 1985, Mattner 1970, 1971, Odening 1969.

Am Meeresgrund kriecht die Sporocyste

Der Saugwurm *Ptychogonimus megastoma* schmarotzt im Magen von Haien. Erster Zwischenwirt ist eine Schnecke der Gattung *Dentalium* aus der Klasse der Scaphopoda (Grabfüßer). Die sich hier in der Muttersporocyste bildenden Cercarien sind ohne Schwanz. Deshalb verlassen nicht die Cercarien, sondern die Sporocysten die Schnecke. Der Keimschlauch bewegt sich kriechend am Meeresgrund, bis er von einer Krabbe, dem zweiten Zwischenwirt, gefressen wird. Im Darm des Krebses werden die Cercarien frei, durchbohren die Darmwand und encystieren sich in der Leibeshöhle.

Literatur: Baer 1952, 1972, Palombi 1942.

Es geht auch ohne Gewässer

Auch der Kleine Leberegel *Dicrocoelium dendriticum,* von dem man einmal glaubte, er sei 2-wirtig, hat einen 3-Wirte-Zyklus (Bild 118).

Die 5 bis 10 mm langen, leicht rötlich gefärbten erwachsenen „Lanzettegel" parasitieren in Gallengängen und Gallenblase pflanzenfressender Säugetiere. Dort ernähren sie sich vor allem vom Blutzucker des Wirts. Die Hauptwirte sind Schafe und Rinder, durch deren Leistungsminderung erhebliche wirtschaftliche Verluste entstehen.

Die dickschaligen Eier enthalten, wenn sie mit dem Kot ins Freie kommen, bereits ein voll entwickeltes Miracidium. Sie müssen von Detritus fressenden Lungenschnecken wie

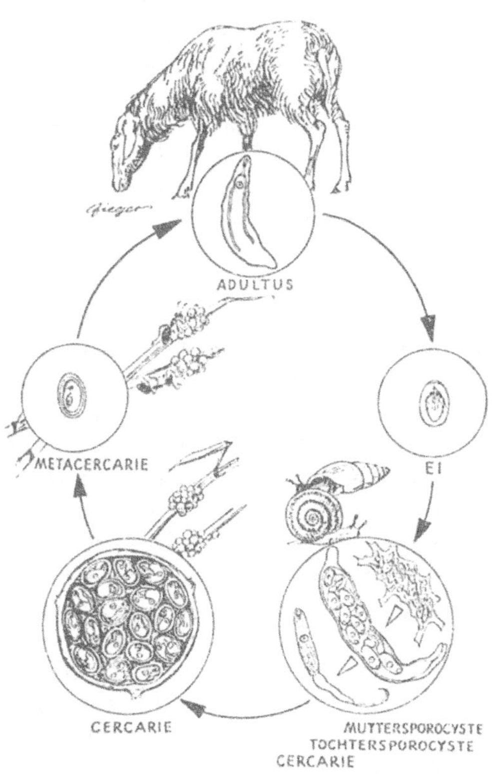

Bild 118
Entwicklungsgang des Kleinen Leberegels. (Aus ODENING 1969)

Helicella und *Zebrina* aufgenommen werden, die trockene, kalkreiche und besonnte Hänge bevorzugen. Erst im Schneckendarm schlüpft die Larve. Sie kann sich, da ihr eine freilebende Phase fehlt, eine reduzierte, auf den vorderen Bereich beschränkte Bewimperung leisten. Beim Eindringen in die Mitteldarmdrüse werden die Wimpern abgestreift, und das Miracidium wird zur Muttersporocyste. Die in ihr entstehenden Tochtersporocysten füllen schließlich die ganze Mitteldarmdrüse aus. In den Tochtersporocysten bilden sich Cercarien. Diese verlassen ihren Bildungsort durch einen am Vorderende befindlichen Geburtskanal und wandern über das Venensystem in die Atemhöhle der Schnecke. Hier scheidet jede Cercarie ein Sekret aus und hüllt sich darin ein. Gruppen von meist mehreren hundert Schwanzlarven bilden gemeinsam einen kugeligen Schleimballen, in dem sie eingerollt und bewegungslos liegen. Diese Ballen werden dann bei Regen oder an taufeuchten Morgenstunden von der Schnecke durch Atembewegungen aus der Atemöffnung gepreßt und vom Mantelrand mit einer weiteren Schleimschicht umgeben. In der Atemhöhle größerer Schneckenarten wie *Zebrina detrita* können mehrere Schleimballen gleichzeitig gebildet werden. Wegen ihrer Klebrigkeit bleiben diese nach dem Ausstoßen aneinander haften, und es kommt vor der Atemöffnung zu traubenförmigen Gebilden, die bis zu 6000 Cercarien enthalten können.

Die gegen Austrocknung empfindlichen Schleimballen müssen dann vom zweiten Zwischenwirt, Ameisen der Gattung *Formica,* gefressen werden. Im Magen der Ameise schlüpfen die Cercarien aus ihrer Hülle. Als Xiphidiocercarien mit einem Bohrstachel ausgerüstet, bohren sie sich dann durch die Kropfwand. Bei kreisenden Bewegungen zwängen sie sich durch die geschaffene Öffnung und pressen dabei aus der Exkretionsblase ein Sekret aus, das erhärtend die geschaffene Öffnung wieder verschließt. Dadurch wird eine vom Darmkanal ausgehende bakterielle Infektion der Leibeshöhle verhindert. Das Sekret färbt sich bei der Erhärtung dunkel, so daß man später unter dem Mikroskop die Zahl der durchgeschlüpften Cercarien leicht feststellen kann. Die Cercarienschwänze reißen beim Einbohren ab und werden verdaut. In der Leibeshöhle des Ameisenhinterleibs beginnt Encystierung und Entwicklung zur Metacercarie, was je nach Temperaturbedingungen 26 bis 62 Tage dauert. Man findet im Hinterleib einer Ameise dann 50 bis 60, maximal 300 Metacercarien.

Ein oder zwei Cercarien jedoch wandern in anderer Richtung, nämlich zum Kopf. Dort dringen sie in einen Nervenknoten, das Unterschlundganglion ein, ganz in der Nähe jener Stelle, wo die zu den Oberkiefern führenden Nerven abgehen. Wenn nach ungefähr 40 Tagen der „Hirnwurm" ausgereift ist, zeigt die Ameise ein atypisches, aber für den Infektionsweg des Egels höchst zweckmäßiges Verhalten: Statt am Abend in das Nest zurückzukehren, verbeißt sie sich mittels der Oberkiefer an der Spitze einer Pflanze und verharrt so die ganze Nacht über. Die Ameisen können am nächsten Morgen leicht von weidenden Tieren aufgenommen werden, ehe sich diese „verrückt" gewordenen von ihren Pflanzen ablösen und sich wieder unter das übrige Volk mischen. Diese erstaunliche Anpassung erleichtert dem Endwirt die Aufnahme des zweiten Zwischenwirts. Wahrscheinlich verursachen stoffliche Ausscheidungen des Hirnwurms die Verhaltensänderung und den Dauerkrampf der Oberkiefermuskulatur. Da auch eine Parasitierung mit Pilzen ein solches Verhalten der Ameisen auslöst, könnte es sich auch um eine allgemeine Reaktion auf Parasitenbefall handeln, deren sich der Kleine Leberegel „bedient". Im Zwölffingerdarm des Endwirts verlassen die Metacercarien ihre Hülle und wandern über den Gallengang in die kleineren Gallengänge der Leber, um geschlechtsreif zu werden.

Man vermutet, daß die Würmer dort bis zu drei Jahre alt werden können.
Infektionen des Menschen sind sehr selten.

Literatur: Dönges 1980, Frank 1976, Hohorst & Lämmler 1962, Odening 1969, Pflugfelder 1977, Piekarski 1954, Schneider & Hohorst 1971.

Libellenlarven atmen Cercarien ein

Im Enddarm der Larven von Großlibellen (Anisoptera) liegen in einer sogenannten Kiemenkammer zahlreiche Hautfalten, in die verzweigte Tracheen einmünden. Mit diesem oberflächenvergrößernden Bildungen wird im Wasser gelöster Sauerstoff aufgenommen. Indem sie ihren Hinterleib zusammenzieht und wieder entspannt, erzeugt die Libellenlarve einen Wasserstrom, der diesen Tracheenkiemen ständig neues sauerstoffreiches Wasser zuführt. Dabei wird gleichzeitig die nur schlecht schwimmende Cercarie der *Prosthogonimus*-Arten oft mit eingesaugt.

Saugwürmer der Gattung *Prosthogonimus* schmarotzen weltweit in Vögeln. Mitteleuropäische Arten sind vorwiegend *P. cuneatus* und *P. ovatus.* Ihre Eier müssen vom Endwirt in ein Gewässer gelangen, wo sie am Bodengrund von Langfühlerschnecken *(Bithynia)* aufgenommen werden. In dieser Vorderkiemerschnecke reift das Miracidium, schlüpft, durchbohrt die Darmwand und wird zur Muttersporocyste. In ihr bilden sich Tochtersporocysten, aus denen Xiphidiocercarien hervorgehen. Die ausgeschwärmten Cercarien werden vom zweiten Zwischenwirt, der Libellenlarve, eingeatmet. Sie heften sich zunächst an die Kiemen, um sich dann durch die Darmwand zu bohren. In der Leibeshöhle werden sie in zwei Monaten zur infektionstüchtigen Metacercarie. Die Umwandlung der Larve zur fertigen Libelle wird ohne Schaden überstanden. Man zählte in Larve oder Libelle 5 bis 30 Metacercarien. Wenn Vögel die frisch geschlüpften und noch trägen Libellen oder Wasservögel die Libellenlarven fressen, werden sie zum Träger des Saugwurms, der sich in der Kloake ansiedelt. *Prosthogonimus* wird nach 1 bis 3 Wochen geschlechtsreif und dringt bei weiblichen Vögeln in den Eileiter ein, der sich infolge stofflicher und mechanischer Reize entzündet. Bei Legehennen verursacht die „Libellenkrankheit“ 10 Tage nach der Infektion die Ablage dünnschaliger oder schalenloser Eier („Windeier“).

Literatur: Dreyer 1986, Frank 1976, Hiepe, Buchwalder & Nickel 1985, Odening 1969.

Die Strigeidae mit 3- und 4-Wirte-Zyklen

Die fertigen Würmer dieser Familie, die im Darm von Vögeln schmarotzen, unterscheiden sich von anderen Saugwürmer dadurch, daß sie nicht abgeflacht, sondern zylindrisch gebaut sind und eine deutliche Zweiteilung ihres Körpers erkennen lassen. Der Vorderteil ist becherartig und umschließt als Kopfbecher die Darmzotten des Wirts. Zwei lippenartige Gebilde im Becher scheiden ein gewebeauflösendes Enzym aus, mit dessen Hilfe vorverdaut wird.

Entenvögel, einschließlich Hausente und Hausgans, sind die Endwirte von *Cotylurus tardus.* Die sich in großen Eiern entwickelnden Miracidien haben zwei Pigmentbecherocellen. Sie schlüpfen im Wasser und dringen in Süßwasserschnecken (z.B. *Lymnaea*) ein. Dort werden sie zu einer noch mit Ocellen ausgerüsteten Muttersporocyste. Deren Tochtersporocysten bringen sehr lange Cercarien mit Gabelschwanz hervor. Diese Langgabelschwanzlarven oder Eufurcocercarien dringen in alle möglichen Wasserschnecken, sogar in die, aus der sie kommen, oder in Egel ein. In diesen zweiten Zwischenwirten entsteht im Laufe einiger Wochen eine Metacercarie, die wegen ihrer vier vorderen Saugnäpfe auch Tetracotyle heißt. Durch den Genuß der Schnecken oder Egel infizieren sich die Endwirte. Bei anderen *Cotylurus*-Arten sind Fische der zweite Zwischenwirt.

Die Arten der Gattung *Strigea* haben einen 4-Wirte-Zyklus. In Tellerschnecken entwickeln sich Mutter- und Tochtersporocysten. Bei letzteren können mehrere Generationen aufeinander folgen, und frühstens 4 bis 5 Wochen nach der Infektion verlassen die ersten Langgabelschwanzlarven das Weichtier und dringen in den zweiten Zwischenwirt, die Kaulquappe, ein. In dieser bildet sich in 2 bis 3 Wochen das Mittelding zwischen Cercarie und Metacercarie, die Mesocercarie. Diese ist jedoch für den Endwirt nicht infektiös, so daß ein dritter Zwischenwirt die Kaulquappe oder den aus ihr entstandenen Froschlurch fressen muß. In diesem zusätzlichen Wirt bohrt sich die Mesocercarie durch die Darmwand, wandert zu einer bestimmten Ansiedlungsstelle, encystiert sich dort und wird zur Metacercarie (Tetracotyle).

Bei *Strigea sphagerula*, ein Rabenvogel-Parasit, dienen vorwiegend froschfressende Schlangen (Ringelnattern), als dritte Zwischenwirte. Für *St. strigis* aus Eulen kommen außer Schlangen auch Säugtiere wie Spitzmäuse, Igel und kleine Nagetiere in Betracht.

Den Rekord aber hält der in Greifvögeln parasitierende Strigeide *St. falconis.* Hier stellen Kriechtiere, Vögel aller Art (darunter auch Greifvögel, die ja auch Endwirte sind) und Säuger das Heer der dritten Zwischenwirte. Deshalb ist dieser Saugwurm unter allen Greifvögeln auch sehr verbreitet. Ohne 4-Wirte-Zyklus könnten nur froschfressende Raubvögel von ihm erreicht werden, so aber sind für alle Nahrungsspezialisten Befallsmöglichkeiten erschlossen. Ob ein Greifvogel als Endwirt oder als dritter Zwischenwirt befallen wird, hängt davon ab, ob er einen dritten oder einen zweiten Zwischenwirt verspeist.

Literatur: Odening 1969, Yamaguti 1971.

Der Weg zur Getrenntgeschlechtlichkeit

Bei dem Saugwurm *Collyriclum faba*, einer Collyriclide, ist ein Trend zur Geschlechtertrennung erst angedeutet. Die Tiere leben paarweise in Gewebskapseln unter der Haut von Sperlingsvögeln und Hühnern. Beide sind noch vollständige Zwitter. Eines der beiden Exemplare ist jedoch etwas größer als das andere, und auch der weibliche Teil seines Geschlechtsapparats ist besser entwickelt.

Auch die Didymozoida sind zu zweit von einer Kapsel umgeben und zwar am Kiemenapparat von Meeresfischen. *Nematobothrium filarina* schmarotzt in der Kiemenhöhle des Adlerfisches (*Johnius hololepidotus*), und es sind stets zwei Individuen gemeinsam eingeschlossen. Beide unterscheiden sich durch ihren Körperumfang und die Art der Eiproduktion. Das dickere Tier enthält zahlreiche Eier von gelber Farbe, bei dem dünneren treten die Eier an Zahl sehr zurück, bleiben farblos und können sich nicht mehr normal entwickeln. Beide haben noch einen kompletten zwittrigen Geschlechtsapparat, physiologisch aber fungiert ein Partner als Weibchen, der andere als Männchen.

Noch weiter fortgeschritten ist diese Entwicklung bei *Koellikeria bipartita* (*Wedlia b.*). Das kleinere Tier sitzt dem blasig erweiterten Hinterende des größeren auf und enthält einen vollständigen männlichen Geschlechtsapparat, aber nur noch einen rückgebildeten weiblichen. Der große Partner hat weibliche Geschlechtsorgane, und von den männlichen

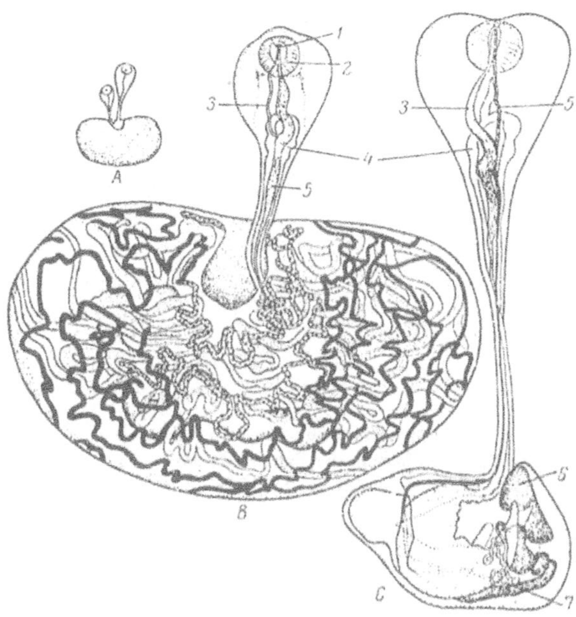

Bild 119
Koellikeria bipartita, A Männchen und Weibchen aus einer gemeinsamen Kapsel herausgetrennt, B isoliertes Weibchen bei 15facher, C Männchen bei 20facher Vergrößerung. 1 Geschlechtsöffnung, 2 Mundsaugnapf, 3 Samenleiter, 4 Darmschenkel, 5 Uterus, 6 Hoden, 7 Rudiment des weiblichen Geschlechtsapparates.
(Aus DOGIEL 1963)

ist nur noch ein kümmerlicher Samenleiterrest vorhanden. Der Schritt zur Geschlechtertrennung ist also getan, und man kann hier bereits von Männchen und Weibchen sprechen (Bild 119).

Literatur: Cheng 1986, Dogiel 1963, Jegen 1918, Meisenheimer 1921.

Pärchenegel

Die Pärchenegel sind getrenntgeschlechtlich. Beide Geschlechter sehen sehr unterschiedlich aus. Das Weibchen ist lang und drehrund, das kürzere Männchen hat einen abgeflachten Körper, dessen Seitenränder auf der Bauchseite zu einer Röhre zusammengelegt werden können. In diesem Canalis gynaecophorus wird das Weibchen umhergetragen, denn nur dort kann es geschlechtsreif und begattet werden (Bild 120). Hält man im Laboratorium ein Weibchen dieser Saugwürmer, ohne ihm ein Männchen zu geben, dann stellt es nach einem Monat seine Entwicklung ein. Es hat dann erst die Hälfte seiner normalen Körpergröße erreicht – Pärchenegel werden 1 bis 2 cm lang – und seine Geschlechtsorgane sind nur erst als Anlage vorhanden.

Reicht man nachträglich ein Männchen, dann wird das Weibchen in den Bauchkanal aufgenommen und entwickelt sich hier bis zur vollen Geschlechtsreife. Diese wird offenbar durch einen vom Männchen abgeschiedenen Stoff herbeigeführt. Die von einem Miracidium abstammenden Schwanzlarven – es sind immerhin 40000 – haben alle das gleiche Geschlecht. Äußerlich kann man männliche und weibliche Cercarien nicht unterscheiden.

Diese Egel gehören zur Familie der Schistsomatidae, die man in zwei Unterfamilien, die Schistosomatinae und die Bilharziellinae, aufteilt. Die Eier der Schistosomen müssen ins Wasser. Durch dieses wird das Miracidium aktiviert, die Eischale platzt und die Wimper-

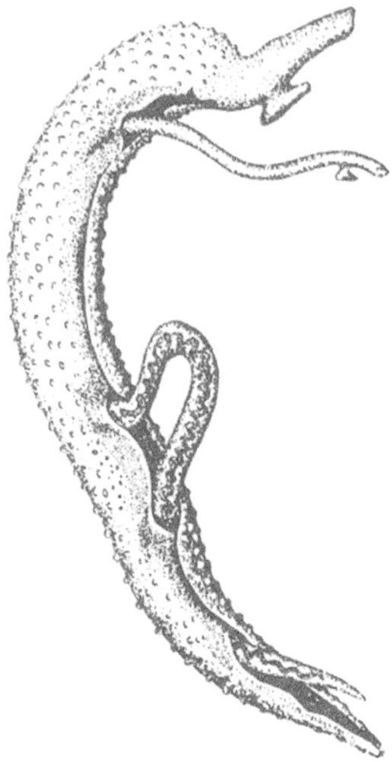

Bild 120
Paar des Rärchenegels *Schistosoma mansoni*. Das Weibchen liegt in der Bauchfalte des Männchens. (Aus PIEKARSKI 1954)

larve wird frei. Sie hat 48 Stunden Zeit, um sich eine Schnecke zu suchen, in die sie sich einbohrt. Dort erfolgt die Verwandlung in eine Muttersporoscyste, und über mehrere Generationen von Tochtersporocysten werden dann Gabelschwanzcercarien erzeugt. Diese können vor- und rückwärtsschwimmen und bohren sich direkt in den Endwirt ein. Sie erkennen die Warmblüterhaut mittels ihrer Chemorezeptoren, und Glyzeride und Lipide veranlassen die Schwanzlarve, sich zunächst einmal mit den Saugnäpfen festzuheften. Dann bohrt man sich, durch Fettsäuren stimuliert, in oft weniger als einer Minute mit Hilfe von Enzymen und unter drehend-schlagenden Bewegungen des Schwanzes ein. Dieser bricht ab, wenn sich die Cercarie durch die Hornschicht der Oberhaut zwängt. Das nun schwanzlose „Schistosomulum" legt sich parallel zur Oberfläche, um sich nach einer Ruhezeit von 10 bis 30 Minuten in die Lederhaut zu bohren. Dort wird dann in die Hautvenen eingedrungen.

Bilharziose oder Schistosomiasis nennt man die von den Pärchenegeln hervorgerufene Krankheit. Vier *Schistosoma*-Arten sind es, die dem Menschen zu schaffen machen.

Schistosoma haematobium ist der Erreger der Urogenitalbilharziose, die auf Afrika beschränkt ist und von der im Nildelta 60 bis 80% der Bevölkerung betroffen sind. Ein kleiner Herd dieser Erkrankung besteht sogar in Europa, nämlich im Süden Portugals. Zwischenwirt sind Schnecken der Gattung *Bulinus*. Die von *Sch. mansoni* (Bild 121) hervorgerufene Darm- und Leberbilharziose gab es früher auch nur in Afrika. Inzwischen wurde sie nach Mittel- und Südamerika eingeschleppt. Die gleiche Krankheit verursacht *Sch. intercalatum* in einem kleinen Gebiet des westlichen Zentralafrika und *Sch. japonicum* in Ost- und Südasien. Letztere Art, deren Cercarien sich in Vorderkiemerschnecken der Gattung *Oncomelania* eintwickeln, parasitiert auch in Hund, Katze, Rind, Pferd und anderen Säugern. Dieses tierische Reservoir ist von epidemiologischer Bedeutung. Unwe-

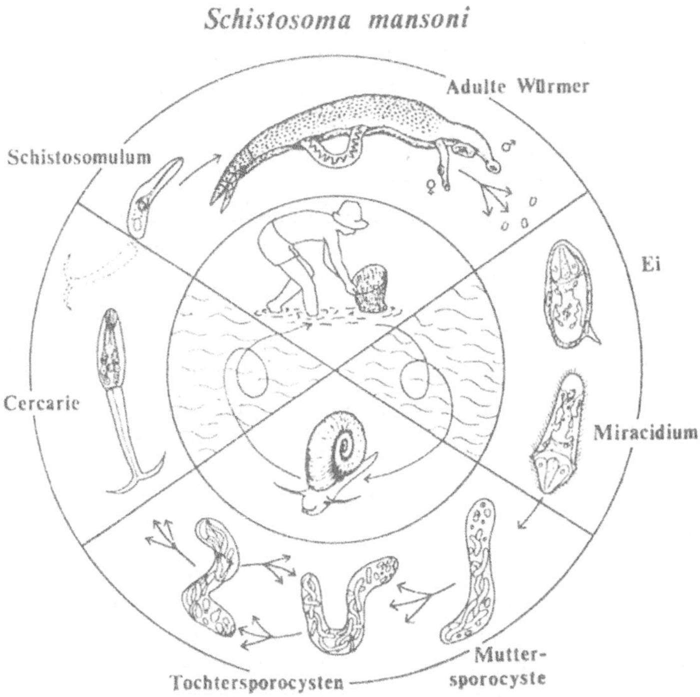

Bild 121 Entwicklungskreislauf von *Schistosoma mansoni.* (Aus HAAS 1985)

sentlich ist jedoch das Vorkommen von *Sch. mansoni* in Waschbär, Ameisenbär und Opussum, mit Ausnahme von Pavianen in Ostafrika. Völlig abseits von menschlichen Siedlungen entdeckte man nämlich in einem Nationalpark Tansanias, nachdem sich ein Biologe infiziert hatte, einen autochthonen Herd mit Anubispavianen als Endwirt.

Schistosomen sind Blutparasiten. Nach dem Einbohren der Cercarie wandert der junge Wurm in das rechte Herz des Menschen und über Lungenarterie und Lungenvene in die linke Herzkammer. Von dort gerät er in die arterielle Blutbahn, und nur jene Schistosomen bleiben am Leben, denen es gelingt, über die Arterien der Darmaufhängung (Mesenterien) in die Pfortader zu kommen. Dort ernähren sie sich von dem zuckerreichen Pfortaderblut, um dann in den Lebergefäßen heranzuwachsen. Hier nimmt das Männchen seine Partnerin in den Bauchkanal auf. In dieser Zeit verursachen die von den Parasiten ausgeschiedenen Stoffwechselprodukte lokale Entzündungen der Leber. Die erwachsenen Würmer wandern dann in die Mesenterialvenen, wo sie geschlechtsreif werden und die Weibchen mit der Eiablage beginnen, zu der sie den Bauchkanal offenbar kurzzeitig verlassen. Die Eier verursachen durch mechanische Reizung und Absonderung von Enzymen und serologisch aktiven Proteinen entzündliche Prozesse. Sie müssen schließlich in die feinen Gefäße des Darms *(Sch. mansoni, Sch. intercalatum, Sch. japonicum)* oder in die der Harnblase geraten *(Sch. haematobium).* Während dieser Wanderung entwickelt sich das Miracidium, das im Wasser ausschlüpft. Aber wie gelangen die im Blutgefäß eingeschlossen Eier überhaupt ins Freie? Sie durchbrechen einfach die Gefäßwand und geraten mit kleinen

Blutungen in den Darm oder in die Harnblase. Von dort ist der Weg nach außen kein Problem mehr. Um die Gefäßwand, die den recht großen Eiern ohnedies eng anliegt, anritzen zu können, besitzen die Schistosomeneier einen Seiten- oder Endstachel. Außerdem scheidet das Miracidium durch winzige Poren der Eischale einen Stoff ab, der die Widerstandsfähigkeit der Gefäßwände herabsetzt. Normalerweise geraten die Eier zehn Tage nach ihrer Ablage ins Freie. Eier, denen dies nicht gelingt, werden in die verschiedensten Körperregionen transportiert, wo sie dann absterben und Entzündungen verursachen.

Darmbilharziose kann mit blutig-schleimigen Durchfällen verbunden sein. Auch Leber- und Milzvergrößerung treten bei dieser Erkrankung auf. Blasenbilharziose ist mit Brennen in der Harnröhre und Harndrang verknüpft und kann sogar zur Bildung eines Blasentumors führen. Bilharziosen haben nur in schweren Fällen den Tod zur Folge. Die Arbeitsfähigkeit der Befallenen wird jedoch stark herabgesetzt.

Daß Ägypten ein uraltes Verbreitungsgebiet der Urogenitalbilharziose ist, beweisen Mumien aus der Zeit 1250 bis 100 vor Christus, in denen man Eier des Pärchenegels fand. In Ägypten entdeckte auch 1851 der deutsche Arzt und Zoologe Theodor Bilharz die erwachsenen Saugwürmer bei einer Autopsie und erkannte in ihnen die Urheber des dort verbreiteten Bluthamens (Hämaturie).

Bilharziose kann sich überall dort ausbreiten, wo die als Zwischenwirt dienenden Schneckenarten leben und eine Temperatur um 25 °C herrscht. Eine weitere Bedingung für die Existenz dieser Krankheit ist, daß die Menschen ihre Ausscheidungen in die Schneckengewässer lassen und wiederum durch nackte Körperteile mit diesem Wasser in Berührung kommen. Die Cercarien zeigen beim Verlassen der Schnecken Tagesperiodizität, einen circadianen Rhythmus: Die von *Sch. haematobium* und *Sch. mansoni* schlüpfen am frühen Morgen, die von *Sch. japonicum* gegen Abend oder nachts. Vielleicht war *Sch. japonicum* einmal ein Parasit nachtaktiver Säugetiere.

In Ägypten nimmt die Bilharziose zu, da sich die Zwischenwirtsschnecken durch den Ausbau der Bewässerungssysteme stark vermehrt haben. Man kann den Teufelskreis unterbrechen, indem man entweder die Schnecken vernichtet oder sich einer entsprechenden Hygiene befleißigt.

Literatur: Becker 1973, 1977, Chappell 1980, Cheng 1986, Deckart 1966, Dönges 1980, Evans 1983, Frank 1961, 1976, Haas 1985, Hiepe, Buchwalder & Nickel 1985, Matthes & Matthes 1974, Mohr, Schumacher & Weyer 1975, Piekarski 1954, Tischler 1982, Whitfield 1979.

Die Franken sagen „Weiherhibbel"

Wer zwischen Juni und September in einem Weiher badet, kann sich einen juckenden Hautausschlag zuziehen, den die Mediziner Cercariendermatitis und unsere mittelfränkischen Karpfenbauern „Weiherhibbel" nennen.

Verursacher sind die Gabelschwanzcercarien von *Trichobilharzia szidati* oder *T. ocellata*, die normalerweise unter Abwurf ihres Schwanzes in Fuß oder Zunge von Wild- und Hausenten eindringen. Über Herz und Lunge erreichen dann die jungen Würmer nach 12 Tagen die Darmwand des Vogels. Sie sind lang und dünn, und die Bauchfalte erstreckt sich nur über 1/10 der Körperlänge des Männchens. Im Bereich des Mitteldarms gibt das Weibchen seine Eier ab, die dann mit dem Kot ins Wasser geraten. Dort schlüpft das Miracidium und dringt in Schlammschnecke *(Lymnaea stagnalis)* oder Ohrschlammschnecke *(L. auricularia)* ein. Dort bilden sich zwei Sporocystengenerationen und schließlich Cercarien, die, 8000 bis 10000 an der Zahl, den Zwischenwirt schubweise verlassen. Sie halten sich in den oberen Wasserschichten auf und reagieren mit ihren Linsenaugen auf den Schatten der Ente. Auch sie können durch schlängelnde Bewegungen des Schwanzes vor- und rückwärts schwimmen.

Diese Cercarien dringen auch versehentlich in den Menschen ein. Obwohl die Cercarien sogar die inneren Organe erreichen, wird der Erstbefall nicht bemerkt. Jedoch bei der Zweitinfektion bleiben die Schwanzlarven in der Haut stecken, und es kommt nach ca. 15 Stunden zur Bildung stark juckender Quaddeln, und erst nach 2 bis 3 Wochen klingt der Ausschlag wieder ab. Verwandte Arten schmarotzen ebenfalls in Wasservögeln. Das Männchen des Möwenparasiten *Ornithobilharzia macrobilharzia* hält es mit Vielweiberei, denn in seinem Bauchkanal hausen bis zu sechs Weibchen.

Literatur: Dönges 1980, Frank 1976, Hiepe, Buchwalder & Nickel 1985, Neuhaus 1952, 1953, Wesenberg-Lund 1939.

Winzige Vielzeller

Die Myxosporidia sind, da ihre Sporen aus mehreren Zellen bestehen, eine sehr eigenständige Gruppe, die jetzt den Stamm der Myxozoa repräsentiert. Bei den Protozoa haben sie eigentlich keinen legalen Platz.

Die Hülle der Sporen besteht aus mehreren Teilen, wobei jedem eine eigene Zelle zugrunde liegt. In dieser Sporenhülle befindet sich ein Amöboidkeim und eine bis sechs Polkapseln. Letztere haben jede einen der Verankerung im Wirt dienenden Polfaden und eigene Zellkerne. Wenn der Amöboidkeim die Umhüllung verlassen hat, entwickelt er sich im Wirtstier zu einem mehrkernigen, oft mehrere Millimeter großen Plasmodium. In diesem umgeben sich einige Kerne mit eigenem Plasma und einer Membran und werden so zum sporenbildenden Sporoblasten.

Der Parasitismus spielt sich intercellulär, also in Gewebsspalten und Zellzwischenräumen oder in Hohlorganen (Gallenblase, Harnblase) ab. Wirte sind vorwiegend kaltblütige Wirbeltiere, besonders Fische.

Lentospora cerebralis verursacht die Drehkrankheit der Fische, vor allem der Regenbogenforelle *(Salmo gairdneri)* und des Bauchsaiblings *(Salvelinus fontinalis)*. Sitz des Parasiten ist aber nicht das Gehirn, wie der Artname vortäuscht, sondern der Knorpel der Jungfische. Häufig wird bei dieser „Kinderkrankheit" das Labyrinth befallen, und es kommt dadurch zu den Bewegungsstörungen. Nicht selten ist die Infektion sogar tödlich.

Myxobolus pfeifferi ist für die Beulenkrankheit der Barben *(Barbus barbus)* verantwortlich, wobei Tumore von 7 cm Durchmesser entstehen können (Bild 122). Es sieht so aus, als ob die Verschmutzung der Flüsse die natürliche Widerstandskraft der Fische vermindert, da oft ein plötzliches Massensterben einsetzt.

Literatur: Dönges 1980, Frank 1976, Grell 1980, Hiepe & Jungmann 1983, Pflugfelder 1977.

Auch unter den einfachsten Einzellern gibt es Parasiten

Einzeller sind Zellen, die keinem Zellverband angehören, ganz allein auf sich gestellt sind und alles können müssen. Sie bewerkstelligen Ernährung, Stoffwechsel, Fortpflanzung und eventuell auch Fortbewegung. Es gibt sie in riesig großer Zahl im Süßwasser, im Meer und im Erdreich. Ein Teil von ihnen gehört der Pflanzen-, ein anderer der Tierwelt an. Von den tierischen Einzellern, den Protozoa, sind nicht wenige zu fakultativen oder obligatorischen Parasiten geworden, die meist im Inneren ihres Wirts schmarotzen.

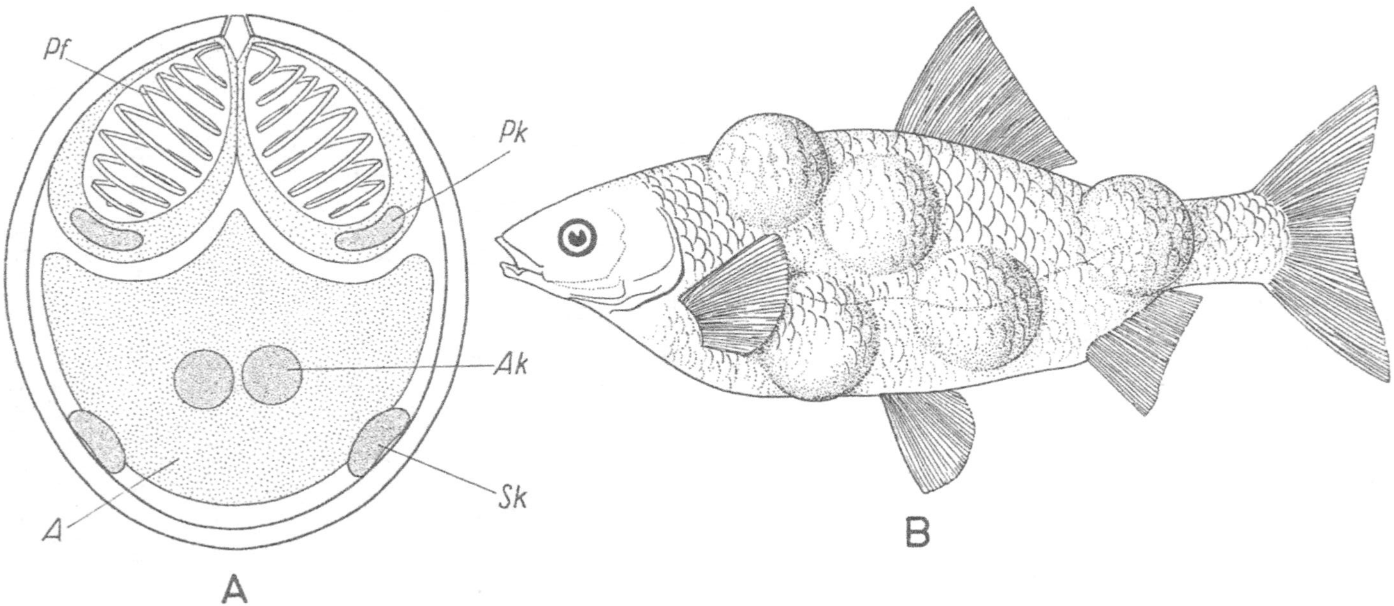

Bild 122 Myxosporidia. A Spore von *Myxobolus*, A = Amöboidkeim, Ak = Amöboidkeimkerne, Pf = Polfaden, Pk = Polkapselkern, Sk = Schalenkern. B Plötze mit *Myxobolus*-Beulen. (Aus GRELL 1980)

Die Klasse der Wurzelfüßer oder Rhizopoda sind die Protozoen, die am einfachsten gebaut sind, was in besonderem Maße für die nackten Amöben, die Gymnamoebina gilt. Diese zeigen sich uns unter dem Mikroskop als ein Klümpchen Protoplasma, das sich mit Hilfe von Scheinfüßchen (Pseudopodien) fortbewegt. Das sind Zellfortsätze, die vorübergehend gebildet und dann wieder eingeschmolzen werden. Durch Umfließen von Nahrungskörpern dienen sie auch der Nahrungsaufnahme. Bei dieser Phagocytose wird durch Abfaltung von der Zellhülle eine Nahrungsvakuole gebildet, in der die Verdauung stattfindet. Die Vermehrung ist eine einfache Zellteilung, bei der sich erst der Kern und dann der Zellkörper teilt. Viele dieser Nacktamöben sind in der Lage, ungünstige Umweltbedingungen abgekapselt zu überstehen. Bei Parasiten sind derartige Cysten als Infektionsstadien von Bedeutung. Da bei den Rhizopoden auch Begeißelung vorkommen kann, darf man engere verwandtschaftliche Beziehungen zu den Geißelträgern (Flagellata) annehmen, die ja ohnedies an der Basis pflanzlicher und tierischer Organismen stehen.

Die meisten Nacktamöben sind Wasser- oder Bodenbewohner, und viele bevorzugen saprobe Biotope, von denen aus, häufig wohl über unschädliche Entökie, der Übergang zur parasitischen Lebensweise erfolgte.

Vom Leben im Freien über die Entökie zum Endoparasitismus

Die *Endamoeba*-Arten leben alle entök in Körperhöhlen ihrer Partner, meist im Darm. In der Gattung *Entamoeba* geht es, abgesehen vom nahezu gleichen Namen, nicht so eintönig zu. *E. moshkovskii* findet man nur in Abwässern, *E. coli* lebt im Darm des Menschen, *E. hartmanni* zusätzlich noch in dem von Hund und Katze. Beide Amöbenarten sind Körperhöhlenbewohner, die nur in seltenen Fällen zu Beschwerden führen und dann den Weg zum fakultativen Endoparasitismus beschreiten. Ein obligater Schmarotzer ist jedoch *E. invadens*. Der Einzeller befällt Enddarm und Leber von Kriechtieren, wurde aber bisher nur in Gefangenschaftsexemplaren nachgewiesen. Es kommt zu schweren Erkrankungen, an denen die Kriechtiere zugrunde gehen können. Diese Art ähnelt der sehr berühmten, berüchtigten und weltweit verbreiteten Ruhramöbe *E. histolytica*. Es gibt von ihr die kleine Minuta- oder Darmlumenform (6 bis 20 µm) und eine Magna- oder Gewebsform (20 bis 30 µm, mitunter bis 50 µm). Die Minutaform führt in Blind- und Dickdarm des Menschen, Bakterien und Partikel aus dem Nahrungsbrei aufnehmend, das Leben eines harmlosen Entöken. Sie ist in der Lage, sich zu encystieren. In ihrer Cyste wird sie durch zweimalige Kernteilung vierkernig. Diese Cyste gerät mit dem Kot des Menschen nach draußen und sorgt für die Verbreitung, denn der Minutaträger, der nichts von seinen Darmbewohnern merkt, scheidet immerhin täglich 30 bis 40 Millionen Cysten aus.

Werden Gemüse oder Salat mit derartigem Cystenkot gedüngt, sind Neuinfektionen für die Amöbe problemlos. Auch verschmutztes Wasser und Fliegen können die Infektionsquelle sein. Die Cysten haften entweder an den Beinen der Zweiflügler oder sie werden von diesen mitgefressen und dann wieder ausgeschieden. Bei uns Menschen gelangen die eingekapselten Amöben über den Magen in den Dünndarm, und erst wenn die pH-Werte nach neutral oder leicht alkalisch umschlagen, beginnt sich die Amöbe in der Cyste zu bewegen. Verdauungssäfte weichen dann die Cystenwand auf, und die Amöbe wird frei. Entsprechend der Zahl ihrer Kerne teilt sie sich in vier Individuen oder wird erst achtkernig, und es entstehen dann acht Amöben oder „Trophozoite" der Darmlumenform.

Es kann nun geschehen, daß sich diese kleinen Amöben in die gewebezerstörende Magnaform umwandeln. Diese dringt dann tief in das Dickdarmgewebe ein, nimmt Epithelzellen durch einen weiten Phygocytosekanal auf, um sich schließlich vorwiegend von roten Blutkörperchen zu ernähren. Im Darmgewebe erfolgt Vermehrung durch Teilung. Meist kommt es durch bakterielle Sekundärinfektionen zur Bildung kleiner Abszesse, später entstehen Geschwüre in der Darmschleimhaut. Nach Durchbrechung von Kapillarwänden können die großen Trophozoite auf dem Blutwege in alle Organe gelangen. Oft enstehen Abszesse am rechten Leberlappen und Geschwüre im Analbereich (Hautamöbiasis). Eine geheilte Amöbenruhr hinterläßt keine Immunität. Ob sich die Magnaform in die Minutaform zurückverwandeln kann, ist noch ungeklärt. Die mit dem blutigen Stuhl ausgeschiedenen Amöben sind für Neuinfektionen ungeeignet, da sie die saure Magenbarriere nicht überwinden können.

Obwohl in den gemäßigten Zonen der Erde bis zu 10% der Bevölkerung Träger der Minutaform sind, kommt es fast nur in warmen Ländern zur Entwicklung der Amöbenruhr. Die Umwandlung der kleinen in die große Form scheint verschiedene Ursachen zu haben: Streß, geschwächte Gesundheitslage, Aufenthalt in ungewohnt warmem Klima und Änderung der Bakterienflora des Darms. Letzteres hat Professor Westphal durch einen Selbstversuch bewiesen. Als Träger der Minutaform nahm er die Bakterienflora eines an akuter Amöbenruhr Erkrankten zu sich, und innerhalb von 28 Tagen hatte sich in seinem Darm die Minutaform in die Magnaform verwandelt. Das Ergebnis war eine klassische Amöbenruhr. Der Mensch synthetisiert zur Abwehr zwei Antikörpersysteme. Auch Affe, Hund und Ratte werden befallen, sind aber epidemiologisch kein wesentliches Reservoir für menschliche Infektionen.

Selbst Honigbienen haben unter Amöbenseuche zu leiden

Malpighamoeba mellifica ist am Vorderende begeißelt, und der Name der Amöbe verrät schon, daß sie im Exkretionssystem, den Malpighischen Gefäßen, der Honigbiene parasitiert. Allerdings werden nur Arbeitsbienen befallen, die die zweikernige Cyste mit der Nahrung aufnehmen. Die geschlüpften Amöben wandern in die Exkretionsgefäße, und nach 3 bis 4 Wochen werden wieder Cysten mit den Exkrementen ausgeschieden. Durch Verstopfung der Gefäße und Verhinderung des Sekretabflusses bekommt die Biene Diarrhoe und sitzt flugunfähig vor dem Stock. Vor allem Altbienen sind infiziert und verenden vorzeitig. Die befallenen Völker bleiben in ihrer Entwicklung zurück. *Malpighamoeba* tritt häufig zusammen mit *Nosema apis* (s. S. 202) auf.

Sie lebt im Wasser und tötet junge Männer

Naegleria ist eine Gattung der Rhizopodenfamilie Schizopyrenidae. Ihre Arten sind in der Lage, in salzarmen Medien zweigeißelige Stadien zu bilden, die kleiner sind als die amöboide Form. Die beiden Arten *N. fowleri* und *N. aerobia* (die vielleicht sogar mit *N. fowleri* identisch ist) leben primär in stehenden Gewässern oder zerrottetem Kot. Sie können aber auch in den Menschen eindringen und ihn töten. Die Bezeichnung des grausamen Geschehens als „Schwimmbadamöbiasis" verrät schon, daß die Infektion beim Schwimmsport erfolgt. Die begeißelte Form geht über die Nasenschleimhaut in die Nasenhöhlen und wandert dann entlang der Riechnerven in das Gehirn ein. In dessen Gewebe und in der Cerebrospinalflüssigkeit kommt es zur Massenvermehrung, und der Befallene erkrankt an Amöben-Meningoencephalitis, die nach 3 bis 7 Tagen unweigerlich zum Tode führt. Opfer sind seltsamerweise meist sportliche Männer in einem Alter von unter 30 Jahren.

Ungefähr 100 Menschen hat die Amöbe bisher hinweggerafft. Infektionsquelle waren verschiedene Gewässertypen, z.B. kleine Flüsse und warme Seen, offene Schwimm- und Hallenbäder. Die bekannten Fälle verteilen sich auf USA, Venezuela, Australien, Neuseeland, Indien, Großbritannien, Belgien und die Tschechoslowakei, in der 1965 16 Todesfälle auf das Konto eines einzigen Hallenbads gingen.

Ob man ein solches Geschehen noch als Parasitose bezeichnen kann, sei dahingestellt!

Literatur: Bosch & Frank 1973, Chappel 1980, Cheng 1986, Dönges 1980, Frank 1976, Ghosh 1970, Grell 1968, Hausmann 1985, Hiepe & Jungmann 1983, Matthes & Matthes 1974, Nauck 1975, Otto 1958, Tischler 1982, Whitfield 1979.

Geißeltiere als Parasiten

Geißelträger (Flagellata, Mastigophora) stehen an der Wurzel des Organismenreiches, denn es gibt pflanzliche, mit Hilfe von Chorophyll assimilierende Phytoflagellaten und sich organisch (heterotroph) ernährende Zooflagellaten, von denen ein großer Teil entök oder parasitisch lebt.

Man unterscheidet vier Ordnungen: Proteromonadida, Retortenmonadida, Diplomonadida und die Kinetoplastida. Letztere haben ihren Namen nach dem Kinetoplast. Dieser ist ein in unmittelbarer Nähe der Geißelbasis liegender Abschnitt eines langen, in Einzahl vorhandenen Mitochondriums. Er enthält Desoxyribonucleinsäure und liefert Fermente. Innerhalb dieser Kinetoplastbesitzer gibt es die zweigeißligen Bodonina und die Trypanosomatina, bei denen nur eine Geißel vorkommt. Ihre Familie der Trypanosomatidae ist parasitologisch die wichtigste Flagellatengruppe.

Die Trypanosomatiden

Die stets in Einzahl vorhandene Geißel entspringt in einem Geißelsäckchen. In diesem erfolgt auch die Nahrungsaufnahme mittels eines Zellmundes (Cytostom) oder durch Phagocytose. Die Nahrung wird dann in Vakuolen unter Wasseraufnahme verdaut (hydrolisiert). Blutformen haben einen glykolytischen Stoffwechsel und bauen Zucker bis zur Brenztraubensäure ab, die sie dann ausscheiden. Da Polysaccharide nicht gespeichert werden, muß ständig Nahrungsaufnahme erfolgen. In Insekten ist der Stoffwechsel oxydativ, und wegen des hier nur geringen Angebots vergrößert sich das Energiestoffwechselorganell Mitochondrium.

Die Vermehrung erfolgt durch Längsteilung, wobei sich nacheinander der Basalkörper der Geißel, der Kinetoplast, der Zellkern und der Plasmakörper teilen. Eines der beiden Tochtertiere bildet eine neue Geißel. Auch multiple Teilung kommt vor, wobei meist rosettenförmige Stadien auftreten. Sexualvorgänge sind bei Trypanosomen unbekannt.

Trypanosomatiden können in drei Formen auftreten. Bei der promastigoten Form liegt der Geißelansatz wie bei freilebenden Flagellaten am Vorderende. Sind Kinetoplast und Geißelansatz vor den Kern zur Zellmitte verlagert, ist die Form epimastigot. Die Geißel der trypomastigoten Form entspringt am Hinterende und ist in ihrem Verlauf nach vorn durch eine Reihe besonderer Haftzonen am Zellkörper befestigt. Es entsteht der Effekt einer undulierenden Membran, und eine schlängelnde Bewegung der ganzen Zelle wird begünstigt. Dies kann in viskösen Medien für die Fortbewegung von Vorteil sein. Für einen etwaigen Milieuwechsel Insekt–Wirbeltier wird die trypomastigote Form zum infektionsfähigen, gedrungenen, metazyklischen Stadium. Allein dieses ist in der Lage, eine solche Lebensraumveränderung zu überstehen. Bei der meist intrazellulär lebenden kryptomastigoten Form wird die Geißel bis auf ein kurzes, in einer Grube vestecktes Stück eingeschmolzen. Beim Eindringen in die Wirtszelle verschwindet die sonst aufgelagerte Glykoproteinschicht, und in der Nähe der Geißelbasis entsteht zur Aufnahme des Wirtsplasmas ein Zellmund.

Es wird vermutet, daß Entökie im Insektendarm die ursprüngliche Lebensweise der Trypanosomatidae ist. Tatsächlich sind viele Arten der Gattungen *Leptomonas* und *Crithidia* derart unschädliche Bewohner von Insekten (besonders Zweiflügler und Wanzen) und auch Kriechtieren.

Leptomonas ctenocephali findet sich im Darm verschiedener Floharten, vor allem des Hundeflohs. Im Vorderdarm schwimmt die promastigote Form. Sie wird im Enddarm kryptomastigot und heftet sich an die Darmzellen. Ehe sie mit dem Flohkot nach außen gelangt, encystiert sie sich. Der Kot wird dann von der Flohlarve gefressen, und die Infektion des nächsten Blutsaugers ist dadurch gesichert.

In Wirbeltieren schmarotzende Trypanosomatiden werden meist durch Insekten übertragen. Dies geschieht auf verschiedenen Wegen. Der Parasit kann ohne Entwicklung im Überträger rein mechanisch durch Berührung (azyklisch-taktik) oder beim Blutsaugen (azyklisch-alimentär) weitergegeben werden. Bei einem Wirtswechsel mit Entwicklung im Zwischenwirt, geschieht die Weitergabe ebenfalls beim Blutsaugen (zyklisch-alimentär) oder durch ausgeschiedenen Kot (zyklisch-exkretorisch).

In der Gattung *Leishmania* vollzieht sich der Wechsel zwischen blutsaugenden weiblichen Schmetterlingsmücken (Psychodidae) und Wirbeltier. Die nachtaktiven Mücken nehmen beim Saugen Wirtszellen mit kryptomastigoten Leishmanien auf. Im Vorderdarm wird die umhüllende Zelle verdaut, der Parasit wird frei und verwandelt sich in die promastigote Form, die sich durch Längsteilung vermehrt, um dann in die Region der Mundwerkzeuge vorzudringen. Die Neuinfektion eines Wirts gelingt aber nur dann, wenn die Mücke zwischen erster und zweiter Blutmahlzeit auch süße Pflanzensäfte aufnimmt. Warum, weiß man nicht. Im Wirbeltier beginnt dann wieder das intrazelluläre Schmarotzertum, bei dem sich die kryptomastigoten Leishmanien lebhaft vermehren.

L. donovani ist Erreger einer Erkrankung des Menschen, die wegen der damit einhergehenden Dunkelfärbung der Haut auch „schwarze Krankheit" (indisch: Kala-Azar) heißt. Die von Schmetterlingsmücken *(Phlebotomus, Lutzomyia)* beim Saugen übertragene promastigote Form wird von phagocytierenden Zellen des sogenannten reticuloendothelialen Systems aufgenommen. In ihnen vermehrt sich das kryptomastigote Stadium, das gegen die Enzyme der Wirtszelle resistent ist. Die Infektion verlagert sich dann mehr auf die großen lymphatischen Organe wie Knochenmark, Leber und Milz. Letztere kann sich dabei so vergrößern, daß sie mehrere Kilogramm schwer wird. Die akute Verlaufsform führt in wenigen Monaten, die chronische nach Jahren zum Tode. Der Mensch kann in Südeuropa, Afrika, im Vorderen Orient bis nach Ostasien und in Südamerika Opfer dieses Einzellers werden. Nach überstandener Kala-Azar stellt sich eine Immunität ein, die mitunter jahrelang bestehen bleibt, jedoch nicht sehr stabil ist. Wesentliches Reservoir sind Hunde, die sich bei Nagetieren der Steppe infizieren. In Indien kann es bei Menschen, die diese Krankheit überstanden haben, nach 1 bis 2 Jahren zu einem Hautleishmanoid kommen. Es bilden sich entpigmentierte weißliche Flecke, die dann zu orange gefärbten Knoten werden. Nur in diesen finden sich die Leishmanien. Solche hauterkrankten Menschen sind Reservoire, an denen sich wieder Mücken mit den Parasiten versehen. Es gelang übrigens, in flüssigem Medium kultivierte promastigote Tiere durch Temperaturerhöhung auf 28 bis 34 °C zur Umwandlung in die kryptomastigote Form zu bringen.

Die Hautleishmaniose des Menschen verursacht *L. tropica.* Sie fehlt in der Neuen Welt und in Afrika südlich des Äquators. Im Gesicht, an Armen, Händen, Beinen und Füßen entsteht die „Orientbeule", die dann zu einem Geschwür von mehreren Zentimeter Durchmesser aufbricht. In den Epithelzellen der Hautkapillaren vermehren sich die kryptomastigoten Stadien. Reservoir sind vor allem in Erdhöhlen hausende Nagetiere, bei denen sich auch der Hauptüberträger *Phlebotomus papatasii* aufhält.Die Mücke infiziert besonders Kinder. Nach einigen Monaten kommt es zu spontaner Heilung und zu Immunität. Es bleibt aber eine typische Narbe zurück. Man hat deshalb schon vor Jahrhunderten bei Mädchen an einer normalerweise vom Kleid bedeckten Körperstelle durch Überimpfen eine Orientbeule erzeugt, und damit verhindert, daß sich vielleicht eine Narbe im Gesicht bildet.

Viel schlimmer ist die Schleimhautleishmaniose oder Espundia, die *L. braziliensis* in warmen Gebieten Süd- und Mittelamerikas verursacht. Es werden bevorzugt Mund- und Nasenschleimhäute befallen, und die Erkrankung kann unter Einbeziehung von Knorpeln und Knochen zu schrecklichen Zerstörungen im Gesicht und sogar zum Tode führen. Wichtigster Überträger ist *Lutzomyia flaviscutellata* und Reservoir sind wieder wildlebende Nager.

Trypanosoma-Arten

Die Angehörigen der Gattung *Trypanosoma* parasitieren in Wirbeltieren aller Klassen. 125 in 400 verschiedenen Säugetierarten einschließlich Mensch, 2 in Vögeln, 20 in Kriechtieren, 21 in Lurchen und 64 in Fischen.

In der Regel werden die Flagellaten von Insekten übertragen. Dabei entwickeln sich die Infektionsstadien entweder im hinteren Darmbereich und werden mit dem Kot ausgeschieden, oder sie vermehren sich in Vorderdarm oder Speicheldrüsen und werden beim Blutsaugen überreicht.

Es geht auch ohne Überträger

Durch eine strenge Gesetzgebung gibt es die weltweit verbreitete Beschälseuche der Pferde in Mitteleuropa nicht mehr. Diese von *T. equiperdum* hervorgerufene Geschlechtskrankheit wird beim Deckakt direkt übertragen. Die Trypanosomen vermehren sich zunächst in den Schleimhäuten der Genitalien. Später wandern sie tiefer, und durch Eindringen in das Zentralnervensystem kommt es zu Lähmungen. Die chronisch erkrankten Tiere sind nicht mehr verwendbar, und vorwiegend die Hengste sind Reservoire für Neuinfektionen. In Gegenden mit Maultierzucht sind die Esel, die selbst nicht erkranken, ein wichtiges Reservoir.

Surra und Kreuzlähme

Zwei Pferde befallende *Trypanosoma*-Arten werden azyklisch-alimentär durch Blutsauger übertragen.

T. evansi hat Bremsen als Überträger und befallene Pferde, aber auch Elefanten, Kamele, Raubtiere und kleine Nager erkranken schwer oder gehen zugrunde. Jedoch bei Rind und Wasserbüffel zeigt die Infektion kaum Wirkung. Der Erreger dieser sogenannten „Surra" ist von Afrika nördlich des Tsetse-Gürtels bis Ostasien verbreitet. Auch nach Südamerika wurde die Krankheit verschleppt, wo sie „Murina" heißt.

T. equinum, Verursacher der Kreuzlähme südamerikanischer Pferde, wird nicht nur von Bremsen, sondern auch von Stechfliegen *(Stomoxys)* übertragen; Zusätzlich noch durch Vampirfledermäuse, die allerdings selbst tödlich erkranken. Pferde magern ab und knicken auf der Hinterhand ein. Im Endstadium können sie sich nicht mehr aufrichten.

Die *Trypanosoma brucei*-Gruppe

Trypanosomen sind morphologisch schwer unterscheidbar.

Nur physiologisch zu charakterisieren sind die in der *T. brucei*-Gruppe vereinigten Erreger, und man betrachtet *T. brucei brucei* als Stammart und *T. gambiense* als eine Unterart von ihr (Bild 123 u. 124). Die *rhodesiense*-Infektionen führt man nicht mehr auf eine eigene Unterart *(T. brucei rhodesiense)* zurück, sondern hält sie für eine besondere Verlaufsform der *T. brucei gambiense*-Erkrankung.

Überträger sind Fliegen der Gattung *Glossina*, die in beiden Geschlechtern Menschen- oder Wirbeltierblut saugen und mit diesem die trypomastigote Form aufnehmen. Im Mitteldarm des Insekts werden die Trypanosomen nach vier Tagen schlanker, vermehren sich 10 Tage lang stark und besiedeln dann auch den Enddarm. Schließlich wandern sie um das hintere Ende der schlauchförmigen peritrophischen Membran, um im ektoperitrophischen Raum nach vorn zu gelangen. Im Vorderdarmbereich erfolgt dann die Umwandlung

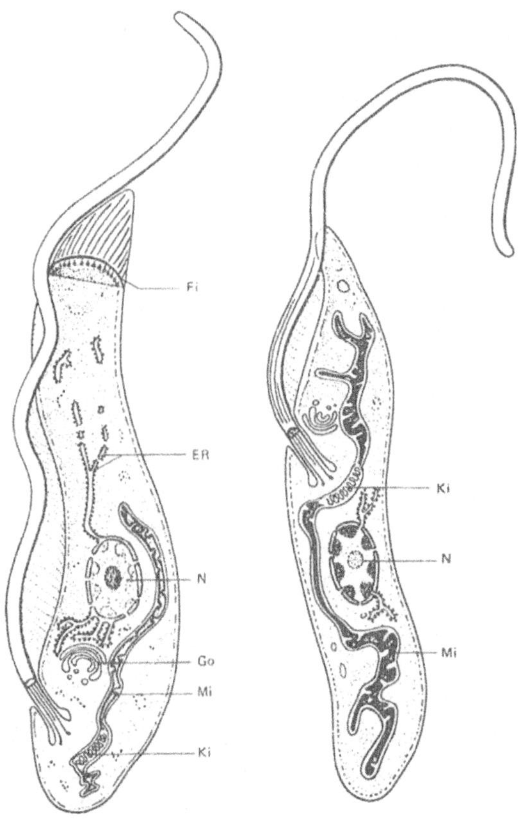

Bild 123
***Trypanosoma brucei*, links trypomastigote, rechts epimastigote Form. ER = endoplasmatisches Reticulum, Fi = Fibrillen, Go = Golgi-Apparat, Ki = Kinetoplast, Mi = Mitochondrium, N = Kern. (Aus DÖNGES 1980)**

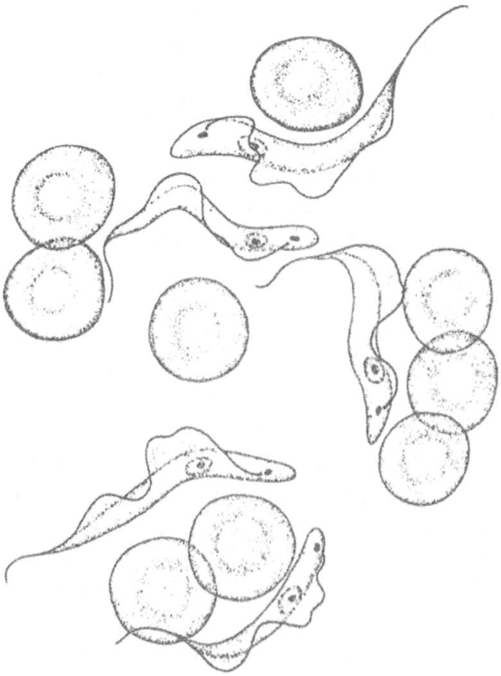

Bild 124
Trypanosoma brucei gambiense im menschlichen Blut. (Aus DÖNGES 1980)

zur epimastigoten Form. Diese durchdringt den noch weichen Anfangsteil der Chitinröhre und dann den Vormagen. Über die Speichelgänge geht es dann in die Speicheldrüsen, an deren Epithel man sich zunächst festheftet. Nach 2 bis 5 Tagen lösen sich die Trypanosomen wieder ab und werden zu der kleinen, gedrungenen trypomastigoten Morphe, dem infektiösen metazyklischen Flagellat. Bei der nächsten Blutmahlzeit wird vor dem Saugen gerinnungshemmender Speichel injiziert und mit ihm bis zu 40000 Trypanosomen.

T. brucei brucei verursacht in Afrika eine Viehkrankheit, die Nagana-Seuche. Betroffen sind Perde, Kamele, Schafe, Ziegen, Schweine, Hunde und Katzen. Als Reservoir dienen vor allem Antilopen, aber auch Giraffe, Elefant, Hyäne und Warzenschwein. Diese zeigen keine Symptome, und sind offenbar seit urlanger Zeit an den Erreger angepaßt.

Die Infektion ist mit Fieber und Anämie verbunden, und bei längerer Erkrankung kommt es zu Abmagerung. Dringen die Trypanosomen in die Cerebrospinalflüssigkeit ein, ist Paralyse die Folge. Pferde erkranken schwer, Hunde und Katzen gehen zugrunde. Der Mensch ist gegen diese Krankheit gefeit, der Schimpanse jedoch nicht. Löwen sind oft stark infiziert, obwohl sie kaum von Glossinen gestochen werden. Sie fressen jedoch infizierte Beutetiere, deren Trypanosomen dann über die Mundschleimhaut in sie eindringen.

Zwischen 1896 und 1906 starb eine halbe Million Menschen an der Schlafkrankheit, die von *T. brucei gambiense* hervorgerufen wird (Bild 124). Die Zahl der an dieser grausamen Seuche Erkrankten, ist dank wirksamer Medikamente und durch Fliegenbekämpfungsmaßnahmen laufend zurückgegangen. Neuerdings sterilisiert man männliche Glossinen mit Röntgenstrahlen und läßt sie frei. Da die Weibchen nur einmal begattet werden, bleiben sie als Partnerin eines solchen Männchens unfruchtbar.

Die zyklisch-alimentär übertragenden Glossinen gehören zwei Verwandtschaftsgruppen mit unterschiedlicher Ökologie an. Die *palpalis*-Gruppe ist an feuchte Biotope gebunden. Zu ihr gehören in Zentral- und Westafrika *G. palpalis*, in Ostafrika *G. fuscipes* und in Westafrika auch *G. tachinoides*. Da die Eingeborenen, vornehmlich Frauen und Kinder, an Flußübergängen gern Wasser schöpfen, sind sie dort den Fliegen stark ausgesetzt. Man hat deshalb an solchen Stellen einen 300 bis 500 m breiten Waldstreifen gerodet, weil die Glossinen derart weite Strecken nicht gern ungeschützt überfliegen.

Bewohner der Savanne sind die Fliegen der *morsitans*-Gruppe. Die durch ihre Übertragung ausgelöste Erkrankung hat einen besonderen Verlauf: Es ist die *rhodesiense*-Infektion. Zu dieser Fliegengruppe gehört in Rhodesien, Mosambik, Malawi und Botswana *Glossina morsitans*, in Tansania und Kenia *G. swynnertoni* und in Kenia, Zambia, Tansania, Uganda, Rhodesien und Mosambik *G. pallidipes* (Bild 125).

Nach dem Stich der Fliege entsteht einige Zeit später ein juckender, schmerzender Hautknoten, der Trypanosomenschanker. In diesem vermehren sich die Trypanosomen. 2 bis 4 Wochen später wandern sie in Blutbahn und Lymphdrüsen, die besonders im Nacken charakteristisch anschwellen. Es kommt zu Kopfschmerzen, Schwäche, hohem Puls und immer häufiger auftretenden Fieberanfällen. Auslöser des Fiebers sind Giftstoffe, die bei dem durch die Antikörper des Wirts hervorgerufenen Zerfall der Trypanosomen frei werden. Damit nimmt auch die Parasitendichte im Blut ab. Die Trypanosomen sind jedoch in der Lage, ihre Antigenstruktur den Antikörpern des Wirts anzupassen. Die allerdings wenigen Individuen, denen dieses gelingt, sind dann gegen die im Blut zirkulierenden Antikörper geschützt und können sich weiter vermehren. Das geht so lange, bis der Wirt einen neuen Antikörper bildet. Diesem Wechselspiel stehen vermutlich 20 Antigenvarianten zur Verfügung, bei denen es sich vielleicht um spezifische Glykoproteine handelt.

Schließlich befallen die Trypanosomen die Cerebrospinalflüssigkeit innerhalb von Gehirn und Rückenmark. Damit ist das zweite Stadium, die Liquorphase, erreicht, die ein halbes Jahr dauern kann und von zentralnervösen Störungen begleitet ist. Der dritte Abschnitt der Schlafkrankheit ist durch einen völligen Verfall der körperlichen und geistigen Kräfte gekennzeichnet. Die Kranken schlafen den ganzen Tag, haben nur selten Wachzu-

Bild 125
Verbreitung der Schlafkrankheit, dünn punktiert *Trypanosoma brucei gambiense*, dick punktiert „*T. b. rhodesiense*“. (Aus TISCHLER 1982)

stände, ihre Muskulatur bildet sich zurück, bis nach einigen Monaten bei restloser Erschöpfung der Tod eintritt. Je nach der körperlichen Verfassung des Betroffenen erstreckt sich das fürchterliche Geschehen über einen Zeitraum bis zu 4 Jahren. Ursache sind auch hier vorwiegend die abgestorbenen Trypanosomen.

Glossina palpalis und andere Arten der *palpalis*-Gruppe bevorzugen jedoch als Wirte große Kriechtiere (Warane, Krokodile). Deshalb wird der Menschn in Gebieten, wo es viele Krokodile gibt, weniger durch diese Fliegen belästigt. So besteht ein epidemiologischer Zusammenhang zwischen der Zahl der Krokodile und der Ausbreitung der Schlafkrankheit.

Reservoire sind das Hausschwein, die Ratte *Cricetomys gambianus* und Menschen mit latenter Infektion.

Glossinen der *morsitans*-Gruppe bevorzugen Wildtiere als Blutspender, die allerdings keine Reaktion auf den Befall zeigen.

Beim Menschen tritt die *rhodesiense*-Verlaufsform ein, wenn er als Jäger in die ausschließlich von Wildtieren besiedelten Gebiete eindringt und infiziert wird. Ohne Behandlung stirbt er dann bereits innerhalb von wenigen Monaten.

Raubwanzen als Überträger

An der Chagas-Krankheit leiden in Süd- und Mittelamerika ungefähr sieben Millionen Menschen. Ihr Erreger ist *Trypanosoma cruzi*, deren Entdecker der brasilianische Arzt Carlos Chagas war. Überträger sind die nachtaktiven Raubwanzen der Gattungen *Triatoma*, *Rhodnius* und *Panstrongylus*. Am wichtigsten ist *Triatoma infestans*. Die Wanzen infizieren sich beim Blutsaugen am Menschen oder einer der vielen Säugetierarten, die als Reservoirwirte dienen, mit der im Blut kreisenden trypomastigoten Form. Diese vermehrt sich im Mitteldarm der Wanze durch Längsteilung und wird epimastigot. Im Enddarm des Insekts erfolgt dann nach 10 Tagen die Rückverwandlung in das metazyklische trypomastigote Stadium, das mit dem Kot ausgeschieden wird. Da die Kotabgabe während des Saugaktes oder unmittelbar danach erfolgt, ist eine Infektion über Stichkanal oder Kratzwunde leicht möglich. Die Wanzen, die ihr Leben lang infiziert bleiben, saugen gern an Übergangsstellen zwischen Oberhaut und Schleimhaut, wie dem Mundwinkel, und werden deshalb auch „kissing bug" genannt. Die Trypanosomen vermögen auch aktiv in die Schleimheit einzudringen. Wanzen können sich durch Aufsaugen von Artgenossenkot gegenseitig infizieren, ebenso der Mensch durch Geschlechtsverkehr und Muttermilch.

Im Menschen dringen die begeißelten Stadien in Zellen ein, werden dort kryptomastigot und vermehren sich so stark, daß die Wirtszelle schließlich platzt. Die dadurch frei gewordenen Trypanosomen begeißeln sich wieder und werden entweder von einer Wanze aufgenommen oder dringen in eine neue Wirtszelle ein. Anfangs kommt es durch Entzündungsreaktionen zur Verstopfung von Lymphkapillaren: Es entsteht das Chagas-Ödem. Schließlich werden alle Organe befallen. Da durch ein Nervengift auch Ganglienzellen zerstört werden, führt fehlende Innervierung zu Muskelerschlaffung und dadurch verursachten Organvergrößerungen. Auch das Herz kann schwer in Mitleidenschaft gezogen werden. Kleinkinder sind besonders gefährdet, und 10% der Befallenen sterben schon in einer sehr frühen Phase der Krankheit. Mancher Herztod bei Erwachsenen ist die Spätfolge einer Infektion im Kindesalter.

Im Blut der Ratte

Im Rattenblut, besonders im Blut der Wanderratte *Rattus norvegicus*, lebt *Trypanosoma lewisi*. Nachdem die trypomastigote Form in die epimastigote übergegangen ist, erfolgt Vermehrung durch multiple Teilung unter Rosettenbildung. Junge Ratten gehen an der Infektion leicht zugrunde. Werden ältere Ratten Trypanosomenträger, siegt fast immer die Immunabwehr. Der Antikörper Ablastin stoppt wenige Wochen nach der Infektion die Vermehrung der Flagellaten. Einige Wochen später tötet ein zweiter Antikörper die Parasiten, und die Ratte bekommt einen lebenslangen Immunschutz.

Zyklisch-exkretorische Überträger sind die Rattenflöhe, in unseren Breiten *Nosopsyllus fasciatus*, in den Tropen *Xenopsylla cheops*. Im Mitteldarm der Blutsauger dringen die Trypanosomen in die Zellen ein, wo sie sich durch multiple Teilung vermehren. Wenn dann die befallenen Zellen platzen, geraten die Parasiten in das Darmlumen, wo Vermehrung in epimastigoter Form erfolgt. Im Enddarm nehmen dann die nunmehr trypomastigoten Tiere die gedrungene metazyklische Gestalt an und werden mit dem Kot ausgeschieden. Die Ratte infiziert sich durch Lecken oder Kratzen an der Stichstelle. Wenn Flöhe zerbissen werden, dringt *T. lewisi* über die Mundschleimhaut ein.

Krokodil und Fische als Wirte

Das Nilkrokodil *Crocodylus niloticus* hat sein eigenes Trypanosom: *T. grayi*. Wenn die Riesenkriechtiere während ihrer Landruhe mit geöffnetem Rachen daliegen, saugen *Glossina palpalis* und *G. fuscipes* Blut. Mit ihrem Kot scheiden sie die Infektionsstadien des Einzellers aus, welche durch die dünne Schleimhaut in den großen Wirt eindringen. Die Frage, ob der Befall für das Krokodil pathogen ist, muß offen bleiben.

Für Fische sind einige Trypanosomen tatsächlich pathogen. So parasitiert im Blut des Süßwasserbarsches *T. percae*. Überträger ist der Fischegel *Piscicola geometra*.

Von Egeln wird auch *Cryptobia cyprini* übertragen. Dieses Flagellat gehört zu den zweigeißligen Bodoninen, von denen viele Arten frei in saproben Biotopen oder entök leben. *C. cyprini* ist auf diesem Weg zum Innenschmarotzer geworden und findet sich in der ganzen Welt im Blut von Karpfenfischen. Diese magern ab, schwimmen taumelnd oder stehen schräg im Wasser. Manche von ihnen sterben sehr bald an dieser „Schlafkrankheit".

Geschlechtskranke Frauen und Kühe

Die Trichomonadiden haben vorn 3 bis 6 Zuggeißeln und eine Schleppgeißel. Diese zieht zum Hinterende des Körpers, mit dem sie durch eine undulierende Membran verbunden ist. Unter dieser liegt eine stabilisierende kontraktile Faser (Costa). Außerdem wird die Zelle von einem Achsenstab durchzogen, der aus Mikrotubulibändern besteht. Vor der Vermehrung durch Längsteilung wird dieses Axostyl aufgelöst und später wieder neu gebildet. Ein Zellmund kann vorhanden sein.

Da Trichomonadinen nicht in der Lage sind, sich zu encystieren, können sie leicht austrocknen. Viele Arten leben entök wie *Trichomonas hominis* im Dickdarm und *T. tenax* im Mund des Menschen.

T. vaginalis bevorzugt Frauen. Der mundlose Parasit lebt im Urogenitalsystem. Beim Mann in Harnröhre und Prostata, bei der Frau in den untersten Harnwegen und vorwiegend auf der Vaginalschleimhaut, wo sich die Flagellaten mit den vorderen Geißeln festheften. Sie sollen auch in der Lage sein, eine giftige Substanz abzugeben. Im akuten Stadium entsteht ein Ausfluß, der Tage, aber auch Monate dauern kann. Es treten Schäden am Epithel auf, und bei chronischem Befall unter Einbeziehung der Eileiter ist Sterilität möglich. Die Vermehrung wird von pH-Wert und Bakterienflora der Scheide beeinflußt. So tritt *T. vaginalis* bei Milieuänderung durch die Anti-Baby-Pille besonders gehäuft auf. Die Übertragung geschieht durch Geschlechtsverkehr, und sexueller Partnerwechsel und mangelnde Hygiene erhöhen die Befallsquote. Auch das Neugeborene kann bei der Geburt infiziert werden. Da die verschiedenen Stämme eine sehr unterschiedliche Virulenz haben, ist die pathogene Bedeutung dieser Art umstritten.

Auch Rinder können unter einer derartigen Geschlechtskrankheit leiden. Sie wird durch *Tritrichomonas foetus* verursacht, dem Angehörigen einer Gattung, die sich durch drei vordere Geißeln und den Besitz eines Zellmundes auszeichnet. Der Bulle leidet kaum unter dem Parasiten, der sich bei ihm unter der Vorhaut aufhält und beim Deckakt auf die Kuh übertragen wird. Bei ihr wirkt der Einzeller aber stark pathogen, wobei der Krankheitsverlauf auch vom Antikörperstatus abhängig ist. Es kommt zu Entzündungen der Vaginalschleimhaut, der Eileiter und des Uterus. Frühestens nach 5 bis 8 Wochen, längstens nach vier Monaten, wird eine vorhandene Frucht zum Absterben gebracht. Es kann auch geschehen, daß der Foetus nach und nach aufgelöst wird, wobei es zu Vereiterungen kommt. Eine erneute Befruchtung ist nicht mehr möglich. Diese Tierseuche war einer der Gründe, Besamungsstationen einzurichten. Jetzt weiß man, daß der Erreger auch bei künstlicher Besamung übertragen werden kann, da er das Tiefgefrieren genauso lange aushält wie die Spermien.

Gelber Knopf

So nennt man eine durch *Trichomonas gallinae* hervorgerufene Erkrankung. Betroffen sind Taube, Haushuhn, Pute, wildlebende kleine Singvögel, Prachtfinken und Sittiche. Da die Altvögel sich beim Schnäbeln gegenseitig infizieren, sind sie meist latente Trichomonadenträger. Beim Füttern der Jungvögel werden diese dann über die Kropfmilch mit dem Erreger versehen.

Es lassen sich drei Erscheinungsbilder unterscheiden. Gelbe käsige Zerfallsstellen an den schleimhäuten der Schnäbel, Rachen- und Kropfhöhle, nekrotische Herde in Leber, Dünndarm, Herz, Lunge und Luftsäcken, schließlich auch eine Entzündung des Nabels. Dieser wird dabei erbsen- bis kirschgroß. Sehr häufig ist diese Krankheit bei Jungtauben. Sie und auch Nestlinge können eine Letalität bis zu 100% erleiden. Dies liegt nicht zuletzt daran, daß Wasser- und Nahrungsaufnahme stark behindert sind. Alttauben bekommen durch diese Parasitierung erhöhtes Durstgefühl und verlieren ihre Fluglust.

Literatur: Chappel 1980, Cheng 1986, Dönges 1980, Doflein & Reichenow 1949–1953, Frank 1976, Grell 1968, Hausmann 1985, Hiepe & Jungmann 1983, Hoare 1972, Holberton 1973, 1974, Jirovec & Petru 1968, Koecke 1982, Laird 1961, Lumsden & Evans 1976, Matthes & Matthes 1974, Mehlhorn, Haberkorn & Peters 1977, Mehlhorn & Piekarski 1981, Meyer & Radulescu 1979, Mohr, Schumacher & Weyer 1975, Pflugfelder 1977, Piekarski 1954, 1958, Tischler 1982, Whitfield 1979.

Die Apicomplexa

Die früheren „Sporozoa“ und jetzigen Apicomplexa sind Einzeller, die stets an Wirtstiere gebunden sind. Aber auch bei ihnen ist die ursprüngliche Lebensweise Entökie. So schädigen die in großer Artenzahl meist im Darm von Gliederfüßern und Ringelwürmern lebenden Eugregarinen selbst durch eine kurze intrazelluläre Phase ihren Wirt nicht. Doch auch unter ihnen gibt es schon Parasiten. So macht *Neomonocystis lithobii*, ein Leibeshöhlenbewohner des Hundertfüßers *Lithobius*, diesen reaktionsschwach und träge. Vor allem jedoch führt die Anwesenheit der Gregarine beim Weibchen zu Kastration, und beim männlichen Tier bleiben die Hoden verkümmert.

Die Entwicklung der Apicomplexa ist ein Generationswechsel, zu dem bei höher differenzierten Gruppen noch ein Wirtswechsel kommt. Der Generationswechsel erfolgt in drei Phasen, nämlich der ungeschlechtlichen Vermehrung (Schizogonie) und der Entstehung von Geschlechtsformen (Gamogonie). Auf die Befruchtung folgt dann eine ungeschlechtliche Vermehrung der Zygote (Sporogonie), bei der die Sporozoiten gebildet werden. Der in Schizogonie befindliche Parasit ist der Schizont, die dabei gebildeten Vermehrungsstadien sind die Merozoiten. Sehr oft entstehen die Geschlechtszellen nicht direkt, sondern werden von einem weiblichen und einem männlichen Gamonten gebildet.

Die Infektionsstadien Sporozoit und Merozoit sind unter 10 µm lang und nur 2 bis 3 µm breit. So konnte ihr Feinbau erst mit Hilfe des Elektronenmikroskops erkannt werden. Neben den üblichen Zellbstandteilen wie Kern, Mitochondrium, Golgi-Apparat und einem plasmatischen Kanalsystem, dem endoplasmatischen Reticulum, wurden einige Sonderbildungen entdeckt. Um das Eindringen in eine Wirtszelle zu erleichtern, kann das kuppelartige Conoid aus einer vorn gelegenen Öffnung gestoßen werden. An seiner Spitze münden Drüsenorganellen (Rhoptrien) aus, die den Penetrationsvorgang fermentativ unterstützen. An einer oder mehreren Stellen ist die äußere Membran der dreischichtigen Zellwand zu einer Micropore eingestülpt. Mit diesem Zellmund wird Plasma der Wirtszelle aufgenommen und in der sich dann ablösenden Nahrungsvakuole verdaut.

Bei der ungeschlechtlichen Vermehrung bilden sich in der Mutterzelle zwei neue Tochterzellen, die dann durch Einstülpung der mütterlichen Zellwand voneinander getrennt werden. Diese Vermehrungsweise wird als Endodyogenie bezeichnet. Es kommt auch vor, daß an der Peripherie eines Kerns gleichzeitig viele Tochterzellen entstehen; das ist dann Endopolygenie.

Die ungeschlechtliche Vermehrung wird wiederholt

Schizogregarinen schmarotzen bei Gliederfüßern entweder intrazellulär oder in Körperhöhlen und wiederholen ihre ungeschlechtliche Vermehrung (Schizogonie) so lange, bis eine ausreichende Befallsstärke erzielt ist.

Im Darmlumen von Gnitzenlarven *(Ceratopogon)* wachsen freibeweglich die Sporozoiten von *Schizocystis gregarinoides* heran. Haben sie eine bestimmte Größe erreicht, heften sie sich mit ihrem saugnapfähnlichen Vorderende an die Darmwand und werden zum vielkernigen Schizonten. Dieser kann eine Länge von 400 µm erreichen und 200 Kern beherbergen. Er zerfällt dann in so viele Merozoite, wie Kerne vorhanden sind. Entweder werden diese Merozoite wieder zu Schizonten, oder sie entwickeln sich zu Gamonten, von denen sich zwei aneinanderlegen und mit einer Cyste (Gamontencyste) umgeben. Es werden dann kleine und große Gameten gebildet (Anisogamie), die zur Zygote verschmelzen. Diese entwickelt sich zur Spore (Sporogonie), in der durch Teilung acht Sporozoiten entstehen. Die Cyste (Sporocyste) oder die einzelnen Sporen geraten mit dem Kot ins Wasser, und die frei gewordenen Sporozoiten befallen neue Mückenlarven.

Intrazellulär lebt *Lipocystis polyspora*, und zwar im Fettkörper der Skorpionsfliege *Panorpa* (Bild 126). In deren Darm werden die Sporozoiten durch Platzen der Sporen frei, bohren sich in die Leibeshöhle und dort in die Zellen des Fettgewebes. Zunächst wachsen die Sporozoiten zu kleinkernigen Schizonten heran, aus denen kleine Merozoiten entstehen, die das Fettgewebe erneut infizieren. Dies kann sich mehrere Male wiederholen. Ist ein gewisser Infektionsgrad erreicht, werden große Schizonten und damit auch größere

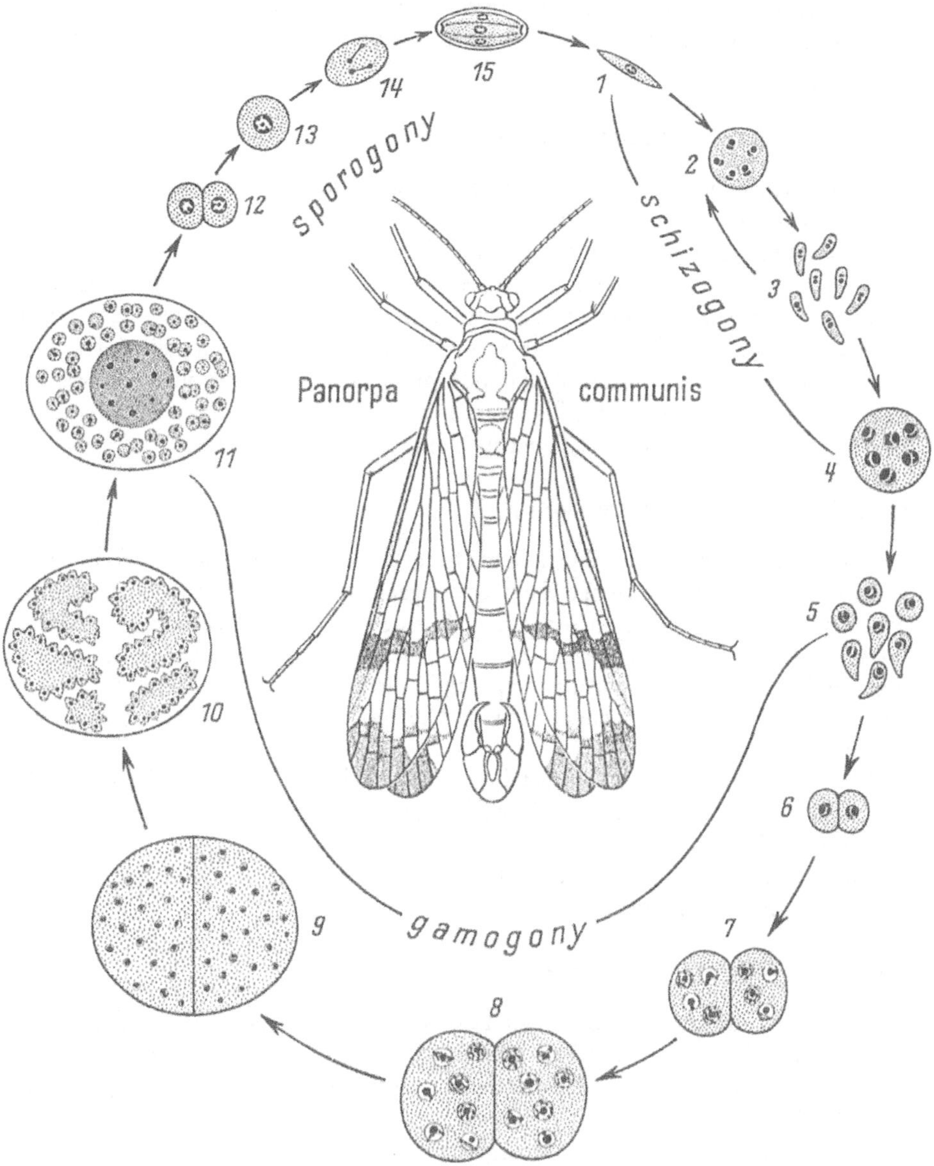

Bild 126 Entwicklungsgang von *Lipocystics polyspora.* 1 Sporozoit, 2 kleinkernige Schizonten, 3 kleine Merozoiten, 4 großkernige Schizonten, 5 große Merozoiten, 7, 8 Gamontenpaare, 9–12 Gametenbildung und Kopulation, 13–15 Sporenbildung. (Aus GRELL 1968/1973)

Merozoiten gebildet. Erst diese entwickeln sich zu Gamonten, die sich innerhalb der Fettzelle zu zweit mit einer Cyste umgeben. In ihr wachsen sie heran und werden vielkernig. Die Gamonten zerfallen dann in Gameten ohne Größenunterschied, und ein Restkörper bleibt zurück. Diese Isogameten verschmelzen miteinander, und aus den Zygoten werden Sporen, von denen sich bis zu 200 in einer Sporocyste befinden. Jede Spore teilt sich dann in acht Sporozoiten auf. Starke Infektionen können zum Tod der *Panorpa* führen. Da die Skorpionsfliegen gern tote Insekten aussaugen, sind verendete Gattungsgenossen die Infektionsquelle.

Unterschiedliche Gamontenentwicklung

Bei den Coccidien ist die Entwicklung der Gamonten unterschiedlich. Nur einer von beiden macht eine Vielteilung durch, die zur Entstehung kleiner, meist begeißelter Mikrogameten führt. Der andere Gamont verwandelt sich ohne Teilung direkt zu einem großen, unbeweglichen Makrogameten. Es wird deshalb auch nur eine große Zygote gebildet, die Oocyste. In ihr findet die Sporogonie statt, bei der die erste Teilungsfolge zur Entstehung der Sporen, eine zweite innerhalb der Sporen zur Sporozoitenbildung führt. Die Zahl der entstehenden Sporen ist verschieden, und sogar die der Sporozoiten in der Spore kann bei den einzelnen Arten unterschiedlich sein. Die intrazellulären Parasiten haben entweder eine direkte Entwicklung, oder sie machen einen Wirtswechsel durch.

Coccidier mit direkter Entwicklung

Die Eimeriidae betreiben keinen Wirtswechsel und sind vorwiegend Wirbeltierparasiten. Es herrscht zum Teil strenge Wirts- und sogar Organspezifität. So schmarotzen oft im gleichen Darm mehrere Arten, jede jedoch in einem eigenen Abschnitt. Zur Infektion ist meist die Aufnahme einer großen Zahl von Occysten erforderlich. Bei Darmparasiten können die geschlüpften Sporozoiten gleich in die Zellen des Verdauungskanals eindringen und dort zu Schizonten heranwachsen. Die Sporogonie spielt sich in der ins Freie gelangenden Oocyste ab.

Eine Fülle von *Eimeria*-Arten befällt Hausgeflügel, Rinder, Ziegen, Schweine, Kaninchen und Wildtiere. Bei intensiver Tierhaltung sind die Coccidiosen (Darm-, Leber-, Nierencoccidiose) ein nicht unwesentlicher Störfaktor.

Eine direkte Entwicklung habe auch die Arten der Gattung *Klosiella*. Ihr Hauptsitz ist die Niere von Wirbeltieren.

Zwei-Wirte-Zyklus: Malariaerreger

Bei den Haemosporina – Coccidier, zu denen auch die Malaria-Erreger gehören – sind blutsaugende Zweiflügler der End- und Wirbeltiere der Zwischenwirt. Infiziert wird immer durch Insektenstich, so daß sich der Parasit stets im Wirt befindet. Es gibt keine freilebende Phase.

Schizogonie und Beginn der Gamogonie vollziehen sich intrazellulär im Wirbeltier, Vollendung der Gamogonie und Befruchtung im Insektendarm. Die Stelle der Oocyste vertritt ein unbeschaltes, bewegliches Stadium, der Ookinet; er dringt in eine Darmwandzelle ein und zerfällt nach Wachstum und Kernteilungen unter Wegfall einer Sporocyste in viele Sporozoiten, die später in die Speicheldrüse wandern. Sie werden dem Wirbeltier beim nächsten Saugakt eingeimpft.

So geschieht es auch mit den Sporozoiten des Malaria-Erregers *Plasmodium*, den der Mensch von der Fiebermücke *Anopheles* erhält (Bild 127/1). Die Infektionsstadien gelangen in die Blutbahn und von dort sehr schnell in die Leber. In deren Zellen wachsen sie zu Schizonten heran (2–4), und nach Platzen der Wirtszelle werden die Merozoiten (5) frei (extraerythrocytäre Schizogonie). Je nach Art des Erregers dringen diese sofort oder erst nach Infektion neuer Leberzellen in rote Blutkörperchen (Erythrocyten) ein. Hier kommt es wieder zur Schizogonie, und der sich entwickelnde Schizont nimmt den Inhalt des roten Blutkörperchens auf. Er zerfällt dann in maximal 32 Merozoiten, die wieder neue Blutkörperchen befallen können (6–9). Einige entwickeln sich in diesen jedoch nicht zu Schizonten, sondern werden zu Vorstufen künftiger Gameten, die aber erst im Mückendarm zur

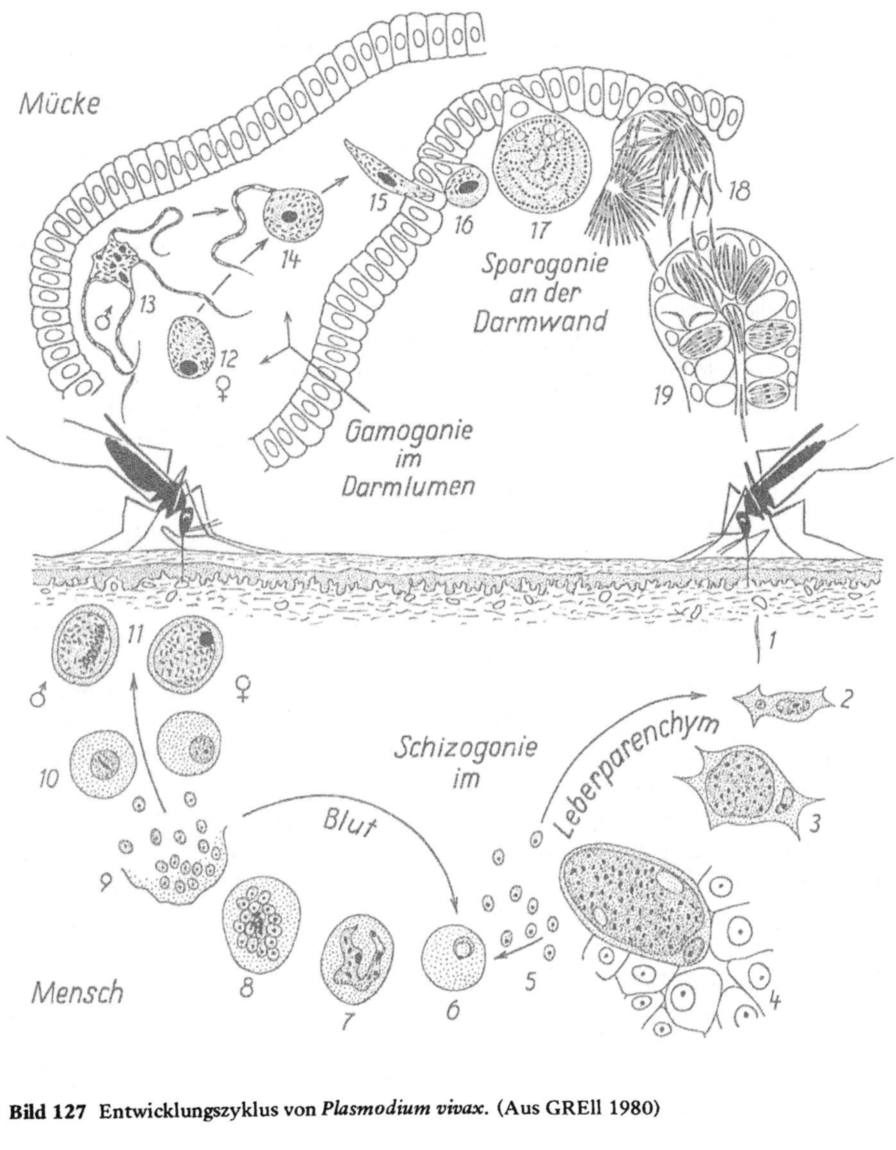

Bild 127 Entwicklungszyklus von ***Plasmodium vivax***. (Aus GREll 1980)

Reife gelangen. Tut sich ein *Anopheles*-Weibchen an Malariablut gütlich, dann gehen in seinem Darm die Schizonten zugrunde und nur diese Vorstadien, die Gametocyten (11), bleiben erhalten. Die Makrogametocyte entwickelt sich zum Makrogameten (12), die Mikrogametocyte zerfällt in meist acht bewegliche Mikrogameten (13). Die durch Befruchtung entstehende Zygote ist der Ookinet (15); er umgibt sich an der Außenwand des Darms mit einer elastischen Hülle, und der Darm ist dann überall mit derart blasenartigen Oocysten (17) besetzt. In diesen können sich nun die Sporozoiten (18, 19) entwickeln.

Den schwersten Verlauf nimmt die durch *Plasmodium falciparum* verursachte Malaria tropica, deren Fieberanfälle unregelmäßig und meist ohne Schüttelfrost verlaufen. Sie können 20 bis 24 Stunden dauern. Bleibt die Krankheit unbehandelt, tritt in schweren Fällen innerhalb weniger Tage der Tod ein. Komplikationen gibt es auch dadurch, daß die parasitierten Blutkörperchen die feinen Gefäße innerer Organe verstopfen. Wie schon ihr Name sagt, ist die Tropica vorwiegend in den Tropen und Subtropen verbreitet. 50% aller Malariakranken leiden an ihr. Manche Afrikaner haben Sichelzellenanämie, bei der die roten Blutkörperchen deformiert sind. Diese Erbkrankheit führt reinerbig (homozygot) sehr schnell zum Tode, gemischterbig (heterozygot) bewahrt sie vor einer Infektion mit *P. falciparum.*

Am seltensten ist die von *P. malariae* erregte Quartana, die nur in eng begrenzten Gebieten auftritt. Die Anfälle dauern 4 bis 5 Stunden und wiederholen sich regelmäßig im Abstand von 72 Stunden.

Für die Malaria tertiana ist *P. vivax* verantwortlich. Die Erkrankung führt zu Fieberanfällen, die 8 bis 12 Stunden dauern und auf die fieberfreie Intervalle von 36 Stunden folgen. Mit der Tertiana sind keine ernsthaften Schwierigkeiten verbunden, und nach zwei Jahren heilt das „gutartige Fieber" meist aus. Die Tertiana stellt 43% der Erkrankten. Sie kann sich überall dort entwickeln, wo die Temperatur während einiger Monate wenigstens 16 °C beträgt. Dies ist die untere Grenze, die für die Entwicklung in der Mücke notwendig ist. Diese Malaria herrscht deshalb in der subtropischen und in der gemäßigten Zone vor. Sie war früher im Mittelmeerraum verbreitet und kam sogar in Holland, Deutschland, Polen und Skandinavien vor.

P. vivax steht *P. ovale* nahe, ein Malariaerreger, der an der Westküste Afrikas vorkommt. er ist besonders bei Kindern unter 10 Jahren häufig. In manchen Gegenden sind 10% der Kinder befallen. Die Erkrankung verläuft wie eine milde Tertiana.

Auf der Erde leben etwa zwei Milliarden Menschen in Malariagebieten, und mindestens 250 bis 450 Millionen erkranken jedes Jahr, 1980 waren es 300 Millionen. Allein in Afrika sterben pro Jahr rund eine Million Kinder im Alter bis zu fünf Jahren an Malaria.

Die Malariabekämpfung ist neuerdings in einer kritischen Phase. In vielen Ländern, auch in fast malariafreien, stieg die Zahl der Neuerkrankungen beängstigend an. So gab es in Sri Lanka 1964 nur noch 29 Erkrankungen, 1975 waren es über 400000. In Indien lag man 1961 unter 100000, 1974 waren es 2,5 Millionen und 1977 30 bis 50 Millionen Fälle. In der Türkei registrierte man 1968 37 Malariaerkrankungen, 1972 1000, 1976 30485 und 1978 dann über 120000 Neuerkrankungen.

Da die vier humanpathogenen Plasmodien nicht in den üblichen Versuchstieren gehalten werden können, benutzt man in der Plasmodienforschung und beim Testen von Chemotherapeutika andere Arten. In laboratoriumsüblichen Nagern und dem europäischen Feldhamster läßt sich *P. berghei* halten. Auch *P. vinckei* hält sich sehr gut in Labormäusen. Auf Kanarienvögel kann man *P. cathemerium* und *P. relictum* übertragen. Beide Arten sind eng miteinander verwandt.

Da die Plasmodien ihrer Bekämpfung immer wieder durch Resistenz entgehen, müssen stets neue therapeutische Mittel entwickelt werden.

Zecken kommen schon mit Babesien zur Welt

Die Merozoiten der birnförmigen Babesien werden Wirbeltieren mit dem Speichel blutsaugender Zecken verabreicht. Wie die Malariaerreger befallen sie rote Blutkörperchen. In diesen erfolgt Vermehrung durch Zweiteilung. Beim Platzen der Erythrocyten werden die Babesien frei und befallen neue.

In der Zecke befällt man nach Verlassen der Blutkörperchen Zellen des Darmepithels. In ihnen entstehen durch Schizogonie wurmförmige Merozoiten (Vermiculae). Diese wandern über die Hämolymphe in die Zellen verschiedener Organe, wo sie zu Schizonten heranwachsen. Bevorzugt sind Speicheldrüsen und die Follikelzellen der Ovarien. Von hier aus wandern die Wurmstadien in die Eizellen der weiblichen Zecke. Bei der Embryonalentwicklung gelangen sie in das Darmepithel der Zeckenlarve, und die durch Schizogonie entstandenen Merozoiten gehen dann in die Speicheldrüse. Durch abermalige Vermehrung bilden sich dort die Infektionsstadien. So können durch eine Blutmahlzeit mehrere Zeckengenerationen infiziert werden. An *Babesia bovis* erkranken Rinder schwer. Die in Schaf und Ziege schmarotzende *B. ovis* wird von mehreren Zeckenarten übertragen. Nach neueren Untersuchungen soll diese Babesie bei der Zecke *Rhipicephalus bursa* über 50 Generationen transovariell weitergegeben werden können.

Die Zahl der Zwischenwirte ist groß

Toxoplasma gondii ist in der ganzen Welt verbreitet und kann fakultativ eine beliebige Zahl von Zwischenwirten einschalten. Der Endwirt ist die Hauskatze, in deren Darmepithel Schizogonie und Gamogonie ablaufen. Die Oocysten geraten ins Freie, und hier erst bilden sich in ihren beiden Sporocysten je vier Sporozoiten. In dem sich mit Oocysten infizierenden Zwischenwirt erfolgt eine starke ungeschlechtliche Vermehrung vor allem in den Zellen des lymphatischen Systems. Später bilden sich in Gehirn und Muskulatur Cysten, die viele sichelförmige Toxoplasmen enthalten. Nehmen Katzen rohes Fleisch mit solchen Cysten auf, beginnt ein neuer Zyklus.

Zwischenwirte sind viele Säugetiere, der Mensch und einige Vogelarten. Menschen infizieren sich durch von Katzen stammende Oocysten, aber auch durch den Genuß von rohem Fleisch. Sogar das Kind im Mutterleib kann befallen werden, und diese Säuglingstoxoplasmose führt zu schweren Schädigungen. Voraussetzung ist jedoch, daß sich die Mutter während der Schwangerschaft, insbesondere im letzten Drittel, erstmals ansteckt. Frauen, die schon vor der Empfängnis latent infiziert waren, sind weitgehend immun und brauchen keine Sorge um ihr Kind zu haben. Bei Erwachsenen kann es zu Lymphknotenerkrankungen kommen, andere Organe werden nur selten nachweisbar geschädigt.

T. gondii ist bei Menschen und Schlachttieren sehr verbreitet, die Häufigkeit der Infektion nimmt mit dem Alter zu und erreicht bei alten Menschen 70 bis 80%.

Literatur: Ball 1968, Dönges 1980, Frank 1976, Geus 1969, Grell 1938, 1968, Hausmann 1985, Hiepe & Jungmann 1983, Maier 1984, Matthes & Matthes 1974, Matuschka & Heydorn 1980, Mehlhorn & Heydorn 1978, Naville 1930, Pflugfelder 1977, Scholtyseck 1975, 1979, Scholtyseck & Mehlhorn 1973, Scholtyseck, Mehlhorn & Friedhoff 1970, Toguebye & Marchand (im Druck), Weiser 1961, Whitfield 1979.

Die kleinsten Schmarotzer

Microsporidier sind intrazellulär oder in Körperhöhlen parasitierende Protozoen. Sie sind meist wirtspezifisch und haben eine direkte Entwicklung. Unter den schmarotzenden Einzellern sind sie die kleinsten. Ihre Wirte sind Wirbellose, niedere Wirbeltiere und vor allem Insekten.

Infektionsstadium ist die Spore, die oral aufgenommen werden muß. In ihr befindet sich ein Amöboidkeim (Sporoplasma), der von einem Polfaden in enger Spirale umwunden wird (Bild 128). Viele Autoren vertreten die Auffassung, daß dieser Faden als Hohlorgan dazu dient, den Amöboidkeim in die Wirtszelle zu injizieren. Eine neue, von afrikanischen Forschern durchgeführte elektronenoptische Untersuchung an *Nosema couilloudi* zeigte ein anderes Ergebnis: Der Polfaden soll nicht als Extrusionsapparat dienen, sondern der Keim wird einfach durch eine an der Sporenspitze entstehende Öffnung frei. Im Wirt findet dann eine lebhafte Vermehrung durch Zwei- oder Vielteilung statt, und die daraus entstehenden amöboiden Zellen verwandeln sich innerhalb weniger Tage wieder in Sporen. Diese kommen mit dem Kot ins Freie und infizieren neue Wirte.

Nosema apis befällt die Darmzellen oder auch andere Organe der Arbeitsbienen. Durch die frei werdenden Sporen wird auch die Bienenbrut infiziert. Da 4 bis 6 Tage nach Beginn des Befalls die Hypopharyngealdrüsen ihre Tätigkeit einstellen beteiligen sich diese Bienen nicht mehr an der Fütterung der Königin, wodurch die Infektionsgefahr für diese herabgesetzt wird. *N. apis* ist anfangs oft apathogen, und erst bei Eintreten ungünstiger Bedingungen kommt es zur Erkrankung des Bienenvolks, das an dieser „Bienenruhr" zu-

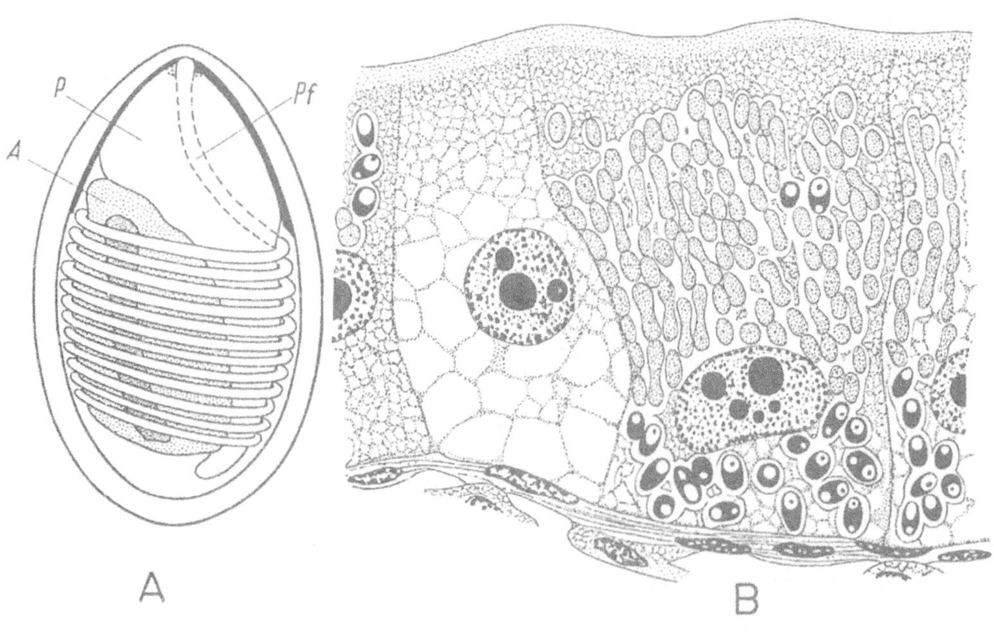

Bild 128 Microsporidia. A Schema einer Spore, A = Amöboidkeim, P = Polaroplast, Pf = Polfaden. B Teilungsstadien und Sporen von Nosema bombycis in Darmepithelzellen der Seidenraupe. (Aus GRELL 1980)

grunde gehen kann. Der Imker erkennt die Seuche am dünnflüssigen, gelblichen Durchfallkot und an einem typischen Geruch. Die Sporen bleiben in toten Bienen ein Jahr, im Kot zwei Jahre und im Honig 2 bis 4 Monate infektionsfähig.

Unter *N. bombycis* hat die Seidenraupe zu leiden. Durch diesen Schmarotzer wurde in Seidenspinnerzuchten schon großer Schaden angerichtet. Es werden Darmzellen und Muskulatur der Raupe befallen, und meist schon nach drei Tagen ist ihr ganzer Körper überschwemmt (Bild 128). Man erkennt die infizierte Raupe an ihrem dunkelfleckigen Aussehen, das durch Veränderung der Hypodermiszellen bedingt ist. Die Sporen gelangen mit dem Kot auf die Futterpflanzen. Die Raupen sterben, wenn sie stark befallen sind, meist vor ihrer Verpuppung an dieser Pebrine- oder Fleckenkrankheit.

In den 60er Jahren des 19. Jahrhunderts bat die Naturseiden-Industrie Frankreichs den berühmten Louis Pasteur um *Nosema*-Hilfe. Der Gelehrte stellte fest, daß weniger stark infizierte Raupen am Leben bleiben, sich verpuppen und Schmetterlinge ergeben, deren innere Organe einschließlich der Eierstöcke Sporen enthalten. Solche Falter legen dann verseuchte Eier ab, und die neue Raupengeneration ist bereits befallen. Durch Aussortieren des Eimaterials wurden dann große Verluste verhindert.

Als nützlich kann man *N. stegomyiae* in der *Anopheles*-Mücke bezeichnen, da sie die Entwicklung des Malariaerregers *Plasmodium falciparum* (s. S. 200) völlig unterdrückt.

Die Insektenparasiten unter den *Nosema*-Arten bilden sogar einen Stoff, der die gleiche Wirkung wie das Juvenilhormon der Corpora allata hat. Dadurch wird die normale Entwicklung des Wirts gestört.

Auch Hyperparasiten gibt es unter den Nosemen. *N. erytremae* befällt in Schnecken Sporocysten und Redien von Saugwürmern, zeigt dabei aber keine ausgesprochene Wirtsspezifität, während *N. helminthorum* nur im Schafbandwurm *(Monezia expansa)* parasitiert. *N. notabilis* dringt in das Zellplasma des Myxosppridiers *Sphaerospora polymorpha* ein und schädigt ihn merklich. Der Betroffene schmarotzt seinerseits in der Harnblase des Austernfisches *Opsanus tau.*

Fischparasiten sind vorwiegend die Arten der Gattung *Glugea.* Sie verursachen eine starke Hypertrophie der Wirtszelle und es kommt durch Beteiligung des Bindegewebes zur Bildung erbsengroßer Cysten.

Das Rädertier *Polyarthra* nimmt strudelnd die Infektionsstadien von *Bertramia asperospora* auf. Die Microsporidier durchdringen die Darmwand und vermehren sich in der Leibeshöhle sehr stark. Das Rädertier wird schwach und stirbt dann am Einzellerbefall. Robert Nachtwey hat dieses Geschehen dramatisch geschildert.

Literatur: Ball 1968, Canning & Lom 1986, Cheng 1986, Dönges 1980, Dogiel 1963, Frank 1976, v. Frisch 1953, Grell 1980, Hiepe & Jungmann 1983, Nachtwey 1938, Pflugfelder 1977, Toguebaye & Marchend (im Druck), Weiß 1984, Weiser 1961.

Fakultativer Endoparasitismus mit tödlichem Ausgang – beiderseits

Die Wimpertiere (Ciliata) sind die am kompliziertesten gebauten Protozoen. Sie bewegen sich mit Hilfe kurzer, fadenartiger Plasmafortsätze, den Wimpern oder Cilien, die auch im Dienste der Nahrungsaufnahme stehen können. Ein weiteres wichtiges Merkmal ist der Besitz zweier verschiedenwertiger Typen von Zellkernen, des Großkerns (Makronucleus) und des Kleinkerns (Mikronucleus), sowie ein geschlechtlicher Kernaustausch, die Konjugation.

Die Gattung *Tetrahymena* gehört innerhalb der Holotricha, die meist vollständig bewimpert sind, zu den Hymenostomata. Diese sind Strudler, deren in einer Mundgrube liegenden Wimperreihen teilweise zu undulierenden Membranen verschmolzen sind.

T. chironomi bevorzugt freilebend polysaprobe Gewässer, findet sich jedoch auch in der Leibeshöhle der Larve von *Chrionomus plumosus* (Bild 129). Es wird vermutet, daß *Tetrahymena* durch eine bei der Häutung entstandene Rißstelle in die Zuckmückenlarve eindringt. Es setzt eine starke Vermehrung ein, und infizierte Larven des vierten Stadiums enthalten ungefähr 100000 bis 200000 Wimpertiere, die in ihrem Wirt Nährstoffe aufnehmen. Die Larve kommt nicht mehr zur Verpuppung und stirbt. Unser Wimpertier ist deshalb kein echter Endoparasit, da es seinen Wirt umbringt. Doch es kommt noch schlimmer! Zwei Tage vor dem Larventod beginnen sämtliche Ciliaten sich paarweise aneinanderzulegen und zu konjugieren. Wodurch dieses Verhalten ausgelöst wird, weiß niemand. Nach dem Kernaustausch lösen sich die Paare wieder, und sämtliche Exkonjuganten gehen quantitativ zugrunde – gleichgültig, ob sie sich noch in der Larve oder im

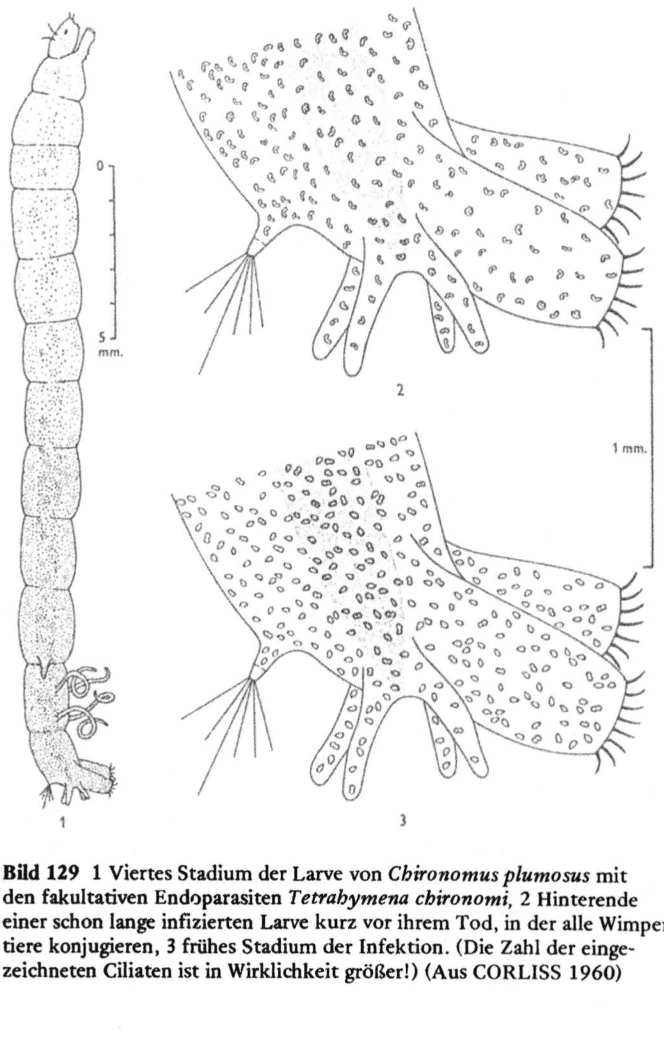

Bild 129 1 Viertes Stadium der Larve von *Chironomus plumosus* mit den fakultativen Endoparasiten *Tetrahymena chironomi*, 2 Hinterende einer schon lange infizierten Larve kurz vor ihrem Tod, in der alle Wimpertiere konjugieren, 3 frühes Stadium der Infektion. (Die Zahl der eingezeichneten Ciliaten ist in Wirklichkeit größer!) (Aus CORLISS 1960)

umgebenden Wasser befinden. Es ist denkbar, daß die Zuckmückenlarve primär nur von einem *Tetrahymena*-Individuum infiziert wird und sich nur Abkömmlinge dieses einen Tiers in ihr entwickeln. Die Angehörigen eines solchen „Klons" können aber dann nur dem gleichen Paarungstyp angehören, und vielleicht ist deshalb das Konjugationsergebnis tödlich.

Ein wirklicher fakultativer Endoparasit ist *T. rostrata*. Die Tiere leben frei in feuchter Erde, dringen aber auch in Oligochaeten der Enchytraeiden-Familie ein, wo sie offenbar gewebezerstörend wirken.

Rein endoparasitisch lebt schließlich *T. limacis* in Mitteldarmdrüse und Darm von Gehäuse- und Nacktschnecken, ebenfalls das Gewebe schädigend. Diese Art kann nur kurze Zeit außerhalb eines Wirts leben.

Literatur: Brooks 1968, Corliss 1960, Matthes & Wenzel 1978.

Fische mit Grieskörnchen-Krankheit

Ichthyophthirius multifiliis ist ein bis zu 800 µm großes Holotrich, das in der Haut von Süßwasserfischen schmarotzt und dabei keinerlei Vorliebe für bestimmte Arten erkennen läßt. Infiziert wird der Fisch jedoch durch junge, nur 45 µm lange Schwärmer, die vorn eine als Bohrapparat dienende Spitze haben. Vor ihrer Mundbucht fällt ein lichtbrechender Körper auf, der im Erwachsenenalter wieder verschwindet. Eine lange Schwanzcilie am Hinterende wurde von fast allen Forschern übersehen. Diese Schwärmer dringen durch die Haut oder das Kiemenepithel in den Fisch oder gar in dessen Auge ein. Die Eintrittsstelle wird dann durch wuchernde Hautzellen überdeckt. Der Parasit wächst zwischen Ober- und Lederhaut innerhalb von vier Tagen zu seiner vollen Größe heran. Er kann auch in tiefere Gewebeschichten eindringen und nach der Zerstörung von kleinen Blutgefäßen rote Blutkörperchen aufnehmen. In dieser parasitischen Phase vermag sich das Holotrich zwei- oder dreimal zu teilen. Durch Auflösung der Oberhaut entsteht eine Öffnung, und das Tier gelangt ins Wasser. Hier bildet es eine zarte gallertige Cyste, in der es unter lebhaften Bewegungen zu Teilungen kommt. So entstehen aus einem großen Exemplar durch acht Teilungen 256 kleine Schwärmer.

Die befallenen Fische zeigen weiße Pusteln auf der Oberfläche von Flossen, Kopf, Kiemen und Augen. Bei starkem Befall zeigt der ganze Körper dieses Merkmal der „Grieskörnchen-Krankheit". Die Fische reagieren durch Scheuern am Boden und durch Zuckungen der Flossen. Es kann zu einem Massensterben kommen, vor allem wenn sich sekundär Pilze ansiedeln.

Die Ichthyophthiriose tritt vorzugsweise in Aquarien und Zuchtanstalten auf. Seitdem ein Aquarienpfleger auf seinem Unterarm stecknadelkopfgroße Papeln entdeckte, weiß man, daß die Schwärmer auch vor der Menschenhaut nicht Halt machen.

Eine zweite Art, *I. marinus*, entdeckte man in Japan. Sie parasitiert in Meeresfischen.

Literatur: Doflein & Reichenow 1949–1953, Haider 1986, Hiepe & Jungmann 1983, Dashu, Nie & Lee Lien-Siang 1960, Pflugfelder 1977.

Balantidien gibt es nicht freilebend

Die Balantidien haben freie Wimpern in der Mundgrube und sind deshalb trichostome Holotriche. Die meisten von ihnen leben als entöke Bakterienfresser im Darm von Krebstieren, Insekten, Fischen, Lurchen, Kriechtieren und Säugern. Eine einzige Art lebt in

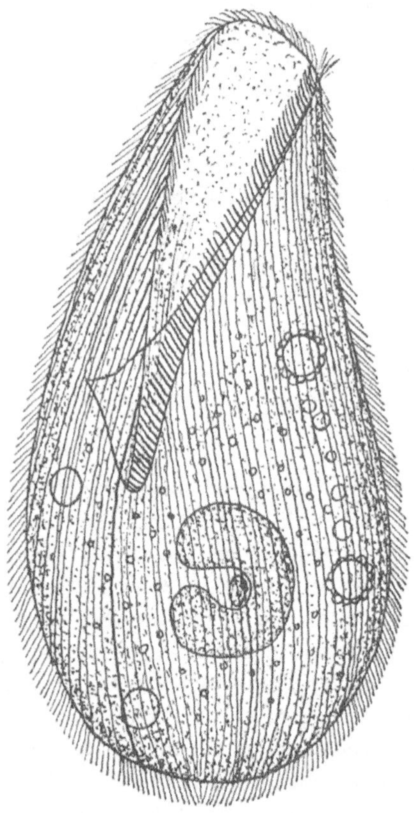

Bild 130
Balantidium entozoon aus dem Froschdarm.

einem Vogel, dem Strauß. In Gras- und Wasserfröschen finden sich allein drei verschiedene Balantidien, u. a. *Blantidium entozoon* (Bild 130).

Das berühmte *B. coli* pendelt zwischen Entökie und Endoparasitismus. Sein eigentlicher Wirt sind Haus- und Wildschwein, wo Blind- und Dickdarm besiedelt werden. Bei erwachsenen Schweinen verläuft der Befall in der Regel völlig symptomlos. Jungschweine (Ferkel, Läufer) können jedoch schwer, ja tödlich an Balantidiose erkranken.

Im Schwein encystiert sich fortlaufend ein Teil der Wimpertiere. Die dann mit dem Kot ins Freie gekommenen dickwandigen Cysten vermögen unter geeigneten Bedingungen mehr als 10 Tage am Leben zu bleiben. Unter Umständen sind auch ohne Cystenhülle nach draußen geratene Individuen in der Lage, sich nachträglich zu encystieren. Für die Verbreitung der Cysten sind Fliegen geeignet, an denen sie haften bleiben. Mit den Cysten können sich auch Mensch, Affe, Hund und Ratte infizieren.

Menschen, die Umgang mit Schweinen haben, wie Schlachter, Schweinezüchter und Tierärzte, können Balantidenträger werden. Auch hier bleibt der Befall meist harmlos. Oft schädigt auch der Salzsäuregehalt des Magens die Cysten. Bakterielle Darmerkrankungen können jedoch den Wimpertieren Eintrittspforten in das Gewebe des Dickdarms schaffen. Dann werden die Zellverbindungen durch ständigen Wimpernschlag und Abscheidung der depolymerisierenden Hyaluronidase gelockert, und es entstehen tief in die

Schleimhaut hineinreichende Balantidiengeschwüre. Man erkrankt an Balantidienruhr, die in ihrem Erscheinungsbild der Amöbenruhr sehr ähnlich ist. Auch tödlicher Ausgang kommt vor. Die Erkrankung ist aber meist chronisch und nur selten akut. *B. coli* ist jedoch in Mitteleuropa relativ selten und viel häufiger in warmen Ländern. Größere Epidemien sollen in Neuguinea vorkommen. Affen können sehr schwer erkranken. Im Tiergarten von Cincinatti starben 1982 zwei wertvolle Gorillas an dieser Ruhr.

Das sehr große, 30 bis 150 µm lange und 20 bis 100 µm breite Ciliat enthält in seinen Nahrungsvakuolen normalerweise Bakterien, bei klinischer Balantidiose auch rote Blutkörperchen und Zelltrümmer. *B. coli* wurde erstmals 1852 beim Menschen entdeckt und erst 11 Jahre später beim Schwein nachgewiesen.

Auch unter den Spirotricha, die sich durch ein zur Mundöffnung ziehendes Membranellenband auszeichnen, ist Entökie nicht selten. Die über 60 Arten der Gattung *Nyctotherus* leben als unschädliche Bakterienfresser im Darm einer Fülle tierischer Partner. Wenn es einen Parasiten unter ihnen gibt, dann ist es *N. scinici.* Das Ciliat nimmt im Rektum einer Glattechse *(Scincus)* Blutzellen auf.

Literatur: Cheng 1986, Dönges 1980, Doflein & Reichenow 1949–1953, Frank 1976, Hiepe & Jungmann 1983, Matthes 1978, Nauck 1975, Puytorac 1954, Tischler 1982.

Aus der Verwandtschaft der „Polypenlaus“

Eine eigene Familie im Reiche der Glockentiere sind die Urceolariidae. Sie sind nicht seßhaft, sondern ihr scheibenartiger Körper gleitet mit Hilfe zweier unterer Wimperkränze als vagiler Symphoriont frei auf anderen Tieren umher. Ihr bekanntester Vertreter ist *Trichodina pediculus,* die man als „Polypenlaus“ auf Süßwasserpolypen findet. Die Unterseite dieser „Mobilia“ ist ausgehöhlt und dient als saugnapfartige Haftscheibe, in deren Zentrum ein innerer Hakenkranz liegt. An der Oberseite der Scheibe arbeitet eine zum Mund führende Wimperspirale als Strudelapparat für die Nahrungsaufnahme.

Nur bei Massenbefall kann das Gewebe des Trägers mechanisch gereizt werden, was zu einer Behinderung des Gasaustauschs oder zur Anhäufung von Stoffwechselprodukten führen kann. Alle bisher beschriebenen Fischsterben durch Urceolariiden scheinen andere Ursachen zu haben. Es kommt erst sekundär zu einer Massenvermehrung der Wimpertiere auf dem schon zuvor letal geschädigten Fischen.

Es gibt in dieser Ciliatengruppe jedoch auch einige Entöke, und, von dieser Lebensweise ausgehend, sind offenbar zwei Arten Endoparasiten geworden. *Trichodina urinicola urinicola* und *T. urinaria* leben in der Harnblase von Lurchen und Fischen. Bei starker Individuendichte der Trichodinen kommt es zu Zellabstoßungen, und wahrscheinlich ernähren sich diese Harnblasenbewohner von den Zellresten.

Literatur: Guhl & Haider 1988, Haider 1964, Matthes 1978.

10. Lavalparasitismus

Wassermilben

An Wasserinsekten findet man oft, an Luftinsekten seltener, kleine, meist rote Kügelchen. Es sind ektoparasitisch lebende Larvenstadien von Süßwassermilben (Hydrachnellae). Diese Milbengruppe bildet keine systematische, sondern eine ökologische Einheit.

Aus den Eiern dieser Milben schlüpft eine Larve mit nur sechs Beinen, die sich meist als Ektoparasit saugend ernährt und dadurch enorm an Größe zunimmt. Sie löst sich dann aktiv vom Wirt oder fällt als sogenanntes Nymphophanstadium ab, um im Wasser zur achtbeinigen Milbe zu werden.

Wirte sind Wasserkäfer und Wasserwanzen. Manche Larven sitzen sogar unter deren Flügeln im trockenen Luftreservoir. Auch im Wasser lebende Käfer- und Zweiflüglerlarven werden befallen.

Die Larven von *Limnochares aquatica* begeben sich sogar auf die Wasseroberfläche und laufen auf dem Wasserspiegel umher. Durch einen Schattenreflex finden sie ihre Wirte, Wasserläufer (Gerridae) und Teichläufer (Hydrometridae). Sie klettern am Insekt empor und saugen sich bevorzugt in der Brustregion fest. Häutet sich der Wirt während dieser Zeit, so sind diese Larven im Gegensatz zu denen aller anderen Arten in der Lage, den Saugakt zu unterbrechen und auf dieses neue Entwicklungsstadium überzuwechseln. Nach 6 bis 7 Tagen verläßt man die Wanze und kehrt in das Wasser zurück.

Im Wasser werden auch Larven und Puppen von Mücken besetzt, um diese beim Schlüpfen als Wirt zu besteigen.

Ähnlich verfahren auch die Larven von *Arrenurus*-Arten, die an Libellen saugen. Sie setzen sich an die Brustregion der Libellennymphe. Wenn diese aus dem Wasser kriecht, ihre Haut platzt und die Libelle schlüpft, wird umgestiegen. Da es aber auch Libellen gibt, deren Weibchen unter Wasser gehen, um ihre Eier in Pflanzen zu legen, ist auch der direkte Weg zur Libelle möglich. Am Ende des Schmarotzerdaseins läßt sich die Milbenlarve wieder ins Wasser fallen, wenn ihr das Wirtsflugzeug dazu Gelgenheit gibt. Die Larven von *Arrenurus papillator* sitzen an der Flügelunterseite von *Sympetrum meridionale* und saugen vor allem an den basalen Adern (Bild 131). Nach Erhärtung des Chitins sind sie dann so fest verankert, daß sie selbst bei starkem Vibrieren nicht abgeschleudert werden. Obwohl

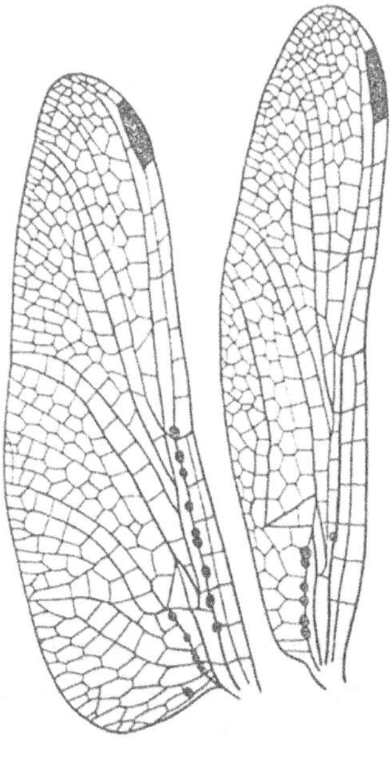

Bild 131
Vorder- und Hinterflügel von *Sympetrum meridionale* mit Larven von *Arrenurus papillator* parasitiert. (Aus STEFFAN 1967)

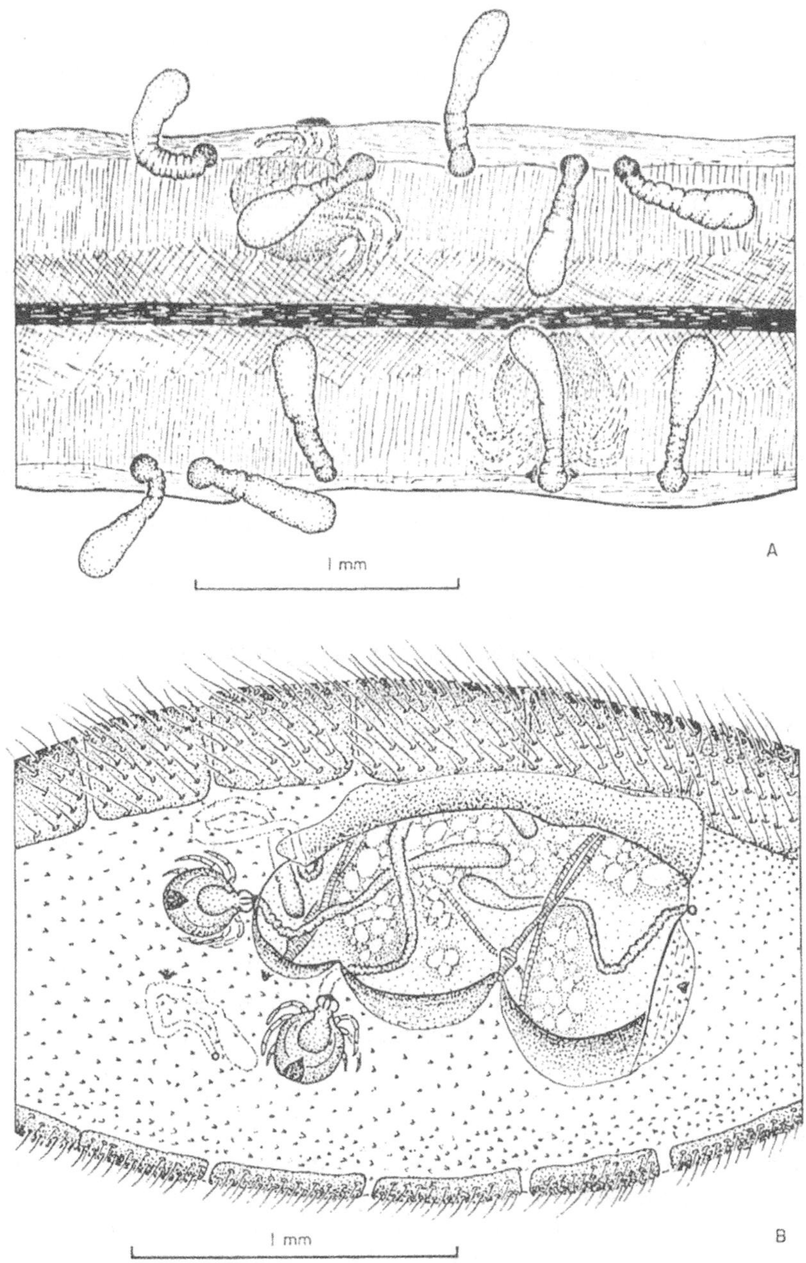

Bild 132 Milbenlarven an Libella (A) und *Anopheles* (B) parasitierend, wobei sack- und kanalartige Bildungen entstehen. (Aus STEFFAN 1967)

Libellen so ausgezeichnet fliegen können, gibt es doch keine kosmopolitischen *Arrenurus*-Arten.

An Luftinsekten dauert die parasitische Phase 1 bis 2 Wochen. Jene Arten, die an Schwimmkäfern (Dytiscidae) parasitieren, überwintern mit ihrem Wirt und verlassen diesen erst nach neun Monaten.

Das Weibchen von *Unionicola crassipes* legt seine Eier in Süßwasserschwämme. Mit seinem gut ausgeprägten chemischen Sinn findet es einen Schwamm und versenkt die Eier mit Hilfe der Stechborsten seiner Genitalplatten in den Subdermalraum. Die geschlüpften Larven laufen hier meist eine kurze Zeit herum. Dann heften sie sich mit ihrer Ventralseite an die Dermalschicht und drücken mit ihrem Vorderkörper, bis diese zerreißt. Nach Verlassen des Schwamms suchen die Larven die Wohnröhre einer Zuckmückenpuppe. Sie besteigen diese und heften sich an ihr fest. Wenn die Mücke schlüpft, wird die Milbenlarve durch die Exuvie hindurch mitgerissen und verbleibt dann einige Tage saugend auf dem Insekt.

Bei den Wassermilbenlarven und auch anderen parasitischen Milben geht von der Saugstelle eine kanal- oder sackartige Bildung aus (Bild 132). Dieses Stylostom entsteht durch Koagulation des Parasitenspeichels mit Hilfe der Hämolymphe des Wirts. Durch schubweises Nachrinnen des Speichels wächst dieses Saugrohr in die Länge und löst an seinem distalen Ende Wirtsgewebe auf.

Das larvale Schmarotzertum hat offenbar in zwei Fällen zum lebenslangen Ektoparasitismus geführt. So saugt *Astacocroton molle* an den Kiemen höherer Krebse Australiens und *Parasitalbia sumatrensis* an Körper und Kiemen von Eintagsfliegenlarven Sumatras.

Literatur: Abro 1979, Böttger 1970, 1972, 1976, Hiepe & Ribbeck 1982, Matthes 1978, Münchberg 1935, 1955, Pflugfelder 1977, Sparing 1959, Steffan 1967, Wesenberg-Lund 1939.

Landmilben

Bei den Laufmilben (Trombiculidae) sind nur die Larven temporäre Ektoparasiten. Nymphen und erwachsene Tiere leben im Boden.

Am bekanntesten ist bei uns die Herbstmilbe *Neotrombicula autumnalis*. Ihre 0,2 bis 0,5 mm großen, rotgelben Larven schlüpfen im Spätsommer aus den Eiern. Sie erklettern Pflanzen bis zu Kniehöhe und befallen vorbeistreifende Vögel, Säugetiere oder den Menschen. Bei ihm sitzt die Milbenlarve gern unter eng anliegenden Teilen von Kleidungsstücken, weil hier das Mikroklima eine besonders hohe Luftfeuchtigkeit garantiert. Nur ihre klauenförmigen Chelicerenspitzen dringen zur Verankerung in den Wirt ein, wobei dünnhäutige Stellen bevorzugt werden. Speicheldrüsensekret löst das Gewebe auf, und die zerstörten Zellen saugt die Milbe als Nahrung ein. Wie auch bei den Wassermilben bildet sich ein Stylostom, das unter Umständen ein Vielfaches der Milbenlänge erreichen kann (Bild 133). 1 bis 5 Tage wird schmarotzt, und die Herbstmilben-Dermatitis (Trombiculidose, Ernte- oder Trugkrätze) führt zu starkem Jucken, Bildung von Pusteln und Quaddeln. Mitunter entstehen auch große geschwürige Flächen und damit ein räudeähnliches Krankheitsbild. Bei Geflügel kann es zu epilepsieartigen Krämpfen kommen, die mitunter zum Tode führen.

Nach der Nahrungsaufnahme wird der Wirt verlassen, und die Entwicklung zu Nymphe und erwachsenem Tier geht im Boden weiter. Lebensraum der Milbe sind Gärten, Wiesen und feuchte Grasflächen die mit Gestrüpp, Birken, Holunder- oder Stachelbeersträuchern bewachsen sind. Die Stachelbeerernte kann dadurch vereitelt werden. Im Spät-

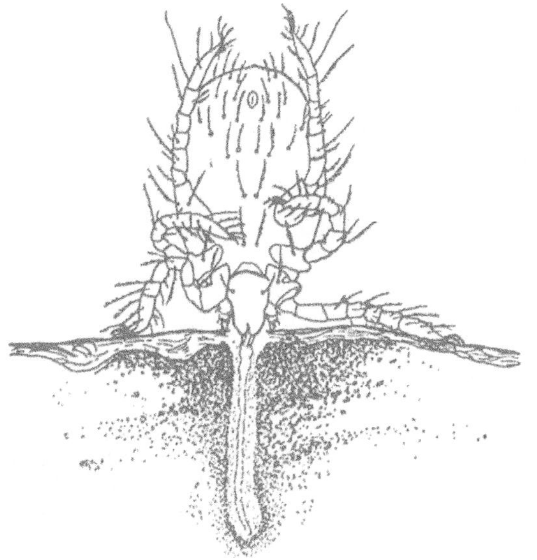

Bild 133
Larve der Erntemilbe *Trombicula autumnalis* nach Beginn des Saugaktes und Bildung eines Stylostoms.
(Aus KAESTNER 1965)

sommer entstehen nicht selten Massenpopulationen der Larven, die besonders bei trokkenem und sonnigem Wetter aktiv sind. In den Alpen gibt es Berghänge, die dafür bekannt sind, daß man an ihnen beim Wandern zahllose rötliche Milben aufsammelt, die besonders an den Beinen ein unerträgliches Jucken, die „Beiße" verursachen.

In Nordamerika wird der Mensch durch Larven von *Trombicula mansoni, T. alfreddugesi* und *T. batatas* heimgesucht. Letztere parasitiert an über 100 Wirbeltierarten (Lurche, Kriechtiere, Vögel, Säuger). Die mit *Trombicula* nahe verwandte *Hannemania* befällt besonders gern Lurche. Beim Brasilianischen Blattfrosch *Hylodes* bildet die Haut einen Ringwall, der schließlich die ganze Milbe überwallt und nur eine kleine Öffnung frei läßt.

Auch unter den Lederzecken (Argasidae s. S. 51) gibt es einen Larvalparasiten, nämlich die Ohrenzecke *Otobius megnini*. Ihre Larve erklettert die verschiedensten Säugetiere, insbesondere aber Rinder, und saugt in den Ohren. Sie häutet sich auch am Wirt, auf dem die Nymphe bis zu 121 Tagen bleibt. Vollgesogen fällt diese ab, und die durch Häutung entstehenden Männchen und Weibchen nehmen kein Blut auf. Diese Art stammt aus Südamerika, es gibt sie jetzt aber auch in Afrika; die Ohrenzecke vermag beim Rind und beim Menschen Paralyse zu erzeugen, die tödlich enden kann.

Literatur: Cheng 1986, Frank 1976, Hiepe & Ribbeck 1982, Kaestner 1965, Martini 1946, Pflugfelder 1977, Tischler 1982.

Junge Asseln saugen Blut

Reinen Larvalparasitismus gibt es bei den Gnathiidea (Bild 134). Die erwachsenen Tiere dieser Asseln haben nur fünf Laufbeinpaare. Sie leben am Meeresboden in verschiedenen Hohlräumen oder in vom Männchen gegrabenen Gängen und nehmen keine Nahrung auf. Die übergroßen zangenartigen Oberkiefer der Männchen dienen nur der Verteidigung. Die Geschlechter sind so verschieden, daß man früher einmal getrennte Gattungen für sie schuf. Ihre Larven, die unter dem Namen „Praniza" bekannt sind, schwimmen im

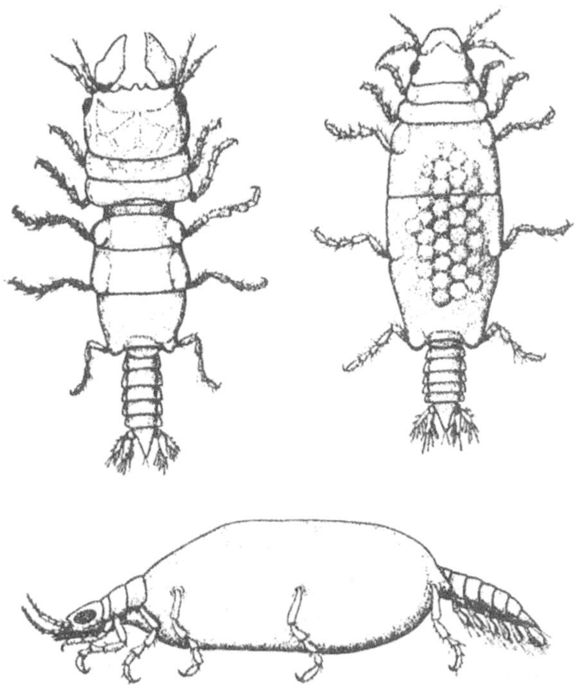

Bild 134
Gnathia oxyurea, links Männchen, rechts Weibchen, unten vollgesogene Larve (Länge 5 mm). (Aus CROME & GRUNER 1969)

Wasser umher, bis sie einen Hai oder Knochenfisch finden. An diesem setzen sie sich fest und bohren ihn mit ihren stechenden Mundwerkzeugen an, um Blut zu saugen. Sie nehmen so viel auf, daß ihr Körper anschwillt. Einen Teil der Blutnahrung speichern sie in den Mitteldarmdrüsen, um als Erwachsene von diesem Vorrat zu zehren. Vollgesogen läßt sich die Larve dann auf den Meeresgrund sinken, und nach drei Häutungen ist das Larvendasein beendet.

Literatur: Askew 1971, Crome & Gruner 1969, Kaestner 1967, Meisenheimer 1921.

Lucilia-Larven: von saprober zu symbiontischer, ektoparasitischer und parasitoider Lebensweise

Jeder kennt die schön grün glänzende Goldfliege *Lucilia sericata.* Sie legt ihre Eier in faulende organische Stoffe, in saprobe Substrate wie Kot, Kadaver und altes riechendes Fleisch. Hier werden die Larven innerhalb weniger Tage verpuppungsreif. Auch eine bakteriell infizierte Wunde ist für das Weibchen dieser Fliege ein Stück Aas im lebenden Gewebe. So werden die Eier in Wunden von Tier und Mensch gelegt. In Kriegen kam es vor, daß die Wunden lange Zeit unversorgter Soldaten von *Lucilia*-Maden nur so wimmelten, eine Erscheinung, die man „Wundmyiasis" nannte. Daß diese unappetitliche Infektion aber den Heilungsprozeß förderte, wußten schon die alten Mediziner. Paracelsus und Napoleons Leibarzt Larry infizierten Wunden mit Goldfliegenlarven, und im Ersten Weltkrieg wurde die „Wundheilung mittels Fliegenmaden" von einem amerikanischen Militärarzt neu entdeckt. Als man schließlich herausfand, daß die baklterientötende Wirkung der Maden auf den von ihnen abgeschiedenen Harnstoff zurückzuführen ist, war das

Ende der Fliegenmadenmethode gekommen. Die Larve der Goldfliege, die niemals lebendes Gewebe angreift, ist das Gegenteil von einem Parasiten, sie ist ein fakultativer Symbiont, denn beide, die Larve und der Wundenträger genießen einen Vorteil aus dem vorübergehenden Zusammenleben.

Ebenfalls in faulende Substanzen legen die *L. cuprina*-Weibchen ihre Eier. Oft werden sie auch durch ein verschmutztes, übel riechendes Schaffell und durch Wunden am Körper der Schafe zur Eiablage veranlaßt. Von der Wunde aus dringen die geschlüpften Larven jedoch in lebendes Gewebe ein und haben als „Schaf-Myiasis-Fliege" in den Schafzuchtgebieten Südafrikas und Australiens schon erhebliche Schäden verursacht. Bei Schafen mit dünner Haut, z.B. Merino-Schafen, kann dieser fakultative Parasit sogar in die intakte Haut eindringen.

Ein obligater Ektoparasit ist die Larve von *Chrysomyia bezziana.* Sie braucht lebendes Gewebe, in das sie durch kleine Hautverletzungen bei Schafen, Haustieren und selbst beim Menschen einwandert. Die Larve nimmt anfangs Blut und Serum auf, später frißt sie Gewebeteile.

Eine ähnliche Lebensweise haben die Maden der Calliphoride *Cochliomyia hominivorax.* In der Neuen Welt leiden die Säugetiere unter diesen „Schraubenwürmern". Das Fliegenweibchen legt seine Eier an kleinen Wunden ab, und die geschlüpften Larven entwickeln sich im Hautgewebe des Wirts. Da oft mehrere Weibchen an der gleichen Stelle ihre Eier ablegen, können großflächige Wunden entstehen, die den Gesundheitszustand des befallenen Säugers beeinträchtigen und sogar zum Tode führen können. Im Süden der USA und in Mittelamerika konnte man den Parasiten durch die bewährte Methode der Männchensterilisierung ausrotten.

Die Fliege *Lucilia bufonivora* heftet, wie schon ihr wissenschaftlicher Name verrät, ihre Eier an Kröten und andere Lurche. Die geschlüpften Larven dringen durch die Nasenlöcher in den Körper der Kröte ein und fressen diese allmählich aus. Erst wenn lebenswichtige Organe zerstört sind, erlöst der Tod das befallene Tier von seiner Qual. Die *L. bufonivora*-Made ist somit ein Parasitoid.

Fliegenmaden auf dem Weg vom Ekto- zum Endoparasitismus

Unter den Fliegenlarven gibt es auch temporäre Ektoparasiten, die es auf das Blut ihrer Wirte abgesehen haben. Sie gehören zur Gattung *Protocalliphora* und leben in Vogelnestern und Säugetierbauten. Mit ihren Mundwerkzeugen raspeln sie ein Loch in die Haut des Wirts und saugen das austretende Blut auf. Nach der kurzen Mahlzeit ziehen sie sich in einen Schlupfwinkel des Nestes zurück. Die Larven der „Vogelblutfliegen" kommen in den Nestern vieler Vogelarten in Europa vor und können bei starkem Befall die Nestlinge töten.

In den tropischen und subtropischen Bereichen südlich der Sahara hat sich die Larve von *Auchmeromyia luteola* auf Menschenblut spezialisiert. Auch sie schabt an der Haut, bis sie ein Blutgefäß erreicht. Etwa 20 Minuten dauert die Nahrungsaufnahme. Die Larven treten oft so zahlreich auf, daß den Eingeborenen nichts anderes übrig bleibt, als ihre Hütten niederzubrennen.

Stammesgeschichtlich kann man vielleicht von derart temporärem Ektoparasitimsus den bei Fliegenlarven häufigen Endoparasitismus herleiten.

Ebenfalls südlich der Sahara lebt die Tumbu-Fliege *Cordylobia anthropophaga.* Das Weibchen legt seine Eier in den Sand, mit Vorliebe an Stellen, die von Schweiß oder Urin befeuchtet sind. Die geschlüpften Larven liegen anfangs unter einer dünnen Sanddecke. Durch Wärme oder Erschütterung gereizt, kommen sie an die Oberfläche, richten sich auf und winken mit ihrem Vorderende. Sobald sie die Haut einer Ratte, eines Hundes oder die des Menschen berühren, bohren sie sich ein und erzeugen eine Beule. In dieser werden sie nach 1 bis 2 Wochen verpuppungsreif. Bevorzugt werden Jungtiere und Kinder. Aus der Haut eines Babys entfernte man einmal über 100 Larven. Die Atemöffnungen am Larvenhinterende stehen durch eine kleine Öffnung der Beule mit der Außenwelt in Verbindung. Von der Mutterfliege, die 18 Tage alt wird, stammt offenbar ein Begleitbakterium, das der Larve die Nahrungsgewinnung erleichtert, da es ein proteolytisches Ferment produziert. Zur Verpuppung verlassen die Maden die Beule und fallen auf den Boden. Sensibilisierte Menschen reagieren mit der Bildung von Präzipitaten, die den Mund der Larve verschließen und diese spätestens nach sechs Tagen zum Verhungern bringen.

Im warmen Amerika, von Mexiko bis Argentinien gibt es die sogenannten „Mückenwürmer", die nach Meinung der Indianer von Mücken stammen sollen. Tatsächlich sind aber die Bewohner dieser Dasselbeulen typische Fliegenmaden, aus denen später die wunderschöne Dasselfliege *Dermatobia hominis* wird. Und doch hatten die Indianer nicht ganz unrecht, denn das Fliegenweibchen legt seine Eier nicht am Wirt ab, sondern läßt diese von einem Transporttier dorthin bringen. Es stürzt sich auf Mücken oder Fliegen, gelegentlich auch Zecken, und klebt seine Eier an ihnen fest und zwar so, daß der obere Eipol, die Schlüpfstelle der Larve, nach hinten zeigt. Die Larven heben den Deckel der Eihülle schon etwas an und wenn das Tragtier über der Haut des Wirts ist und dessen Wärme spüren, schlüpfen sie aus. Der Einbohrweg sind die Haarbälge oder der Stichkanal der Transportmücke. Wirte sind Mensch und Rind, gelegentlich auch Schwein und Schaf. Auch hier kommt es zur Bildung einer Beule mit Atemöffnung. Der Aufenthalt in ihr dauert 5 bis 7 Wochen. Die Verpuppung erfolgt im Boden. Die Larven sitzen beim südamerikanischen Rind hauptsächlich in der Unterhaut von Vorderbrust, Hals, Vorderbeinen und der seitlichen Brustwand. Sie verursachen eine hochgradige Minderung der Milch- und Fleischleistung und eine Herabsetzung der Widerstandskraft bei Jungtieren. Todesfälle sind bei Massenbefall von ungefähr 1000 Larven pro Tier nicht selten. „Dasselfliege" ist übrigens ein Pleonasmus, da „Dassel" auf das mittelhochdeutsche Wort „Dase" = Fliege zurückgeht.

Wie eng ökologische Zusammenhänge verknüpft sein können, zeigt folgendes Geschehen: Eine südamerikanische Eisenbahngesellschaft hatte einige Eukalyptusbäume gepflanzt. Diese fielen aber immer wieder den durch Funkenflug ausbrechenden Grasbränden zum Opfer. Um das Gras abzuweiden wurden Rinder eingesetzt. Der Erfolg war zunächst gut, weil die durch Beweidung stets nachsprossenden frischen Gräser die hohen trockenen verdrängten. Die Feuer blieben aus und die Bäume wuchsen hoch. Zugleich mit den Rindern kam die Dasselfliege *Dermatobia hominis*, vermehrte sich stark und wurde nun zur Plage auch für den Menschen. Erst als die Kühe durch Pferde ersetzt wurden, nahm die Kalamität ein Ende, weil das Pferd kein geeignetes Wirtstier für die Fliege ist.

Die Rinderdasselfliege *Hypoderma bovis* hat hummelähnlichen Habitus, keine Mundwerkzeuge und lebt nur wenige Tage. Das Weibchen klebt seine Eier an die Haare von Hinterbeinen oder Bauch des Rindes. Die geschlüpften Larven bohren sich durch die Wirtshaut und wandern in dem das Nervensystem umhüllenden Gewebe zum Rückenmark, wo sie eine Entzündung der Rückenmarkshäute hervorrufen. Ihre Reisegeschwindigkeit beträgt bisweilen 5 cm in 24 Stunden. Erst nach 7 bis 9 Monaten verlassen die Larven den Rückenmarkskanal und steigen zur Rückenhaut empor. So bekommt die

Hypoderma-Made, die sich von zerfallendem Gewebe und Blut ernährt, erst nach langer Zeit wieder einen gewissen Kontakt zur Außenwelt. Es wird eine Dasselbeule von der Größe einer Walnuß oder sogar eines Hühnereis gebildet, und die fertige, etwa 2 cm lange Larve verläßt im Frühjahr nach 1 1/2 Monaten die Beule, um sich im Boden zu verpuppen. Die größte „Dasseldichte" gibt es bei trockenem Boden, Nässe unterbindet die Verpuppung. Die Wirtstiere fürchten diese Feinde instinktiv und antworten auf das Gesumm der Fliegen mit allen Zeichen der Angst; sie „biesen", wie die Landleute sagen, mit tief herabgesenktem Kopf und steil emporgerichtetem Schwanz wie besessen im Kreis herum.

Die Nasendasseln (Oestrinae) haben rudimentäre Mundwerkzeuge und sind vivipar. Schaf und Ziege sind die Wirte der Schafbisfliege *Oestrus ovis*. Das Fliegenweibchen spritzt im Flug die Larven mit einem Tröpfchen Flüssigkeit in die Nüstern oder Augen des Wirts. Im ersten Stadium wandert die Larve in Nasenhöhlen, Nebenhöhlen und Choanen, Larven des zweiten und dritten Stadiums sind hauptsächlich im Siebbeinlabyrinth und in den Stirnhöhlen zu finden. Sie verankern sich an der Schleimhaut und nehmen deren Entzündungsprodukte, Gewebe und Blut auf. In der Stirnhöhle wird überwintert. Im Spätfrühjahr und Sommer verlassen die verpuppungsreifen Larven aktiv die Kopfhöhlen, oder sie werden ausgeniest bzw. ausgehustet. Das *Oestrus*-Weibchen muß übrigens seine 500 Larven schnell absetzen, da es sonst von der eigenen Nachkommenschaft ausgefressen wird.

Die Magenbremsen oder Magendasseln der Gattung *Gasterophilus* parasitieren bei Einhufern wie Pferd, Esel und Zebra. Die wie kleine Hummelmännchen aussehenden Fliegen haben rückgebildete Mundwerkzeuge, können deshalb keine Nahrung aufnehmen und leben auch nur wenige Tage. Ihre Eier kleben die Weibchen an die Haare von Brust oder Vorderbeinen des künftigen Wirts oder legen sie direkt in die Nähe des Mauls ab. Nur eine Art, nämlich *G. pecorum* wählt Futterpflanzen als Eiablageort. Die geschlüpften Larven werden dann vom künftigen Wirt abgeleckt oder kriechen unter der Haut in das Maul, wo sie in der Schleimhaut gewundene Gänge bohren. Nach etwa einem Monat häuten sich die Larven zum ersten Mal, verlassen die Gänge und heften sich mit ihren Mundhaken an der Innenwand des Schlundkanals fest, um Blut zu saugen. Nach der zweiten Häutung gelangen sie in den Magen oder, je nach der *Gasterophilus*-Art, in den Darm, wo sie sich wieder an den Wänden festsaugen. Dieses dritte Larvenstadium dauert ungefähr ein 3/4 Jahr. Die verpuppungsreife Larve wird schließlich mit dem Kot ausgeschieden und verpuppt sich in der Erde. Pferde und Esel sind häufig mit Hunderten dieser Maden infiziert. Sie schwächen die Tiere nicht nur durch Blutverlust und toxische Einwirkung, sondern können auch der Anlaß zu tödlichen Magen- und Darmrissen sein.

Literatur: Askew 1971, Baer 1952, Hiepe & Ribbeck 1982, Jacobs & Renner 1974, Kettle 1981, Königsmann 1968, Martini 1946, Parish & Nutting 1983, Piekarski 1954, Pflugfelder 1977, Tischler 1982, Zumpt 1956, 1965.

Ein seltsamer Hüpferling

Ein klassisches Beispiel für Larvalparasitismus ist der zu den Monstrilliden gehörende Hüpferling *Cymbasoma rigidum*. Die erwachsenen Tiere gehören dem Meeresplankton an, haben weder zweite Antennen noch Mundwerkzeuge, und auch der Darm fehlt ihnen. Sie leben nur kurze Zeit von Vorratsstoffen aus der larvalen Periode. Die aus den Eisäcken des Weibchens schlüpfende Naupliuslarve heftet sich mit den Oberkiefern an einen vielborstigen Ringelwurm. Dann dringt sie mit Hilfe der ersten Antennen unter Abstreifen der Kuticula in diesen ein und setzt sich als ein rundlicher Körper in einem Blutgefäß fest.

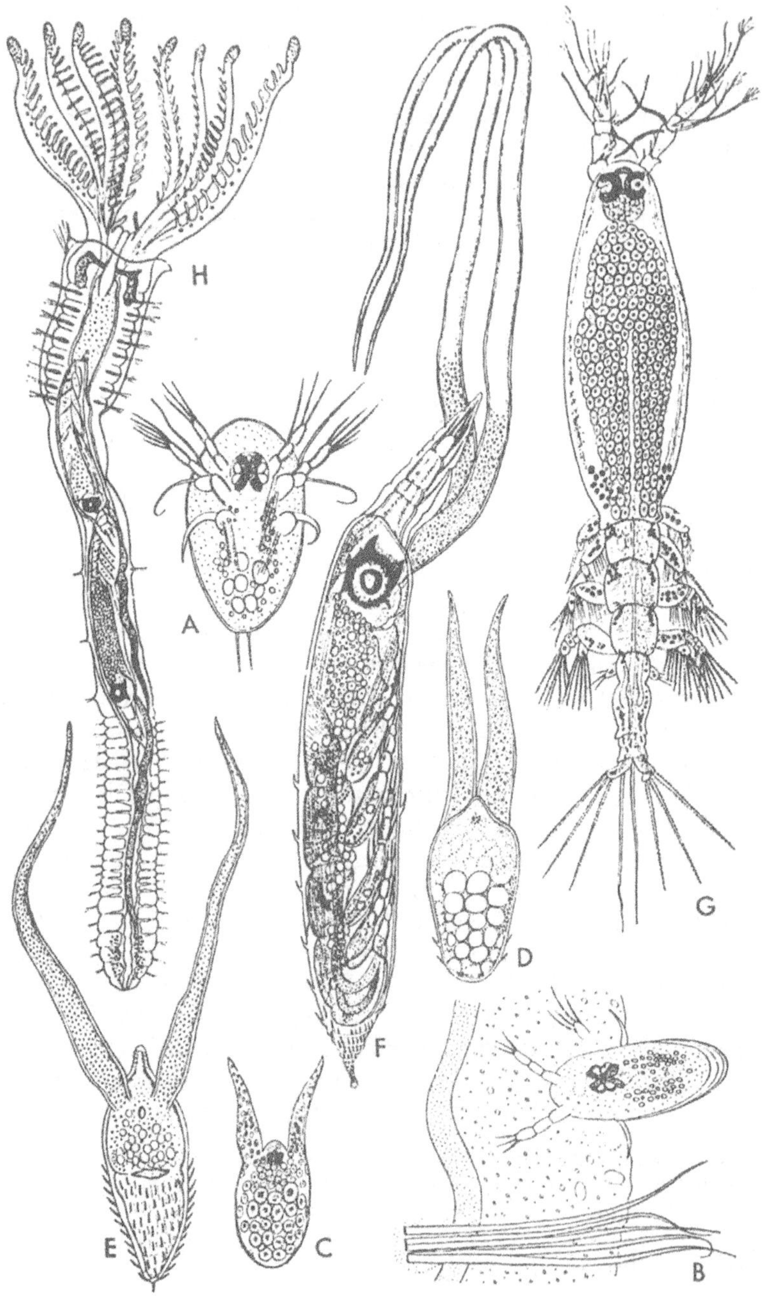

Bild 135 Entwicklung von *Xymbasoma rigidum.* A Nauplius, B Nauplius in den Annelidenwirt eindringend, C–E Stadien der Larvalentwicklung, F fertiger Copepodit, G erwachsenes Weibchen ohne Darm und ohne Mund, H Annelid mit zwei Copepoditen in der Leibeshöhle. (Aus BAER 1952)

Hier werden dann eine neue stachelige Kuticula und zwei lange Schläuche gebildet. Letztere entnehmen dem Blut Nährstoffe. Nach mehreren Häutungen fallen die Schläuche ab und ein erwachsener Ruderfußkrebs bricht aus dem Wurm aus (Bild 135).

Gelangt nur ein Nauplius in den Wirt, dann ist er im erwachsenen Stadium Männchen oder Weibchen. Ist der Wurm von zwei Cymbasomen befallen, sind Weibchen sehr selten; stärkere Parasitierung ergibt immer nur Männchen.

Literatur: Baer 1952, Cressey 1983, Kaestner 1967,

Die Made der Käsefliege als fakultativer Endoparasit

Da in faulenden, saproben Substraten ausgesprochener Sauerstoffmangel herrscht, besitzen Fliegenmaden die für eine endoparasitische Lebensweise wichtige Fähigkeit zur Anoxybiose.

Dies beweisen die Larven der Käsefliege *Piophila casei.* Es gibt Feinschmecker unter uns Menschen, die mit Vorliebe madigen Gorgonzola essen. Dies führt jedoch häufig zu Durchfällen und Leibschmerzen. Es zeigte sich, daß die *Piophila*-Larven ein so geringes Sauerstoffbedürfnis haben, daß sie ohne weiteres längere Zeit als Pseudoparasiten im Darm der Gourmets leben können, wo sie mit ihren Mundhaken das Darmepithel angreifen. Auch die Maden anderer Fliegen, z. B. Stubenfliege und Stechfliege, können Verursacher einer solchen „Darmmyiasis" sein, wenn sie durch irgend welche Umstände in den menschlichen Darm gelangen.

Der Endoparasitismus der Strepsipterenlarven

Die Fächerflügler (Strepsiptera) sind eine sehr eigenständige Insektenordnung, die man gern mit den Käfern zur Überordnung der Coleopteroidea vereinigt. Der männlichen Flügel wegen hatte sie Lamarck Rhaphidophora, Fächerflügler genannt, nicht wissend, daß Kirby schon drei Jahre vor ihm die Drehflügler (Strepsiptera) aus der Taufe hob. Dieser kannte nämlich nur vertrocknete Sammlungsexemplare, deren Schwingkölbchen (Halteren) stets spiralig gedreht sind. Jetzt hält man es griechisch mit Kirby und deutsch mit Lamarck.

Strepsipteren sind bemerkenswerte Larvalparasiten, wobei dahingestellt bleiben muß, ob der Wirt auch noch durch das Weibchen Schaden erleidet. Von den etwa 400 Arten gibt es acht in der deutschen Fauna.

Die männlichen Tiere fallen vor allem durch ihre breiten, mit Längsadern versehenen Flügel auf (Bild 136), die der Länge nach gefaltet an den Körper gelegt werden können. Vor ihnen stehen die flügelstummelartigen Schwingkölbchen, die Sinnesorgane tragen. Die Mundwerkzeuge sind rückgebildet und der Darm endet blind – es wird also keine Nahrung aufgenommen. Die 1 bis 7,5 mm langen Tiere können schnell und gewandt fliegen, haben stark vorgewölbte Komplexaugen und sind sozusagen ein mit Sinnesorganen gesteuerter und fliegender Geschlechtsapparat.

Dagegen sind die ebenfalls zur aktiven Nahrungsaufnahme unfähigen Weibchen flügellos (Bild 136). Sie bringen fertige Larven zur Welt. Die Erstlarven sind mit 120 bis 300 µm winzig klein und haben drei Beinpaare (Bild 136). Diese „triunguliniden" Larven können bis zu 1 m weit springen, indem sie ihre Schwanzborsten unter den Hinterleib schlagen und dann in die Ausgangslage zurückklappen. In der Regel auf zwei Arten einer Wirtsgattung spezialisiert, suchen diese meist den Lebensraum auf, wo sie ihr Muttertier verlas-

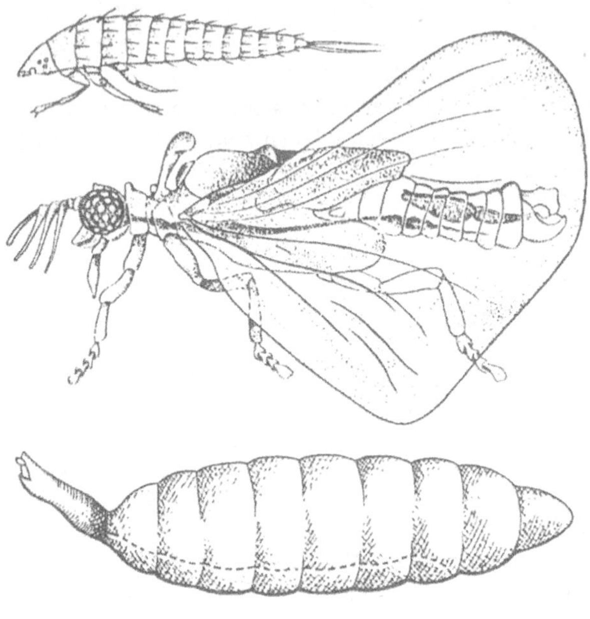

Bild 136
Fächerflügler, oben Junglarve, Mitte Männchen, unten Weibchen. (Aus HIEKE 1968)

sen haben. Die meisten von ihnen gehen allerdings ein, da sie keinen Wirt gefunden haben. Die Larve bohrt ein Loch in das Wirtstier, dringt in dessen Leibeshöhle ein und nimmt dort Nahrung auf. Im Wirt erfolgt nach 3 bis 13 Tagen die Häutung zu einer stummelbeinigen und madenartigen Zweitlarve. Diese füllt durch Schluckbewegungen der kräftigen Vorderdarmmuskulatur den blind endenden Darm mit Nahrung aus der Leibeshöhle des Wirts. Die weitere Entwicklung verläuft bei den beiden Unterordnungen, in die man die Strepsipteren unterteilt, verschieden.

Bei den Mengenillidia, deren Larven in Borstenschwänzen (Lepismatiden) des Mittelmeerraums, Ostasiens und Australiens schmarotzen, verläßt bereits das mit Beinen ausgestattete dritte Larvenstadium den Wirt, um sich im Freien zu verpuppen. Die ebenfalls mit Beinen versehenen, aber flügellosen Weibchen entlassen ihre Erstlarven durch die Geschlechtsöffnung.

Die Stylopidia durchlaufen in ihrem endoparasitischen Dasein als Zweitlarve drei Entwicklungsphasen mit abnehmender Länge der Stummelbeine. Die beinlose Drittlarve durchbricht dann die Intersegmentalhaut des Wirts. Sie schiebt ihr Vorderende ins Freie, während der madenartige Hinterkörper im Wirtsinneren bleibt.

Das Weibchen häutet sich innerhalb der letzten Larvenhaut, die als Puparium dient, zweimal (Bild 137). Da sein Hinterende nach innen gerichtet ist, wird ein eigener Ausführgang für die Brut gebildet, der ventral an der Grenze von Kopf und Brust ausmündet.

Auch die Männchen machen innerhalb des im Wirt befestigten Pupariums Häutungen durch und lassen, wenn sie ausschlüpfen, die steckenbleibende Hülle zurück. Sie werden durch einen weiblichen Duft angelockt, und da eine Vagina fehlt, erfolgt die Begattung durch Einstich des harten Penis in die weibliche Körperwand. Danach sterben sie und überleben selten ihren Schlüpftag.

Da die Ovarien zersprengt werden, kommt es zur Leibeshöhlenträchtigkeit. Aus über 100 Eiern schlüpfen die Erstlarven und wandern aktiv in den Ausführkanal. Bei *Halicto-*

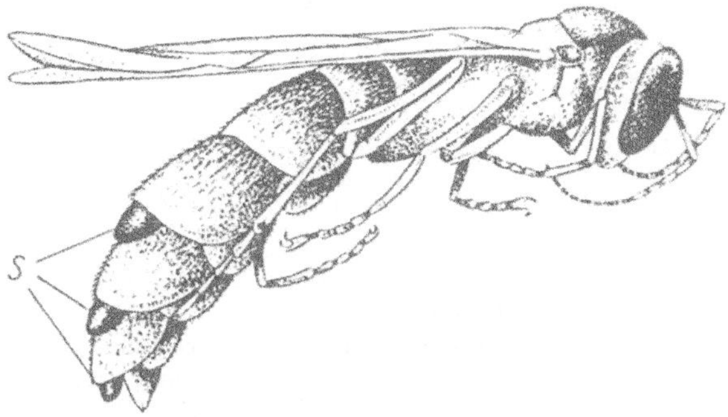

Bild 137
Stylopisierte Feldwespe (*Polistes*). Hinter den letzten Hinterleibsringen schauen die Vorderenden von drei Strepsipterenpuppen (S) hervor. (Aus HIEKE 1968)

xenos simplicis wird die Nachkommenschaft noch dadurch vergrößert, daß aus jedem Ei durch Polymebryonie 40 Embryonen entstehen.

Wirte der Stylopidia sind Schrecken (Saltatoria), Fangheuschrecken (Mantodea), Schaben (Blattodea), Wanzen (Heteroptera) Zikaden (Cicadina) und Stachelimmen (aculeate Hymenopteren). Zikaden werden durch die „Stylopisierung" stark deformiert oder sterben. Bei Bienen können Kopfform, Färbung und Behaarung sich ändern. Auch partielle oder völlige parasitäre Kastration ist möglich.

Literatur: Askew 1971, Baer 1952, Brandenburg 1953, Cheng 1986, Hieke 1968, Kaestner 1973, Weber & Weidner 1974.

Muschellarven

Während die Meeresmuscheln freilebende, pelagische Larven besitzen, haben die Muscheln des Süßwassers, wie viele andere Tiere auch, durch das Süßwasserdasein ihr freies Larvenstadium verloren. An seine Stelle treten zwei an Fischen schmarotzende Larvenformen.

In den Kiemen der Süßwassermuscheln (Unionidae und Margaritiferidae) entwickelt sich aus den Eiern eine Larve, das Glochidium. Dieses hat eine zweiklappige Schale, die nichts mit der späteren Muschelschale zu tun hat. Durch einen kräftigen Muskel kann sie geschlossen werden. Aus der Mitte des Körpers entspringt ein klebriger, 1,5 cm langer Haftfaden, der von einer Drüse abgeschieden wird. Auf den beiden Innenseiten des Mantels stehen je vier Zellen, von denen jede ein Bündel von Sinneshaaren trägt (Bild 138).

Die fertigen Glochidien werden durch die Ausströmöffnung ins Freie befördert und bilden, durch ihre Haftfäden miteinander verfilzt, kleine Ballen, die auf der Schlammoberfläche liegen. Durch die Wasserbewegung eines überschwimmenden Fisches werden diese hochgewirbelt. Die Glochidien von Flußmuschel *(Unio)* und Flußperlmuschel *(Margaritifera)* geraten durch den Atemwasserstrom des Fisches an dessen Kiemen und verankern sich dort. Die Glochidien der Teichmuschel *(Anodonta)*, die am Ventralrand jeder der beiden Schalenklappen einen bezahnten Haken tragen, schlagen diese Haken wie eine Zange in eine Flosse des Fisches. Der chemische Reiz der Wirtsschleimhaut bewirkt dauernden Schalenschluß. Die Fischhaut umwächst das Glochidium und kapselt es ab. Der Parasit ernährt sich dann vom umschließenden Fischgewebe, das er fermentativ auflöst. Während dieses Schmarotzerdaseins bilden sich Darmkanal, Kiemen, die endgültigen Schließmuskeln und der Fuß. Die richtige Muschelschale entsteht unter der Larvenschale. Schließlich platzt die Kapsel, das Glochidium wird abgestreift und fällt zu Boden. Nun

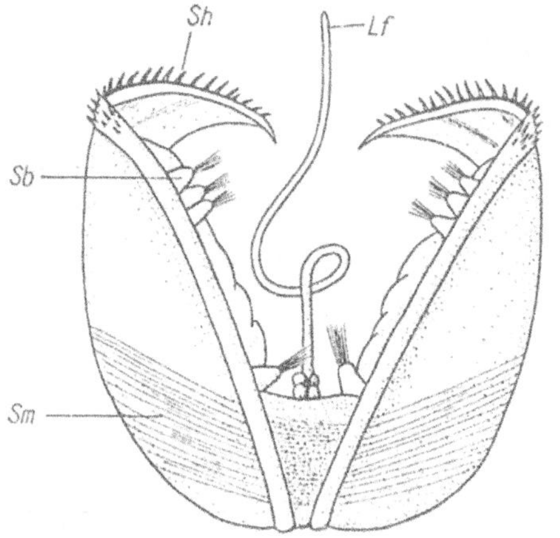

Bild 138
Glochidium der Teichmuschel *Anodonta*. Sm = Schalenmuskel, Sb = Sinnesborsten, Lf = Larvenfaden. (Aus KILIAS 1982)

beginnt das Strudelleben der Muschel, auf deren Schale anfangs noch die kleine Glochidienschale sitzt. Die alten Naturforscher hielten die Glochidien noch für Parasiten der Muscheln und schufen den Namen *Glochidium parasiticum*.

Sehr genau kennt man den Lebenszyklus der Flußperlmuschel *Margaritifera margaritifera*. Sie braucht immerhin 15 bis 20 Jahre um geschlechtsreif zu werden. Im Sommer geben die männlichen Tiere ihre Spermien ins Wasser ab, die von den Weibchen mit dem Atemwasser aufgenommen werden und die in den Bruträumen befindlichen Eier befruchten. In einem weiblichen Tier können sich 3 bis 5 Millionen Glochidien entwickeln. Bei den Unioniden sind es nur 300000 bis 400000. Diese hohe Zahl ist möglich, weil die Larven der Flußperlmuschel nur einen Durchmesser von 0,05 mm haben. Anfang August werden die Glochidien einer Population synchron innerhalb weniger Tage ausgestoßen. Da sie nur ein paar Tage im freien Wasser leben können, müssen sie rasch auf einen Fisch, z.B. die Bachforelle, gelangen. Dies schafft allerdings nur ein kleiner Teil von ihnen. Das Parasitenleben dauert dann etwa 10 Monate, das heißt, es wird bei der Forelle überwintert. Durch ihre parasitische Phase können sich die Süßwassermuscheln mit Hilfe ihrer Fischwirte stromaufwärts oder von einem See zum anderen verbreiten.

Die in Afrika, Mittel- und Südamerika lebenden Süßwassermuscheln der Familie Mutilidae haben eine andere Larvenform, das Lasidium. Dieses kann mit Hilfe von Wimpern anfangs sogar noch schwimmen. Man kennt es von der in Fließgewässern Afrikas beheimateten Muschel *Mutela bourguinat* genauer. Es wird von einer kuticularen Schale umschlossen, die nur vorn offen ist und dort zwei kleine Lappen und einen hohlen Faden hat, der mindestens 70mal so lang wie die Larve ist. Mit diesem klammert sich das freigesetzte Lasidium an einen toten Gegenstand. Kreuzt eine Barbe auf, heftet es sich mittels kleiner Häkchen ventral an dieser fest. Vom Fischschleim eingehüllt, werden dann zwei Saugrohre gebildet, die in die Fischhaut eindringen. Wenn die parasitäre Phase beendet ist, löst sich die kleine Muschel von ihren Saugrohren ab.

Literatur: Bischoff, Dettmer & Wächtler 1986, Fryer 1961, Götting 1974, Kilias 1982, Pflugfelder 1977.

Die Rüssellarve der Saitenwürmer

Die Klasse der Nematomorpha oder Gordiacea nennt man Saitenwürmer, weil die frei im Wasser lebenden erwachsenen Tiere einer Violinsaite ähneln. Sie sind 10 bis 50 cm lang, wobei die Männchen meist kleiner als die Weibchen sind. Den Rekord hält *Gordius fulgur* mit 1,60 m Länge.

Während die Nectonematida im Meer leben und ihre Larven in höheren Krebsen, besonders Einsiedlern, schmarotzen, sind die Gordiida Süßwasserbewohner.

Gordiiden findet man vorwiegend in Gräben, wo sie sich oft zu Dutzenden, ja Hunderten ansammeln. Bei der Paarung bilden die Geschlechter meist ein unentwirrbares Knäuel, in dem die Zahl der Männchen überwiegt. Ein Vergleich mit dem gordischen Knoten führte zum Gattungsnamen *Gordius*.

Das Weibchen von *Gordius aquaticus*, dem „Wasserkalb", produziert ungefähr vier Millionen Eier. In diesen entwickelt sich innerhalb von ungefähr vier Wochen eine winzige Larve, die einen Rüssel besitzt. Dieser hat an seiner Basis einen dreifachen Hakenkranz, und seine Spitze ist mit drei Stiletten bewaffnet (Bild 139). Indem sie ihren Rüssel 10 bis 14 mal in der Minute aus- und einstülpt, bohrt sich die Larve in zarthäutige Wasserinsekten oder deren Larven ein. Dabei wird auch ein proteolytisches Sekret abgeschieden. In der Leibeshöhle des Wirts nimmt die Larve Nährstoffe über ihre Körperoberfläche auf. Unter Verlust des Rüssels erfolgt dann die Entwicklung zum erwachsenen Wurm.

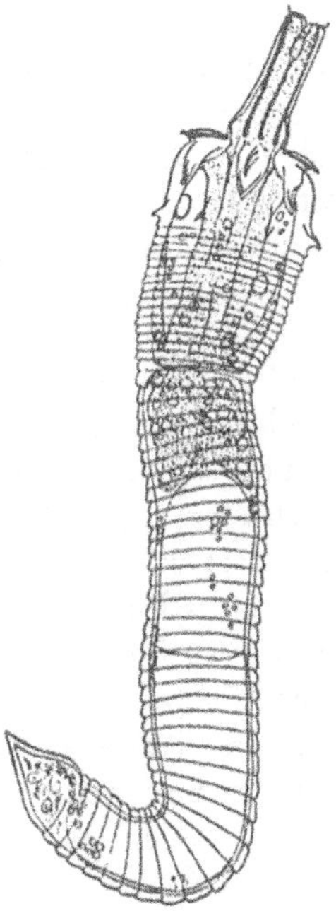

Bild 139
Larve von *Gordius aquaticus*.
(Aus BAER 1952)

Saitenwürmer gibt es aber nicht nur in Wasser- sondern auch in Landinsekten. In solche können sie encystiert über einen im Wasser lebenden Transportwirt gelangen, der von einem Landinsekt verspeist wird. Hat sich in dem Landinsekt ein Saitenwurm entwickelt, dann begibt sich dieses merkwürdigerweise zum Wasser und der durch den After oder eine Gelenkhaut auswandernde Wurm gelangt in sein nasses Element. Wie der Parasit diese Wanderung bewirkt, ist noch unbekannt. Manche Wirte sterben, wenn sie der Wurm verlassen hat. Dieser ist darmlos und lebt im Wasser ohne Nahrungsaufnahme.

Es wurden auch schon *Gordius*-Larven beobachtet, die sich in Gräben an Grashalmen encystierten. Nach Austrocknung des Grabens bestünde dann die Möglichkeit, samt Halm von einem Landinsekt verspeist zu werden.

Literatur: Baer 1952, Hartwich 1984, Lorenzen 1985, Wesenberg-Lund 1939.

Auch bei Parasiten gibt es keine Urzeugung

Zu den Fadenwürmern gehören auch die Rund- oder Knäuelwürmer (Mermithida). Ihre Jugendstadien parasitieren in Land- und Wasserinsekten oder deren Larven, seltener in Spinnen, Tausendfüßern und Schnecken. Die erwachsenen Tiere leben stets im Freien. Die Wirte nehmen entweder die Eier mit der Nahrung auf, oder die Erstlarve schlüpft in der Außenwelt und bohrt sich mit einem Stilettapparat ein. Ort der Parasitierung ist die Leibeshöhle, wo die Entwicklung bis zur Viertlarve geht. Dabei wird der Darm zu einem Zellstrang ohne Lumen, und die Nahrung muß über die Körperoberfläche aufgenommen werden. Der Zellstrang füllt sich mit Reservestoffen. Nachdem die Larve den Wirt verlassen hat, entwickelt sie sich im Freien zum geschlechtsreifen Tier, das keine Nahrung mehr aufnimmt, sondern vom Stranginhalt lebt.

Diese Würmer waren auch das erste Objekt, an Hand dessen die Urzeugungshypothese im Bereich der Parasiten widerlegt wurde. Weil man in den insektenparasitischen Exemplaren niemals Geschlechtsorgane sah, wurde vermutet, daß sich die Tiere unter dem Einfluß von verdorbenem Futter und feuchter Witterung von selbst bilden. Der deutsche Zoologe v. Siebold war es, der den Entwicklungsgang klärte und damit auch die geschlechtsreifen Würmer im Erdreich entdeckte.

Die wichtigsten Gattungen sind *Mermis, Paramermis* und *Agamermis.*

Die Geschlechtstiere von *Mermis nigrescens* bewohnen Bodenhöhlen bis zu einer Tiefe von 60 cm. An regnerischen Sommertagen kriecht das Weibchen frühmorgens zur Oberfläche und erklimmt unter schlangenartigen Windungen Gräser, an die es seine Eier heftet. Diese werden dann mit dem Gras von Heuschrecken-Nymphen gefressen. Im Insektendarm schlüpft die Erstlarve, durchbohrt die Darmwand und gelangt in die Leibeshöhle, wo sie in 4 bis 10 Wochen zur Viertlarve heranwächst. Diese bohrt sich dann aus dem Wirt aus, um in der Erde geschlechtsreif zu werden und zu überwintern. Der erwachsene Wurm erreicht eine Länge von 12,5 cm, sein Durchmesser beträgt aber nur 0,5 mm.

Einige Mermithiden wie *M. subnigrescens* haben an den Eipolen stark verzweigte Anhänge, die im Uterus das Ei umhüllen, sich aber draußen entfalten und die Eier an Blättern und Halmen festkleben. Die Wirtsinsekten infizieren sich dann beim Pflanzenfraß.

Auch die Angehörigen der Gattung *Agamermis* schmarotzen als Larven in Heuschrekken und anderen großen Insekten. Hier schlüpft die Erstlarve im Freien und klettert bei feuchtem Wetter auf einen Grashalm, um dort auf ein geeignetes Insekt zu warten. In der Leibeshöhle des Wirts geht dann im Laufe mehrerer Monate die Entwicklung bis zur Viertlarve, die bereits so groß wie ein Geschlechtstier ist und das ganze Insekt ausfüllt. Durch die Intersegmentalhäute wird das Insekt verlassen. Die Larve gräbt sich nun in die Erde ein und lebt während des Winters von ihren Reservestoffen. Im Frühjahr erfolgt die Häutung zum Geschlechtstier. Nach der Begattung legt das Weibchen seine Eier ab; zu ihrer Entwicklung bedürfen sie meist viele Monate.

Durch den Nahrungsbedarf der Rundwürmer und dem damit verbundenen Glykogenverlust kommt es beim Wirt zu Rückbildung von Fettkörper und Gonaden und damit zur parasitären Kastration. Dabei treten vor allem bei den Männchen äußere Merkmale beider Geschlechter auf. Da aber die innere Organisation nie Merkmale des anderen Geschlechts erkennen läßt, kann man höchstens von „Pseudointersexualität" sprechen.

Manche Mermithiden sind nützlich, da sie schädliche Insekten (Schmetterlinge, blutsaugende Fliegen und Mücken) parasitieren und deren Vermehrung unmöglich machen. Allerdings schmarotzen sie auch in nützlichen Insekten wie Ameisen.

Merkwürdig ist es, daß die Zahl der in einem Wirt lebenden Mermithiden deren Geschlecht beeinflußt. Dringt eine einzige *Paramermis*-Larve in eine Zuckmückenlarven ein, dann wird sie mit großer Wahrscheinlichkeit später ein Weibchen. Enthält die Larve jedoch drei oder mehr Rundwürmer, dann erweisen sich diese, wenn sie erwachsen sind, alle oder fast alle als Männchen. Leben von *Mermis subnigrescens* im Heuschreckenwirt bis zu 14 Larven, dann ist der Anteil der Männchen äußerst gering, oberhalb von 15 Larven schlägt jedoch das Verhältnis nach einem kurzen Übergang zur männlichen Seite um und landet schließlich bei 100% Männchen.

Es ist bei Parasiten übrigens ein allgemein gültiges Phänomen, daß geringer Befall oder größere Wirte zum Überwiegen der Weibchen, starker Befall oder kleinere Wirte zum Überwiegen der Männchen führt.

Literatur: Dogiel 1963, Gordon, Webster & Mead 1971, Hartwich 1967, 1984, Odening 1969, Wülker 1962, 1975, 1983.

Literaturverzeichnis

Abro, A. (1979): Attachment and Feeding Devices of Water-Mite Larvae (*Arrenurus* spp.) Parasitic on Damselflies (Odonata, Zygoptera) – Zool. Script. Vol. 8, 221–234.

Alexander, J. O. (1984): Arthropods and Human Skin – Springer Verlag, Berlin, Wien, Heidelberg.

Andrews, J. R. H. & C. E. Desch (1983): The Morphology, Life History and Habitat of *Sarcoptes scabiei*. In: Parish, L. C., Nutting, W. B. & R. M. Schwartzmann (1983): Cutaneous Infestations of Man and Animal. Praeger.

Ankel, W. E. (1929): Das Fischmaul als Saugnapf – Natur u. Museum 4, 190–197.

– (1938): Erwerb und Aufnahme der Nahrung bei den Gastropoden – Verh. Deut. Zool. Ges. Gießen 1938, 223–295.

– (1948): Die Mundbewaffnung der Pyramidelliden – Arch. Mollkd. 77, 79–82.

– (1949): Die Nahrungsaufnahme der Pyramidelliden – Verh. Deut. Zool. Ges. Kiel 1948,478–484.

– (1959): Beobachtungen an Pyramidelliden des Gullmar-Fjordes – Zool. Anz. 162, 1–21.

Arai, H. P. (1980): Biology of the Tapeworm *Hymenolepis diminuta* – Academic Press, London.

Arme, C. & P. W. Pappas (1983): Biology of Eucestoda, Vol. 1 u. 2 – Academic Press, London.

Aschner, M. & Ries (1933): Das Verhalten der Kleiderlaus bei Ausschaltung ihrer Symbionten. Eine experimentelle Symbiosestudie – Z. Morph. Ök. Tiere 26, 529–590.

Askew, R. R. (1971): Parasitic Insects – Heinemann Educational Books, London.

Baer, J. G. (1952): Ecology of animal parasites – The University of Illinois Press, Urbana.

– (1972): Tierparasiten – Kindlers Universitäts Bibliothek, München.

Bakke, T. A. (1980): A Revision of the Family Leucochloridiidae Poche (Digenea) and Studies on the Morphology of *Leucochloridium paradoxum* Carus, 1835 – Syst. Parasitol. 1 (3/4), 189–202.

Ball, G. H. (1968): Organisms living on and in Protozoa – Research in Protozoologie Vol. 3, 566–718. Pergamon Press Oxford & New York.

Banja, A. A., James J. L. & J. Rilley (1976): Some observations on egg production and autoreinfection of *Reighardia sternae* (Diesing, 1864), a pentastomid parasite of the herring gull – Parasitol. 72, 81–91.

Barnard, C. J. (1984): Producers and Scroungers – Croom Helm, London & Sidney.

Barrera, A. & C. E. Machado-Allison (1965): Coleopteros ectoparasitos de mamiferos (Scarab., Leptin. y Staphyl.) – Ciencia (Mexico) 23, 201–208.

Becker, W. (1973): Aktivierung und Inaktivierung der Miracidien von *Schistosoma mansoni* innerhalb der Eischale – Z. f. Paraskd. 42, 235–242.

– (1977): Zur Stoffwechselphysiologie der Miracidien von *Schistosoma mansoni* während ihrer Aktivierung innerhalb der Eischale – Z. f. Paraskd. 52, 69–79.

Bergmann, G. (1960): Über neue Futtergewohnheiten der Möwen an den Küsten Finnlands – Ornis Fennica 37, 11–28.

Berrie, A. D. (1970): Snail Problems in African Schistosomiasis – Adv. in Paras. 8, 43–96.

Betke, K. (1985): Angeborene Blutkrankheiten als Verhängnis und Vorteil – Naturw. Rundsch. 38 (5), 189–197.

Bischoff, W-D., Dettmer, R. & K. Wächtler (1986): Die Flußperlmuschel

Boch, J. & R. Supperer (1983): Vetrinärmedizinische Parasitologie – Parey, Berlin u. Hamburg.

Bosch, I. & W. Frank (1973): Amöben als Erreger von Gehirnhautentzündungen – Mikrokosmos 62, 193–196.

Böttger, K. (1970): Die Ernährungsweise der Wassermilben (Hydrachnellae, Acari) – Int. Rev. ges. Hydrobiol. 55 (6), 895–912.

– (1972): Vergleichend biologisch-ökologische Studien zum Entwicklungszyklus der Süßwassermilben (Hydrachnellae, Acari). II. Der Entwicklungszyklus von *Limnesia maculata* und *Unionicola crassipes* – Int. Rev. ges. Hydrobiol. 57, 263–319.

– Types of parasitism by larvae of water mites (Acari: Hydrachnellae) – Freshwater Biol. 6, 497–500.

v. Brand, Th. (1972): Parasitenphysiologie – G. Fischer, Stuttgart.

Brandenburg, J. (1953): Der Parasitismus der Gattung *Stylops* an der Sandbiene *Andrena vaga* Pz. – Z. f. Paraskd. 15, 457–475.

Braun, F. (1966): Beiträge zur mikroskopischen Anatomie und Fortpflanzungsbiologie von *Gyrodactylus wagneri* v. Nordmann 1832 – Z. f. Paraskd. 28, 142– 174.

Bresslau, E. & E. Reisinger (1933): Temnocephalida – In: Kükenthal-Krumbach: Handbuch der Zoologie, 2. Band, 1. Hälfte.

Brockmann, H.J. & C.J. Barnard (1979): Kleptoparasitism in birds – Anim. Behav. 27, 487–514.
Brooks, W.M. (1968): Tetrahymenid ciliates as parasites of the gray garden slug – Hilgardia 39, 205–276.
Buchner, P. (1953): Endosymbiose der Tiere mit pflanzlichen Mikroorganismen – Birkhäuser, Basel-Stuttgart.
Budde, E. (1925): Die parasitischen Rädertiere mit besonderer Berücksichtigung der in der Umgebung von Minden in Westfalen beobachteten Arten – Z. Morph. Ök. Tiere 3, 706–784.
Bürgis, H. (1981): Ein gefährlicher Ektoparasit: Der Holzbock *Ixodes ricinus.*
I. Körperbau, Mundwerkzeuge – Mikrokosmos 70, 295–300.
II. Nahrungsaufnahme, Entwicklung, Übertragung von Krankheiten – Mikrokosmos 70, 366–371.
– (1984): Diebische Spinnen. Ein Beitrag zur Kenntnis der kleptoparasitischen Spinnengattung *Argyrodes* – Biol. in unserer Zeit 14 (6), 177–182.
– (1985): Morphologie und Biologie der Zikadenwespen sowie eines Spinnfüßlerparasiten – Natur u. Museum 115 (8), 250–261.
Buschinger, A., Ehrhardt, W. & U. Winter (1980): The Organization of Slave Raids in Dulotic Ants – a Comperative Study (Hymenoptera; Formicidae) – Z. f. Tierpsych. 53, 245–264.
– & U. Winter (1983): Population Studies of the Dulotic Ant, *Epimyrma ravouxi,* and the Degenerate Slavemaker, *E. kraussei* (Hymenoptera: Formicidae) – Entomologia Gen.8 (4), 251–266.
– (1985): Life History and Male Morphology of the Workerless Parasitic Ant *Epimyrma corsica* (Hymenoptera: Formicidae) – Entomologia Gen. 10 (2), 65–75.
Bychovskij, B.E. (1961): Monogenetische Saugwürmer. Ihr System und ihre Phylogenie – Amer. Inst. biol. Sci., Washington.
Cameron, T.W.M. (1956): Parasites and Parasitism – Wiley, New York.
Camin, J.H., Moss, W.W., Oliver, J.H. & G. Singer (1967): Cloacaridiae, a new family of cheyletoid mites from the cloaca of aquatile turtles – J. med. Entomol. 4, 261–272.
Canning, E. & J. Lom (1986): The Microsporidia of Vertebrates – Academic Press, London.
Canning, E. & C.A. Wricht (1972): Behavioural Aspects of Parasite Transmission – Academic Press, London.
Caullery, M. (1952): Parasitism and Symbiosis – Sidwick and Jackson Limited, London.
Chappell, L.H. (1980): Physiology of Parasites – Blackie, Glasgow and London.
Cheng, T.C. (1964): The Biology of Animal Parasites – Saunders Company, Philadelphia and London.
– (1986): General Parasitology – Academic Press, London.
Christophers, S.E. (1960): *Aëdes aegypti* (L.): The Yellow Fever Mosquito. Its Life History, Bionomics and Structure – University Press, Cambridge.
Cook, C.B., Pappas, P.W. & E.D. Rudolph (1980): Cellular Interactions in Symbiosis and Parasitism – Ohio State Univ. Press 2070 Neil Ave, Columbus, Ohio 43210.
Corliss, J.O. (1960): *Tetrahymena chironomi* sp. nov., a ciliate from midge larvae, and the current status of facultative parasitism in the genus *Tetrahymena* – Parasitology 50, 111–153.
Cressey, R.F. (1983): Crustaceans as Parasites of other Organisms – The Biology of Crustacea Vol. 6, 251–273.
Crome, W. (1969a): Stamm Pentastomida oder Linguatulida – Zungenwürmer – In: Urania Tierreich – Wirbellose Tiere 2, Urania Verlag, Leipzig, Jena, Berlin.
– (1969b): Acari oder Acarina – Milben – In: Urania Tierreich – Wirbellose Tiere 2.
Crome, W. & H-E. Gruner (1969b): Crustacea – Krebstiere – In: Urania Tierreich – Wirbellose Tiere 2.
Dashu, Nie & Lie Lien-Siang (1960): Studies on the morphology and life cycle of *Ichthyophthirus multifiliis* and its control, with a description of a new species – (Name der Zeitschrift nicht zu ermitteln), 197–215.
Deckart, M. (1966): Heilung für Millionen. Saugwürmer und Bilharziose. – Mikrokosmos 55, 230–237.
Deckert, K. (1967): Osteichthyes – In: Urania Tierreich – Fische, Lurche, Kriechtiere.
Desch, C. & W.B. Nutting (1972): *Demodex folliculorum* Simon and *D. brevis* Akbulatova of man: rediscription and reevaluation – J. of Parasitol. 58 (1), 169–177.
Dieckhoff, J. (1961): Zur Oxyuriasis und ihrer Behandlung – Medizin. Welt 51, 2705–2707.
Dieckmann, J. (1985): *Podophrya grelli* n. sp., ein wirtsspezifisches Suktor parasitierend auf *Stylonychia lemnae* Ammermann und Schlegel 1983 – Arch. f. Protkd. 129, 155–170.
Dixon, K.E. (1965): The structure and histochemistry of the cystwall of the metacercaria of *Fasciola hepatica* L. – Parasitol. 55, 215–266.
Doflein, F. & E. Reichenow (1949–1953): Lehrbuch der Protozoenkunde – G. Fischer, Jena.
Dogiel, V.A. (1963): Allgemeine Parasitologie – G. Fischer, Jena.
Dönges, J. (1980): Parasitologie – Thieme, Stuttgart.
Dönges, J. & W. Harder (1966): *Nesolecithus africanus* n. sp. (Cestodaria, Amphilinidea) aus dem Coelom von *Gymnarchus niloticus* Cuvier 1829 (Teleostei) – Z. f. Paraskd. 28, 125–141.

Dorst, J. (1971): Das Leben der Vögel – In: Die Enzyklopädie der Natur Bd. 12 u. 13, Editions Rencontre, Lausanne.
Dreyer, W. (1986): Die Libellen – Gerstenberg Verlag, Hildesheim.
Dumpert, K. (1978): Das Sozialleben der Ameisen – Pareys Studientexte 18.
Eckert, J. (1970): Echinokokkose bei Mensch und Tier – Schweiz. Arch. Tierheilkd. 112, 443–457.
Ehrhardt, W. (1982): Untersuchungen zum Raubzugverhalten der sozialparasitischen Ameise *Chalepoxenus muellerianus* (Finzi) (Hym., Formicidae) – Zool. Anz. 208, 145–160.
Eichler, W-D. (1956): Federlinge – Die Neue Brehm-Bücherei, Ziemsen Verlag, Wittenberg Lutherstadt.
– (1962): Die Problemstellung des phylogenetischen Parallelismus zwischen Parasit und Wirt nach ihrem gegenwärtigen Stand unter besonderer Berücksichtigung der Mallophagen – Wiadomosci Parazytologiczne 8 (3), 285–296.
Eichler, W-D. & H-J. Wasserburger (1964): Flöhe des Menschen unter besonderer Berücksichtigung von Menschenfloh *(Pulex irritans)* und Hundefloh *(Ctenocephalides canis)* – Merkblätter über angew. Paraskd. und Schädlingsbekämpf. 9, 1–14.
Eidmann, H. (1970): Lehrbuch der Entomologie – Parey, Hamburg, Berlin.
Eisentraut, M. (1968): Die Fledermaus – In: Grzimeks Tierleben, 11. Band, Kindler, Zürich.
Eisdon-Dew, R. (1968): The Epidemiology of Amoebiasis – Adv. in Paras. 6, 1–62.
Engbert, H.-R. (1962): Der Froschkratzer – Mikrokosmos 51, 19–24.
Erhardt, A. & E. Hinz (1962): Der Wurmträger im Berufsleben – Handb. d. ges. Arbeitsmedizin Bd. 3, 568–598.
– (1963): Tropische Wurmkrankheiten – Handb. d. Kinderheilk., 1043–1072.
Erhardt, A., Lämmler, G., Hinz, E. & H. Themann (1964): Experimentelle Invasionen bzw. Erzeugung von Krankheiten durch Metazoen bei Laboratoriumstieren – Handb. d. exper. Pharmakologie Bd. 16, Teil 9, 1–149.
Erhardt, A. & U. Wellensiek (1956): Die Verbreitung der Filariosen des Menschen in Süd- und Mittelamerika in den Jahren 1939–1955 – Welt-Seuchen-Atlas, Teil III. Falk Verlag, Hamburg.
Erz, W. (1960): Stockenten als Nahrungsschmarotzer beim Bleßhuhn – Ornithol. Mitt. 12, 218.
Evans, N.A. (1983): Quantitative Aspects of the Host-Parasite Relationsship between *Bulinus natalensis* and *Schistosoma magreboi* – Parasitology 87 (2).
Exlex, D., Ford, B. & M. Rothschild (1965): The rabbit flea (*Spilopsyllus cuniculi* Dale) as an indicator of hormones in the host – Proc. R. ent. Soc. London C, 30, 35–36.
Eysig, H. (1906): *Ichthyotomus sanguinarius* eine auf Aalen schmarotzende Annelide – Fauna et Flora Neap. Vol 28.
Faber, W. (1967): Beiträge zur Kenntnis sozialparasitischer Ameisen. 1. *Lasius* (*Austrolasius* n. sg.) *reginae* n. sp., eine neue temporär sozialparasitische Erdameise aus Österreich (Hym. Formicidae) – Pflanzensch. Ber. 36 (5–7), 73–107.
Fauré-Fremiet, E. (1945): *Podophrya parasitica* – Bull. Biol. France et Belg. 79 (2–3), 85–97.
Fauvel, P. (1959): Polychaeta – In: Grassé, P.-P. Traité Zool. 5 (1), 13–196.
Fenchel, T. (1987): Ecology of Protozoa – Springer, Berlin, Heidelberg, New York.
Foelix, R. (1979): Biologie der Spinnen – Thieme, Stuttgart.
Foissner, W. (1980): Taxonomische Studien über die Ciliaten des Großglocknergebietes (Hohe Tauern, Österreich). IV. Familien Spathidiidae, Podophryidae und Urnulidae – Verh. Zool.-Bot. Ges. Wien 118/119, 97–112.
Frank, W. (1961): Ein gefährlicher Parasit: Der Pärchenegel *Schistosoma (Bilharzia)* – Mikrokosmos 50, 34–40.
– (1964a): Die pathogenen Wirkungen von *Macdonaldius oschei* Chabaud et Frank 1961 (Filarioidea, Onchocercidae) bei verschiedenen Arten von Schlangen (Reptilia, Ophidia) – Z. f. Paraskd. 24, 249–275.
– (1964b): Die Übertragung der Filarien-Infektionsstadien von *Macdonaldius oschei* Chabaud et Frank 1961 (Filarioidea, Onchocercidae) durch *Ornithodoros talaje* (Ixodoidea, Argasidae) auf den Endwirt, zugleich ein Beitrag zur Biologie des Überträgers – Z. f. Paraskd. 24, 415–441.
– (1976): Parasitologie – E. Ulmer, Stuttgart.
Fretter, V. & A. Graham (1949): The structure and mode of life of the Pyramidellidae, parasitic Opisthobranchs – J. mar. Biol. Assoc. Vol. 28, 493–532.
Friedmann, H. (1955): The honey-guides – U.S. Nat. Mus. Bull. 208, 1–292.
v. Frisch, K. (1941): Zehn kleine Hausgenossen – Heimeran, München.
– (1953): Aus dem Leben der Bienen – Verst. Wiss. Bd. 1. Springer, Berlin, Göttingen, Heidelberg.
Fritsch, W. (1952): Zur Oekologie und Systematik der Vogelmilben der Umgebung Erlangens – Diss. Erlangen.
– Über Vogelmilben – Mikrokosmos 44, 3–8.

Fryer, G. (1961): The developmental history of *Mutela bourginati* (Ancey) Bourguinat (Mollusca: Bivalvia) – Phil. Trans. roy. Soc. London Ser. B, 244, 259–298.
Fuhrmann, O. (1933): Trematoda und Cestoidea – In: Kükenthal-Krumbach: Handbuch der Zoologie, 2. Band, 1. Hälfte.
Gärtner, K. (1982): Das faule Ei des Kuckucks – Tier-Tierwelt Nr. 4, 23–27.
Geiler, H. (1960): Die Laus des Elefanten – Mikrokosmos 49, 161–66.
– (1975): Ökologie der Land- und Süßwassertiere – Vieweg Verlag.
Gerlach, R. (1967): Die Geheimnisse der Insekten – Claasen Verlag, Hamburg, Düsseldorf.
Geus, A. (1969): Sporentierchen, Sporozoa. Die Gregarinida der land- und süßwasserbewohnenden Arthropoden – In: Dahl, F.: Die Tierwelt Deutschlands, 57. Teil. G. Fischer, Jena.
Ghosh, T.N. (1970): Parasites of the genus *Entamoeba* – Acta Protozoologica 8 (13), 175–181.
Gösswald, K.: Unsere Ameisen – 1. Teil 1954, 2. Teil 1955 – Kosmos-Bändchen, Franckh Verlag, Stuttgart.
Götting, K.-J. (1974): Malakozoologie. Grundriß der Weichtierkunde – G. Fischer, Stuttgart.
Götz, P. (1983): *Neoaplectana carpocapsae* (Nematoda) – *Galleria mellonella* (Insecta, Lepidopetra). Massenvermehrung des Nematoden und seine inhibitorische Wirkung auf antibakterielle Faktoren der Wirtshaemolymphe – In: Böckeler, W. & W. Wülker: Parasitologisches Praktikum – Verlag Chemie.
Gordon, R. M., Webster, J.M. & D.E. (1971): Some effect of the nematode *Mermis nigrescens* upon carbohydrate metabolism in fat body of its host, *Schistocerca gregaria* – Canad. J. Zool. 49, 341–434.
Gotto, R. V. (1962): Egg-number and ecology in commensal and parasitic Copepods – Ann. Mag. nat. Hist (13) 1, 97–107.
Graeber, K. & V. Storch (1979): Elektronenmikroskopische und morphometrische Untersuchungen am Integument von Cestoda und Trematoda (Plathelminthes) – Zool. Anz. 202 (5/6), 331–347.
Grell, K. G. (1938): Untersuchungen an Schizogregarinen. I. *Lipocystis polyspora* n. g. n. sp., eine neue Schizogregarine aus dem Fettkörper von *Panorpa communis* L. – Arch. f. Protkd. 91, 526–545.
– (1968): Protozoologie – Springer, Berlin, Heidelberg, New York.
Greven, H. (1980): Die Bärtierchen – Die Neue Brehm-Bücherei, Ziemsen Verlag, Wittenberg Lutherstadt.
Gruner, H. E. & K. Deckert (1956): Krebse – das Tierreich IV/1, Sammlung Göschen Bd. 443, Walter de Gruyter.
Guhl, W. (1986): Einige Parasiten Mitteleuropas und ihre Verbreitung durch mangelnde Hygiene – Krankenhaus-Hygiene + Infektionsverhütung 5, 144–150.
Guhl, W. & G. Haider (1988): Urceolariidae – Protozoenfauna, Bd. 7, Teil 1, G. Fischer Stuttgart.
Haarløv, N. (1964): Life cycle and distribution pattern of *Lipoptena cervi* (L). (Dipt., Hippobosc.) in Danish deer. – Oikos 15, 93–129.
Haas, W. (1985): Bilharziose: die biologische und biotechnische Bekämpfung einer Tropenkrankheit – Verh. Deut. Zool. Ges. Wien 1984, 45–60.
v. Haffner, K. (1977): Über die systematische Stellung und die Vorfahren der Pentastomida auf Grund neuer vergleichender Untersuchungen – Zool. Anz. 199, 353–370.
Haider, G. (1964): Monographie der Familie Urceolariidae (Ciliata, Peritricha, Mobilia) – Parasitol. Schriftenreihe Heft 17, G. Fischer, Jena.
– (1986): Nutzfische halten – Ulmer Verlag, Stuttgart.
Hanker, H. (1962): Eintägige Kurzkur bei Oxyuriasis und Askaridiasis – Ärztl. Praxis 14 (36), 1872–1873.
Hardisty, M. W. & I. C. Potter (1971): The Biology of Lampreys – Vol. 1, Academic Press, London, New York.
Hartmann-Schröder, G. (1982): Stamm Annelida, Ringelwürmer oder Gliederwürmer – In: Lehrbuch der Speziellen Zoologie, 4. Auflage, Band I, 3. Teil. G. Fischer, Stuttgart.
Hartwich, G. (1967): Nemathelminthes – In: Urania Tierreich, Wirbellose Tiere 1 – Urania Verlag, Leipzig, Jena, Berlin.
– (1969): Annelida – In: Urania Tierreich, Wirbellose Tiere 2.
– (1975): Rhabditida und Ascaridida – In: Dahl, F.: Die Tierwelt Deutschlands, 62. Teil. G. Fischer, Jena.
– (1984): Stamm Nemathelminthes (syn. Aschelminthes), Schlauchwürmer – In: Lehrbuch der Speziellen Zoologie, 4. Auflage, Band I, 2. Teil. G. Fischer, Stuttgart.
Hase, A. (1917): Die Bettwanze (*Cimex lectularius* L.), ihr Leben und ihre Bekämpfung – Monogr. angew. Entomol. Nr. 1.
– (1931): Über die Lebensgewohnheiten einer Fledermausfliege in Venezuela; *Basilia bellardii* Rondani – Z. wiss. Biol. F. 3, 220–258.
Hauck, A. & P. Quick (1986): Strukturen des Lebens – Metzler, Stuttgart.
Haupt, W. (1938): Zur Kenntnis der Dryinidae I (Hymenoptera-Sphecoidea) – Z. Naturwiss. 92, 13–35.
Hausmann, K. (1985): Protozoologie – Thieme, Stuttgart.
Hausmann, W. (1975): Zum Problem der Deutung medizinhistorischer Fundstücke – Tierärztl. Umschau 30, 400–402.

Heinroth, O. (1941): Aufopferung und Eigennutz im Tierreich – Kosmos-Bändchen, Franckh Verlag, Stuttgart.
Hennekeuser, H.-H., Pabst, K., Poeplau, W. & Gerok (1968): Beobachtungen bei einer Trichinose-Epidemie – Therapiewoche Heft 48.
Herter, K. (1929a): Studien über Reizphysiologie bei Fisch- und Entenegeln – Sitzber. Ges. naturforsch. Freunde 9. Juli 1929.
– (1929b): Reizphysiologisches Verhalten und Parasitismus des Entenegels *Protoclepsis tesselata*, O. F. Müll. – Z. f. vergl. Physiol. 10, 272–308.
– (1935): Hirudinea – In: Grimpe, G.: Die Tierwelt der Nord- und Ostsee, Teil VI, c2 – Akademische Verlagsges., Leipzig.
– (1943): Wie gelangen tierische Schmarotzer auf ihre Wirtstiere? – Umschau, Dezember.
– (1968): Der medizinische Blutegel und seine Verwandten – Die Neue Brehm-Bücherei, Ziemsen Verlag, Wittenberg Lutherstadt.
Heymons, R. (1926): Pentastomida – In: Kükenthal-Krumbuch: Handbuch der Zoologie, 3. Band.
– (1935): Pentastomida – In: Bronns Klassen u. Ordnungen des Tierreichs, Bd. 5, 4. Abt., 1. Buch.
Hieke, F. (1968): Strepsiptera – Fächerflügler – In: Urania Tierreich, Insekten – Urania Verlag, Leipzig, Jena, Berlin.
Hiepe, T., Buchwalder, R. & S. Nickel (1985): Vertrinärmedizinische Helminthologie – G. Fischer, Stuttgart.
Hiepe, T., Buchwalder, R. & R. Ribbeck (1981): Allgemeine Parasitologie – G. Fischer, Stuttgart.
Hiepe, T. & R. Jungmann (1983): Vetrinärmedizinische Protozoologie – G. Fischer, Stuttgart.
Hiepe, T. & R. Ribbeck (1982): Vetrinärmedizinische Arachno-Entomologie – G. Fischer, Stuttgart.
Hill, D. S. (1962): A study of the distribution and host preferences of the three species of *Ornithomya* (Diptera: Hippoboscidae) in the British Isles – Proc. R. ent. Soc. London A, 37, 37–48.
– (1963): The life history of the British species of *Ornithomya* (Diptera: Hippoboscidae) – Trans. R. ent. Soc. London 115, 391–407.
Hirschmann, W. (1957): Waffen eines Wegelagerers – Mikrokosmos 46, 281–284.
– (1980): Milbenseuche bedroht die Bienen Europas. Die Varroatose auf dem Weg zur Weltseuche – Mikrokosmos 69, 16–18.
– (1981): Neues von der Varroatose – Mikrokosmos 70, 160.
Hoare, C. A. (1972): The Trypanosomes of Mammals. A Zoological Monograph – Blackwell Scientific Publications, Oxford.
Hoeg, J. T. (1982): The anatomy and development of the rhizocephalan barnacle *Clistosaccus paguri* Lilljeborg and relation to its host *Pagurus bernhardus* (L.) – J. Exp. Mar. Biol. Ecol. 76, 145–156.
– (1985a): Cypris Settlement, Kentrogon Formation and Host Invasion in the Parasitic Barnacle *Lernaeodiscus porcellanae* (Müller) (Crustacea: Cirripedia: Rhizocephala) – Acta Zoologica (Stockh.) 66, 1–45.
– (1985b): Male Cypris Settlement in *Clistosaccus paguri* Lilljeborg (Crustacea: Cirripedia: Rhizocephala) – J. Exp. Mar. Biol. Ecol. 89, 221–235.
Hohorst, W. & G. Graefe (1961): Ameisen – obligatorische Zwischenwirte des Lanzettegels *(Dicrocoelium dendriticum)* – Naturwissensch. 48 (7), 229–230.
Hohorst, W. & G. Lämmler (1962): Experimentelle Dicrocoeliose-Studien – Z. f. Tropenmed. u. Paras. 13 (4), 377–397.
Holberton, D. V. (1973): Fine structure of the ventral disk apparatus and the mechanism of attachment in the flagellate *Giardia muris* – J. Cell Sci. 13, 11–41.
– (1974): Attachment of *Giardia* – A hydrodynamic model based on flagellar activity – J. exp. Biol. 60, 207–221.
Horsfall, W. R. (1955): Mosquitoes. Their Bionomics and Relation to Disease – Ronald Press, New York.
Humphries, D. A. (1967): Function of Combs in Ectoparasits – Nature 215, 319.
– (1968): The host-finding behaviour of the hen flea, *Ceratophyllus gallinae* (Schrank) (Siphonaptera) – Parasitology 58, 403–414.
Illies, J. (1956): Seeausfluß-Biozönosen Lappländischer Waldbäche – Ent. Tidskr. 77, 138–153.
Inglis, W. G. (1965): Patterns of Evolution in parasitic Nematodes – In: Taylor, A. R.: Evolution of Parasites – Blackwell, Oxford.
Iwanow, A. W. (1937): Die Organisation und die Lebensweise der parasitischen Molluske *Paedophoropus dicoelobius* Iwanow – Acta Zool. 18, 111–208.
Jacobs, W. & M. Renner (1974): Taschenlexikon zur Biologie der Insekten – G. Fischer, Stuttgart.
Janicki, C. (1928): Die Lebensgeschichte von *Amphilina foliacea* – Arb. d. Biol. Wolga-Stat. 10.
Janssen, H. H. (1984): Ein Krebs im Muscheldarm: Mytilicola intenstinalis Mikrokosmos 73, 278–280.
– (1985): Das Zwergmännchen des Copepoden *Mytilicola intestinalis* – Mikrokosmos 74, 367–369.

Jegen, G. (1918): *Collyriclum faba* – Z. wiss. Zool. 117.
Jennings, I.B. (1971): Parasitism and Commensalism in the Turbellaria – Adv. in Paras. 9, 1–32.
Jirovec, O. & M. Petru (1968): *Trichomonas vaginalis* and Trichomoniasis – Adv. in Paras 6, 117–188.
Johansson, L. (1929): Hirudinea (Egel) – In: Dahl, F.: Die Tierwelt Deutschlands, 15. Teil. G. Fischer, Jena.
Jones, A.W. (1967): Introduction to parasitology – Addison-Wesley Publ. Comp.
Kabata, Z. (1979): Parasitic Copepoda of British Fishes – The Roy Society No. 152.
Kaestner, A. (1965): Lehrbuch der Speziellen Zoologie. Band I: Wirbellose 1. Teil – G. Fischer, Stuttgart.
– (1967): Band I: Wirbellose, 2. Teil.
– (1973): Band I: Wirbellose, 3. Teil.
Ke Chung Kim (1985): Coevolution of Parasitic Arthropods and Mammals – Wiley and Sons.
Kearn, G.C. (1967): Experiments in host finding and host specifity in the monogenean skin parasite *Entobdella solea* – Parasitology 57, 585–605.
– (1971): The physiology and behaviour of the monogenean skin parasite *Entobdella solea* in relation to its host *(Solea solea)* – In: Fallis, A.M.: Ecology and Physiology of Parasites – University of Toronto Press, Toronto.
– (1973): An endogenous circadian hatching rhythm in de monogenean skin parasite, *Entobdella solea*, and its relationship to the activity rhythm of the host *(Solea solea)* – Parasitology 66, 101–122.
– (1976): Body surface of fishes – In: Kennedy, C.R.: Ecological Aspects of Parasitology –
Kennedy, C.R. (1975): The natural history of Slapton Ley Nature Reserve. VIII. The parasites of fish, with special reference to their use as a source of information about the aquatic community – Field Stud. 4, 177–189.
– (1976): Ecological Aspects of Parasitology – North-Holland Publishing Companny, Amsterdamm.
Kettle, D.S. (1984): Calliphoridae, Sarcophagidae (Blowflies) and Myiasis – In: Medical and Vetrinary Entomology – Croom Helm, London & Sidney.
Kilias, R. (1982): Stamm Mollusca – In: Lehrbuch der Speziellen Zoologie, 4. Auflage, Band I, 3. Teil. G. Fischer, Stuttgart.
Klee, O. (1969): Abwasser und Seuchengefahr. II. Würmer und Wurmeier – Mikrokosmos 58, 304–310.
Köberle, F. (1968): Chagas Disease and Chagas Syndromes: The Pathology of American Trypanosomiasis – Adv. in Paras. 6, 63–116.
Koecke, H.-U. (1982): Allgemeine Zoologie 1 – Vieweg & Sohn, Braunschweig, Wiesbaden.
Koegel, A. (1951): Zoonosen (Anthropozoonosen) – Reinhardt Verlag, München, Basel.
Kolar, K. (1969): Die Papageien – In: Grzimeks Tierleben Bd. VIII.
Kolar, K. & K.H. Spitzer (1985): Großsittiche. Haltung, Verhalten und Zucht – Ulmer Verlag, Stuttgart.
Kollmann, A. (1966): *Dactylogyrus extensus* Müller et v. Cleave, 1932 (Trematoda, Monogenoidea) auf Karpfen (*Cyprinus carpio* L.) zum ersten Male in Westdeutschland nachgewiesen – Zool. Anz. 177 (5/6), 426–434.
– (1968a): *Gyrodactylus cyprini* n. sp. an *Cyprinus carpio* L. mit einer Bemerkung über die Mechanik der Randhaken – Zool. Anz. 180 (1/2), 36–42.
– (1968b): *Dactylogyrus crassus* Kulwieć 1927, (Trematoda, Monogenoidea) auf den Kiemen von Karpfen – Zool. Anz. 180 (1/2), 43–49.
– (1970): *Dactylogyrus vastator* Nybelin 1924 (Trematoda, Monogenoidea) als Krankheitserreger auf den Kiemen des Karpfens (*Cyprinus carpio* L.) – Z. Fischerei NF Bd. 18, 1. Teil 129–150, 2. Teil 259–288.
– (1972): *Dactylogyrus vastator* Nybelin 1924 (Trematoda, Monogenoidea) als Krankheitserreger auf den Kiemen des Karpfens (*Cyprinus carpio* L.), 3. Teil – Z. wiss. Zool. 185 (1/2), 1–54.
Königsmann, E. (1968): Hymenoptera – Hautflügler – In: Urania Tierreich, Insekten. Urania Verlag, Leipzig, Jena, Berlin.
Korn, H. (1982): Annelida (einschließlich Echiurida und Sipunculida) – In: Seidel, F.: Morphogenese der Tiere – G. Fischer, Jena.
Körner, H.K. (1970): Ameisen im Dienste des kleinen Leberegels – Mikrokosmos 59, 299–301.
– (1973): Mittelmeer-Haarsterne mit einem Myzostomiden auf der Mundscheibe – Naturw. Rundsch. 26 (4), 157.
Koste, W. (1970): Über eine parasitische Rotatorienart, *Albertia reichelti* nov. spec. – Zool. Anz. 184 (5/6), 428–434.
– (1972a): Über zwei seltene parasitische Rotatorienarten, *Drilophaga bucephalus* Vejdovsky und *Proales gigantea* (Glascott) – Osnabrücker Naturw. Mitt. 1, 149–158.
– (1972b): Das Rädertier-Portrait. Ein seltener Außenparasit an Süßwasser-Obligochaeten: *Cephalobdella parasitica* – Mikrokosmos 61, 10–12.
Kraatz, E. (1963): Zur Häufigkeit des Wurmbefalls im Kindesalter – Die medizin. Welt 32, 1610–1611.
Kreis, H.A. (1947): Kompendium der parasitischen Würmer im Menschen – Schwabe & Co., Basel, Stuttgart.
Kristensen, J.H. (1970): Fauna associated with the Sipunculid *Phascolion strombi* (Montagu), especially the parasitic gastropod *Menestho diaphana* (Jeffreys) – Ophelia 7, 257–276.

Kristensen, R.M. (1980): Zur Biologie des marinen Heterotardigraden *Tetrakentron synaptae* – Helgoländer Meeresunters. 34, 165–177.
Kristensen, R.M. & T.E. Hallas (1980): The tidal genus *Echiniscoides* and its variability, with erection of Echiniscoididae fam. n. (Tardigrada) – Zool. Scr. 9, 113–127.
Krüger, P. (1940a): Ascothoracida – (1940b): Cirripedia – In: Bronns Klassen und Ordnungen des Tierreichs, Bd. 5, 1. Abt., 3. Buch.
Kugler, H. (1958): Schmarotzerhummeln sammeln keinen Pollen – Orion 1958, H. 7, 552–555.
Kullmann, E. (1959a): Über parasitäres Verhalten der Spinne *Theridium tepidariorum* C.L. Koch – Verh. Deut. Zool. Ges. Münster, 332–342.
– (1959b): Beobachtungen und Betrachtungen zum Verhalten von *Conopistha argyrodes* Walckenaer (Araneae, Theridiidae) – Mitt. Zool. Mus. Berlin 35 (2), 275–292.
– (1960): Beobachtungen an *Theridium tepidariorum* C.L. Koch als Mitbewohner von *Cyrtophora*-Netzen (Araneae, Theridiidae) – Deut. Entomolog. Zeitschr. N.F. 7 (1/2), 146–163.
Kullmann, E. & H. Stern (1981): Leben am seidenen Faden – Kindler, München.
Kutter, H. (1969): Die sozialparasitischen Ameisen der Schweiz – Neujahrsblatt. Herausgegeben von der Naturforschenden Gesellschaft in Zürich, 171, 1–62.
Kutzer, E. (1966): Zur Wirtsspezifität der Gattung *Sarcoptes* – Z. f. Paraskd. 28, 60–64.
Kutzer, E. & E. Otto (1966): *Capillaria petruschewskii* – Z. f. Paraskd. 28, 16–30.
Laird, M. (1961): Microecological factos in Oyster epizootics – Canad. J. Zool. 39, 449–485.
Lapage, G. (1956): Vetrinary Parasitology – Oliver & Boyd, London, Edinburgh.
Leclerq, M. (1969): Entomological Parasitology- Pergamon Press, Oxford, Londond, Braunschweig.
Lebedev, B.I. (1982): Aspects of evolutionary Parasitology – Folia Parasitolgica (Praha) 29, 97–105.
Lehmensick, R. (1960): Unser Ascaris (*Ascaris lumbricoides* Linné 1758) – Ciba-Symposium 8 (2), 59–73.
v. Lengerken, H. (1939): Die Brutfürsorge- und Brutpflegeinstinkte der Käfer – Akad. Verlagsges., Leipzig.
Lethbridge, R.C., Potter, I.C., Bray, R.A. & R.W. Hilliard (1983): The Presence of Helminth in a Southern Hemisphere lamprey (*Geotria australis* Gray), with a Discussion of the Significance of Feeding Mechanismus in Lampreys in Relation to the Acquisition of Parasites – Acta Zoologica (Stockh.) 64 (2/3), 79–83.
Liewellyn, J. (1963): Larvae und Larval Development of Monogeneans – Adv. in Paras. 1, 287–325.
– (1965): The Evolution of parasitic Platyhelminthes – In: Taylor, A.: Evolution of Parasites – Blackwell, Oxford.
Lorenzen, S. (1985): Nemathelminthes – In: Siewing, R.: Lehrbuch der Zoologie, Band 2, Systematik. G. Fischer, Stuttgart.
Lubinsky, G. (1960): A Vegetatively Propagated Strain of Larval *Echinococcus multilocularis* – Canad. J. Zool. 38, 1117–1125.
Luetzen, J. (1968): Unisexuality in the parasitic family Entoconchidae (Gastropoda: Prosobranchia) – Malacologia (Ann Arbor) 7, 7–15.
Lüling, K.H. (1953): Gewebeschäden durch parasitäre Copepoden, besonders durch *Elytrophora brachyptera* – Z. f. Paraskd. 16, 84–92.
Lumsden, W.H.R. (1970): Bilogical Aspect of Trypanosomiasis Research 1965; a Retrospect, 1969 – Adv. in Paras. 8, 227–249.
Lumsden, W.H.R. & D.A. Evans (1976): Biology of the Kinetoplastida – Academic Press, London.
Lyons, K.M. (1978): The Biology of Helminth Parasites – The Institute of Biology's Studies in Biology no. 102. Edward Arnold.
Lysek, H. & G. Hartwich (1967): Der Menschen- und Schweinespulwurm *(Ascaris lumbricoides)* – Merkbl. angew. Parasitenkd.
Maas, D. (1965): Anatomische und histologische Untersuchungen am Mundapparat der Pyramidelliden – Z. Morph. Ök. Tiere 54, 566–642.
Madel, G. (1973): Zur Biologie des Hummelparasiten *Sphaerularia bombi* Dufor 1886 (Nematoda, Tylenchida) – Bonner Zool. Beitr. 24, 134–151.
– (1983): Parasiten des Frosches *(Rana esculenta, R. temporaria)* – In: Böckeler, W. & W. Wülker: Parasitologisches Praktikum – Verlag Chemie.
Mahone, J. (1960): Ecology of parasites – Nature 185, 290–291.
Maier, W.A. (1984): Neue Wege zur Bekämpfung der Malaria – Biologie in unserer Zeit 14 (1), 6–12.
Makatsch, W. (1955): Der Brutparasitismus in der Vogelwelt – Neumann Verlag, Radebeul, Berlin.
Malek, E.A. (1980): Snail-Transmitted Parasitic Diseases – CRC-Press.
Marshall, A.G. (1981): The Ecology of Ectoparasitic Insects – Academic Press, London, New York.
Marshall, N.B. (1965): Das Leben der Fische I – In: Die Enzyklopädie der Natur, Band 8.

Martini, E. (1946): Lehrbuch der medizinischen Entomologie – G. Fischer, Jena.
Matjašič, J. (1958): Vorläufige Mitteilungen über europäische Temnocephalen – Bioloski Vestnik 6, 60–65.
Mattes, O. (1949): Wirtsfindung, Invasionsvorgang und Wirtsspezifität beim *Fasciola*-Miracidium – Z. f. Paraskd. 14, 320–363.
Mattes, O. & R. Wigand (1958): Helminthen und Helminthiasen des Menschen – G. Fischer, Jena.
Matthes, D. (1963): Der Hundebandwurm – ein gefährlicher Feind des Menschen – Mikrokosmos 52, 167–171.
– (1971): Parasitische Suktorien – Zool. Anz. 186 (3/4), 272–291.
– (1976): Die Felsenküste der Adria. Ein Reiseführer für Naturfreunde – Franckh Verlag, Stuttgart.
– (1978): Tiersymbiosen und ähnliche Formen der Vergesellschaftung. Grundbegriffe der modernen Biologie Band 14 – G. Fischer, Stuttgart, New York.
– (1982): Seßhafte Wimpertiere – Die Neue Brehm-Bücherei, Ziemsen Verlag, Wittenberg Lutherstadt.
– (1988): Sauginfusorien (Suctoria) – In: Protozoenfauna, G. Fischer, Stuttgart.
Matthes, D. & W. Guhl (1973): Sessile Ciliaten der Flußkrebse – Protistologica 9 (4), 459–470.
– (1975a): Systematik, Anpassung und Raumparasitismus auf Hydrophiliden lebender operculariformer Epistyliden – Arch. f. Protkd. 117, 110–186.
– (1975b): Parökie als Vorstufe zum Raumparasitismus peritricher Ciliaten – Protistologica 11, 15–18.
Matthes, D. & C. Matthes (1973): Die Entwicklung der Saugwürmer – Mikrokosmos 62, 202–207.
– (1974): Plagegeister des Menschen. Schmarotzer in und an uns – Kosmos-Bibliothek, Franckh Verlag, Stuttgart.
Matthes, D. & F. Wenzel (1978): Wimpertiere (Ciliaten). Einführung in die Kleinlebewelt – Franckh Verlag, Stuttgart.
Mattner, C. (1970): Der Einfluß larvaler Trematoden auf den Gasstoffwechsel von *Lymnaea stagnalis* L. unter besonderer Berücksichtigung der Redienparasitierung – Diss. Erlangen.
– Der Einfluß larvaler Trematoden (Trematodes) auf den Gasstoffwechsel von *Lymnaea stagnalis* (Gastropoda), unter besonderer Berücksichtigung der Parasitierung durch Redien – Abh. Verh. naturwiss. Ver. Hamburg (NF) 15, 83–106.
Matuschka, F. R. & A. O. Heydorn (1980): Die Entwicklung von *Isospora suis* Biester und Murray 1934 (Sporozoa: Coccidia: Eimeriidae) im Schwein – Zoolog. Beiträge N. F. 26 (3), 405–476.
Mayer, K. (1962): Untersuchungen mit Cantharidinfallen über die Flugaktivität von *Atrichopogon (Meloehelea) oedemerarum* Stora, einer an Insekten ektoparasitisch lebenden Ceratopogonide (Diptera) – Z. f. Paraskd. 21, 257–272.
Mehlhorn, H. (1983): Schwerpunkt Parasitologie – Naturw. Rundsch. 11
Mehlhorn, H. & A. O. Heydorn (1978): The Sarcosporidia (Protozoa, Sporozoa): Life Cycle and Fine Structure – Adv. in Paras. 16, 43–92.
Mehlhorn, H., Haberkorn, A. & W. Peters (1977): Electron microscopic studies on developmental stages of *Trypanosoma cruzi* and their surface coat within the heart and skeletal muscle of experimentally infected mice – Protistologica 13, 287–298.
Mehlhorn, H. & G. Piekarski (1981): Grundriß der Parasitenkunde. Parasiten des Menschen und der Nutztiere – Uni-Taschenbücher – G. Fischer, Stuttgart.
Meier, M. (1956): Die Monocystideenfauna der Oligochäten von Erlangen und Umgebung – Arch. f. Protkd. 101 (4), 335–400.
Meise, W. (1969): Die Kuckucksvögel – In: Grzimeks Tierleben Bd. VIII.
Meisenheimer, J. (1921): Geschlecht und Geschlechter. I. Die natürlichen Beziehungen – G. Fischer, Jena.
Meyer, E. A. & S. Radulescu (1979): *Giardia* and Giardiasis – Adv. in Paras. 17, 1–47.
Mitchell, R. D. (1955): Anatomy, Life History and Evolution of the Mites Parasitizing Fresh-Water Mussels – Misc. Publs. Mus. Zool., Univers. Michigan 89, 1–28.
Möller, H. & K. Anders (1983): Krankheiten und Parasiten der Meeresfische – Verlag Heino Möller, Kiel.
Nauck, E. G. (1975): Lehrbuch der Tropenkrankheiten – G. Thieme, Stuttgart.
Moritz, M. (1982): Stamm Tardigrada, Bärtierchen und Stamm Pentastomida (syn. Linguatulida), Zungenwürmer – In: Lehrbuch der Speziellen Zoologie, 4. Auflage, Band I, 3. Teil. G. Fischer, Stuttgart.
Morseth, D. J. (1960): Fine structure of the hydatid cyst and protoscolex of *Echinococcus granulosus* – J. of Parasitol. 53, 312–325.
Muir, F. (1912): Two new species of *Ascodipteron* – Bull. Mus. Comp. Zool. Harvard Coll. 54, 351–366.
Müller, W. (1968): Die Distanz- und Kontakt-Orientierung der Stechmücke *(Aëdes aegypti)* (Wirtsfindung, Stechverhalten und Blutmahlzeit) – Z. f. vergl. Physiol. 58, 241–303.
Muller, R. (1971): *Dracunculus* and Dracunculiasis – Adv. in Paras. 9, 73–151.

Münchberg, P. (1935): Zur Kenntnis der Odonatenparasiten, mit ganz besonderer Berücksichtigung der Ökologie der in Europa an Libellen schmarotzenden Wassermilbenlarven – Arch. f. Hydrobiol. 29, 1–120.
– (1955): Zum Parasitismus der Wassermilbenlarven an Libellen – Mikrokosmos 44, 110–113.
Murith, D. (1982): Etude in vivo de la nature des relations hote-parasite dans le complexe Amphibien-Polystome (Monogenea) – Rev. suisse Zool. 89 (4), 957–965.
Murray, M. D. & D. G. Nicholls (1965): Studies on the ectoparasites of seals and penguins. I. The ecology of the louse *Lepidophthirus macrorhini* Enderlein on the southern elephant seal, *Mirounga leonina* (L.) – Aust. J. Zool. 13, 437–454.
Murray, M. D., Smith, M. S. R. & Z. Soucek (1965): Studies on the ectoparasites of seals and penguins. II. The ecology of the louse *Antarctophthirus ogmorhini* Enderlein on the Weddell seal, *Leptonychotes weddelli* – Aust. J. Zool. 15, 761–771.
Nachtwey, R. (1938): Unsichtbare Lebenswunder – Brockhaus, Leipzig.
Naville, A. (1930): Recherches cytologiques sur les Schizogrégarines. I. Le cycle évolutif de *Mattesia dispora* n. g. n. sp. – Z. f. Zellforsch. 11, 375–396.
Nelson, G. S. (1970): Onchocerciasis – Adv. in Paras. 8, 173–224.
Neuhaus, W. (1939): Der Einfluß von Parasiten auf das Schalenwachstum von *Zebrina detrita* (Müller) – Arch. f. Mollkd. 71 (4), 129–135.
– (1940): Parasitäre Kastration bei *Bithynia tentaculata* – Z. f. Paraskd. 12, 65–77.
– (1952): Biologie und Entwicklung von *Trichobilharzia szidati* n. sp. (Trematoda, Schistosomatidae), einem Erreger von Dermatitis beim Menschen – Z. f. Paraskd. 15, 203–266.
– (1953): Die Schwimmbewegungen der Cercarie von *Trichobilharzia szidati* – Zool. Jahrb. (Phys.) 64, 323–331.
– (1985): Die Arbeitsweise des Bauchsaugnapfes digentischer Trematoden am Beispiel des *Dicrocoelium dendriticum* – Z. f. Paraskd. 71, 53–60.
Neuhaus, W. & F. Six (1965): Die wirtschaftlichen Verluste durch Leberegelbefall bei Rindern – Münch. Tierärztl. Wochenschr. 78 (4), 67–72.
Neveu-Lemaire, M. (1943): Traité de Protozoologie Médicale et Vétérinaire – Vigot Freres, Paris.
Nicholas, W. L. (1967): The Biology of the Acanthocephala – Adv. in Paras. 5, 205–245.
Nielsen, J. C. (1903): Über die Entwicklung von *Bombylius pumilus* Meig, einer Fliege, welche bei *Colletes daviesana* Smith schmarotzt – Zool. Jahrb. (Syst.) 18, 647–657.
Noble, E. R. & G. A. Noble (1964): Parasitology. The Biology of Animal Parasites – Lea und Febiger, Philadelphia.
Noodt, W. (1971): Ecology of the Copepoda – Smithsonian Contributions to Zoology 76. 97–102.
Norman, J. R. (1966): Die Fische – Parey, Hamburg, Berlin.
Nussbaum, R. (1960): Der Thorax von *Basilia nana* (Diptera, Nycteribiidae) – Zool. Jahrb. (Anat.) 78 (3), 313–368.
Nutting, W. B. (1974): Pathogenesis associated with hair-follicle mites (Demodicidae) – III. Intern. Congress of Parasitology, München 1974.
– Biology and Pathology of Hair Follicle Mites (Demodicidae) – In: Parish, L. C., Nutting, W. B. & R. M. Schwartzmann (1983): Cutaneous Infestations of Man and Animal. Praeger.
Nyffeler, M. & G. Benz (1980): Kleptoparasitismus von juvenilen Kreuzspinnen und Skorpionsfliegen in den Netzen adulter Spinnen – Rev. suisse Zool. 87, 907–918.
Odening, K. (1969): Entwicklungswege der Schmarotzerwürmer oder Helminthen – Akad Verlagsges., Leipzig.
– (1971): Der Große Leberegel und seine Verwandten – Die Neue Brehm-Bücherei, Ziemsen Verlag, Wittenberg Lutherstadt.
– (1974): Parasitismus. Grundfragen und Grundbegriffe – Akademie -Verlag, Berlin.
– (1984): Stamm Plathelminthes, Plattwürmer – In: Lehrbuch der Speziellen Zoologie, 4. Auflage, Band I, 3. Teil. G. Fischer, Stuttgart.
Oldroyd, H. (1964): The Natural History of Flies – Weidenfeld and Nicolson, London.
Olsen, O. W. (1974): Animal Parasites, Their Life Cycles and Ecology – University Park Press, Baltimore-London- Tokyo.
Osche, G. (1952): Die Bedeutung der Osmoregulation und des Winkverhaltens für freilebende Nematoden – Z. Morph. Ök. Tiere 41, 54–77.
– (1954): Über Verhalten und Morphologie der Dauerlarven freilebender Nematoden – Zool. Anz. 152 (3/4), 65–73.
– (1956): Die Präadaptation freilebender Nematoden an den Parasitismus – Verh. Deut. Zool. Ges. Erlangen 1955, 391–397.

- (1957): Die „Wirtskreiserweiterung" bei parasitischen Nematoden und die sie bedingenden biologisch-ökologischen Faktoren – Z. f. Paraskd. 17, 437–489.
- (1958): Beiträge zur Morphologie, Ökologie und Phylogenie der Ascaridoidea (Nematoda). Parallelen in der Evolution von Parasit und Wirt – Z. f. Paraskd. 18, 479–572.
- (1962): Wege zum Parasitismus – Mikrokosmos 51, 12–18.
- (1963): Die systematische Stellung und Phylogenie der Pentastomida – Z. Morph. Ök. Tiere 52, 487–596.
- (1965): Parasitismus und Evolution – Naturw. Rundsch. 18 (5), 189–196.
- (1966a): Die Welt der Parasiten. Zur Naturgeschichte des Schmarotzertums. – Verst. Wiss. Bd. 87. Springer, Berlin, Heidelberg, New York.
- (1966b): Ursprung, Alter, Form und Verbreitung des Parasitismus bei Nematoden – Mitt. Biol. Bundesanst. f. Land- und Forstwirtsch. Berlin-Dahlem, H. 118, 6–24.

Otto, G.F. (1958): Some Reflections on the Ecology of Parasitism – J. Paras. 44 (1), 1–27.

Palombi, A. (1942): Il ciclo biologico di *Ptychogonimus megastoma* (Rud.) Osservazione sulla morfologia e fisiologia delle forme larvali e considerazioni filogenetiche – Riv. Paras. 6, 117–172.

Parish, L.C., Nutting, W.B. & R.M. Schwartzmann (1983): Cuteanous Infestations of Man and Animal – Praeger, New York.

Patschan, U. (1965): Behandlung der Oxyuriasis – Ärztliche Praxis 17 (6), 268–271.

Pawlowski, Z. & M. G. Schultz, (1972): Taeniasis and Cysticercosis *(Taenia saginata)* – Adv. in Paras. 10, 269–343.

Peters, R. (1967): Der Kleine Leberegel – Mikrokosmos 56, 50–55.

Petzsch, H. (1967): Säugetiere – In: Urania Tierreich – Urania Verlag, Leipzig, Jena, Berlin.

Peus, F. (1933): Transport von Mallophagen durch Stechmücken – Z. f. Paraskd. 5, 740–741.
- (1938): Die Flöhe – Schöps, Leipzig.
- (1950): Stechmücken – Die Neue Brehm-Bücherei, Ziemsen Verlag, Wittenberg Lutherstadt.
- (1953): Flöhe – Die Neue Brehm-Bücherei, Ziemsen Verlag, Wittenberg Lutherstadt.
- (1968): Zur Kenntnis der Flöhe Deutschlands. II. Faunistik und Ökologie der Vogelflöhe (Insecta, Siphonaptera) – Zool. Jahrb. (Syst.) 95, 571–633.
- IV. Faunistik und Ökologie der Säugetierflöhe – Zool. Jahrb. (Syst) 99, 408–504.

Pfeiffer, W. (1962): Flöhe und Läuse – Mikrokosmos 51, 119–121.

Pflugfelder, O. (1951): Über das Parasit-Wirtsverhältnis von *Anodonta*-Glochidien und Spiegelkarpfen *(Cyprinus carpio)* – Z. f. Paraskd. 15, 119–133.
- (1955): Abwehrreaktionen von *Crenilabrus cinereus* bei Befall durch *Anilocra mediterranea* – Z. f. Paraskd. 17, 122–130.
- (1977): Wirtstierreaktionen auf Zooparasiten – G. Fischer, Jena.

Piekarski, G. (1954): Lehrbuch der Parasitologie – Springer, Berlin, Göttingen, Heidelberg.
- (1958): Leishmaniasen – In: Grumbach, A. & W. Kikuth: Die Infektionkrankheiten des Menschen und ihre Erreger – Thieme, Stuttgart.
- (1963): Kritische Bemerkungen zum Parasit-Wirt-Verhältnis – Arch. f. Hyg. u. Bakt. 147 (4/5), 381–393.
- (1973): Medizinische Parasitologie in Tafeln.

Poinar, G.O. (1975): Entomogenous nematodes – E.J. Brill, Leiden.

Poinar, G.O. & G.M. Thomas (1966): Significance of *Achromobacter nematophilus* Poiner und Thomas (Achromobacteraceae: Eubacteriales) in the development of the nematode, DD-136 (*Neoaplectana* sp. Steinernematidae) – Parasitology 56, 385–390.

Prenant, M. (1959): Myzostomida – In: Grassé, P-P.: Traité Zool. 5 (1), 714–784.

Price, P. (1977): General concepts on the evolutionary biology of parasites – Evolution 31, 405–420.
- (1980): Evolutionary Biology of Parasites – Princeton University Press.

Puytorac, P. de (1954): Hématophagie chez *Nyctotherus scinici* sp., nov., Cilié héterotriche parasite de *Scincus scincus*, Remarques sur les *Nyctothrès* – Bull. Soc. zool. France 79, 121.

Rainer, H. (1967): *Enchelyodon helioparasiticus* nov. spec., ein neues parasitisches Ciliat – Z. f. Paraskd. 29, 299–303.
- (1968): Sonnentierchen, Heliozoa – In: Dahl, F.: Die Tierwelt Deutschlands, 56. Teil, G. Fischer, Jena.

Rathmayer, W. (1969): Die Wespen und ihre Verwandten – In: Grzimeks Tierleben, Bd. II.

Rees, B. (1960): *Albertia vermicularis* (Rotifera) parasitic in the earthworm *Allolobophora caliginosa* – Parasitology 50, 61–66.
- (1967): The histochemistry of the cystogenous gland cells and cyst wall of *Parorchis acanthus* Nicoll, and some details of the morphology and fine structure of the cercaria – Parasitology 57, 87–110.

Regenfuß, H. (1968): Untersuchungen zur Morphologie, Systematik und Ökologie der Podapolipidae (Acarina, Tarsonemini) – Z. wiss. Zool. 177, 183–282.

– (1975): Die Bedeutung der Häutung des Wirts für Ektoparasiten und Symphorionten an Arthropoden – Zool. Beitr. N. F. 21 (2), 201–217.

Reichenbach-Klinke, H. H. (1956): Die Entwicklung der Larven bei der Bandwurmordnung Tetraphyllidea – Abh. Braunschweig. wiss. Ges. 8, 61–73.

Reichholf, J. (1983): Warum sind Zebras gestreift? – Tier 3, 11–13.

Reimer, L. W. (1970): Zur Definition des Begriffs „Parasitismus" – Angew. Parasitol. 11 (3), 130–134.

Reinhardt, F. (1952): Eiablage beim Madenwurm – Mikrokosmos 42, 56–58.

Remane, A., Storch, V. & U. Welsch (1980): Systematische Zoologie – G. Fischer, Stuttgart.

Richter, O. & F. Six (1968): Das Schadausmaß in Bayern – Mitt. Rinderges. 21, 10–11.

Ries, E. (1930): Die Symbiose der Pediculiden und Mallophagen – Arch. Zool. Ital. 16, 1408–1421.

– (1931): Die Symbiose der Läuse und Federlinge – Z. Morph. Ök. Tiere 20, 233–367.

Rietschel, P. (1969): Die Fliegen – In: Grzimeks Tierleben Bd. II

– (1969): Die Schnabelkerfe – In: Grzimeks Tierleben Bd. II

Ritchie, L. E. & J. T. Hoeg (1981): The life history of *Lernaeodiscus porcellanae* (Cirripedia: Rhizocephala) and coevolution with its porcellanid host – J. Crust. Biol. 1, 334–347.

Robertson, R. (1970): Review of the Predators and Parasites of Stony Corals, with Special Reference to Symbiotic Prosobranch Gastropods – Pac. Sci. 24, 43–54.

Robinson, M. H. & B. Robinson (1977): Associations between flies and spiders: bibio commensalism and dipso parasitism – Psyche 84, 150–157.

Rodhain, J. & J. Bequaert (1916): Observations sur la biologie de *Cyclopodia greeffi* Karsch (Dipt.), Nyctéribiide parasite d'une chauve-souris Congolaise – Bull. Soc. zool. Fr. 40, 248–262.

Rogers, W. P. (1962): The Nature of Parasitism. The Relationship of Some Metazoan Parasites to Their Hosts – Academic Press, New York, London.

Rohde, K. (1980): Warum sind ökologische Nischen begrenzt? – Naturw. Rundsch. 33 (3), 98–102.

Rothschild, M. & Th. Clay (1952): Fleas, Flukes + Cuckoos – Collins, London.

Rothschild, M. & B. Ford (1966): Reproductive hormones of the host controlling the sexualcycle of the rabbit flea (*Spilopsyllus cuniculi* Dale) – Proc. Int. Congr. Ent. 12, London (1964), 801–902.

– (1969): Does a pheromone-like factor from the nestling rabbit stimulate impregnation and maturation in the rabbit flea? – Natur, London 221, 1169–1170.

Rothschild, M., Schleim, Y. & S. Ito (1986): A Colour Atlas of Insect Tissues Via the flea – A Wolfe Science Book.

Röttger, R. (1969): Ökologie und Postlarvalentwicklung von *Scottomyzon gibberum,* eines auf *Asterias rubens* parasitisch lebenden Copepoden (Cyclopoida siphonostoma) – Marine Biology 2 (2), 145–202.

Röttger, R., Astheimer, H., Spindler, M. & J. Steinborn (1972): Ökologie von *Asterocheres lilljeborgi,* eines auf *Henricia sanguinolenta* parasitisch lebenden Copepoden – Marine Biology 13 (3), 259–266.

Rühm, W. (1954): Die Nematoden als Kommensalen, Halbparasiten und Parasiten der Insekten – Deut. Entomologentag in Hamburg, 168–184, G. Fischer, Jena.

Sachs, H.-G. (1951): Zur Morphologe von *Acarapis.* I. Bau und Funktion der Mundwerkzeuge der Tracheenmilbe *Acarapis woodi* Rennie, 1921 – Zeitschr. f. Bienenforsch. 1 (6), 1–10.

– (1953): Bienenfeind Nr. 1 – Mikrokosmos 42, 121–124, 248–251.

Schell, S. C. (1970): How to know the Trematodes – Brown Co. Publ., Dubuque.

Scherf, H. (1963 a): Ein Beitrag zur Kenntnis zweiter Pinnipedierläuse (*Antarctophthirus trichechi* Boh. und *Enchinophthirus horridus* Olf.) – Z. f. Paraskd. 23, 16–44.

– (1963 b): Robbenläuse – Mikrokosmos 52, 359–364.

– (1985): Galapagos-Bremse saugt an Kaltblütern – Naturw. Rundsch. 38 (5)

Schneider, G. & W. Hohorst (1971): Wanderung der Metacercarien des Lanzett-Egels in Ameisen – Naturwissensch. 58. 327–328.

Scholtyseck, E. (1956): Untersuchungen über die Coccidieninfektion bei Vögeln – Zentralbl. f. Bakt., Paraskd., Infektionskrankh. u. Hyg. 165, 275–289.

– (1975): Neue Aspekte der Parasit-Wirt-Beziehungen – Verh. Deut. Zool. Ges. Karlsruhe 1975, 90–101.

– (1979): Fine Structure of Parasitic Protozoa – Springer, Berlin, Heidelberg, New York.

Scholtyseck, E. & H. Mehlhorn (1973): Elektronenmikroskopische Befunde ändern das System der Einzeller – Naturw. Rundsch. 26 (10), 420–427.

Scholtyseck, E., Mehlhorn, H. & K. Friedhoff (1970): The Fine Structure of the Conoid of Sporozoa and Related Organisms – J. Paraskd. 34, 68–94.

Scholtyseck, E. & W. Przygodda (1956): Die Coccidiose der Vögel – Vogelwelt 77 (6), 161–175.

Schremmer, F. (1964): Gezielter Abwurf getarnter Eier bei Wollschwebern (Dipt. Bombyliidae) – Verh. Deut. Zool. Ges. München 1963, 291–303.
Schumann, H. (1968): Phthiraptera, Siphonaptera, Diptera – In: Urania Tierreich, Insekten – Urania Verlag, Leipzig, Jena, Berlin.
Schuurmans Stekhoven, J. H. jr. (1935): Zur Sinnesphysiologie der parasitischen Copepoden *Lepeophtheirus pectoralis* (O.F. Müller) und *Acanthocondria depressa* (T. Scott) – Z. f. Paraskd. 7
Sedlag, U. (1951): Hautflügler I – Die Neue Brehm-Bücherei, Ziemsen Verlag, Wittenberg Lutherstadt.
Seevers, C.H. (1955): A Revision of the Tribe Amblyopinini: Staphylinid Beetles Parasitic on Mammals – Fieldiana, Zool. 37, 211–264.
Seifert, G. (1970): Entomologisches Praktikum – Thieme, Stuttgart.
Smyth, J.D. (1962): Introduction to Animal Parasitology – The Englisch Universities Press, London.
– (1964): The Biology of the Hydatid Organisms – Adv. in Paras. 2, 169–219.
– (1969): The Physiology of Cestodes – Oliver and Boyd, London.
Soulsby, E.J.L. (1966): Biology of Parasites – Academic Press, New York, London.
Sparing, I. (1959): Die Larven der Hydrachnellae, ihre parasitische Entwicklung und ihre Systematik – Parasitol. Schriftenreihe Heft 10, G. Fischer, Jena.
Spickett, S.G. (1961): Studies in *Demodex folliculorum* Simon (1842) – Parasitology 51, 181–192.
Sprehn, C. (1926): Ankylostomiasis – In: Stang, V. & D. Wirth: Tierheilkunde und Tierzucht – Urban & Schwarzenberg, Berlin, Wien.
Stammer, H.-J. (1955): Ökologische Wechselbeziehungen zwischen Insekten und anderen Tiergruppen – Ber. 7. Wandervers. Deut. Entomologen, 12–61.
– (1962): Protozoen und Würmer als Parasiten in Insekten – Deut. Entomolog. Zeitschr. 9 (5), 441–460.
Steffan, A.W. (1967): Ectosymbiosis in Aquatic Insects, 207–289 – In: Henry, M.S.: Symbiosis Vol II – Academic Press, New York, London.
Sterba, g. (1952): Neunaugen – Die Neue Brehm-Bücherei – Ziemsen Verlag, Wittenberg Lutherstadt.
– (1967): Agnatha – In: Urania Tierreich, Fische-Lurche-Kriechtiere – Urania Verlag, Leipzig, Jena, Berlin.
Stillger, E. (1968): Ein Hüpferling schmarotzt an Flundern: *Lepeophtheirus pectoralis* – Mikrokosmos 57, 276–278.
Storch, V. & U. Welsch (1970): Über den Aufbau resorbierender Epithelien darmloser Endoparasiten – Verh. Deut. Zool. Ges. Würzburg 1969, 617–621.
Streble, H. (1964): Der Saugwurm *Polystomum integerrimum,* Ein Parasit unserer Frösche – Mikrokosmos 53, 1–6.
Streng, R. (1976): Die Haarbalgmilbe des Menschen: *Demodex folliculorum* – Mikrokosmos 65, 202–205.
– (1983): *Demodex folliculorum* (Chelicerata, Acari) – Homo sapiens (Mammalia). Gewinnung der Parasiten aus der menschlichen Haut – In: Böckeler, W. & W. Wülker: Parasitologisches Praktikum – Verlag Chemie.
Stuart, R.J. & T.M. Alloway (1983): The slave making ant, *Harpagoxenus canadensis* M.R. Smith, and its host-species, *Leptothorax muscorum* (Nylander): slave raiding and territoriality – Behaviour 85 (1/2), 58–89.
v. Stummer-Traunfels, R. (1926/27): Myzostomida – In: Kükenthal-Krumbach: Handbuch der Zoologie, 3. Buch, 1. Hälfte.
Sudhaus, W. (1976): Vergleichende Untersuchungen zur Phylogenie, Systematik, Ökologie, Biologie und Ethologie der Rhabditidae (Nematoda) – Zoologica 125, 1–229.
– (1985): Classis: Pentastomida, Zungenwürmer – In: Siewing, R.: Lehrbuch der Zoologie, Band 2, Systematig. G. Fischer, Stuttgart.
– (1987): Fragestellungen und Ergebnisse evolutionsbiologischer Untersuchungen an saprobionten Fadenwürmern (Nematoda) – Sitzber. Ges. Naturforsch. Freunde Berlin (N. F.) 27, 145-163.
Szidat, L. (1932): Über cysticerke Riesencercarien – Z. f. Paraskd. 4, 477–505.
Taylor, A.E.R. (1965): Evolution of Parasites. Third Symposium of the British Society for Parasitology – Blackwell Scientific Publications, Oxford.
Theodor, O. & H. Oldroyd (1964): Hippoboscidae – In: Lindner, E.: Die Fliegen der palaearktischen Region – Schweizerbart, Stuttgart.
Théodoridès, J. (1954): Parasitismus et écologie – Biologie Médicale 43, 1–24.
Thienemann, A. (1956): Leben und Umwelt – Rowohlt, Hamburg.
Timmermann, G. (1957): Studien zu einer vergleichenden Parasitologie der Charadriiformes oder Regenpfeifervögel. Teil 1: Mallphaga – Parasitol. Schriftenreihe Heft 8, G. Fischer, Jena.
Tischler, W. (1982): Grundriß der Humaparasitologie – G. Fischer, Stuttgart.
Toguebaye, B.S. & B. Marchend (im Druck): Intracellular emergence of the microsporidian sporoplasm as revealed by electron microscopy in *Nosema couilloudi* (Microspora, Nosematidae)

Usinger, R. L. (1966): Monograph of Cimicidae (Hemiptera, Heteroptera) – Maryland: Entmological Society of America.
Vater, G. & A. Vater (1985): Flöhe (Siphonaptera) beim Menschen. Befundanalyse 1961 bis 1983 im Bezirk Leipzig (DDR).
Teil I: Arten, Befallsquellen und Ausbreitung – Angew. Parasitol. 25, 148–156.
Teil II: Räumliche und zeitliche Verteilung – Angew. Parasitol. 26, 27–38.
Verster, A. (1967): Rediscription of *Taenia solium* Linnaeus, 1758 und *Taenia saginata* Goeze, 1782 – Z. f. Paraskd. 29, 313–328.
Vickermann, K. & F. E. G. Cox (1972): The Protozoa – John Murray, London.
Vitzthum, H. (1943): Acarina – In: Bronns Klassen und Ordnungen des Tierreichs, Bd. 5, 4. Abt., 5. Buch.
Vogel, H. (1955): Über den Entwicklungszyklus und die Artzugehörigkeit des europäischen Alveolarechinococcus – Deut. Medizin. Wochensch., 80. Jahrg. Nr. 24, 931–932.
– (1957): Über den *Echinococcus multilocularis* Süddeutschlands. I. Das Bandwurmstadium von Stämmen menschlicher und tierischer Herkunft – Z. f. Tropenmediz. u. Parasitol. 8 (3), 404–454.
– (1960): Tiere als natürliche Wirte des *Echinococcus multilocularis* in Europa – Z. f. Tropenmediz. u. Parasitol. 11 (1), 36–42.
Vogel, H. & H. H. Schumacher (1957): Beobachtungen über alveoläre Echinokokken des Zentralnervensystems bei Versuchstieren – Z. f. Tropenmediz. u. Parasitol. 8 (1/2), 278–287.
Vogt, D. (1970): Die Welse – In: Grzimeks Tierleben Bd. IV
Volkonsky, M. (1940): *Podapolipus diander* n. sp., acarien hétérostygmate parasite du criquet migrateur (*Locusta migratoria* L.) – Arch. Inst. Pasteur Alger. 18, 321–340.
Vollrath, F. (1976): Konkurrenzvermeidung bei tropischen kleptoparasitischen Haubennetzspinnen der Gattung *Argyrodes* (Arachnida: Araneae: Theridiidae) – Entomol. Germ. 3 (1/2), 104–108.
– (1977): Zur Ökologie und Biologie von kleptoparasitischen *Argyrodes elevatus* und synöken *Argyrodes*-Arten – Diss. Freiburg.
– (1984): Kleptobiotic interactions in Invertebrates – In: Barnard, C. J.: Producers and Scroungers – Croom Helm London & Sidney, Chapman & Hall New York.
Weber, H. (1930): Biologie der Hemipteren. Eine Naturgeschichte der Schnabelkerfe – Springer, Berlin.
– (1969): Die Elefantenlaus *Haematomyzus elefantis* Piaget 1896 – Zoologica 166, 1–154.
Weber, H. & H. Weidner (1974): Grundriß der Insektenkunde – G. Fischer, Stuttgart.
Weber, H. (1962): Die Behandlung der Oxyuriasis in der kinderärztlichen Praxis – Der Landarzt 38 (19), 1–6.
Weidner, H. (1972): Eine rätselhafte Flohplage – Der praktische Schädlingsbekämpfer, Jahrg. 24 (11), 177–179.
– (1973): Beiträge und Bemerkungen zur Insektenfauna Unterfrankens. 10. Die Flöhe (Siphonaptera) Unterfrankens. – Mitt. Naturwiss. Mus. Aschaffenburg, 13. Heft der neuen Folge, 1–21.
– (1985): Volksinsektenkunde von Nordost-Bayern: Einige Methoden und Mittel zur Bekämpfung von Haus- und Gesundheitsschädlingen – Anz. Schädlingskd., Pflanzenschutz, Umweltschutz 58, 25–30.
Weiser, J. (1961): Die Mikrosporidien als Parasiten der Insekten – Parey, Hamburg u. Berlin.
Weiß, D. (1980): Die Hirschlausfliege *Lipoptena cervi* – Mikrokosmos 69, 351–353.
Weiß, K. (1984): Bienenpathologie – Ehrenwirt-Verlag, München.
Welsch, U. & V. Storch (1973): Einführung in die Cytologie und Histologie der Tiere – G. Fischer, Stuttgart.
Wenk, P. (1953): Der Kopf von *Ctenocephalus canis* (Curt.) (Aphaniptera) – Zool. Jahrb. (Anat.) 73, 103–164.
– (1965): Über die Biologie blutsaugender Simuliden (Diptera): I. Besamungsrate der Weibchen beim Blütenbesuch und Anflug auf den Blutwirt – Z. Morph. Ök. Tiere 55, 656–670.
Wenk, P. & G. Schlörer (1963): Wirtsorientierung und Kopulation bei blutsaugenden Simuliiden (Diptera) – Z. f. Tropenmed. u. Paras. 14, 177–191.
Wesenberg-Lund, C. (1931): Contributions to the development of the Trematoda digenea. Part I. The biology of *Leucochloridium paradoxum* – Kgl. Danske Vidensk. Sesk. Skrifter, naturv. og math. Afd. 9 R, 89–142.
– (1939): Biologie der Süßwassertiere. Wirbellose Tiere. – Springer, Wien.
– (1943): Biologie der Süßwasserinsekten – Springer, Berlin, Wien.
Whitfield, P. J. (1979): The Biology of Parasitism: an introduction to the study of associating organisms – Edward Arnold, London.
Wickler, W. (1968): Mimikry. Nachahmung und Täuschung in der Natur – Kindlers Universitäts-Bibliothek.
Williams, H. H. (1986): *Phyllobothrium piriei* sp. nov. (Cestoda: Tetraphyllidea) from *Raja naevus* with a comment on its habitat and mode of attachment – Parasitology 58, 929–937.
Willmott, S. M. (1981): Evolution of helminths – Parasitology 82, 161–174.
Wilson, E. O. (1971): The Insect Societies – The Belknap Press of Harvard, University Press.
Winkler, A. (1969): Gedanken zum gegenwärtigen Problem der Scabies – Kosmetische Dermatologie 29, 1–4.

Winter, G. (1979): Untersuchungen zur Morphologie des Biberkäfers *Platypsyllus castoris* Ritsema 1869 (Coleoptera), eines extrem gut angepaßten Vertreters des Lebensformtyps fellbewohnender Insekten – Zool. Jahrb. (Anat.) 191, 456–471.
Woke, P. A. (1937): Comparative effects of the blood of man and of canary on egg production of *Culex pipiens* Linn. – J. Parasitol. 23, 311–313.
Wülker, W. (1962): Bedeutung des Wirtes im Leben tierischer Endoparasiten – Naturw. Rundsch. 15, 469–474.
– (1975): Parasite-Induced Castration and Intersexuality in Insects – In: Reinboth, R.: Intersexuality in the Animal Kongdom – Springer.
– (1983): Mermithiden (Nematoda) – *Chironomus* spec. (Insecta, Diptera) – Kopulation und Eiablage der Parasiten, Wirtsfindung und Eindringvorgang, parasitäre Intersexualität, humorale Einkapselung des Parasiten – In: Böckeler, W. & w. Wülker: Parasitologisches Praktikum – Verlag Chemie.
Yamaguti, S. (1963): Parasitic copepoda and branchiura of fishes – Wiley and Son's, New York, London.
– (1971): Synopsis of Digenetic Trematodes of Vertebrates – Keigaku, Tokyo.
Yanagimachi, R. (1961 a): The Life-Cycle of *Peltogastrella* (Cirripedia, Rhizicephala) – Crustaceana 2, 183–186.
– (1961 b): Studies on the sexual organization of the Rhizophala. III. The mode of sexdetermination in *Peltogastrella* – Biol. Bull. mar. biol. Lab., Woods Hole 120, 272–283.
Zander, E. & F.-K. Böttcher (1984): Krankheiten der Biene – Ulmer, Stuttgart.
Zavadsky, K. (1931): *Rhynchites sericens* and *aeneovirens* – Wasmanns biologische Fremdlinge – Zool. Anz. 93, 102–108.
Zumpt, F. (1952): Milben in der Haut des Menschen – Mikrokosmos 42, 35–38.
– (1956): Insekten als Krankheitserreger und Krankheitsüberträger – Kosmos-Bändchen, Frankh Verlag, Stuttgart.
– (1965): Myiasis in Man and Animals in the old world – Butterworth & Co., London.
– (1969): Die Flöhe – In: Grzimeks Tierleben Bd. II
Zwölfer, H. (1969): Rüsselkäfer mit ungewöhnlicher Lebensweise. Koprophagie, Brutparasitismus und Entomophagie in der Familie der Curculionidae – Mitt. Schweiz. Entomol. Ges. 42 (3), 185–196.

Register

GPSR Compliance

The European Union's (EU) General Product Safety Regulation (GPSR) is a set of rules that requires consumer products to be safe and our obligations to ensure this.

If you have any concerns about our products, you can contact us on ProductSafety@springernature.com

In case Publisher is established outside the EU, the EU authorized representative is:

Springer Nature Customer Service Center GmbH
Europaplatz 3
69115 Heidelberg, Germany

Batch number: 08567184

Printed by Printforce, the Netherlands